材 料 力 学

（第三版）

殷有泉 励 争 编著

北京大学出版社
PEKING UNIVERSITY PRESS

图书在版编目(CIP)数据

材料力学/殷有泉，励争编著. —3 版. —北京：北京大学出版社，2017.7

ISBN 978-7-301-27911-3

Ⅰ. ①材…　Ⅱ. ①殷…　②励…　Ⅲ. ①材料力学—高等学校—教材　Ⅳ. ①TB301

中国版本图书馆 CIP 数据核字(2017)第 004797 号

书　　名	材料力学(第三版) CAILIAO LIXUE
著作责任者	殷有泉　励　争　编著
责任编辑	邱淑清　王剑飞
标准书号	ISBN 978-7-301-27911-3
出版发行	北京大学出版社
地　　址	北京市海淀区成府路 205 号　100871
网　　址	http://www.pup.cn
电子信箱	zpup@pup.cn
新浪微博	@北京大学出版社
电　　话	邮购部 62752015　发行部 62750672　编辑部 62765014
印 刷 者	北京虎彩文化传播有限公司
经 销 者	新华书店
	890 毫米×1240 毫米　A5　12.625 印张　326 千字 1992 年 8 月第 1 版　2006 年 2 月第 2 版 2017 年 7 月第 3 版　2022 年 2 月第 2 次印刷
定　　价	35.00 元

内 容 简 介

本书按照综合大学力学专业的教学要求，系统地介绍了材料力学的基本内容. 本书以一维结构为纲，以弹性变形为主展开讨论，建立了一个在内容上少而精的材料力学体系. 全书重点突出，层次清晰，基本概念叙述严格准确，理论推导严谨简练.

本书是作者在北京大学力学系多年教学经验的基础上并参照国内外优秀教材撰写而成的，它是读者掌握材料力学基本知识，进而学习固体力学的有关后续课程的一种极为有益的启蒙课本.

本书可作为综合大学力学专业本科生的教材，也可作为某些偏理的工科专业的教学参考书.

第三版前言

本版保留了前两版的基本体系和特色，它既是力学专业学生学习连续介质力学的启蒙课本，又是介绍工程设计基础知识的入门教材．本版在内容上做了如下的订正、增补和更新：

（1）对全书在文字上做了修正，改正了病句、笔误和印刷错误．

（2）在全书每章末都增加了一节内容，以概括和总结该章内容及其与前面各章的关联，起到开阔思路、提高认识和画龙点睛的作用．

（3）对全书每章习题都进行了精选和重新编排，注重选择有工程背景的习题，以便联系实际和扩大读者的知识面．

（4）第四章和第七章改动较大．其中，第四章增加了应变莫尔圆及其应用的内容；第七章增加了浅桁架的例子，介绍了分岔点失稳和临界点失稳，它们是结构稳定性的两种基本的失稳模式．

经过增补、修订的第三版教材在内容上更加翔实和完善，将更适于作为力学专业或其他偏理专业的教材和参考书．

感谢北京大学教材建设委员会出版基金的资助．

殷有泉　励　争

2015 年 11 月于北京大学

第二版前言

本书第一版到现在已经13个年头了.在这期间,我们三人始终在教学第一线,先后担任"材料力学"课的主讲,在教学中又有了不少新的想法和经验.在编写修订版过程中,我们在保持原书风格的基础上,还特别注重吸收国内外同行的教学和科研成果,对第一版部分章节进行了必要的修改和补充,以使本书更加完善和适用于理工科力学专业的教学需要.

这一版与第一版相比,主要做了以下增删:

(1) 在第一章增加了弹塑性介质以及黏弹性和蠕变的内容;

(2) 在第二章删去了弹性波的内容,充实了冲击应力的内容;

(3) 在第八章删去了过临界性质一节,调整了其他各节内容;

(4) 在每章都增加了例题和习题,全书习题共增加了近250题;

(5) 作为附录,增加了假定计算、平面图形的几何性质,以及型钢规格表和名词索引等内容.

本修订版在内容上更加全面,系统上更加完整.但在教学中,由于学时的限制,我们仅采用了部分内容,其余内容可供读者在课余和参加工作后进一步学习时参考.

作者们感谢北京大学教材建设委员会出版资金的资助.

殷有泉　励　争　邓成光

2005年7月于北京大学

第一版前言

这是一本为北京大学力学系“材料力学”课编写的教材. 由于理科大学力学专业的培养目标和课程设置与工科院校不同,材料力学课从内容到体系上都应具有自己的特点.

北京大学力学专业材料力学课仅有70余学时,这比工科院校要少得多,因而在内容安排上不能面面俱到. 在本书中,动力学和塑性分析,以及材料力学实验等方面的内容几乎没有涉及. 这是因为在力学专业的课程设置上,还有一系列的后续课,他们包括力学实验(包括材料力学实验内容)、高等材料力学、弹性力学和塑性力学等. 这些后续课的某些内容就没有必要一定在材料力学课内不深不透地重复. 因此,本书略去了一般材料力学繁杂的体系,突出重点,以一维结构为纲,以弹性变形为主展开讨论,力求建立一个在内容上少而精的材料力学体系框架.

理科大学力学专业的毕业生除了到生产设计的第一线工作外,还有相当数量的学生进一步攻读硕士学位,他们将充实到科研单位进行科学研究工作,或到高等院校做教学工作. 因而在理科大学设置材料力学课程应有双重目的: 一方面,理科力学专业学生通过材料力学的基本内容和处理问题方法的学习,了解到工程设计的一些基本知识,学到一些他们将来与工程技术人员协作和交流中必要的共同语言以及解决工程实际问题时所需的最基本的能力;另一方面,学生可以通过材料力学的学习建立和了解固体力学的一些基本概念和研究方法,这些概念和方法对以后进一步学习其他力学后续课是十分重要的. 在一定意义上讲,理科材料力学是力学专业学生的一个启蒙课,它具有固体力学引论的特性. 本书在内容的选择上考虑了材料力学教学中上述双重目的,其主要内容可以从本书目录上看到. 本书不仅介绍了弹性杆件和杆系在强度、刚度和稳定性方面的概念和计算方法等基础知识;还增加了某些现代的内容,例如弹性变形的热力学、压杆稳定的过临界性质;在材料力学一般原理讨论中引用了勒让德变换,对偶地介绍了广义力和广义位移空间的能量原理和应用等. 以上这些内容都是一般材料力学教材所没有的,同时它们也是更深入、更准确地掌握某些基本概念和方法从而为进一步学习后续课所必需的.

要学好材料力学课,不仅要求读者掌握正确的概念,熟悉理论公式的建立和推导过程以及它们的适用范围,还要求读者做一定数量的练习.清华大学编的《材料力学解题指导及习题集》是一本很好的书,特此推荐读者在此书中适当选择一些题目来做.

北京大学武际可教授阅读了本书原稿,并提出不少改进意见,在此表示感谢.

殷有泉　邓成光
1990年3月于北京大学力学系

目　　录

第一章 基本概念

§1-1 材料力学的任务、研究对象和方法

材料力学是固体力学的一个分支，是研究结构构件和机械零件承载能力的基础科学.它的基本任务是:将工程结构和机械中的简单构件简化为一维杆件，计算杆中的**应力**、**变形**并研究杆的**稳定性**，以保证结构能承受预定的载荷;选择适当的材料、截面形状和尺寸，以便设计出既安全又经济的结构构件和机械零件.因而对机械和结构设计人员来说，材料力学是不可缺少的重要基础知识.对于力学工作者来说，在解决实际问题时或与工程师共事中，只有掌握了材料力学才会有最基本的共同语言.

材料力学所采用的概念和方法是属于**变形固体**力学范围的，它是固体力学中最早发展起来的一个分支.材料力学中采用的最基本的假设是**连续介质**假设.它假设真实物体(构件和零件)是由连续介质构成，就是认为物体在变形前后整个体积被组成该结构的介质所填满，结构内部原来相邻近的点在外界作用下仍保持相邻近，不产生新的裂缝和空洞.在这样的假设下，物体内部的各种力学量都是连续变化的，以至能用坐标的连续函数来描述，能用无限小分析的数学方法来研究.

连续介质仅仅是一个模型.物质结构理论指出，物质是由分子构成的，分子是由原子构成的，在分子之间和原子之间都存在空隙.而在连续介质模型中，我们说的一个点应该是一个物质点，即是一个含有足够数量的分子和原子的体积微元，这个微元在宏观上是一个点，在微观上它包含很多分子和原子，以使得材料性质和各种力学量能有一个稳定的统计平均值.用这个统计值来代表物体上相应点的宏观性质，而且认为物体就是由这些质点组成的连

续介质. 连续介质的质点,也称为典型体元. 由于不同材料的微观或细观的结构不同,材料质点或典型体元有不同的尺寸量级,如表1-1-1所示. 因此,我们应该记住,在后面使用数学分析的无限小概念时,从物理观点来看,仅相当于质点(典型体元)的尺度才有实际意义.

表　1-1-1

材料	体元尺寸的量级/mm^3
金属和合金	0.5×0.5×0.5
聚合物	1×1×1
木材	10×10×10
混凝土	100×100×100

材料力学的主要研究对象是**杆件**,有时也研究简单的**杆系**. 杆件和杆系都是由实际构件和结构简化而成的力学模型.

杆件有直杆和曲杆. 直杆的概念可用几何方法给出. 设想一个平面图形,它平行于本身做平动,其形心沿垂直于该图形平面的 x 轴移动. 这个平面图形的周边在空间就绘出一直杆的侧面,x 轴叫做杆轴. 如果图形沿轴移动的同时,自身的形状与面积也变化,但其形心总保持在 x 轴上,则我们就得到一个变截面的直杆. 如果平面图形沿一曲线移动,其形心位于曲线上,图形始终垂直曲线,这样就得到一个曲杆. 杆件的几何特征是轴向尺寸远大于横向尺寸. 例如,若用 l 表示轴向尺度,用 d 和 h 表示两个横向特征尺寸,对于杆件应有 $l \gg d, l \gg h$. 在大多数情况中,d 和 h 有相同的数量级,也就是,$h/d \sim 1$(如图1-1-1(a)所示). 这时比值 d/l 是一个小参数,$d/l \ll 1$ 在评估理论精度时是一个重要依据. 如果杆件的两个横向尺寸明显不同,比值 h/d 构成另一个小参数,当 $h/d \ll 1$ 时,这种杆件称为**薄壁杆件**(如图1-1-1(b)所示). 杆系是由若干杆件组成的系统,在杆系(有时也称为杆系结构)中,数根杆件的汇交连接处称为节点(又称结点). 在每一个节点处,各杆端之间都不得有相对位移.节点分为铰节点和刚节点.在铰节点处,各杆之间的夹角可以自由改变,故铰节点不能传递力矩;在刚节点,各杆件之间的夹角保持不变,刚节点能传递力矩.

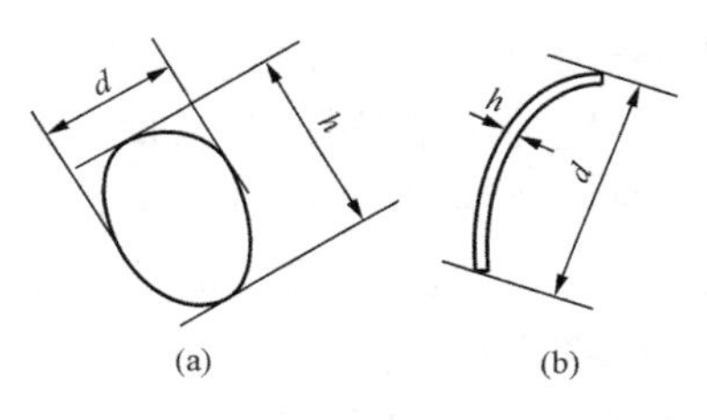

图　1-1-1

由于材料力学研究对象的特殊几何性质,可以对它的变形特征做某些假设(例如**平截面假设**).采用这种假设可使理论的表述和计算大为简化.于是,材料力学成为固体力学在数学上最为简单的一个分支.正由于数学工具简单,在材料力学中能够突出固体力学概念和方法的物理本质,当读者学习固体力学时,材料力学将成为一门具有启蒙性质的课程.

§1-2　外　　力

对于一个我们所研究的具体物体(构件和零件,或者结构和机械)来说,外力与内力的区别是很明显的:**外力**是指其他物体的质点对所研究物体质点的作用;**内力**是物体内部质点间的相互作用.

外力可以施加在物体的表面上,这时称为**表面力**.表面力是一种接触力,例如,水坝表面承受的水压力、烟筒承受的风压力、其他物体与所研究物体之间的接触压力和摩擦力等.表面力用施加在物体单位面积上的力的大小和方向来表征,这种单位面积上的力也称为表面力的**集度**,其量纲是[力]/[长度]^2,具体的国际单位制单位是Pa(帕).外力也可以施加在物体的体积上或质量上,这类外力叫做**体积力**,例如重力、磁力和惯性力等.体积力用单位体积上所受力的大小和方向来表征,这种单位体积上的力也称为体积力的集度,其量纲是[力]/[长度]^3,具体单位是 N/m^3.(当然,在定义表面力和体积力时所谓单位面积和单位体积等术语都是在极限意义下使用的.)表面力和体积力都是矢量.

在材料力学中研究的是细长杆,其表面力和体积力在横向尺度上的分布可认为是不变的,仅考虑沿轴向的变化.这种外力可简化为沿轴向变化的分布力,这种分布力的集度为单位长度上的力,通常用 $q(x)$ 表示,它的量纲是[力]/[长度],具体单位是 N/m.例如,沿棱柱形长杆的侧面作用有分布面力 p,而它在横向是均布的(横向尺寸用 b 表示),那么它可简化为线分布力 $q(x)=bp(x)$.再如,沿 x 轴分布的重力 γ,杆的横截面面积为 A,这个体积力可简化为 $q(x)=A\gamma(x)$.

当两个物体通过接触而相互作用时,相接触的部位通常不是一个点而是一个面.然而,当接触面面积的大小与物体表面的尺寸相比非常小时,我们可以不考虑接触面面积的值,而以接触面上作用力(是一种表面力)的合力的形式作用在物体表面的相应点上.这种作用在一点上的力称为**集中力**.集中力的概念最初是在刚体力学中求物体的重心时引入的,在那里用一个假想的作用在重心上的集中力代替按体积分布的真实重力.在材料力学中采用了连续介质模型,因而连续分布的分布力概念才是更基本的.而集中力则是作用在某一小面积(或者小体积)上分布力的合力,当这个面积(或体积)不断缩小至某一点时合力的大小保持不变,面积(或体积)收缩到的点就是集中力的作用点,合力的大小就是集中力的大小.集中力的量纲是[力],单位是 N.集中力是一个矢量.集中力的引用为材料力学的理论计算带来了方便.

如果能将集中力写成分布力的形式,需要引用狄拉克(Dirac) δ 函数.设有如下函数:

$$\delta_h(x-x_i)=\begin{cases}0, & x<x_i,\\ 1/h, & x_i\leqslant x\leqslant x_i+h,\\ 0, & x>x_i+h,\end{cases}\tag{1-2-1}$$

其图形如图 1-2-1 所示. x_i 是轴向某点坐标. 若令 $h=x-x_i$,则当 $h\to 0$ 时,上述函数的极限为

$$\lim_{h\to 0}\delta_h(x-x_i)=\begin{cases}0, & x<x_i,\\ \infty, & x=x_i,\\ 0, & x>x_i.\end{cases}\tag{1-2-2}$$

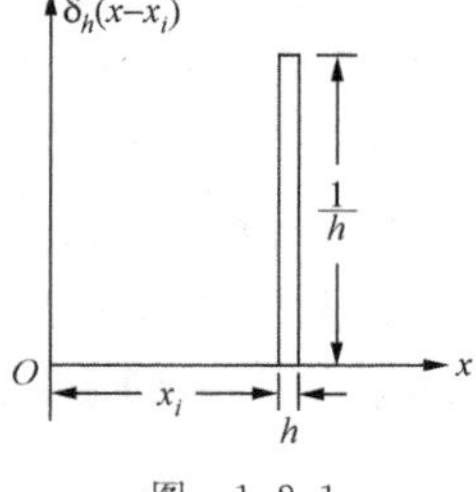

图 1-2-1

现在引用算符 $\delta(x-x_i)$ 来表示它,称之为 δ 函数,

$$\delta(x-x_i)=\begin{cases}0, & x\neq x_i,\\ \infty, & x=x_i.\end{cases}\tag{1-2-3}$$

它是一广义函数,显然它的积分是

$$\int_{-\infty}^{\infty}\delta(x-x_i)\mathrm{d}x=1.\tag{1-2-4}$$

如果将积分上下限改为有限数值,只要它们包含 x_i 点,式(1-2-4)仍然成立. 设有任意函数 $f(x)$ 在 x_i 处连续,容易证明有

$$\int_{-\infty}^{\infty}f(x)\delta(x-x_i)\mathrm{d}x=f(x_i),\tag{1-2-5}$$

上式表示的性质称为筛选性质,就是说可通过 δ 函数积分将函数 $f(x)$ 的某个点的值"筛选"出来.

如果在细长杆轴向某点 x_i 作用有集中力 P,其分布力的形式可用 δ 函数表述为

$$q(x)=P\delta(x-x_i).\tag{1-2-6}$$

将上式在包含 x_i 点的某个小区间内积分,按式(1-2-4),它恰为 P. 这与集中力的概念完全一致. 在本书以后各章可看到,将集中力形式地表成分布力,会给计算公式的统一表述带来方便.

一个物体在空间位置上受到其他物体的限制称为约束. 约束

物体与被约束物体之间通过接触面和接触点上的力相互作用，我们把施加于被约束物体上的这种作用力叫做**约束力**或支反力. 我们将那些与约束无关的外力叫做**载荷**. 载荷是事先已知的外力，因此有时称为主动力，相应的有表面力载荷、体积力载荷和集中力载荷. 在材料力学中，它们都可被简化为沿 x 轴分布的线载荷$q(x)$. 约束力的性质不仅与约束的类型有关，还与载荷的形式和大小有关. 一般地说，当载荷不存在时，相应的约束力也不存在，因而约束力带有被动的性质，因此有时也称为被动力. 约束力可以是表面力，也可以是集中力和集中力矩. 在材料力学中最常见到的约束是简支、活动简支和固支. 简支是使物体上某点保持不动的一种约束，相应的支反力作用于铰链销中心(就是那个不动点)上，其大小和方向都是未知的. 活动简支是使物体上某点在某一方向上保持不动的约束，相应的支反力的方向是已知的，大小是未知的. 固支是使物体上某点的邻域既不能移动也不能绕这点转动，相应的约束力是一个未知的力矢量和一个未知的力矩矢量.

如果所研究的物体处于平衡状态，根据刚化原理，它在外力(载荷和约束力)作用下的平衡条件与刚体一样，即外力的合力矢量和合力矩矢量都等于零.

§1-3 内　　力

未变形的物体之所以有一定的形状，是由于物体内原子之间存在着相互作用，在这种作用下每个原子处于平衡状态. 外力引起物体的变形，使原子的间距改变了，原子间的相互位置改变了，原子间的相互作用也改变了. 由于变形引起原子间相互作用力的变化，就是我们所说的内力.

由于我们已经采用了连续介质模型，自然要放弃物质的原子结构的概念，因此对于物体引用内约束的概念. 我们认为物体的整体性和相对变形都是由物体的这种内约束所保证，并将内约束用内力代替.

为了显示内力,可用一假想的平面将物体截开分为两部分,也就是破坏物体的内约束,同时用内力代替这种内约束.这样,内力就是物体两部分之间的相互作用力(如图 1-3-1 所示).这种阐明物体内部相互作用(内力)的方法叫做**截面法**.这种方法不仅在材料力学中使用,也在其他连续介质力学中使用.

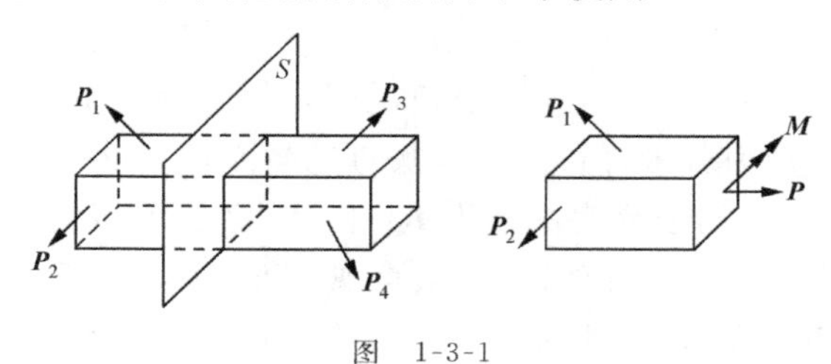

图 1-3-1

实际上,物体的两部分在假想截面上的相互作用是某种连续分布的力.在材料力学中,我们将这种分布力的合力定义为内力.一般来说,我们研究的对象是细长杆,它的垂直杆轴的截面(叫做横截面)是最重要的截面.在这个截面上的内力是由一个力矢量和一个力矩矢量构成,或者说由三个力分量和三个力矩分量构成.三个力分量记做 N_x, Q_y, Q_z,它们分别是 x 方向**轴力**、y 方向剪力和 z 方向**剪力**;三个力矩分量记为 M_x, M_y, M_z,其中 M_x 是关于 x 轴的**扭矩**,M_y 和 M_z 分别是关于 y 轴和 z 轴的**弯矩**.本书将在本章和第二章主要研究内力 N_x,其他的五类内力分量将在以后相应的章节中详细研究.

下面讨论如何求内力和支反力.用一个假想的平面将物体剖分成两部分,去掉一部分,保留另一部分.在保留的这一部分上,用作用在剖面上的内力代替原来的内约束,同时将这部分物体受到的外部约束用相应的约束力标明,这种清楚标明内力和外力的物体保留部分叫做**自由体**.根据自由体的平衡条件确定内力的方法叫做自由体方法.自由体方法是材料力学中研究内力的最基本方法. 下面我们将用这种方法确定某些结构的内力和支反力.

我们先研究最简单的**桁架**. 它的节点都是光滑的铰节点，而外载荷和支座约束力都集中作用于各节点上. 由于桁架中每一杆件都是只在端点受力的二力杆，所以杆件的内力是沿杆轴的拉力或压力.

例 1-3-1　两杆构成的简单桁架.

如图 1-3-2(a)所示，在桁架的点 A 和 B 都是固定铰支，在点 C 作用一水平力载荷 $\boldsymbol{P}$. 在一般情况固定铰支处在水平和铅直方向有两个支反力分量，但是，在本题的支点 A 或 B 处，仅连有一根杆，每个支点的两个反力的合力 $\boldsymbol{R}_A$ 和 $\boldsymbol{R}_B$ 必然沿相应杆轴方向，而在数值上等于连接杆的内力. 从直观上可判断杆 1 受拉力作用，杆 2 受压力作用. 取自由体如图 1-3-2(b)，设杆 1 和杆 2 的内力大小分别为 N_1 和 N_2，考虑节点 C 的平衡条件有

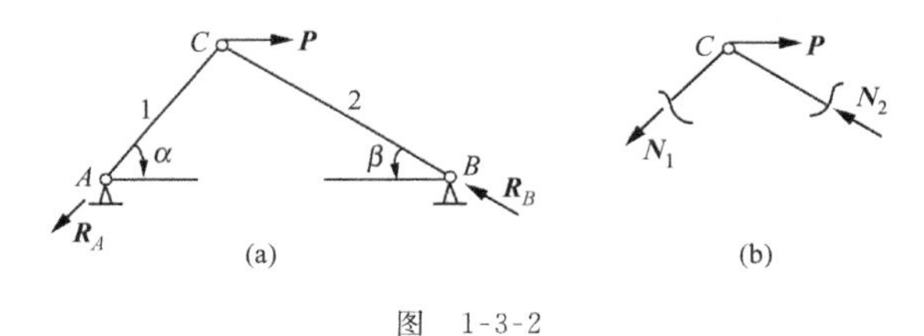

图　1-3-2

$$N_1\cos\alpha + N_2\cos\beta = P,$$
$$N_1\sin\alpha = N_2\sin\beta,$$

解上面方程得

$$\begin{cases} N_1 = \dfrac{\sin\beta}{\sin(\alpha+\beta)}P(\text{拉}), \\ N_2 = \dfrac{\sin\alpha}{\sin(\alpha+\beta)}P(\text{压}). \end{cases} \tag{1-3-1}$$

在复杂的问题中，杆的内力是拉力还是压力不容易事前判断. 在计算时可以都假设为拉力，而在计算结果中，内力为正时杆受拉力，内力为负时杆受压力.

例 1-3-2　三根杆构成的简单桁架.

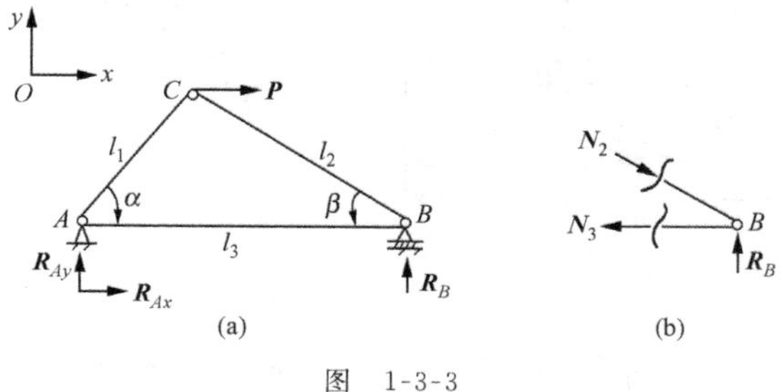

图　1-3-3

如图 1-3-3(a)所示，杆 AC,BC,AB 的长度分别记为 l_1,l_2,l_3. 在支座点 A 处是固定铰支，在支座点 B 处是活动铰支. 在点 A 的两个支反力分量记做 R_{Ax} 和 R_{Ay}，在点 B 有一个支反力记做 $\boldsymbol{R}_B$. 可考虑桁架的总体平衡以确定支反力. x 方向和 y 方向的力平衡方程，以及相对于点 A 的力矩平衡方程分别是

$$R_{Ax}+P=0,\ R_{Ay}+R_B=0,$$
$$R_Bl_3-Pl_1\sin\alpha=0,$$

因而得

$$R_{Ax}=-P,\quad R_{Ay}=-\frac{l_1}{l_3}P\sin\alpha,\quad R_B=\frac{l_1}{l_3}P\sin\alpha.$$

再根据节点的平衡条件，确定各杆的内力 $\mathbf{N}_1,\mathbf{N}_2,\mathbf{N}_3$.

考虑节点 C 处的自由体的平衡(参见图 1-3-2(b))，可得内力 $\mathbf{N}_1$ 和 $\mathbf{N}_2$ 的值分别为

$$N_1=\frac{\sin\beta}{\sin(\alpha+\beta)}P,\quad N_2=-\frac{\sin\alpha}{\sin(\alpha+\beta)}P.$$

考虑节点 B 处的自由体的平衡(参见图 1-3-3(b))，可得 $\mathbf{N}_3$ 的值为

$$N_3=\frac{\sin\alpha\cos\beta}{\sin(\alpha+\beta)}P.$$

下面我们再研究曲杆的内力，最简单的曲杆就是圆环.

例 1-3-3　受均布内压 p 的薄壁圆环.

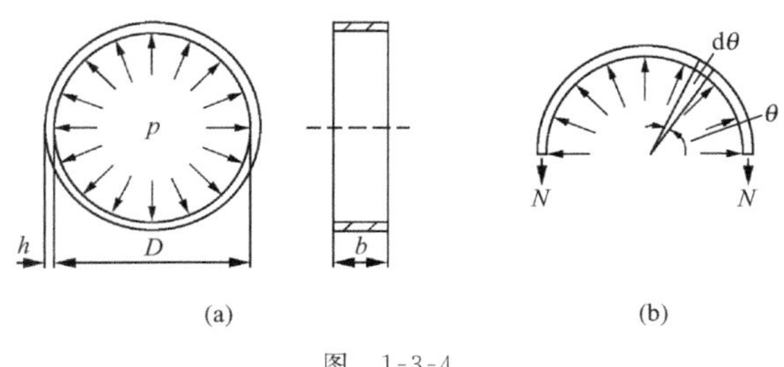

(a)　(b)

图　1-3-4

如图 1-3-4(a)所示的薄壁圆环,壁厚的 h,宽为 b,内径为 D. 为求环向横截面的内力,取自由体如图 1-3-4(b)所示,环向内力为 N. 如果环在内侧受均布压力 p,则单位周线上的分布载荷为 $q=pb$. 考虑自由体铅直方向的平衡有

$$2N=\int_0^{\pi} q\sin\theta \frac{D}{2}\mathrm{d}\theta=qD=pbD,$$

因而

$$N=\frac{pbD}{2}.$$

§1-4　应　　力

如上所述,内力是物体某一截面上合力和合力矩的总称,在一般情况下它还不能表征截面内不同点受力的差别,为此需要引进**应力**的概念. 所谓应力是对截面上某点而言的. 设物体被假想截面剖分为两部分,在截面上某点的邻域内,这两部分相互作用的单位面上力的集度就是这一点的应力. 研究一点的应力仍采用截面法. 为此通过所研究的点做一个假想平面,将物体剖分为两部分,如图 1-4-1 所示,舍去右侧部分,并以内力来代替它对左侧部分的作用. 在截面 A 内取一面积元 ΔA,所研究的点 M 位于面积元 ΔA 内. 以矢量元 $\Delta\boldsymbol{P}$ 代表作用在该面积元上的合力. 用 $\Delta\boldsymbol{P}$ 除以 ΔA 定义了一个新的矢量 $\boldsymbol{\sigma}^*$,其方向与 $\Delta\boldsymbol{P}$ 一致. 我们称 $\boldsymbol{\sigma}^*$ 是面积元

ΔA 上的平均应力.现在令面积元 ΔA 不断缩小,但要使点 M 始终包含在 ΔA 内,也就是面积元将收缩到点 M.在这过程中,矢量 $\boldsymbol{\sigma}^*$ 的大小和方向将连续地变化,当面积元无限缩小时,$\boldsymbol{\sigma}^*$ 趋近于某个矢量 $\boldsymbol{\sigma}$,它就是当面积元 ΔA 收缩到点 M 时,内力元 $\Delta \boldsymbol{P}$ 与面积元 ΔA 之比的极限,即

$$\boldsymbol{\sigma} = \lim_{\Delta A \to 0} \frac{\Delta \boldsymbol{P}}{\Delta A}. \tag{1-4-1}$$

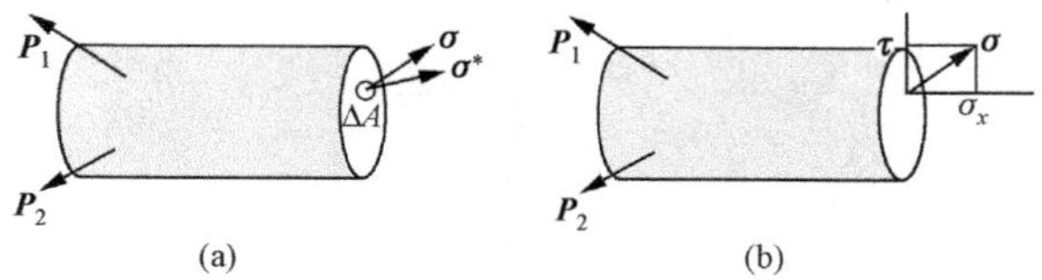

(a)　　(b)

图　1-4-1

我们将这个极限称为在所取截面内的点 M 的**应力**矢量.

将应力矢量 $\boldsymbol{\sigma}$ 分解为三个分量:垂直于截面的分量和在截面内的两个分量.前者称为**正应力**(这里的"正"是指正对着截面,而非正负的正),用 σ_x 表示;后者称为**切应力**或剪应力,用 τ_y 和 τ_z 表示.如果正应力方向与截面外法向一致,则取正值,并称为拉应力;如果与外法向相反,则取负值,称为压应力.应力的量纲是[力]/[面积]=[力]/[长度]^2.采用国际单位制,应力的单位是帕或兆帕,即

$$1\ \text{Pa} = 1\ \text{N/m}^2,\quad 1\ \text{MPa} = 10^6\ \text{Pa}.$$

与内力相比,应力的概念具有更深刻的含义.如果有一根较粗的杆和一根较细的杆,它们的材料是相同的.显然,前者能承受较大的载荷,产生较大的内力,后者只能承受较小的载荷,产生较小的内力.但是两者都是在应力达到某个临界值时(材料相同,这个临界值也相同)发生破坏,因此,工程师检查的是应力.

如果截面上各点的应力矢量(其分量记为 σ_x, τ_y, τ_z)都已知道,那么就可以求出截面上的合力矢量和合力矩矢量(它们分别记为 N_x, Q_y, Q_z 和 M_x, M_y, M_z),这六个分量由下式给出:

$$N_x = \int_A \sigma_x \mathrm{d}A, \tag{1-4-2}$$

$$Q_y = \int_A \tau_y \mathrm{d}A, \tag{1-4-3}$$

$$Q_z = \int_A \tau_z \mathrm{d}A, \tag{1-4-4}$$

$$M_x = \int_A (\tau_z y - \tau_y z) \mathrm{d}A, \tag{1-4-5}$$

$$M_y = \int_A \sigma_x z \mathrm{d}A, \tag{1-4-6}$$

$$M_z = \int_A \sigma_x y \mathrm{d}A. \tag{1-4-7}$$

因此说，截面上内力是截面上应力的合力和合力矩.

如前所述，过点 M 的某个截面定义的应力矢量 $\boldsymbol{\sigma}$，显然与所取截面的方向有关. 如果在这一点 M 取另外方向的截面，也可以类似地定义另外一个应力矢量，它与前面得到的应力矢量是不同的. 过点 M 可以做无限多个不同方向的截面，给出无限多个应力矢量. 因而，单靠某一截面上的应力矢量不能全面地描述一点的应力特性. 我们将过一点所有方向截面上的应力矢量的总体称为这点的应力状态. 描述一点的应力状态要使用二阶张量，称为应力张量. 这二阶张量是由 9 个标量(称为分量)完全确定的. 应力张量的 9 个分量可取为过点 M 的三个互相垂直的面元上的应力矢量的分量. 可以证明，只要这 9 个分量知道了，过点 M 的任何其他截面面元的应力矢量能完全由这 9 个分量表示. 一点应力状态的研究是材料力学的基本内容之一(详见第四章).

一般来说，物体内各点的应力状态是不同的，并且是逐点变化的. 在特殊条件下，物体内各点的应力状态是可以相同的，我们称这个物体处于均匀应力状态之下. 对于均匀应力状态的物体，用截面法定义应力时，平均应力矢量 $\boldsymbol{\sigma}^*$ 就是应力矢量 $\boldsymbol{\sigma}$，无需使用极限过程. 下面我们讨论两种最简单的均匀应力状态：纯拉伸(或称简单拉伸)状态和纯剪切状态.

设在一个长方柱形体的两个端面上作用以均匀分布的法向力(参见图 1-4-2(a)). 这时在任一垂直于柱轴的截面上,各点应力矢量的方向均与法线方向一致,大小都等于端面上分布力的集度. 而在平行于柱轴的截面上,应力矢量为零. 承受这种应力状态的物体叫做处于简单拉伸状态,或者说处于纯拉伸状态.

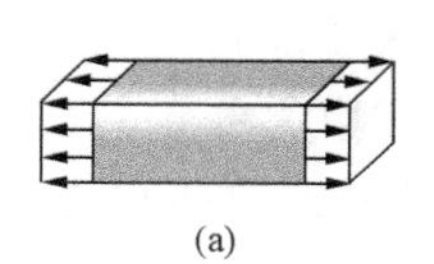

(a)

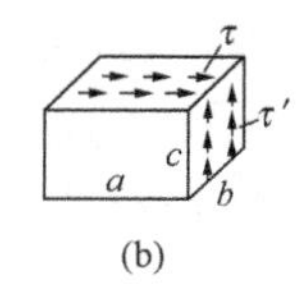

(b)

图　1-4-2

如果一个棱长为 a,b,c 的直六面体(参见图 1-4-2(b))在顶面上作用以均匀分布的切向力,其方向平行于 a 边,单位面积的力(即集度)为 τ,那么在它的下底面上必须也作用以方向相反集度相同的力,才能使外力的主矢量为零. 作用在上下底面的合力,每一个合力都等于 τab,它们一起构成一个力臂为 c 的力偶,其力偶矩为 τabc. 为了平衡这个力偶矩,在右侧面上应作用有均匀分布的切应力 τ',并且在相对的面上作用有反向的均匀分布切应力,它们构成的力偶矩为 $\tau' abc$,由力矩平衡条件得

$$\tau = \tau'. \tag{1-4-8}$$

在直六面体的内部,平行于 a 边和 b 边的平面内以及平行于 b 边和 c 边的平面内,都存在均匀分布的切应力 τ. 这样的直六面体称为处于纯剪切状态. 由式(1-4-8)表述的关系叫做**切应力互等定理**. 它可以更一般地叙述为:过一点的两个互相垂直的截面上,在该点垂直于截面交线的切应力分量彼此相等.

虽然简单拉伸和纯剪切状态在实际构件中是最简单的,但这两种应力状态是构成复杂应力状态的基本成分.

例 1-4-1　纯拉伸杆斜截面上的应力.

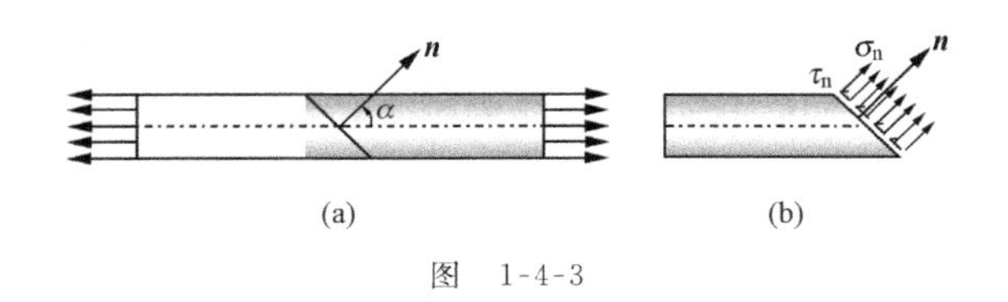

图　1-4-3

受均匀拉伸的杆件如图 1-4-3(a)所示，以倾斜于杆轴的平面将杆件截开得到自由体(参见图 1-4-3(b)). 以 α 代表斜截面法向 **n** 和杆轴间的夹角. 在斜面上作用有均匀分布的正应力 σ_n 和切应力 τ_n. 设杆的横截面面积为 A，则斜截面的面积为 $A_n = A/\cos\alpha$，自由体的平衡条件为

$$\sigma_n A_n - \sigma A\cos\alpha = 0, \quad \tau_n A_n + \sigma A\sin\alpha = 0.$$

由此得

$$\sigma_n = \sigma\cos^2\alpha, \quad \tau_n = -\sigma\sin\alpha\cos\alpha = -\frac{\sigma}{2}\sin 2\alpha. \tag{1-4-9}$$

从这个例子可看出在斜截面上有两个非零应力分量，而在横截面上仅有一个非零应力分量(仅有拉应力). 在横截面上应力有最简单的形式，因而在材料力学中，细长杆的横截面具有最重要的意义.

§1-5　变形和应变

一个长方体，在端面上作用着均匀分布的拉应力，这个长方体处于简单拉伸状态. 在轴向(拉力的方向)将产生均匀伸长(参见图 1-5-1(a)). 如果取线段 ab 是任意的母线或者是平行于母线的直线段，设它在变形前(受力前)的长度为 l，在变形后(受力后)它的长度增加了，记为 l'. 那么伸长量 $\Delta l = l' - l$. 伸长量与初始长度之比 $\Delta l/l$ 叫做**相对伸长**，也称为**线应变**或者**正应变**，并用符号 ε 表示. 由于材料是均匀的，在均匀应力状态下变形也是均匀的，因而应变 ε 的大小与所选取线段的长度无关，也与选的是哪条母线无关,也就是说,ε 的测量与基线无关.

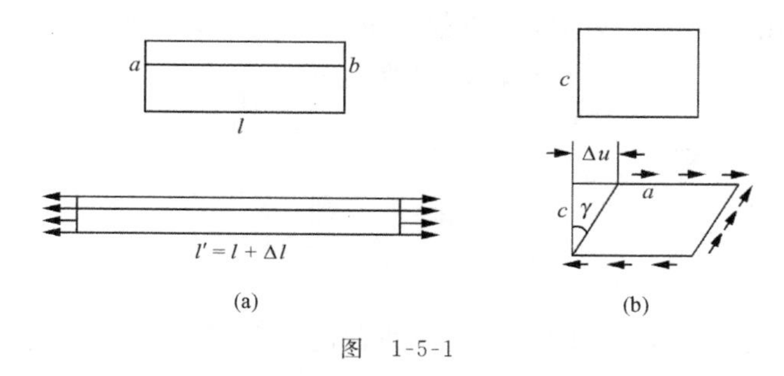

图 1-5-1

经验还告诉我们,长方体在拉伸时其横向(与拉力垂直的方向)尺寸减小了.如果变形前后所取的横向线段分别长 l_1 和 l_1',那么相对伸长为 $\Delta l_1=l_1'-l_1$,由于 $\Delta l_1<0$,所以 Δl_1 是负值,它实际上表示是缩短量.同样可定义线应变 $\varepsilon'=\Delta l_1/l_1$. **横向应变** ε' 和轴向应变 ε 在单向应力状态下通常是反号的.

处于纯剪切应力状态下的长方体所经受的变形具有另外的特征.它的棱长不发生变化,但是某些相邻面之间的直角二面角改变了(参见图 1-5-1(b)).这种变形叫做相对剪切变形.度量这种变形所采用的量是直角的相对变化量.因为通常是小变形,角度的改变量可用 $\Delta u/c$ 表示,这里 Δu 和 c 如图 1-5-1(b)所示,$\Delta u/c$ 称为**切应变**或剪应变,记为 γ.它的单位是弧度.

正应变 ε 和 ε' 以及切应变 γ 都是无量纲量*.正应变和切应变是两种最简单的变形形式,但更复杂的变形也都是这些基本变形形式的组合.

在以后的各章中会看到,对于复杂变形的物体,与应力一样,体内的**应变**也是逐点变化的,是点的坐标的函数.

例 1-5-1 受简单拉伸直杆的轴向位移.

等直杆不同横截面的平移可用轴线上各点位移表示.取杆轴

* 量纲一的量往往称为无量纲量.

左端点为坐标原点，轴向坐标轴指向右方. 如果杆轴位移记为 $u(x)$，则左端点为 $u(o)$，右端点为 $u(l)$. 考虑左端点到点 x 之间的一段直杆，其长度为 x，这段杆的伸长为

$$u(x)-u(0)=\varepsilon x=\frac{u(l)-u(0)}{l}x,$$

于是有

$$u(x)=u(0)+\frac{\Delta l}{l}x, \tag{1-5-1}$$

这样在受均匀拉伸的直杆中，杆的轴向位移随 x 线性变化，而应力和应变则是常数.

§1-6　材料性质、应力-应变曲线

前面几节引进的应力概念是纯静力学的，而应变的概念是纯几何学的. 它们对任何连续介质(固体、液体和气体等)都是适用的. 从这一节开始将讨论固体材料的力学性质. 固体材料的力学性质是由应力与应变之间的某种特定的关系来给出的，而这种关系可以在试验的基础上来建立.

金属类材料力学性质的试验是单向拉伸试验. 在试验时，将一个标准试件安装在拉伸试验机上，缓慢地对试件施加拉伸载荷. 随着载荷的增加，同时记录下不同载荷下试件的变形，即试件标距的伸长 Δl. 载荷 P 除以试件的初始横截面面积 A 就是应力 $\sigma=P/A$，伸长量 Δl 除以初始标距长度 l 就是应变 $\varepsilon=\Delta l/l$. 于是可以得到被测试件的应力-应变曲线(也称为拉伸图).

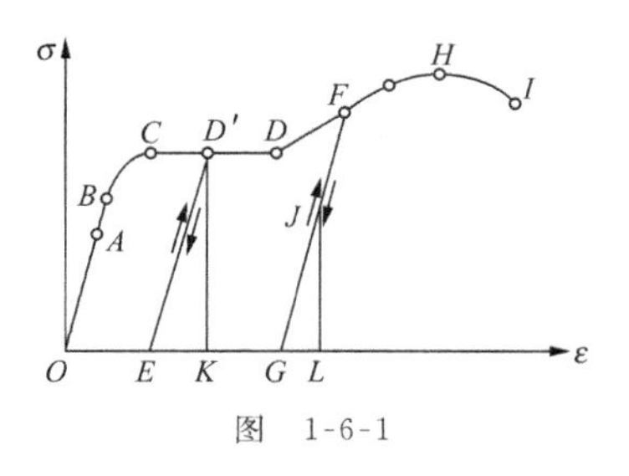

图　1-6-1

图 1-6-1 是室温条件下软钢的拉伸图. 从图可看

出，在曲线上点 A 之前的线段，显示应力 σ 与应变 ε 呈线性关系．在 OA 这一段内，如果卸除载荷，应变会完全消失．这种随外力的卸除其变形完全消失的性质叫做**弹性**，这种可以恢复的变形叫弹性变形．因此称 OA 阶段为线性弹性阶段，点 A 对应的应力 σ_p 称为**比例极限**．从点 A 继续加载，应力-应变曲线开始偏离直线，但在点 B 之前卸载，变形仍可以恢复到零．AB 段称为非线性弹性阶段，点 B 对应的应力 σ_e 值称为**弹性极限**．超过弹性极限之后再卸除载荷，变形将不能完全恢复，这种不能恢复的变形称为残余变形或塑性变形．材料变形的这种不可逆性质称为**塑性**．当加载至点 C 时，载荷尽管不增加，而应变却继续增大，这种现象叫做**屈服**，点 C 对应的应力 σ_s 叫做**屈服极限**或**屈服应力**．当塑性变形累积到一定程度而达到点 D 时，只有继续增加载荷才能继续变形．在点 H 达到最大载荷，对应的应力 σ_b 称为**强度极限**．由点 H 继续变形，至相应点 I 试件断裂．

在应力超过屈服极限 σ_s 之后卸除载荷，应力和应变沿着大致平行于 OA 的直线（$D'E$ 或 FG）减小．当载荷卸至为零时，残留的应变叫做**残余应变**或塑性应变．如果重新加载，应力和应变沿原直线（ED'或 GF）增大，当上升到点 D'或 F 时，与应力-应变曲线重新连接起来．

对于软钢以外的其他金属材料，应力-应变曲线如图 1-6-2 所示．这些曲线无明显的屈服极限，因而将对应于卸载后残余应变为 0.2%的应力值作为屈服极限．

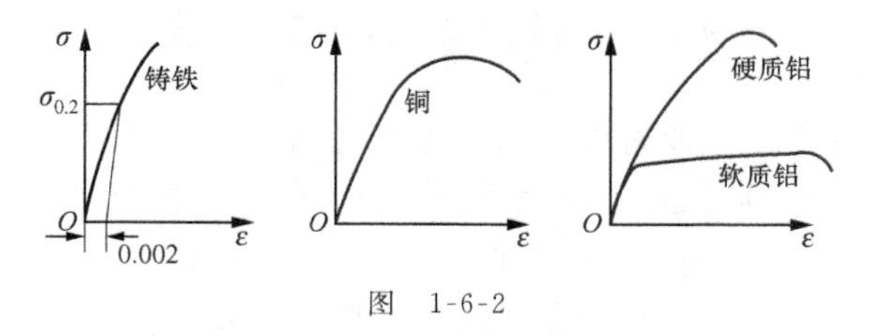

图 1-6-2

对于**岩石类材料**（包括岩石、土体等地质材料和混凝土等工程材料),由于它们的拉伸强度极限较低,通常用压缩试验得到应力-应变曲线.

为了度量材料承受塑性变形的能力,要引用塑性指标,该指标表示材料断裂前的塑性变形能力.常用的塑性指标是**延伸率**,以 δ 表示,它是拉断后试件的塑性应变,即

$$\delta = \frac{l_k - l_0}{l_0} \times 100\%, \tag{1-6-1}$$

其中 l_0 为原标距长,l_k 为拉断后两段试件拼起来的标距长度.工程上一般规定,$\delta \geqslant 5\%$的材料为塑性材料或**韧性材料**,$\delta < 5\%$的为**脆性材料**.材料的延伸率较高,可防止构件因意外超载而突然断裂.高延伸率材料宜于锻压成形.

表 1-6-1 给出了常用材料的强度指标和塑性指标.

表　1-6-1

材料	屈服极限 σ_s/MPa		强度极限 σ_b/MPa		延伸率
	拉伸	压缩	拉伸	压缩	δ/(%)
软钢	235	235	273～461	—	24
铬锰硅合金钢	1206	1373	1687	(缺)	10
灰口铸铁	—	—	147～373	638～1275	<1
退火球墨铸铁	294	(缺)	392	—	10
强铝	324	324	461	—	17
松木(顺纹)	—	—	96	40	—
混凝土	—	—	0.294～6.860	2.45～78.50	—

§1-7　弹性材料、胡克定律

根据材料试验取得的资料以及工程计算的要求,可以建立各种理想化的材料模型.例如完全弹性材料假设、理想塑性材料模型等等.对于这些模型,在一些理论的假设下,给出适合于一般应力状态的应力、应变之间关系的表达式,称为**本构方程**或物理方程.

这一节讨论完全弹性材料模型,或简单地称之为弹性材料.这

种模型假设在载荷作用下产生的变形是完全弹性的，也就是当载荷卸除后，变形完全消失. 显然这是真实材料性质的一种简化，这种模型仅在物体内的应力不超过弹性极限 σ_e 时才能真实地反映真实材料的特性.

弹性材料可更一般地定义为：它是在外力作用下，物体内部各点的应力与应变之间存在着单值关系的一种材料. 从这个定义出发，弹性材料对外部作用的反应显然是与变形路径或应力路径无关的，也就是说，不论过去的历史怎样，只要累积到当前的变形，介质的应力是相同的. 从这个定义出发也会看到，在引起变形和应力的外部作用卸除以后，介质还回到初始状态. 此外，在上述定义中还暗含地假设了变形和应力都是瞬时发生的，在应力变化和应变变化之间没有时间上的先后.

最简单的弹性模型是**线性弹性**，其介质也称为胡克(Hooke)介质. 所谓线性是指应力分量与应变分量之间为线性关系(图 1-7-1). 在简单拉伸或压缩情况下，本构方程是

$$\sigma = E\varepsilon, \tag{1-7-1}$$

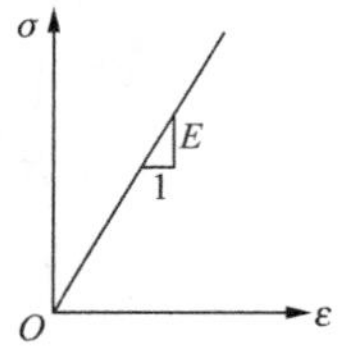

图 1-7-1

而横向应变为

$$\varepsilon' = -\nu\varepsilon = -\frac{\nu}{E}\sigma, \tag{1-7-2}$$

其中 σ 为正应力，ε 和 ε' 分别为轴向应变和横向应变. 在式(1-7-1)中的 E 称为**杨氏模量**(Young modulus)或**弹性模量**，它是联系正应力和纵向应变的比例常数. 对任何材料总有 $E>0$. 在式(1-7-2)中的 ν 称为**泊松比**(Poisson ratio)或横向变形系数. 它表示横向应变与纵向应变的数值比. 式(1-7-1)构成了弹性介质在单向应力状态下的本构关系，通常称为**胡克定律**. 各种材料的杨氏模量和泊松比是通过试验得到的. 例如在金属类材料的拉伸试验中，如图 1-7-2 所示通过在试件表面上贴两个应变片(应变计)，测出试件

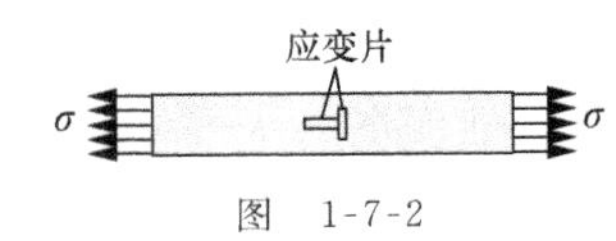

图 1-7-2

的纵向应变 ε 和横向应变 ε'，从而求出杨氏模量 $E=\sigma/\varepsilon$，泊松比 $\nu=-\varepsilon'/\varepsilon$. 对于常见的各种材料，$E$ 和 ν 的值列于表 1-7-1.

表 1-7-1

材料名称	$E/10^5$ MPa	ν
软钢	2.09	0.28
低合金钢(16 Mn)	2.00	0.25～0.30
灰口铸铁	0.60～1.62	0.23～0.27
黄铜	1.0	0.39
铝合金(LY12)	0.71	0.33
橡皮	0.01	0.46
木材(顺纹)	0.09～0.12	—
混凝土	0.15～0.36	0.16～0.18
花岗岩	0.46	0.21
石灰岩	0.58	0.26
砂岩	0.57	0.10

对纯剪切情况，本构方程可写为

$$\tau = G\gamma, \tag{1-7-3}$$

其中 G 称为弹性**切变模量**. 式(1-7-3)也称为**剪切胡克定律**. 沿各方向性质都相同的材料称为**各向同性**材料. 对于各向同性材料，切变模量 $G=E/2(1+\nu)$，G 值可根据 E 和 ν 值计算出来(详见第四章).

工程中所用的材料，除了橡皮和某些高分子聚合物外，弹性模量 E 的值是很高的. 例如，钢的弹性模量 $E=2\times10^5$ MPa. 在弹性分析中的应力值不允许超过屈服极限值，通常它不超过几百 MPa，因而材料中的弹性应变大小是千分之一甚至万分之一的数量级；用我们的术语说，是在小应变范围内.

如果材料的泊松比和弹性模量已知，杆件受拉时的体积变化就可以计算出来. 如果在受拉杆中截出一个各边长为单位值的立方体，则沿轴力方向的伸长量为 ε，变形后的长度为 $1+\varepsilon$，在立方体的两个侧边缩短量为 $\nu\varepsilon$，变形后的长度为 $1-\nu\varepsilon$. 这样，立方体变形后的体积为 $(1+\varepsilon)(1-\nu\varepsilon)^2$，而变形前的体积为 1，则立方体在变形前后的体积的相对变化为

$$\frac{\Delta V}{V}=\frac{(1+\varepsilon)\ (1-\nu\varepsilon)^2-1}{1}.$$

在小应变条件下，忽略高阶小量，上式为

$$\frac{\Delta V}{V}=\varepsilon(1-2\nu),$$

这个量称为单位体积的改变量，也称体应变. 由上式可看出，受力后体积保持不变的材料（称为不可压缩材料），有 $\nu=0.5$；若无横向应变，则 $\nu=0$，因此 ν 在 0～0.5 之间取值. 橡胶和石蜡是两种受拉时体积几乎没有变化的材料，它们的 ν 接近于 0.5. 另一方面，软木是一种 ν 几乎等于零的材料，而混凝土的 ν 大约在 0.1～0.2 之间取值.

更一般的弹性模型是**非线性弹性**，应力和应变之间的关系不再是线性的，但仍有单值的对应关系. 拉压情况的本构方程可表示为

$$\sigma=f(\varepsilon), \tag{1-7-4}$$

其中 $f(\varepsilon)$ 是 ε 的非线性函数. 这个关系也可以在形式上写成式(1-7-1)的样子，但要将 E 理解为是应变 ε 的函数. 铸铁、岩石和橡皮等材料在弹性阶段具有明显的非线性性质. 若用线性关系来表述它们，则会引进不同程度的偏差.

§1-8 弹塑性材料

我们可以以像软钢那种材料的简单拉伸为例，简单地说明弹

塑性材料的性质. 显然,只有材料的应变 $\varepsilon<\sigma_s/E$ 时(这时应力小于屈服极限 σ_s),才可使用弹性的本构方程. 在应变和应力较大时,弹性关系就不适用了. 例如§1-6 中图 1-6-1 所示拉伸曲线上的点 D',其应力 $\sigma=\sigma_s$,载荷完全卸除后保留残余应变(用 OE 长度表示),残余应变也叫**塑性应变**,记为 ε_p. 载荷完全卸除而恢复(消失)的那部分应变(用 EK 长度表示)是弹性应变,记为 ε_e. 这样当应力应变状态在 D'时的总应变 ε(用 OK 长度表示)是弹性应变 ε_e 和塑性应变 ε_p 之和:

$$\varepsilon=\varepsilon_e+\varepsilon_p. \tag{1-8-1}$$

当应力应变状态在点 F 时可同样讨论,仍有式(1-8-1)的关系. 当从点 F 卸载至点 J,其应力 σ^J 是该点的纵坐标值,总应变 ε^J(用 OL 长度表示)也是弹性应变 ε_e^J(用 GL 长度表示)和塑性应变 ε_p^J(用 OG 长度表示)之和. 因此,总应变可分解为弹性应变和塑性应变之和,即式(1-8-1),对弹塑性材料各种应力应变状态是普遍适用的.

在图 1-6-1 上,从点 G(应力为零,但有塑性应变 ε_p)开始加载,直至达到点 F 之前,增加的应力和增加的应变之间是线性关系,这与从点 O 加载至点 A 以前的关系类似,因此,可以将点 F 处的应力也看做是一种屈服极限. 如果从图 1-6-1 所示的曲线出发,扣除弹性应变 ε_e,可建立应力和塑性应变之间的关系曲线,如图 1-8-1 所示.

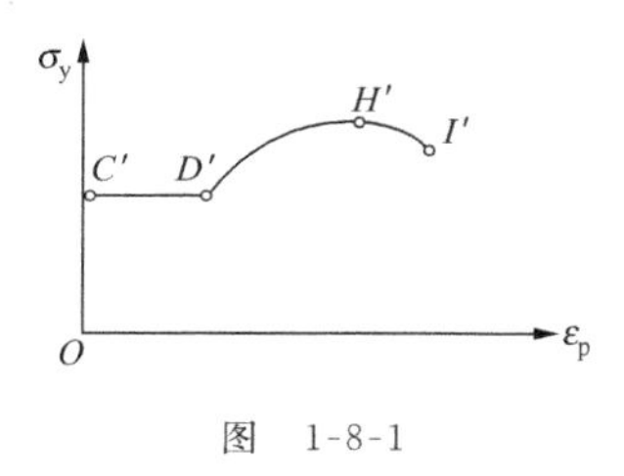

图　1-8-1

图 1-8-1 所示的这条曲线显示的是屈服极限随塑性应变而变化的关系,被称为材料的屈服强度曲线,屈服强度可以记做 $\sigma_s(\varepsilon_p)$. 当 $\varepsilon_p=0$ 时的 σ_s 值就是拉伸图上开始屈服时的应力,这时可叫做初始屈服极限. 随塑性应变 ε_p 的出现和增大,相应的屈服极限 $\sigma_s(\varepsilon_p)$ 叫做后继屈服极限. 如图 1-8-1 所示,在 $C'D'$ 段

$\sigma_s(\varepsilon_p)$为常数(或用 $d\sigma_s=0$ 表示),叫做理想塑性阶段;在 $D'H'$段,σ_s 随 ε_p 而上升(或用 $d\sigma_s \cdot d\varepsilon_p>0$ 表示),叫做强化塑性阶段;而在 $H'I'$段,σ_s 随 ε_p 而下降(或用 $d\sigma_s \cdot d\varepsilon_p<0$ 表示),叫做软化塑性阶段.

在弹塑性力学的数值计算和理论研究中,直接使用像图 1-6-1 那样的实验曲线,是很不方便的.通常是根据实验曲线和研究目的去建立简化的模型.例如对软钢材料,它的屈服平台 CD 相当长,大致为弹性极限 σ_e 对应的应变的 10~20 倍.同时软钢材料比例极限 σ_p、弹性极限 σ_e 和屈服极限 σ_s 的值相差不大,在实用中可认为它们是相同的,对应于拉伸图上的同一点.这样,我们提出一个十分简化的模型(图 1-8-2),认为屈服平台无限延伸.这种模型称为弹性-理想塑性模型,简称**理想弹塑性**模型.它的应力应变曲线为

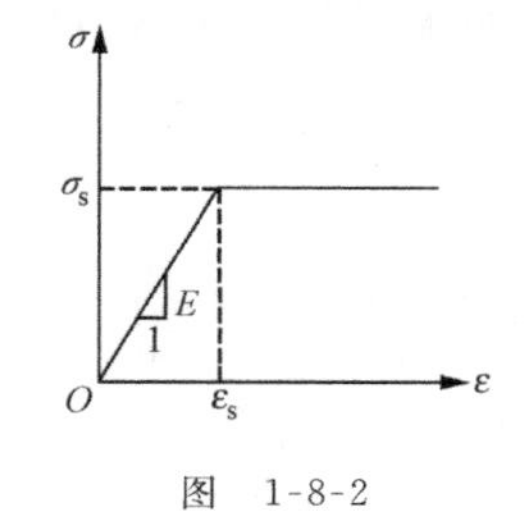

图 1-8-2

$$\begin{cases}\sigma = E\varepsilon, & \varepsilon \leqslant \varepsilon_s, \\ \sigma = \sigma_s, & \varepsilon > \varepsilon_s,\end{cases} \tag{1-8-2}$$

式中 σ_s 是常数,$\varepsilon_s=\sigma_s/E$.

如果考虑材料的强化特性,常用的两种模型是线性强化弹塑性模型(图 1-8-3)和幂次强化弹塑性模型(图 1-8-4).当材料的强化率较高且在一定范围内变化不大时,可用双折线代替材料的拉伸曲线,即使用线性强化的模型.它的应力应变曲线可表示为

$$\begin{cases}\sigma = E\varepsilon, & \varepsilon \leqslant \varepsilon_s, \\ \sigma = \sigma_s + E'(\varepsilon - \varepsilon_s), & \varepsilon > \varepsilon_s,\end{cases} \tag{1-8-3}$$

其中 E'称为强化模量.幂次强化模型的应力应变曲线可表示为

$$\sigma = B\varepsilon^m, \tag{1-8-4}$$

式中材料常数 B 和 m 满足条件 $B>0, 0<m<1$.这种模型在$\varepsilon=0$处的斜率为无穷大,近似性较差,但这种模型在数学上比较容易

处理.

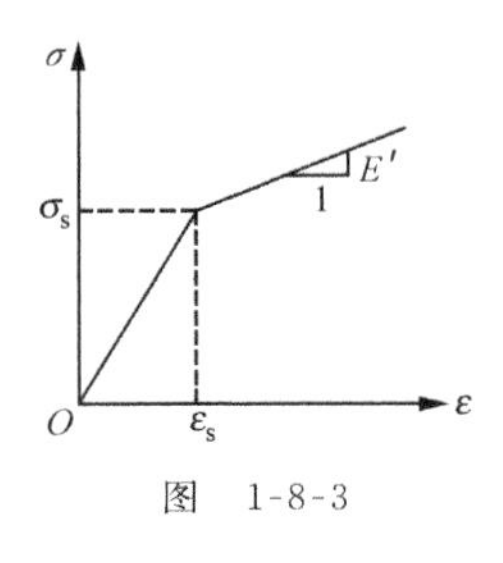

图　1-8-3

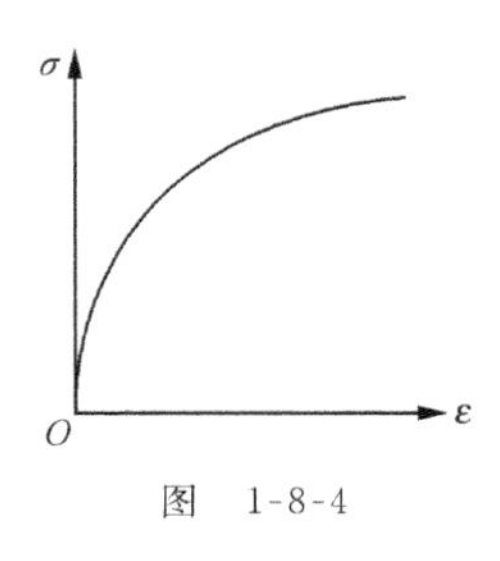

图　1-8-4

如果同时考虑材料的强化和软化特性,可以使用一种负指数形式的模型(图 1-8-5),它的表达式为

$$\sigma = E\varepsilon\mathrm{e}^{-\varepsilon/\varepsilon_{\mathrm{H}}}, \tag{1-8-5}$$

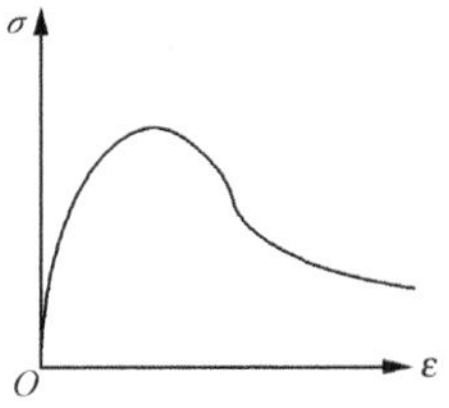

图　1-8-5

其中 E 和 ε_{H} 是材料常数,E 为初始切模量($\varepsilon=0$ 处曲线切线的斜率),ε_{H} 是峰值应力所对应的应变,称为峰值应变.这种模型在岩石类材料中使用时,式(1-8-5)中的 σ 和 ε 应理解为压应力和压应变.该模型在研究地震和岩石工程稳定性问题中曾使用过.

如应变总是增加的,那么可由式(1-8-2)～(1-8-5)所示曲线,从应变单值地确定应力,并且表征应力和应变状态的点始终保持在曲线上.这时的弹塑性应力应变关系和非线性弹性没有什么本质上的区别.一种材料是非线性弹性还是弹塑性,要从卸载时的性质来识别.非线性弹性材料在应变反向减小时,应力和应变沿同一曲线变化并返回原点,而弹塑性材料的应力和应变却沿一条大致平行于初始弹性阶段的直线减小,当应力完全卸除时,应变不能完全消失,塑性应变被保留下来,仅仅是弹性应变消失了.因此对弹塑性材料来说,不能简单地用式(1-8-2)等代表本构关系.弹塑性变形的本构性质在加载和卸载时是不同的,本构性质与应变和应力的历史有关,它必须以增量的形式表示.如果设当前状态的应力为σ,应变为ε,塑性应变为ε_p,那么在增量$d\varepsilon$下,应力增量由下式给出:

$$\begin{cases} d\sigma = E d\varepsilon, & \text{当 } \sigma < \sigma_s(\varepsilon_p), \\ & \text{或当 } \sigma = \sigma_s(\varepsilon_p), \text{但 } d\varepsilon < 0, \\ d\sigma = E_T d\varepsilon, & \text{当 } \sigma = \sigma_s(\varepsilon_p), \text{但 } d\varepsilon > 0, \end{cases} \quad (1\text{-}8\text{-}6)$$

其中E_T是应力应变曲线的切线模量.在式(1-8-6)中,$\sigma_s(\varepsilon_p)$是当时的屈服极限;$\sigma<\sigma_s(\varepsilon_p)$表示当时状态(即$\sigma,\varepsilon,\varepsilon_p$构成的状态)是弹性状态;$\sigma=\sigma_s(\varepsilon_p)$表示当时状态是塑性状态;在塑性状态下,$d\varepsilon<0$表示塑性卸载,$d\varepsilon>0$表示塑性加载.由式(1-8-6)得到应力增量$d\sigma$,进而得到塑性应变增量$d\varepsilon_p=d\varepsilon-d\sigma/E$后,就可得到下一时刻状态量为$\sigma+d\sigma,\varepsilon+d\varepsilon,\varepsilon_p+d\varepsilon_p$.以此不断重复做增量计算,便可得到最后的应力、应变和塑性应变.

§1-9　黏弹性材料

在前面几节介绍的弹性材料和弹塑性材料中,应力和应变的产生都是瞬时发生的,这种性质叫做时间无关性.金属材料在高温条件下,在常载荷下可产生随时间而变化的变形.高分子材料(聚合物)、有机生成的材料在常温下也能产生随时间而变化的变形,这种性质叫做时间相关性,或者说,材料具有黏性.

对不同的黏性材料来说,其变形过程的内部机制是不同的,它们的进行性态表观上也不一样.但对许多材料,在突然施加和卸去载荷时,应变随时间的变化如图1-9-1所示.如果在时间$t=0$的瞬时在试件下施加应力σ,将立刻产生瞬时应变$\varepsilon_0=\sigma/E_0$,其中E_0是瞬时弹性模量,也称为冲击弹性模量或初始弹性模量.在这个常应力σ作用下试件随

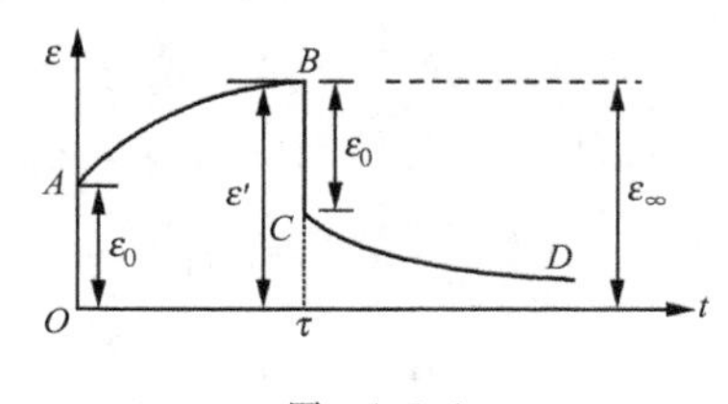

图　1-9-1

时间继续伸长，曲线 AB 段表示随时间伸长的变化. 这条曲线有一水平渐近线，其纵坐标为 ε_∞，它是当时间趋于无穷大时达到的应变. 应变 ε_∞ 的大小与所作用的应力成正比，$\varepsilon_\infty=\sigma/E_\infty$. 这里 E_∞ 称为持久弹性模量，有时也称为渐近弹性模量. 如果在某个时刻（在图 1-9-1 的点 B）卸去试件载荷，试件立刻缩短了，对应于大小为 ε_0 的应变. 而后将沿曲线 CD 进一步随时间缩短，水平坐标轴是这条曲线的渐近线. 当时间趋于无限大时，试件恢复到初始长度.

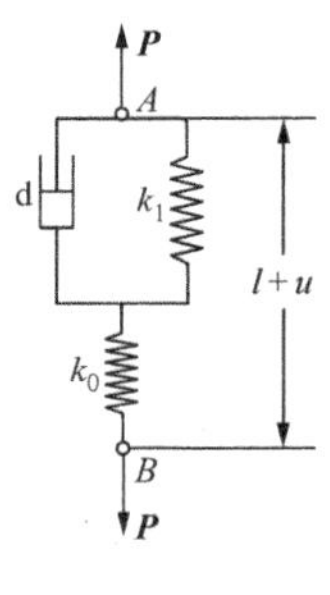

图　1-9-2

现在研究用图 1-9-2 表示的力学系统，它的性质与图 1-9-1 表示的材料性质类似. 这里 k_0 和 k_1 是两个有相应刚度的弹簧；d 是一个由活塞和油缸组成的黏壶. 如果活塞以速度 v 移动，它的运动阻力与速度成正比，比例系数等于 η. 如果将一个不变的力 $\boldsymbol{P}$ 作用在这个系统上，首先将弹簧 k_0 拉长，在点 A 和 B 之间瞬时的相对伸长为 $u_0=P/k_0$. 弹簧的抗力与其伸长成正比，因此在初始瞬时 k_1 不承受载荷，载荷全部作用在黏壶上. 随着活塞的运动，弹簧 k_1 开始伸长，承受一定的力，也就是说，部分力转移到弹簧 k_1 上，活塞速度减小，而最后黏壶的抗力减低至零，所有的载荷作用在两个串联的弹簧上. 我们用 u_1 表示弹簧 k_1 的伸长，同时也是活塞的位移. 活塞的速度是 $\dot{u}_1$，它的运动阻力等于 $\eta\dot{u}_1$，在弹簧 k_1 上的力是 k_1u_1，这两力的合力等于 P：

$$P=k_1u_1+\eta\dot{u}_1, \tag{1-9-1}$$

然而 $u_1=u-u_0$，这里 u 是总位移（在点 A 和 B 之间距离的变化），u_0 是施加力 P 的初始瞬时位移，正如我们看到 $u_0=P/k_0$，所以有 $\dot{u}_0=\dot{P}/k_0$. 在式(1-9-1)中消去 u_1，我们得到

$$P=k_1\left(u-\frac{P}{k_0}\right)+\eta\left(\dot{u}-\frac{\dot{P}}{k_0}\right),$$

或者

$$k_1 u + \eta \dot{u} = P\left(1 + \frac{k_1}{k_0}\right) + \frac{\eta}{k_0}\dot{P},$$

将上面方程改写为下面形式：

$$\frac{k_1}{\eta}u + \dot{u} = \frac{k_1}{\eta}\left(\frac{1}{k_1} + \frac{1}{k_0}\right)P + \frac{1}{k_0}\dot{P}. \tag{1-9-2}$$

为将受拉试件的性质和所研究的力学系统对比，我们用相对变形 ε 代替 u，用应力 σ 代替 P，材料常数 k_1/η 是一个对应的新的常数，记为 μ，刚度 k_0 对应于瞬时弹性模量 E_0，$1/k_0 + 1/k_1$ 对应于持久模量的倒数 $\frac{1}{E_\infty}$. 于是我们得到联系应力、应变和它们对时间一阶导数的下述方程：

$$\mu\varepsilon + \dot{\varepsilon} = \frac{\mu}{E_\infty}\sigma + \frac{1}{E_0}\dot{\sigma}. \tag{1-9-3}$$

能用方程式(1-9-3)表述其性质的材料称为**黏弹性**材料. 实际上，当 $\mu=0$，这个方程转化为胡克定律. 当 $E_0 \to \infty$，从它得到

$$\sigma = E_\infty \varepsilon + \frac{E_\infty}{\mu}\dot{\varepsilon},$$

这是开尔文模型(弹性流体)的本构方程. 上式右端的第一项是弹性抗力，第二项是正比于应变速度的黏性阻力. 如果 $E_\infty \to 0$，而 μ 以同样方式趋于无限小，以使比值 E_∞/μ 保持常数，我们得到黏性流体(牛顿流体)的本构方程，其中应力和应变速度成正比.

现在我们回过来再讨论一般情况的方程(1-9-3).

(1) 当快速加载时，在方程(1-9-3)中 $\dot{\varepsilon}$ 和 $\dot{\sigma}$ 项是占优势的，其他项可以忽略，因而得到

$$\dot{\varepsilon} = \frac{1}{E_0}\dot{\sigma},$$

于是

$$\varepsilon = \frac{\sigma}{E_0}.$$

而在加载足够长时间以后，$\dot{\varepsilon}$ 和 $\dot{\sigma}$ 变得很小，在方程(1-9-3)中，对应的项可以忽略，此后可以得到

$$\varepsilon = \frac{\sigma}{E_\infty}.$$

(2) 在杆件上瞬时作用以应力 σ_0，它引起瞬时应变 $\varepsilon_0 = \sigma_0 / E_0$. 假设应力保持常数，因而 $\dot{\sigma}=0$. 方程(1-9-3)变为

$$\mu\varepsilon + \dot{\varepsilon} = \frac{\mu}{E_\infty}\sigma_0. \tag{1-9-4}$$

这是一个关于 ε 的微分方程，在初始条件 $\varepsilon(0)=\varepsilon_0=\sigma_0/E_0$ 下很容易求得相应的积分

$$\varepsilon = \varepsilon_0 + \left(\frac{\sigma_0}{E_\infty} - \varepsilon_0\right)(1 - \mathrm{e}^{-\mu t}). \tag{1-9-5}$$

上式在 $t=0$ 时得到 $\varepsilon=\varepsilon_0=\sigma_0/E_0$，在 $t\to\infty$ 时得到 $\varepsilon=\sigma_0/E_\infty$. 方程(1-9-5)描述了图 1-9-1 曲线的 AB 段. 这种在外部载荷保持恒定的情况下，变形随时间增加的现象叫做**蠕变**.

(3) 在杆件受常应力 σ_0 作用之后，在时刻 τ 卸去载荷. 卸去载荷之前的应变是 ε'，它可按式(1-9-5)令 $t=\tau$ 求得. 在移去载荷的时刻，瞬时恢复了应变 ε_0，剩余的应变为 $\varepsilon'-\varepsilon_0$. 此后应变不断地随时间恢复，这个过程可以令 $\sigma_0=0$ 用方程(1-9-4)描述. 初始条件为当 $t=\tau$ 有 $\varepsilon=\varepsilon'-\varepsilon_0$，方程的解可由式(1-9-5)得到，只要在其中令 $\sigma_0=0$，ε_0 改为 $\varepsilon'-\varepsilon_0$，$t$ 改为 $t-\tau$. 因此在图 1-9-1 的 CD 段曲线可用下述公式表述：

$$\varepsilon = (\varepsilon' - \varepsilon_0)\mathrm{e}^{-\mu(t-\tau)}. \tag{1-9-6}$$

(4) 假设试件瞬时受力，应力为 σ_0，此时应变 $\varepsilon_0=\sigma_0/E_0$. 此后试件两端固定，长度保持不变，在试件中的应力将随时间变化. 实际上，在方程(1-9-3)中设 $\dot{\varepsilon}=0$，$\varepsilon=\sigma_0/E_0$，我们得到

$$\dot{\sigma} + \mu\frac{E_0}{E_\infty}\sigma = \mu\sigma_0.$$

在初始条件 $\sigma(0)=\sigma_0$ 下将上述方程积分，得

$$\sigma=\sigma_0\left\{\left(1-\frac{E_\infty}{E_0}\right)e^{\left(-\mu\frac{E_0}{E_\infty}t\right)}+\frac{E_\infty}{E_0}\right\}.\tag{1-9-7}$$

这种在长度保持不变的黏弹性材料试件中应力下降的现象叫做**应力松弛**. 按式(1-9-7)给出的应力松弛曲线如图 1-9-3 所示. 应力下降到的最后数值是在持久弹性模量下应变 ε_0 所对应的应力.

在上述的黏弹性试件中,在突然施加应力 σ 得到瞬时应变$\varepsilon_0=\sigma/E_0$之后,依然随时间产生进一步的应变;但在时刻 τ 卸去应力,试件立即缩短 ε_0 的数值,而后剩下的伸长值随时间而减小,经过足够长的时间后完全消失. 于是,试件的变形好像是弹性的,但这种弹性的出现是迟到的,因此这种**黏弹性**性质也叫做弹性后效.

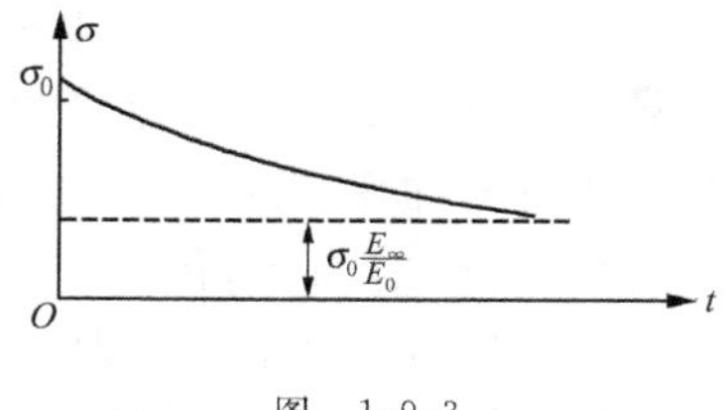

图　1-9-3

§1-10　黏塑性材料

在§1-8 中介绍的塑性变形是瞬时发生的不可逆变形(永久变形),具有时间无关性. 另外,还有一种与时间相关的不可逆变形. 在外部作用保持不变的条件下,随时间而出现的不可逆变形称为**黏塑性**变形. 在卸去载荷后,弹性变形可以消失,而在蠕变过程积累起来的那一部分变形则不能恢复,因此可以将蠕变叫做塑性后效. 对于钢材来说,当温度超过 400℃时会出现蠕变现象. 高分子材料和某些岩石在常温条件下也具有蠕变现象.

如果试件在常应力作用下,它将随时间产生缓慢的变形,应变与时间关系可用如图 1-10-1 所示的曲线表示,此曲线也称为蠕变曲线. 图中 ε_0 是瞬时应变. 曲线上线段Ⅰ是非定常蠕变阶段,其应变速度随时间增加而增速逐渐减小;线段Ⅱ是定常蠕变阶段,其应

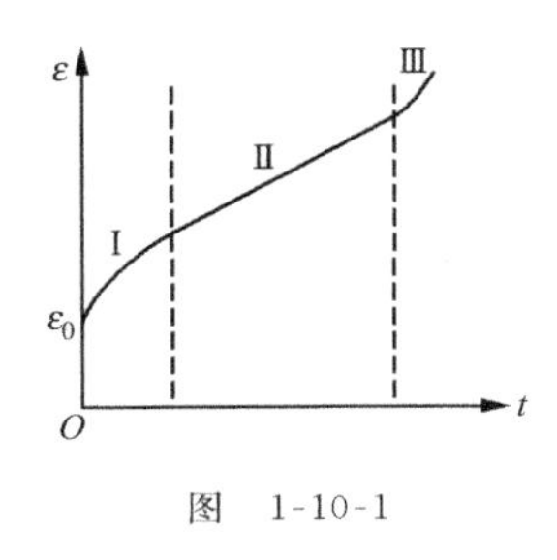

图 1-10-1

变速度近似为常值；线段Ⅲ是加速蠕变阶段，其应变速度随时间逐渐增加，最后导致蠕变断裂. 由于材料、载荷和温度的不同，曲线上相应各段的相对长短将有很大不同. 瞬时应变 ε_0 可以是弹性的，与应力成比例；在较大的应力下(超过了屈服极限)，ε_0 可能基本上是弹塑性的，它与应力成非线性关系.

在某些情况，曲线的第二阶段可能很短，仅是靠近蠕变曲线拐点的小区域，这样的曲线(图 1-10-2)是在高应力水平下所特有的. 另一方面，许多材料的蠕变曲线如图 1-10-3 所表征，蠕变速度很快地达到常数值，而且在足够长的时间内保持这个常数值. 直到破裂之前几乎所有变形都是以常速度进行的. 这类曲线是在中等应力水平下涡轮机制造业所用钢材所特有的性质.

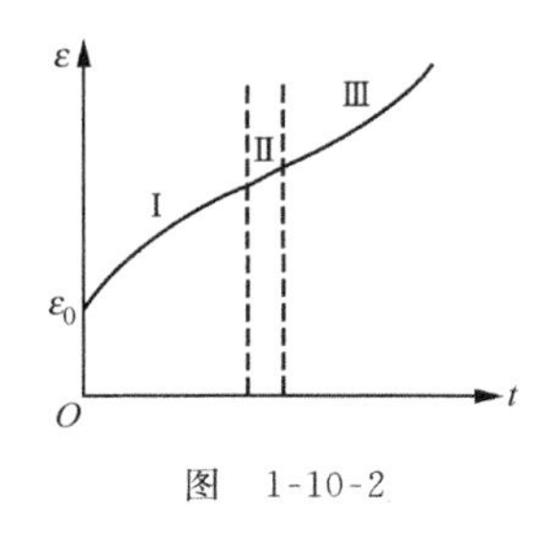

图 1-10-2

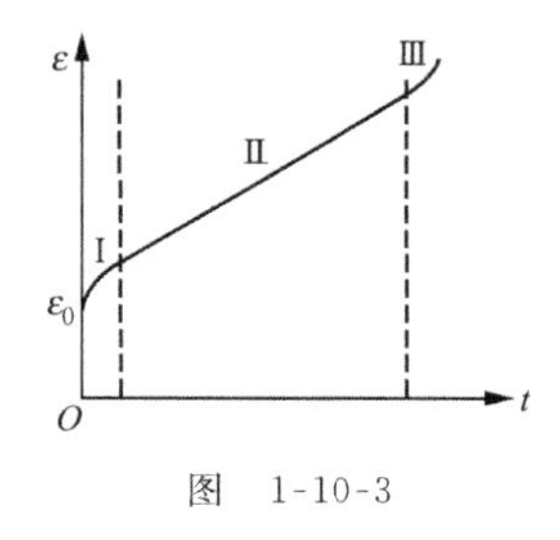

图 1-10-3

在大多数情况，做蠕变试验的时间远小于实际产品的运行时间. 例如，蒸汽轮机的工作时间可达几年和几十年. 由于条件所限，材料试验的时间通常不超过 2000～5000 小时. 因此，蠕变曲线的外推问题，即根据比较短时间的试验预言长时间的蠕变特征，具有非常重大的意义. 对所有材料和所有工作条件而言，这个问题远没有解决. 不过，许多学者提出了各种蠕变曲线的经验公式，以适用于各种不同情况. 最简单的经验公式是针对图 1-10-3 所示的蠕变曲线提出来的，在这里忽略了第一阶段的蠕变，并认为所有蠕变应

变都以常速度 $v(\sigma)$ 发生的. 因此有

$$\varepsilon_c = v(\sigma)t, \tag{1-10-1}$$

其中 ε_c 是蠕变应变. 在试验时要尽力保证有足够长的时间,以便能可靠地得到直线段并确定它的斜率. 人们对常温下定常阶段的蠕变速度与应力的关系已做过相当精致的研究. 对函数 $v(\sigma)$ 经常使用的经验公式是

$$v(\sigma) = B\sigma^n, \tag{1-10-2}$$

$$v(\sigma) = k\mathrm{e}^{\left(\frac{\sigma}{A}\right)}, \tag{1-10-3}$$

$$v(\sigma) = k\,\mathrm{sh}\left(\frac{\sigma}{s}\right), \tag{1-10-4}$$

其中 A,B,n,k,s 在固定温度下是常数. 式(1-10-3)和(1-10-4)在较大应力情况下给出与实际相一致的结果;然而在较小应力情况,式(1-10-3)一般是不适用的,因为在 $\sigma=0$ 时它给出有限大小的速度,但对较大应力此式足够精确.

如果用时间的幂次函数描述蠕变应变

$$\varepsilon_c = S(\sigma)t^m,$$

那么,蠕变曲线的第一阶段能得到足够好的近似. 对大多数材料,参数 m 在 1/3～1/2 范围内取值.

当蠕变曲线与直线明显不同时,或者当我们需要考虑小应变,以至非定常蠕变阶段不可忽略时,我们需要使用蠕变的演化方程. 我们知道,在第一阶段蠕变速度的减小是与材料的强化有关,自然想到用累积的蠕变应变代替强化程度,也就是说,我们认为蠕变应变速度不仅与应力和温度有关,也与蠕变应变的大小有关. 因此,我们得到下面方程:

$$\dot{\varepsilon}_c = \varphi(\sigma, T, \varepsilon_c), \tag{1-10-5}$$

其中 T 是热力学温度. 方程(1-10-5)是关于 ε_c 的演化方程. 如果不发生初始塑性应变,那么 $\varepsilon_c=\varepsilon-\sigma/E$.

演化方程可适用于蠕变条件下结构稳定的材料. 对一般形式的演化方程求解是有困难的,因此通常将函数 $\varphi(\sigma, T, \varepsilon_c)$ 简化为

足够简单的解析表达式. 对于非定常蠕变阶段, 下式是一个很好的近似表达式:

$$\dot{\varepsilon}_c \varepsilon_c^{\alpha} = k\exp\left(\frac{\sigma}{A}\right), \tag{1-10-6}$$

这里 A 为截面面积, $\alpha>1$. 如果我们要考虑对温度 T 的依赖关系, 我们可取

$$k = k_0 \exp\left(-\frac{U_0}{K_0 T}\right),$$

其中 U_0 是材料的热激活能, K_0 是玻尔兹曼常数. 对于处于温度为 500～1000 K (K 是热力学温度的单位, 其名称为开尔文 (Kelvin), 简称"开") 的常用金属材料, U_0/K_0 有 15000～35000 K 的数量级.

例 1-10-1　根据演化方程(1-10-6)确定蠕变第一阶段的解析表达式.

当应力 σ 是常数时, 将方程(1-10-6)在初始条件 $t=0, \varepsilon_c=0$ 下积分, 得

$$\varepsilon_c = \left[(1+\alpha)kt\exp\left(\frac{\sigma}{A}\right)\right]^{\frac{1}{1+\alpha}}.$$

考虑到总应变 $\varepsilon=\varepsilon_0+\varepsilon_c$, ε_0 是初始的瞬时应变, 得总应变 $\varepsilon(t)$ 为

$$\varepsilon(t) = \varepsilon_0 + B\exp\frac{\sigma}{(1+\alpha)A}t^{\frac{1}{1+\alpha}}, \tag{1-10-7}$$

其中, $B=[(1+\alpha)k]^{\frac{1}{1+\alpha}}$. 如果初始应变是弹性的, 则 $\varepsilon_0=\sigma/E$. 在时间值不大时, 式(1-10-7)可用来模拟蠕变曲线的过程.

例 1-10-2　设试件受瞬时应力 σ_0 作用, 产生瞬时应变 ε_0, 随后将试件两端固定. 计算在蠕变条件应力松弛的规律.

在小应变条件下, 全应变 $\varepsilon(t)$ 可分解为弹性应变 $\varepsilon_e(t)$ 和蠕变应变 $\varepsilon_c(t)$ 之和. 在试件被两端固定情况下, 全应变 $\varepsilon(t)$ 总量为 ε_0. 于是

$$\varepsilon_c(t) = \varepsilon_0 - \varepsilon_e(t),$$

而试件内应力 $\sigma(t)$ 与变形的关系为

$$\sigma(t) = \sigma_0 - E\varepsilon_c(t). \tag{1-10-8}$$

设材料遵循演化方程(1-10-6),将应力 σ 代入该方程,并分离变量,我们得

$$\varepsilon_c^{\alpha}\exp\left(\frac{E\varepsilon_c}{A}\right)d\varepsilon_c = k\exp\left(\frac{\sigma_0}{A}\right)dt. \tag{1-10-9}$$

仅当 α 是整数时,上式左端才是可积的;对 α 为任意值时,这个积分经常用数值方法计算.这样我们将求出蠕变应变 ε_c 和时间 t 的关系,从而由式(1-10-6)再求出应力 σ 随时间的变化.在试件长度不变的情况下,这种由于蠕变而使应力下降的现象,也称为应力松弛.

现在比较一下黏弹性方程(1-9-3)和蠕变方程(1-10-5),我们可看出前者是线性的,而后者显然是非线性的.蠕变方程的非线性特性使这类问题求解异常困难.在许多材料中黏弹性与蠕变现象同时存在,这使问题变得更为复杂.

从§1-7到§1-10我们介绍了固体材料的弹性、塑性和黏性等性质.在材料力学中,构件和结构的强度计算、刚度计算和稳定性计算主要是针对弹性材料进行的.塑性和黏性材料的问题将在相应的后续课中介绍,本书后文将不再涉及这些方面的内容.

§1-11　小结和讨论

本章内容可分成两部分:前面五节介绍了构件及杆系的载荷和约束条件,应力、应变和位移等基本概念,以及截面法和自由体平衡等基本方法;后面五节介绍了固体材料的力学性质,重点是弹性和强度(包括屈服极限和强度极限).为了使读者对固体材料的性质有更全面地了解,还介绍了塑性和黏性.

从本章开始,通过引用狄拉克 δ 函数,将集中力形式地看做分布力,在后文还利用广义函数将集中力偶矩形式地看做分布力偶

矩.这样,对于既有集中载荷又有分布载荷作用的杆件,可将载荷一视同仁,通过平衡微分方程的积分,得到用广义函数表示的内力和变形的一般表达式(通解).所有这些方面的内容是本书的一个亮点.

当前工程结构和机械零部件的设计主要采用的是弹性设计方法.所谓弹性设计是指材料和构件在破坏和失效之前,始终处于弹性状态,用弹性分析确定内力和变形,并根据材料的强度条件、构件的刚度条件和稳定性条件来确定构件所能承受载荷的大小.

本书后文主要讨论与构件和杆系弹性设计有关的问题,不再涉及材料的塑性和黏性性质以及构件的塑性设计和黏性设计,不涉及的这些内容全部留给后续课程.

习　　题

1.1　如图所示的圆轴在皮带轮作用下等速转动,两皮带轮直径均为 d.试说明圆轴将发生何种变形,并求 B 轮左侧截面和右侧截面上的内力分量.

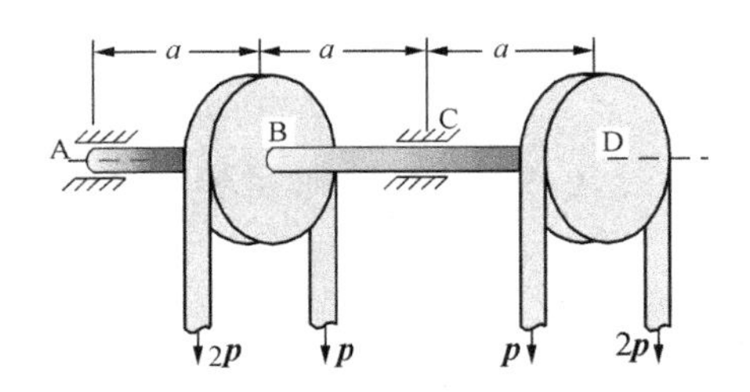

题 1.1 图

1.2　图示两端铰支的梁(不计自重),中间承受一外力偶矩 $\boldsymbol{M}_0$.试求:

(1) 支座的反作用力;

(2) 1-1,2-2 截面上的内力(1-1,2-2 是无限接近外力偶矩 $\boldsymbol{M}_0$ 的截面).

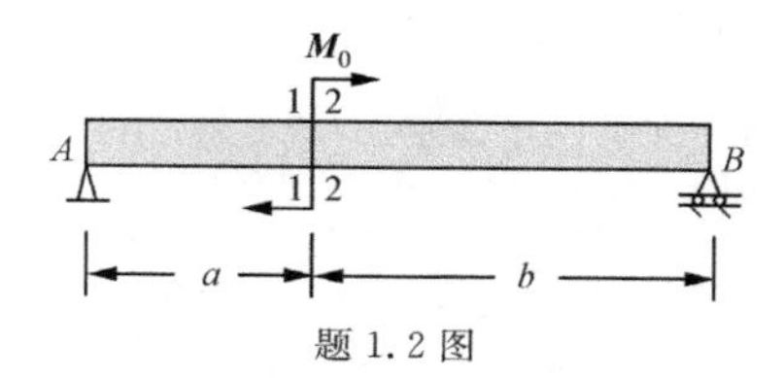

题 1.2 图

1.3 如图所示杆系结构,已知 BD 杆杆长为 6 m, 各杆自重均不计.试求:

(1) AB 杆横截面上的内力;

(2) BD 杆 1-1 截面上的内力.

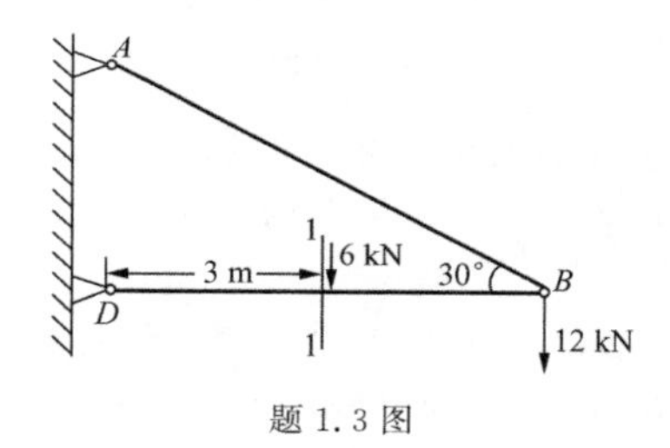

题 1.3 图

1.4 图示为一承受压缩载荷的混凝土柱基横截面.

(1) 若使一集中载荷在该截面上产生均布正应力,试求出该载荷作用点的坐标 $\bar{x}$ 及 $\bar{y}$;

(2) 若该集中载荷等于 2.4×10^7 N 时,试求压应力 σ_c.

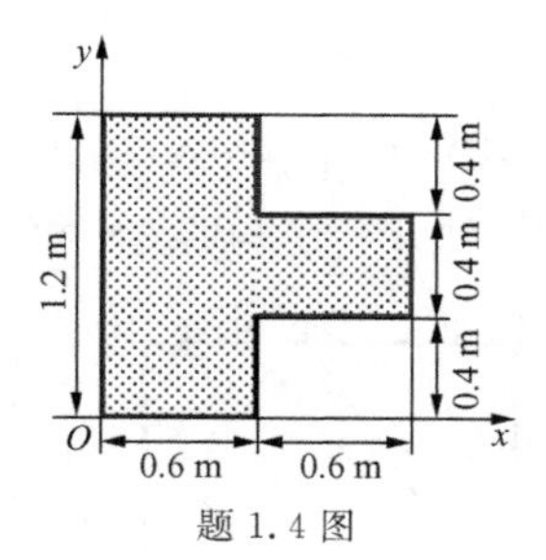

题 1.4 图

1.5 如图所示一座两层楼房内立柱 ABC 的截面为空心正方箱形.截面的外部尺寸为 200 mm×200 mm,壁厚为 16 mm.作用在柱顶处的载荷为 $P_1=80$ kN,作用在中间的载荷为 $P_2=100$ kN.试求由这些载荷所引起的立柱两部分内的压应力 σ_{AB} 和 σ_{BC}.

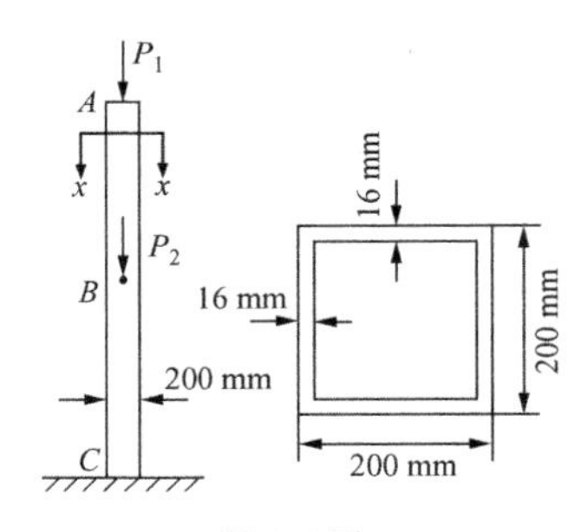

题 1.5 图

1.6　一个长 $l=0.5$ m 的圆筒受到压力 $\boldsymbol{P}$ 的作用,如图所示. 圆筒的外径和内径分别为 30 mm 和 25 mm. 在筒的外表面放置一应变片来测量纵向应变.

(1) 若测得的应变 $\varepsilon=-900\times10^{-6}$,求筒的缩短量;

(2) 若要使圆筒的压应力为 60 MPa,那么载荷 P 应为多少?

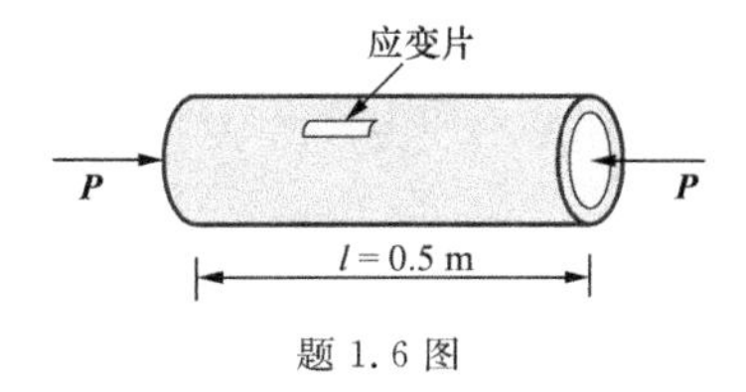

题 1.6 图

1.7　如图所示单元体 ABCD 的边长为 dx,dy,其中 $\varepsilon_x=\varepsilon_y=0$,但其切应变为 $\gamma(\gamma\ll1)$,试求与 x 轴成 45°方向的 AE 线的线应变 ε_{AE}.

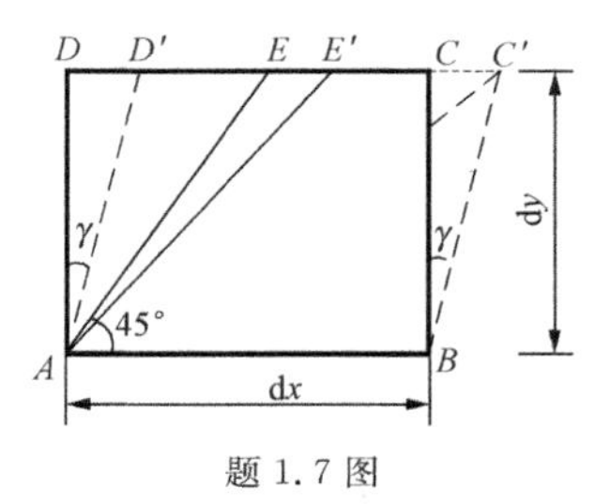

题 1.7 图

1.8 如图所示一矩形薄盘，其边长分别为 $b=150\text{ mm}$，$c=200\text{ mm}$，其材料的弹性模量 $E=2.8\text{ GPa}$，泊松比 $\nu=0.40$. 当沿边长方向施加切应力 $\boldsymbol{\tau}$ 时，其一条对角线伸长了 1.2 mm，求切应力 $\boldsymbol{\tau}$ 的大小.

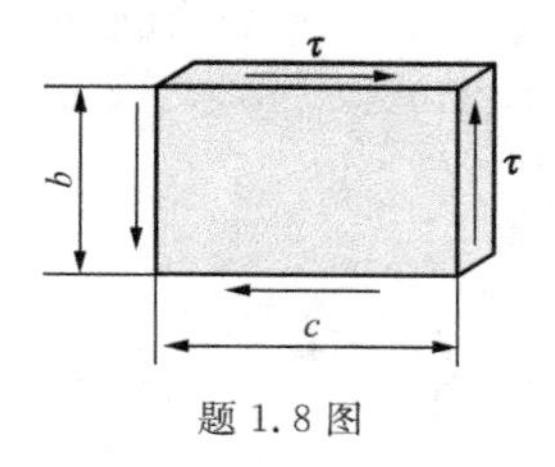

题 1.8 图

1.9 铜丝的直径 $d=2\text{ mm}$，长 $l=500\text{ mm}$. 材料的拉伸曲线如图所示. 如欲使铜丝的伸长为 30 mm，则力 $\boldsymbol{P}$ 大约需加多大？

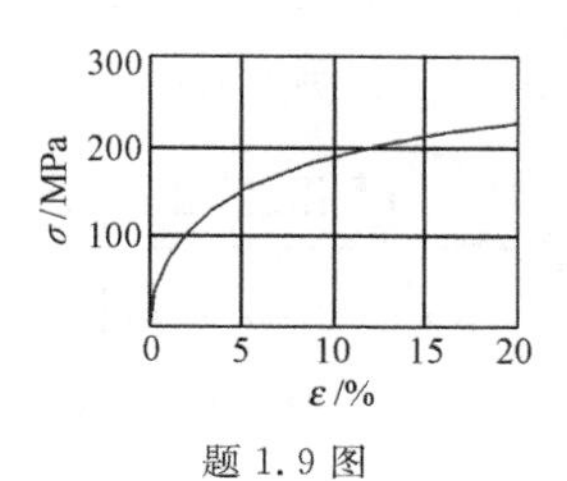

题 1.9 图

1.10 一根长 2 m 铝合金圆杆，直径为 10 mm，其应力-应变曲线（如图所示）可表示成下面的函数关系：

$$\varepsilon=\frac{\sigma}{70000\sigma_0}\left[1+\frac{3}{7}\left(\frac{\sigma}{270\sigma_0}\right)^9\right],$$

其中 σ 以 MPa 为单位，$\sigma_0=1\text{ MPa}$. 设材料是弹塑性材料，若对杆施加轴向力 $P=20\text{ kN}$，然后撤去，求杆的残余伸长量.

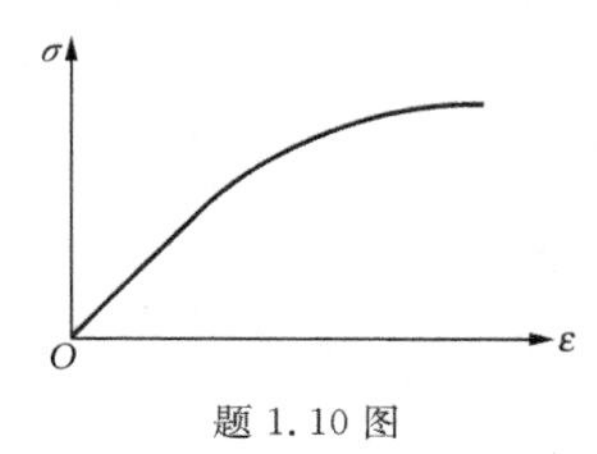

题 1.10 图

1.11　对一根直径为 10 mm、标距为 50 mm 的黄铜试件进行拉伸试验(如图所示). 当拉力 P 增加到 25 kN 的,标距增加了 0.152 mm.

(1) 试求出黄铜的弹性模量;

(2) 若已知试件的体积不变,求试件直径的减少量 Δd;

(3) 若已知黄铜的泊松比为 0.39,求试件的体积膨胀系数 e(体积改变量与原体积之比).

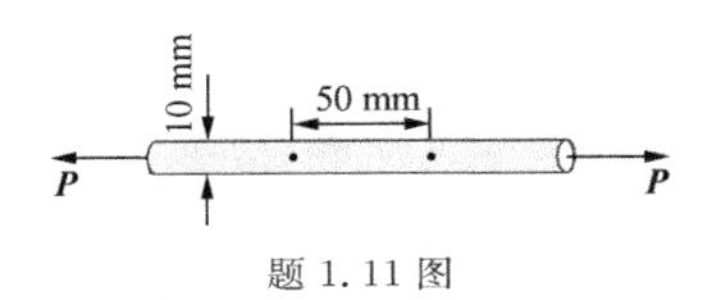

题 1.11 图

1.12　图示为一长为 2 m 的结构钢棒的应力应变曲线. 材料的屈服极限为 250 MPa,弹性模量为 200 GPa. 在轴向拉伸载荷的作用下让钢棒伸长 6.5 mm,然后卸载,求钢棒的最终伸长量.

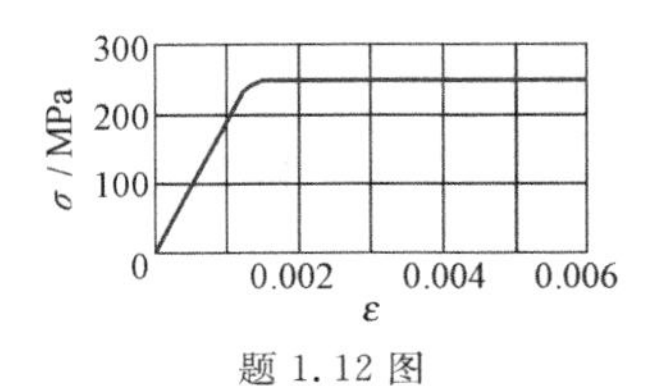

题 1.12 图

第二章 拉伸和压缩

§2-1 直杆的拉伸和压缩、圣维南原理

这一章研究材料力学最简单的问题——直杆的拉伸和压缩.

直杆是大多数工程结构的基本构件. 图 2-1-1 所示的公路桥桁架是由许多直杆用铆钉连接而成的. 许多机器零件如螺钉、轴和连杆都简化为直杆. 因此,直杆和杆系的计算是材料力学的首要问题. 计算这些问题,使用材料力学方法是完全够用的.

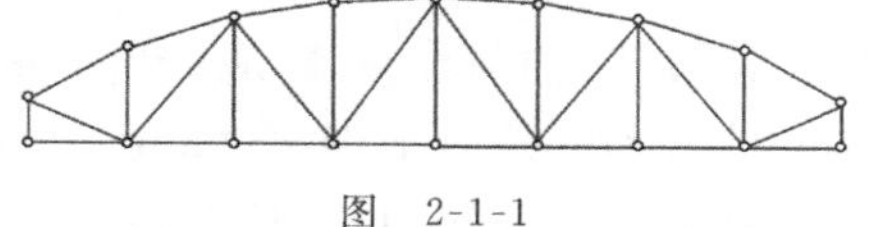

图 2-1-1

现在考虑一种理想化的情况,假设在直杆的两个端面上作用有均匀分布的法向载荷 p(图 2-1-2),由 §1-5 的讨论可知,该直杆处于均匀的拉伸应力状态,而应力 $\boldsymbol{\sigma}$ 的大小等于端面分布载荷的集度 p,即 $\sigma=p$. 如果改变法向载荷的方向,则得到均匀单向压缩状态,它与均匀拉伸状态的差别仅在于应力改变了符号,即 $\sigma=-p$.

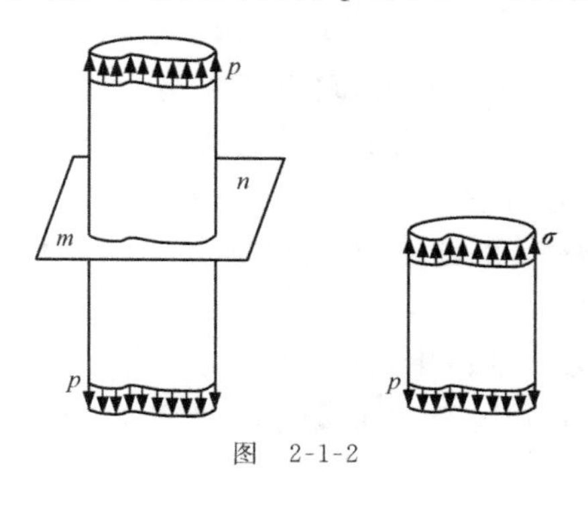

图 2-1-2

在实际问题中,作用于杆端面上的载荷是相当复杂的,它与各种各样的施力方式有关. 在图 2-1-3 中表示了几种施加载荷的可能方式. 在情况(a),载荷是铆钉或螺栓作用在孔壁上的某种分布

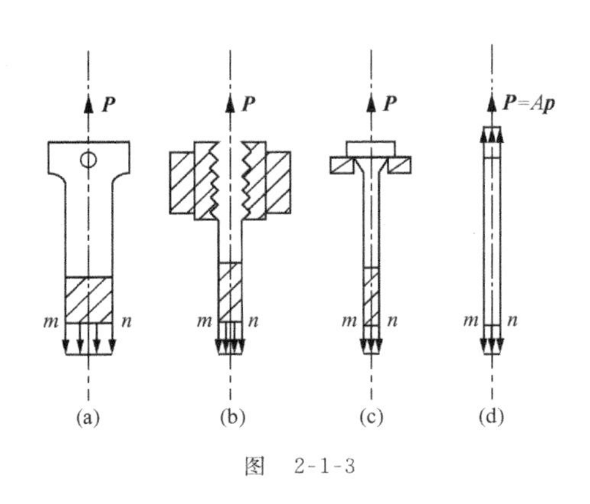

图　2-1-3

压力. 在情况(b)和(c),试验机施加给试件的载荷是用有刻纹的钳子或有孔的卡头来实现的. 还可举出更多施加载荷的具体情况,其方式都是不同的. 但在实际工作中对受拉直杆进行计算时,并不考虑施加载荷的具体方式,而只注意作用在杆的端部表面上分布力的合力. 这种作法的合理性是以圣维南(Saint-Venant)原理为依据的.

圣维南原理可表达为:在杆端作用力的方式,仅对距杆端为横向尺寸的范围内有影响.

在图 2-1-3(a),(b),(c)中端部受力方式不同,所引起的杆内应力的差异仅局限于端部附近,其区域的尺度与杆横向尺寸 d 是同一数量级,在杆端部以外的大部分区域应力分布是相同的. 这样,我们研究细长杆受拉、压载荷作用时,可以不去逐个地研究它们受力的具体形式,只要端面上所受分布力的合力是一个平行杆轴方向,并通过端面形心的力,我们就说,这根直杆被拉伸了,而且除了端部的一个很小范围外,直杆处于均匀拉伸应力状态,也就是如图 2-1-3(d)所示的情况.

由于在离开端部大小为 d 的范围之处,正应力实际上是均匀分布的,相应的伸长变形也是均匀的. 因而原来的横截面在变形后仍保持为平面,而且彼此平行. 这个重要结论称之为平截面定律或**平截面假设**. 这个假设有时候被认为是直杆拉伸和压缩计算的理论基础. 当然,这个假设仅适用于那些离杆端和载荷作用点距离不小于横向尺寸的那些截面.

在这一章,我们将直杆在拉伸和压缩时的区别仅看做是作用力的方向不同和相应的应力符号不同.实际上,拉伸与压缩的差别要深刻得多,在直杆受压时可能出现一种新的现象——丧失稳定.这些内容将在第八章介绍.

§2-2　拉伸和压缩时杆内的应力和变形

首先讨论如图 2-2-1 所示的拉杆,其横截面面积为 A,在杆的两端面上作用均匀分布拉应力,我们在图上用合力 $\boldsymbol{P}$ 表示,它是已知的外力.为了确定内力和应力,用一个假想的垂直于杆轴的平面 S 将杆切开,将其左部分看成自由体,在 S 面上用内力 $\boldsymbol{N}$ 代替右部分对左部分的作用(图 2-2-1).由自由体的平衡条件

$$N-P=0,$$

得内力值

$$N=P.$$

由于平截面假设,应力在截面上是均匀分布的.由应力的定义得

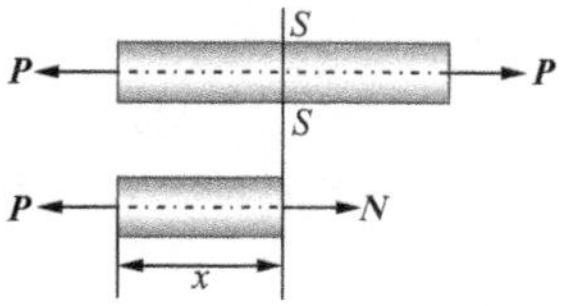

图　2-2-1

$$\sigma=N/A=P/A. \tag{2-2-1}$$

这个例子过于简单,内力的方向是显然的,它指向右方为拉力.但在较复杂的问题中求内力和应力时,要特别注意它们的符号.外力(载荷和支反力)的正负号是相对于坐标系来确定的,这里坐标轴的正向指向右方(未在图中画出).作用在杆左端面上的外力是负值,记为 $-P$.然而对内力 $\boldsymbol{N}$ 来说,它的正负号的确定不仅与力的指向有关,也与作用面的外法向(相对于自由体而言)的指向有关.在图 2-2-1 中所示自由体的情况下,截面外法向的指向为正(即沿着坐标轴的正向),此时正向力对应的内力取正号,负向力对应的内力取负号.如果截面的外法向指向为负(在上例中将右半部分当做自由体时就是这种情况),那么负向力对应的内力取正号,正向力对应的内力取负号.总之,与外法线方向一致的内力为正,相反的为负.这样定义的结果是,正内力对应于拉伸时的内力,

负内力对应于压缩时的内力. 因为内力 $\boldsymbol{N}$ 的符号与应力 $\boldsymbol{\sigma}$ 的符号总是一致的,上述讨论同样适用于应力的符号. 所以,拉应力为正,压应力为负.

现在来看如图 2-2-2 所示的压杆. 由自由体方法可以立刻在假想截面上直接地画上压力,并用 $|\boldsymbol{N}|=-\boldsymbol{N}$ 表示它的绝对值. 也可以形式地在截面上画上拉力,用 $\boldsymbol{N}$ 表示它. 在第二种情况下,内力 $\boldsymbol{N}$ 的符号是由平衡条件自动确定的. 无论采用哪种方法,我们得到同样的平衡条件

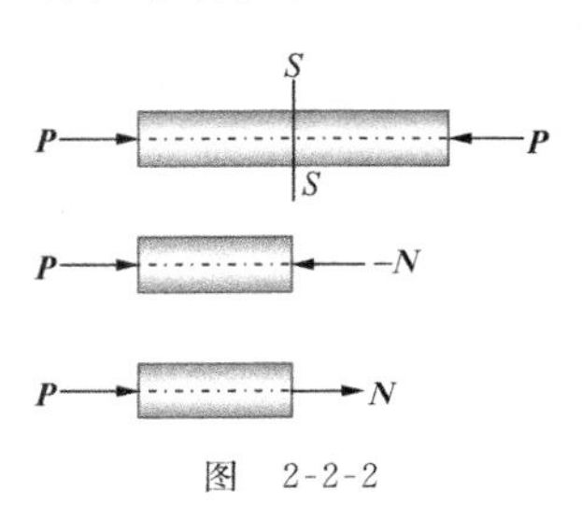

图 2-2-2

$$N+P=0,$$

由此得

$$N=-P,$$

因而

$$\sigma=-\frac{P}{A}.$$

上式中的负号表示压应力的指向与截面法线方向相反.

现在研究杆的变形. 杆件承受拉力时,它必定在拉伸方向(也称做轴向)伸长;在受压时必然在轴向缩短. 因为如其不然,外力将做负功,这是荒谬的. 用 l 表示未受力时杆的长度,l'表示变形后的长度,则 $\Delta l=l'-l$ 为受力杆长度的变化. 对于单向拉伸或压缩,应变的相对伸长

$$\varepsilon=\Delta l/l. \tag{2-2-2}$$

如果 $\Delta l>0$,ε 也是正的,杆伸长了;如果 $\Delta l<0$,ε 是负的,杆缩短了.

对于线性弹性材料,由胡克定律给出应力-应变关系为

$$\varepsilon=\frac{\sigma}{E}. \tag{2-2-3}$$

由式(2-2-1)和(2-2-2),上式可以改写为

$$\Delta l=\frac{Nl}{EA} \tag{2-2-4}$$

或

$$N=\frac{EA}{l}\Delta l=k\Delta l, \tag{2-2-5}$$

式中的 A 代表直杆的横截面面积;$k=EA/l$ 称为直杆的**刚度**.式(2-2-4)和(2-2-5)说明直杆所受的力与伸长之间有线性关系.刚度 k 表示直杆单位伸长时所需力的大小,刚度越大,杆越不易变形.EA 是单位长度直杆的刚度,它由材料性质和横截面的大小完全确定,在本书中它叫做**截面刚度系数**或称截面刚度.

例 2-2-1 如图 2-2-3 所示的直杆,在左端面作用以力 $\boldsymbol{P}$,在中间截面和右端面各作用以外力 $\boldsymbol{P}/2$,求杆的内力和变形.

首先在 x 处,$x<l/2$,用假想截面截得自由体,根据平衡条件得

$$N=P;$$

其次,假设截面取 $x>l/2$ 处,类似地得

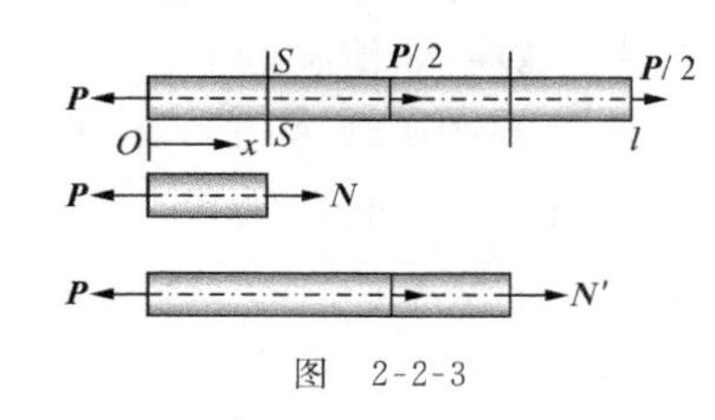

图 2-2-3

$$N=P/2.$$

于是有

$$N=\begin{cases}P, & 0\leqslant x<l/2,\\ P/2, & l/2<x\leqslant l;\end{cases}$$

$$\sigma=\begin{cases}P/A, & 0\leqslant x<l/2,\\ P/2A, & l/2<x\leqslant l.\end{cases}$$

中间截面的两侧杆的内力是不同的,因而应变也不同.分别按式(2-2-4)求出左右半长杆的伸长,并将其相加,得到杆的总伸长

$$\Delta l=\frac{P(l/2)}{EA}+\frac{(P/2)(l/2)}{EA}=\frac{3}{4}\frac{Pl}{EA}.$$

例 2-2-2 如图 2-2-4 所示,在杆的左端面和中间截面上作

用有大小相等方向相反的力 P. 求杆的内力和变形.

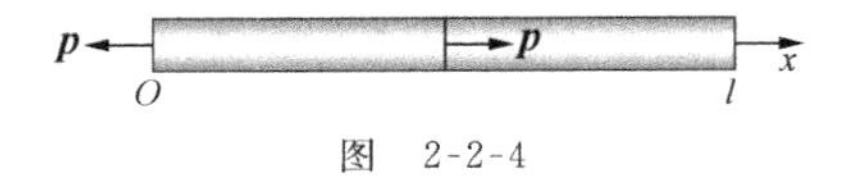

图　2-2-4

完全与例 2-2-1 类似,可得内力和变形如下:

$$N=\begin{cases}P, & 0\leqslant x\leqslant l/2,\\ 0, & l/2<x\leqslant l;\end{cases}$$

$$\sigma=\begin{cases}P/A, & 0\leqslant x\leqslant l/2,\\ 0, & l/2<x\leqslant l;\end{cases}$$

$$\Delta l=\frac{P(l/2)}{EA}+\frac{0\cdot(l/2)}{EA}=\frac{1}{2}\frac{Pl}{EA}.$$

在上述两个例子中,杆左右两部分的内力和变形是不同的,因而是一种非均匀变形杆,当然它们是最简单的非均匀变形直杆. 现在我们考虑最一般情况的非均匀变形杆. 直杆可以是变截面的,横截面面积是 x 的函数 $A(x)$;并设在这个杆上设 Ox 轴方向作用有体积力载荷 $\gamma(x)$(重力和惯性力等). 单位杆长上体积力载荷的大小将是

$$q(x)=\gamma(x)A(x). \tag{2-2-6}$$

对于截面面积随 x 变化得很剧烈的杆,平截面假设就不再成立了. 事实上,以圆截面杆为例,我们用两个相邻近的截面 m-n 和 p-q 截出一个薄片,并将其圆柱部分去掉. 得到一个剖面大致为三角形的圆环形自由体(图 2-2-5). 在环的底面上作用着正应力 $\boldsymbol{\sigma}$;环的外侧面为自由表面不受力;由于环是处于平衡状态,内侧面上必然有切应力 $\boldsymbol{\tau}$;又根据切应力互等定理,横截面上也必然有切应力作用,因而横截面上不再是简单的均匀正应力分布了. 但是,

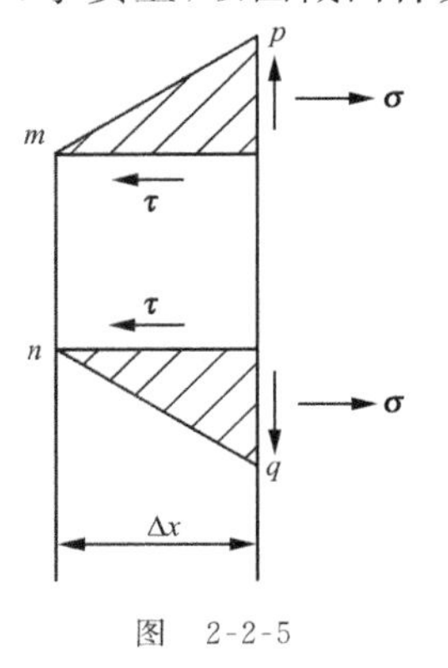

图　2-2-5

如果杆的母线的切线与杆轴的夹角非常小(远小于 1),由平衡条件可知 $\tau \ll \sigma$,切应力可忽略不计,这时,平截面假设近似成立. 我们所研究的变截面杆正是属于这种情况.

由于平截面假定,有

$$\sigma = N/A(x). \tag{2-2-7}$$

现在建立内力 $\boldsymbol{N}$ 与体力载荷 $\boldsymbol{q}(x)$ 的关系. 为此取相距为 Δx 的两个横截面,用它们截出的自由体和受力情况如图 2-2-6 所示.

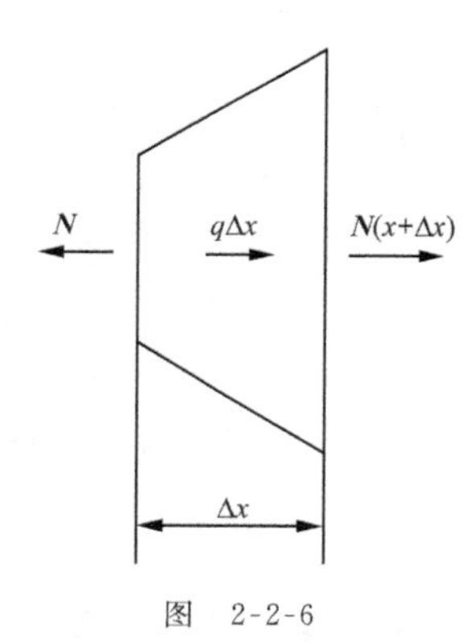

图　2-2-6

用 $N(x)$ 和 $N(x+\Delta x)$ 分别表示自由体左截面和右截面上的内力. 考虑单元体的平衡,得

$$N(x+\Delta x) - N(x) + \int_x^{x+\Delta x} q(x)\,\mathrm{d}x = 0.$$

根据积分的中值定理,上式可改写为

$$N(x+\Delta x) - N(x) + q(\xi)\Delta x = 0,$$

其中 $x \leqslant \xi \leqslant x+\Delta x$. 上式各项同除以 Δx,并令 $\Delta x \to 0$,则得

$$\frac{\mathrm{d}N}{\mathrm{d}x} + q(x) = 0. \tag{2-2-8}$$

对于静定问题,支反力可由总体平衡条件求出:

$$N(0) = -R(0), \tag{2-2-9}$$

对式(2-2-8)积分可得

$$N(x) = N(0) - \int_0^x q(x)\,\mathrm{d}x = -R(0) - \int_0^x q(x)\,\mathrm{d}x. \tag{2-2-10}$$

再由式(2-2-7)求出应力分布 $\sigma(x)$.

下面进一步考虑如何确定杆的变形. 由于杆沿轴向的变形是非均匀的,引用位移的概念较为方便. 由于平截面假设,横截面沿 x 轴的整体平移或横截面上各质点的位移完全可用轴线上各点的位移来描述. 轴线上坐标为 x 的质点位移用 $u(x)$ 表示，研究长度为 Δx 的一小段杆 AB. 设点 A 的位移和点 B 的位移分别为 $u(x)$ 和 $u(x+\Delta x)$，点 A 和点 B 的坐标分别为 x 和 $x+\Delta x$，如图 2-2-7 所示. 由于变形产生了位移，变形后点 A 和点 B 的坐标分别为 $x+u(x)$ 和 $(x+\Delta x)+u(x+\Delta x)$，因此，变形后 AB 的长度为

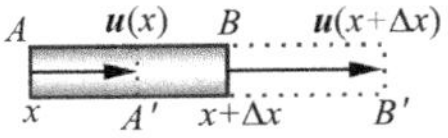

图　2-2-7

$$[(x+\Delta x)+u(x+\Delta x)]-(x+u(x))$$
$$=\Delta x+u(x+\Delta x)-u(x).$$

这小段杆的原长为 Δx，现在伸长了

$$u(x+\Delta x)-u(x),$$

平均应变 $\bar{\varepsilon}$ 的定义为相对伸长

$$\bar{\varepsilon}=\frac{u(x+\Delta x)-u(x)}{\Delta x},$$

当 $\Delta x\to 0$ 时，就得到应变 $\varepsilon(x)$ 为

$$\varepsilon(x)=\frac{\mathrm{d}u}{\mathrm{d}x}, \tag{2-2-11}$$

这就是应变与位移之间的关系，而应变 ε 和应力 σ 之间的关系仍采用式(2-2-3)，杨氏模量 E 也可以是坐标 x 的函数. 应力 σ 和内力 N 之间的关系采用式(2-2-7)，这里 N 和 A 都可以是坐标 x 的函数. 于是应变 ε 用轴向力 N 表示为

$$\varepsilon(x)=\frac{N(x)}{E(x)A(x)},$$

将上式代入式(2-2-11)，并积分得

$$u(x)=u(0)+\int_0^x\frac{N(x)}{E(x)A(x)}\mathrm{d}x, \tag{2-2-12}$$

其中 $u(0)$ 是 $x=0$ 处横截面(即左端面)的位移. 而整个杆的伸长是两个端面的相对位移，即

$$\Delta l=u(l)-u(0)=\int_0^l\frac{N(x)}{E(x)A(x)}\mathrm{d}x. \tag{2-2-13}$$

如果是均匀变形杆，上式就是式(2-2-4).

例 2-2-3　自重引起的杆的应力和变形.

矿井升降机的吊索或石油钻井机的钻杆由于很长，因而由自重引起的应力和变形必须考虑(图 2-2-8). 设杆是均质和等截面的，用 γ_0 表示材料的容重*，则单位长度的体积力载荷 $q=A\gamma_0$. 用 l 表示杆长，那么支反力 $R=-Al\gamma_0$. 设杆上端固定，则有 $u(0)=0$. 由式(2-2-10)，

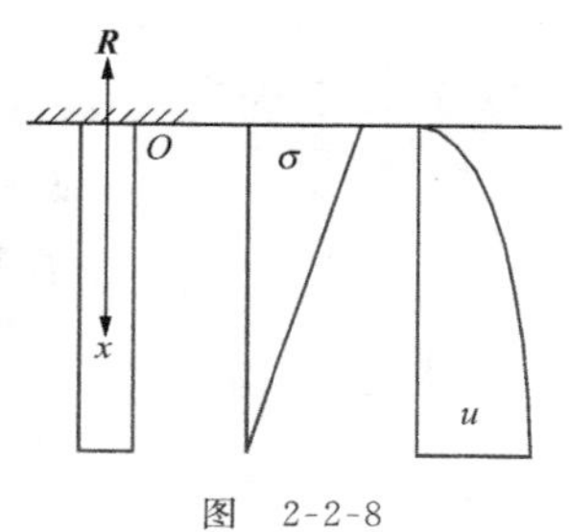

图　2-2-8

$$N(x)=Al\gamma_0-\int_0^x A\gamma_0\,\mathrm{d}x=A\gamma_0(l-x).$$

因而应力

$$\sigma(x)=\gamma_0(l-x)$$

是随着 x 线性变化的，最大应力发生在 $x=0$ 的截面上，即 $\sigma_{\max}=\gamma_0 l$.

将 $N(x)$ 代入式(2-2-12)，得轴向位移

$$u(x)=u(0)+\int_0^x\frac{\gamma_0(l-x)}{E}\mathrm{d}x=\frac{\gamma_0}{E}\left(l-\frac{x}{2}\right)x,$$

可见位移沿轴向的变化规律是一条抛物线. 杆的总伸长为

$$\Delta l=u(l)-u(0)=\frac{1}{2}\frac{\gamma_0 l^2}{E},$$

将杆的总重量记为 $W=\gamma_0 lA$，上式可改为

$$\Delta l=\frac{1}{2}\frac{Wl}{EA}.$$

这表明，杆在本身重量作用下的伸长，相当于不考虑自重而在杆的下端作用等于其一半重量的集中载荷所引起的杆的伸长.

---

* 容重指单位容积内物体的重量，常用于工程上，如单位体积土体的重量，国际单位制单位为 $\mathrm{N/m^3}$.

例 2-2-4　等应力杆.

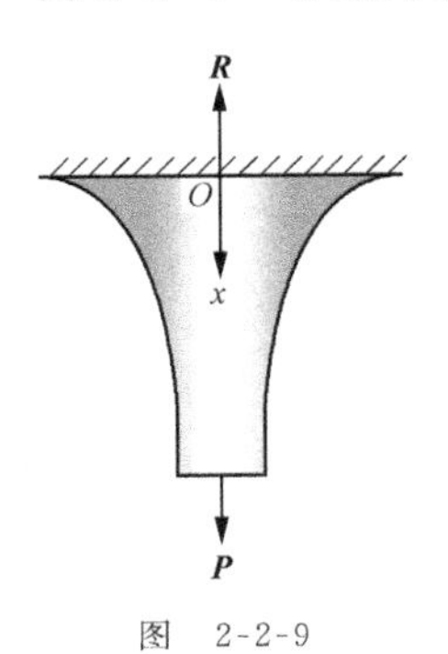

图　2-2-9

所谓等应力杆是指不同截面上应力值都相同的杆.使用等应力杆能够使材料的强度效益得到最大限度的发挥.设杆的容重为 γ_0,并在杆的下端作用有集中载荷 P(图 2-2-9).由总体平衡条件得上端支反力

$$R = -\left(P + \int_0^l \gamma_0 A \mathrm{d}x\right).$$

由式(2-2-10),杆的内力为

$$\begin{aligned} N(x) &= \left(P + \int_0^l \gamma_0 A \mathrm{d}x\right) - \int_0^x \gamma_0 A \mathrm{d}x \\ &= P + \int_x^l \gamma_0 A \mathrm{d}x. \end{aligned}$$

设等应力的值为 σ_0,等应力条件可写为

$$A\sigma_0 = P + \int_x^l \gamma_0 A \mathrm{d}x.$$

将上式两端对 x 求导得

$$\sigma_0 \frac{\mathrm{d}A}{\mathrm{d}x} = -\gamma_0 A,$$

当 $x=0$ 时,截面大小为

$$A(0) = \frac{1}{\sigma_0}\left(P + \int_0^l \gamma_0 A \mathrm{d}x\right) = \frac{1}{\sigma_0}(P + W),$$

其中 W 是整个杆的重量,因而杆的截面为

$$A(x) = A(0)\mathrm{e}^{-\frac{\gamma_0}{\sigma_0}x} \quad (\sigma_0 > 0).$$

上式表明,截面面积按负指数规律变化的杆可以实现等应力,即这样设计的杆可以使材料的强度效益充分发挥.

最后我们再考虑用广义函数表示集中载荷.集中载荷可以看做是合力 $P_i(i=1,2,\cdots,n)$ 为常数的分布力在作用区域收缩到一点时的极限.于是,在点 x_i 处作用的轴向集中力载荷可以看做是

用狄拉克函数(即 δ 函数)定义的分布力,其集度为

$$q(x)=P_i\delta(x-x_i).$$

而狄拉克 δ 函数的积分是亥维塞德(Heaviside)单位跃阶函数 $H(x-x_i)$,

$$\int_0^x \delta(x-x_i)\mathrm{d}x=H(x-x_i)\equiv\begin{cases}1, & x>x_i,\\ 0, & x\leqslant x_i.\end{cases}$$

单位跃阶函数的积分是斜坡函数 $L(x-x_i)$,

$$\int_0^x H(x-x_i)\mathrm{d}x=L(x-x_i)\equiv\begin{cases}x-x_i, & x>x_i,\\ 0, & x\leqslant x_i.\end{cases}$$

这些函数的几何图像如图 2-2-10 所示.

考虑有 n 个轴向集中载荷同时作用的情况,相应的分布载荷是

$$q(x)=\sum_{i=1}^{n}P_i\delta(x-x_i),$$

由式(2-2-10),内力为

$$\begin{aligned}N&=-R(0)-\int_0^x\sum_{i=1}^{n}P_i\delta(x-x_i)\mathrm{d}x\\&=-R(0)-\sum_{i=1}^{n}P_iH(x-x_i),\end{aligned}\tag{2-2-14}$$

显然可设

$$R(0)=R(0)H(x-0)=R(0)H(x).$$

因而反力也可以并入集中载荷中去,于是得

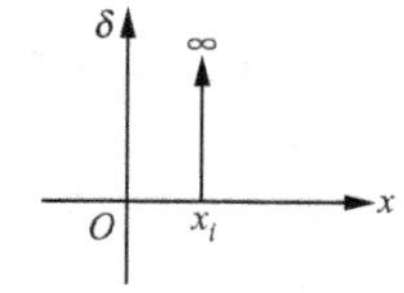

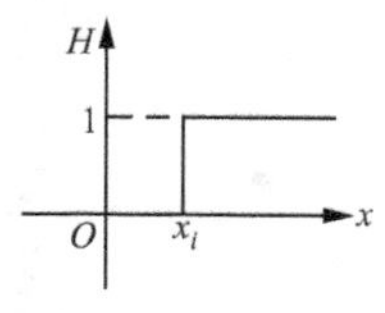

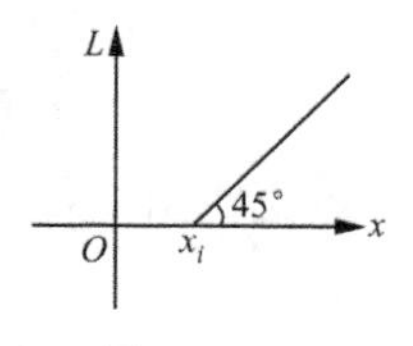

图　2-2-10

$$N=-\sum_{i=1}^{n}P_iH(x-x_i),\tag{2-2-15}$$

这里 $P_0=R(0)$,$x_0=0$. 将上式代入式(2-2-12),得轴向位移

$$u(x)=u(0)+\int_0^x\frac{1}{EA}\Big(-\sum_{i=0}^{n}P_iH(x-x_i)\Big)\mathrm{d}x$$

$$= u(0) - \sum_{i=0}^{n} \frac{P_i}{EA} L(x - x_i), \qquad (2\text{-}2\text{-}16)$$

$$\Delta l = u(l) - u(0) = -\sum_{i=0}^{n} \frac{P_i}{EA} L(x - x_i). \qquad (2\text{-}2\text{-}17)$$

例 2-2-5　利用式(2-2-15)和(2-2-17)重新解例 2-2-1 和例 2-2-2.

图 2-2-3 所示的杆有三个集中载荷，它们分别是：在 $x=0$ 处，作用力为 $-P$；在 $x=l/2$ 处，作用力为 $P/2$；在 $x=l$ 处，作用力为 $P/2$. 因为我们感兴趣的区域是 $(0, l)$，对于这个区域内的 x 值，$\delta(x-l)=0$，这表明右端面上的载荷的贡献可以不计. 于是

$$N(x) = -(-P)H(x-0) - \frac{P}{2}H\left(x - \frac{l}{2}\right)$$

$$= P - \frac{P}{2}H\left(x - \frac{l}{2}\right)$$

$$= P\left[1 - \frac{1}{2}H\left(x - \frac{l}{2}\right)\right],$$

$$\Delta l = -\frac{(-P)}{EA}L(l-0) - \frac{(P/2)}{EA}L\left(l - \frac{l}{2}\right)$$

$$= \frac{PL}{EA} - \frac{P}{2EA}\frac{l}{2}$$

$$= \frac{3}{4}\frac{PL}{EA}.$$

对图 2-2-4 所示的杆，类似地有

$$N(x) = -(-P)H(x-0) - PH\left(x - \frac{l}{2}\right)$$

$$= P\left[1 - H\left(x - \frac{l}{2}\right)\right],$$

$$\Delta l = -\frac{(-P)}{EA}L(l-0) - \frac{P}{EA}L\left(l - \frac{l}{2}\right)$$

$$= \frac{Pl}{2EA}.$$

以上我们引用了广义函数 δ, H, L，将集中载荷与分布载荷统

一起来对待. 这在理论上与公式表述上有一定的优点,但在做习题时,不一定采用广义函数,而应从实际出发,怎样做简单就怎么做.

§ 2-3　拉伸和压缩时的简单静不定问题

在前一节的几个例题中,仅用静力平衡条件,便可确定支反力或内力. 这类问题称为**静定问题**. 但在很多问题中,仅用平衡条件不能确定支反力和内力,这类问题称为**静不定问题**或超静定问题. 在这一节里,我们通过一些简单例子来讨论静不定的概念和解静不定问题的方法.

例 2-3-1　如图 2-3-1 所示两端固定的直杆,长为 l,截面面积为 A,材料的杨氏模量为 E,在截面 C 作用一集中载荷 $\boldsymbol{P}$. 求两端的支反力.

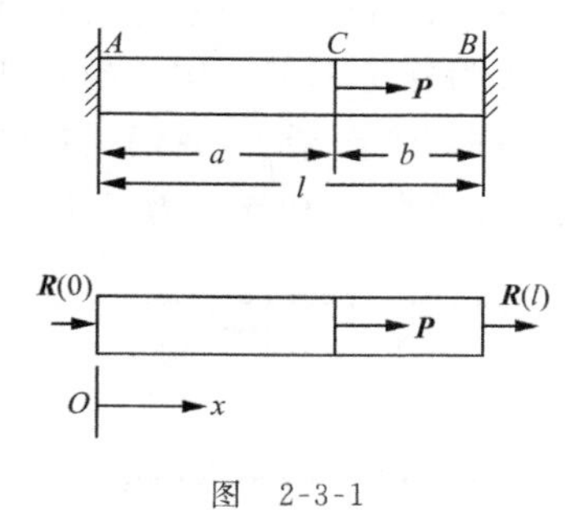

图　2-3-1

解除端部约束代之以支反力 $\boldsymbol{R}(0)$ 和 $\boldsymbol{R}(l)$,如图所示,不妨假设它们均为正(指向右方). 自由体的平衡条件是

$$R(0) + R(l) + P = 0. \tag{2-3-1}$$

一个平衡方程不足以确定两个未知反力,因此这是一个静不定问题. 为了求解,必须根据直杆的变形列出第二个方程. 由于杆两端为固定约束,杆的总伸长为零,即 $\Delta l=0$. 由前一节式(2-2-17),有

$$\Delta l = -\frac{R(0)}{EA}(l-0) - \frac{P}{EA}(l-a) = 0, \tag{2-3-2}$$

于是得

$$R(0) = -\frac{l-a}{l}P = -\frac{b}{l}P.$$

将 $R(0)$ 的值代入式(2-3-1)得

$$R(l)=-R(0)-P=-\frac{a}{l}P.$$

由上两式知，$R(0)$为负值，表明直杆左端面的支反力实际上是拉力，指向左；$R(l)$为负值，表明直杆右端面的支反力是压力，但也指向左. 支反力 $\boldsymbol{R}(0)$和 $\boldsymbol{R}(l)$一旦求出，杆内应力和变形均可按上一节的方法求出，这里不再赘述.

式(2-3-2)称为几何方程，它是按积分公式(2-2-17)列出的，因而可称为积分法；然而还可采用另一种方法(称为**叠加法**)来列几何方程. 在叠加法中，首先假想地去掉杆的两个端部约束中的任一个，得到的结构便成为“静定的”了. 通常称这个被去掉的约束为多余约束，相应的约束力为**多余反力**. 去掉多余约束而成的静定结构，称为静定基本结构或静定基.

在这个例子中，我们去掉的是杆右端面的约束，将原来的问题化为在载荷 $\boldsymbol{P}$ 和支反力 $\boldsymbol{R}(l)$作用下的一个“静定”问题，如图 2-3-2 所示. 在载荷 $\boldsymbol{P}$ 的单独作用下，杆的伸长为 $\Delta l_p=aP/EA$，在支反力 $\boldsymbol{R}(l)$单独作用下，杆的伸长量为 $\Delta l_R=lR(l)/EA$. 实际上，在载荷 $\boldsymbol{P}$ 和支反力 $\boldsymbol{R}(l)$共同作用下杆的伸长为零，则几何方程为

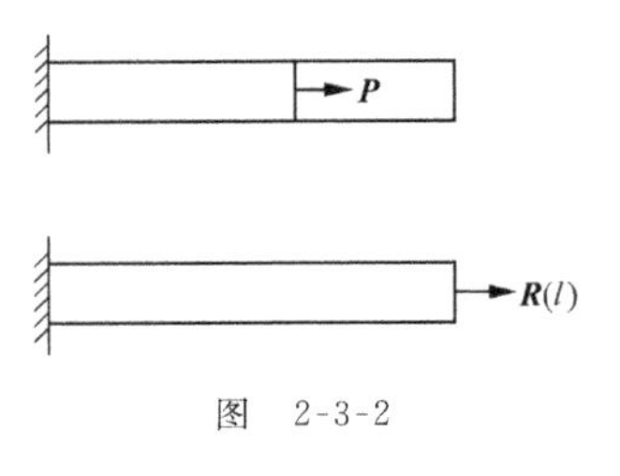

图　2-3-2

$$\Delta l_P+\Delta l_R=\frac{aP}{EA}+\frac{lR(l)}{EA}=0, \tag{2-3-3}$$

从而求出 $R(l)=-aP/l$. 再代入式(2-3-1)，求出 $R(0)=-bP/l$.

现在我们进一步从更一般的角度来讨论这个问题. 首先再讨论一下平衡方程. 由于 $R(0)=-N(0)$，$R(l)=N(l)$. 杆的 AC 段和 BC 段分别是均匀变形杆，它们的内力都是常数，分别记为 N_a 和 N_b. 这样，可将式(2-3-1)改为用内力表示：

$$-N_a+N_b+P=0, \tag{2-3-4}$$

这个方程可以看做是包含截面 C 的一个微元体的平衡条件，通常可说它就是截面 C 的平衡条件（图 2-3-3）. 同时，我们还可取截面 C 的位移 $u(C)=\delta$ 为基本变量，也就是说，截面 C 的位移 δ 一旦求出，整个杆的变形也就完全确定了. 在我们眼前的例子中，$u(0)=u(l)=0$，伸长与 δ 的关系是

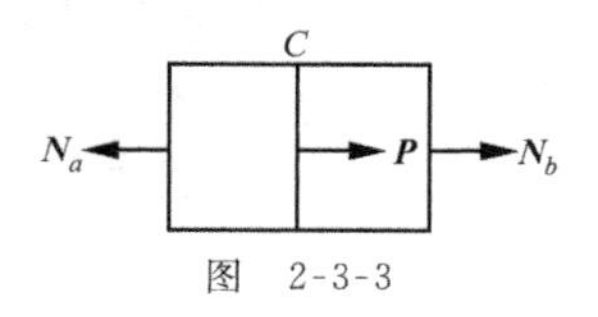

图　2-3-3

$$\begin{cases}\Delta l_a = u(C) - u(0) = \delta, \\ \Delta l_b = u(l) - u(C) = -\delta,\end{cases} \tag{2-3-5}$$

选截面 C 的位移 δ 为基本变量，前面列出的几何方程显然是满足的，即

$$\Delta l_a + \Delta l_b = \delta - \delta = 0,$$

因此现在称伸长与位移的关系式(2-3-5)为几何方程. 由胡克定律，物理方程是

$$\Delta l_a = \frac{a}{EA}N_a, \quad \Delta l_b = \frac{b}{EA}N_b. \tag{2-3-6}$$

联立平衡方程(2-3-4)，几何方程(2-3-5)和物理方程(2-3-6)，得到含五个未知量 $\delta, \Delta l_a, \Delta l_b, N_a$ 和 N_b 的五个方程，完全可求解.

具体的求解过程有两种方案. 一种是以内力 N_a 和 N_b 为基本未知量，将几何方程和物理方程中的位移和伸长变量消去，得到用内力表示的几何关系：

$$\frac{a}{EA}N_a + \frac{b}{EA}N_b = 0. \tag{2-3-7}$$

将式(2-3-7)与(2-3-4)联立解出

$$N_a = \frac{b}{l}P, \quad N_b = -\frac{a}{l}P,$$

这种求解方法叫做**力法**(或**位移法**). 另一种求解方案是以位移 δ 为基本未知量. 利用物理方程(2-3-6)，将式(2-3-5)中的 Δl_a 和 Δl_b 消去，得

$$\delta = \frac{a}{EA}N_a, \quad -\delta = \frac{b}{EA}N_b. \tag{2-3-8}$$

再将它们代入平衡方程(2-3-4),得到用截面 C 的位移表示的平衡条件

$$-\frac{EA}{a}\delta - \frac{EA}{b}\delta + P = 0, \tag{2-3-9}$$

从而解出位移

$$\delta = \frac{ab}{lEA}P.$$

利用式(2-3-8)求出杆的内力 N_a 和 N_b.

根据这个简单的例子,可以归结出求解静不定问题的步骤如下:

(1) 列出静力平衡条件;

(2) 根据杆的约束情况,列出几何方程;

(3) 利用物理方程,以内力(或变形)代替几何方程(或平衡方程)中的变形(或内力);

(4) 解方程组求内力(或位移).

这种方法就称为**力法**.

下面再讨论一个稍微复杂一点的例子.

例 2-3-2　如图 2-3-4 所示的直杆,杆两端固定,承受两个集中载荷,求杆的内力和变形.

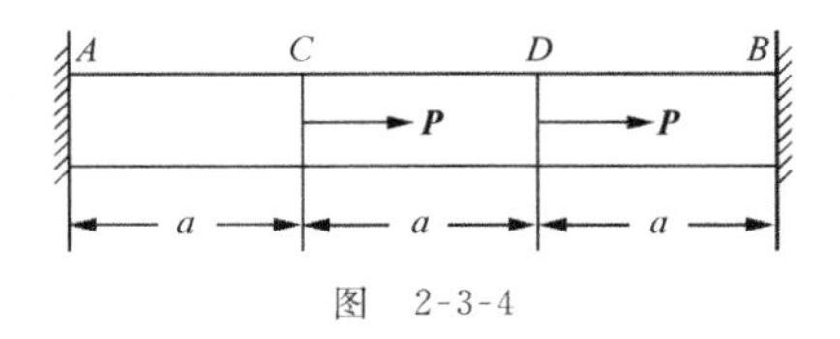

图　2-3-4

设杆在 AC,CD 和 DB 段的内力分别为 N_1,N_2 和 N_3,则不难列出截面 C 和截面 D 的平衡方程分别为

$$N_2 - N_1 + P = 0, \quad N_3 - N_2 + P = 0.$$

设截面 C 和截面 D 的位移分别为 δ_1 和 δ_2;AC,CD 和 DB 段的伸

长分别是 Δl_1，Δl_2 和 Δl_3. 那么，伸长和位移的关系是

$$\Delta l_1 = \delta_1, \quad \Delta l_2 = \delta_2 - \delta_1, \quad \Delta l_3 = -\delta_2.$$

从上式显然有

$$\Delta l_1 + \Delta l_2 + \Delta l_3 = 0,$$

而物理方程是

$$\Delta l_1 = \frac{a}{EA}N_1, \quad \Delta l_2 = \frac{a}{EA}N_2, \quad \Delta l_3 = \frac{a}{EA}N_3.$$

用力法求解，关于内力 N_1，N_2 和 N_3 的方程组是

$$\begin{cases} N_2 - N_1 = -P, \\ N_3 - N_2 = -P, \\ \dfrac{a}{EA}(N_1 + N_2 + N_3) = 0, \end{cases}$$

求出解为 $N_1 = P$，$N_2 = 0$，$N_3 = -P$. 用位移法求解，以截面 C 和截面 D 的位移 δ_1 和 δ_2 作为未知量的平衡方程组是

$$\begin{cases} -\dfrac{EA}{a}\delta_1 + \dfrac{EA}{a}(\delta_2 - \delta_1) + P = 0, \\ -\dfrac{EA}{a}\delta_2 - \dfrac{EA}{a}(\delta_2 - \delta_1) + P = 0, \end{cases}$$

解出 $\delta_1 = \delta_2 = aP/EA$，再由几何关系和物理关系求出内力值.

然而对这一类比较简单的问题，使用积分法求解更简单. 解除两端约束，代之以支反力 $\boldsymbol{R}(0)$ 和 $\boldsymbol{R}(l)$，如图 2-3-5 所示. 平衡方程和几何方程分别为

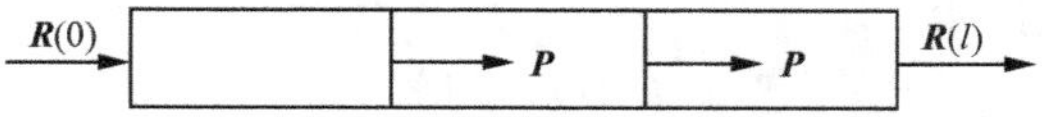

图 2-3-5

$$R(0) + R(l) + P + P = 0,$$

$$\Delta l = -\frac{R(0)}{EA}(l - 0) - \frac{P}{EA}(l - a) - \frac{P}{EA}(l - 2a) = 0.$$

由几何方程直接求出 $R(0) = -P$，再代入平衡方程求出

$$R(l) = -P,$$

上式中的负号表明，实际反力的方向与图示的相反.

另处，用**叠加法**求解这个例题也很简单. 解除右端约束代之以反力 $\boldsymbol{R}(l)$. 如图 2-3-6 所示，载荷引起的伸长

$$\Delta l_P = \frac{a}{EA}(2P) + \frac{a}{EA}P = \frac{3Pa}{EA},$$

反力引起的缩短

$$\Delta l_R = \frac{3Pa}{EA}R(l).$$

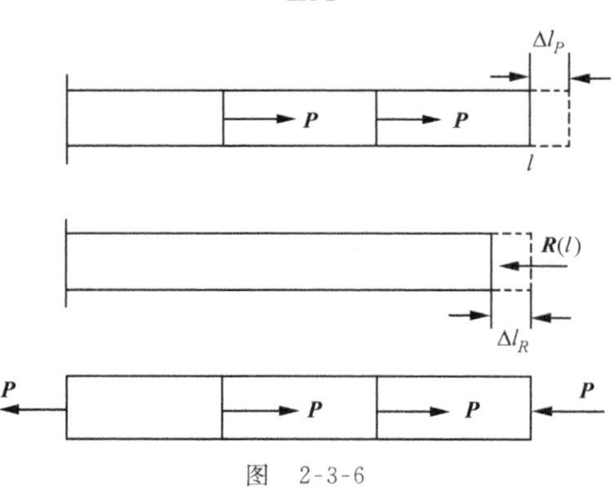

图　2-3-6

变形条件为

$$\Delta l_P = \Delta l_R, \tag{2-3-10}$$

从而解出

$$R(l) = P,$$

再由平衡条件得

$$R(0) = P.$$

这里的几何方程(2-3-10)与例 2-3-1 中的式(2-3-3)不同，前面 $\boldsymbol{R}(l)$的正负号是待定，因而各量都是代数值，而在这里，$\boldsymbol{R}(l)$的方向事先已判断出来(简单问题都能做到)，各量均取为算术值. 由此导致了式(2-3-3)和(2-3-10)在形式上的差异.

下面再举几个组合杆(用不同材料组合而成的杆)的问题为例.

例 2-3-3 用刚性板连接实心杆 A 和圆筒 B 而成的组合杆如图 2-3-7 所示，承受拉伸载荷 $\boldsymbol{P}$ 作用. A_1 和 E_1 为杆 A 的截面面积和杨氏模量，A_2 和 E_2 为圆筒 B 的截面面积和杨氏模量. 求组合杆的内力和变形.

设 $\boldsymbol{N}_1$ 为杆 A 内的轴力，$\boldsymbol{N}_2$ 是圆筒 B 内的轴力. 用截面法，自由体的平衡条件为

$$N_1 + N_2 - P = 0, \tag{2-3-11}$$

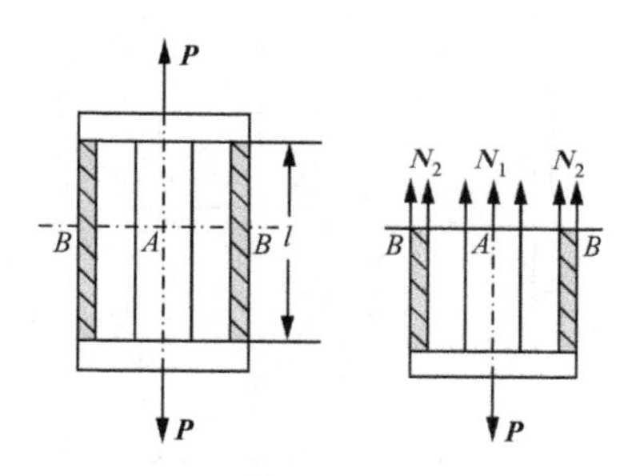

图 2-3-7

因杆 A 和筒 B 的伸长相同，几何方程为

$$\Delta l_1 = \Delta l_2,$$

利用胡克定律，几何方程为

$$\frac{N_1 l}{E_1 A_1} = \frac{N_2 l}{E_2 A_2}, \tag{2-3-12}$$

联立式(2-3-11)和(2-3-12)求出内力

$$N_1 = \frac{E_1 A_1}{E_1 A_1 + E_2 A_2} P, \quad N_2 = \frac{E_2 A_2}{E_1 A_1 + E_2 A_2} P. \tag{2-3-13}$$

进而求出组合杆的伸长

$$\Delta l = \frac{Pl}{E_1 A_1 + E_2 A_2}. \tag{2-3-14}$$

将组合杆看做一个弹性体，它的刚度 k 是杆 A 的刚度 k_1 和筒 B 的刚度 k_2 之和：

$$k = \frac{E_1 A_1 + E_2 A_2}{l} = k_1 + k_2.$$

例 2-3-4 混凝土的抗拉强度极限很低，为补救这个缺点，可使构件产生预压应力，即预应力混凝土. 如图 2-3-8 所示，在预加载荷 $\boldsymbol{P}$ 作用下钢筋伸长，在该状态下浇注混凝土，待凝结后移去

载荷 $\boldsymbol{P}$,便得到有预应力的钢筋混凝土杆件. 试求这种杆件中钢筋和混凝土的残余应力.

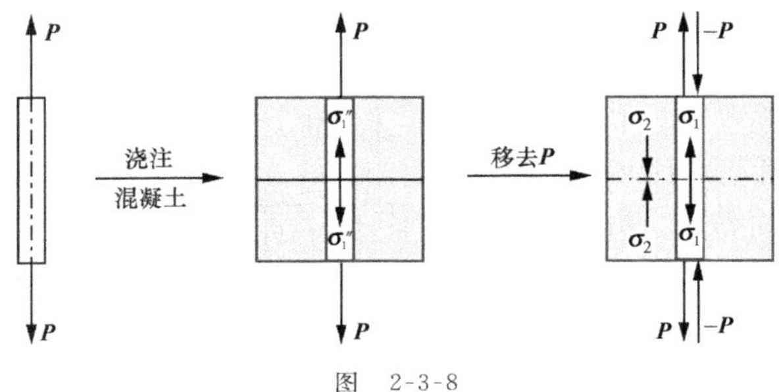

图　2-3-8

设钢筋和混凝土中的残余应力分别为 $\boldsymbol{\sigma}_1$ 和 $\boldsymbol{\sigma}_2$. 钢筋的截面面积为 A_1,杨氏模量为 E_1;混凝土的截面面积为 A_2,杨氏模量为 E_2. 因为移去载荷 $\boldsymbol{P}$ 相当于施加压缩载荷 $-\boldsymbol{P}$,所以由组合杆的公式(2-3-13),钢筋混凝土中产生的应力分别是

$$\sigma_1' = \frac{E_1}{E_1A_1 + E_2A_2}(-P), \quad \sigma_2' = \frac{E_2}{E_1A_1 + E_2A_2}(-P). \tag{2-3-15}$$

而在移去 $\boldsymbol{P}$ 之前,钢筋受拉伸载荷 $\boldsymbol{P}$ 作用,而混凝土内无应力,相应地有 $\sigma_1''=P/A_1$,$\sigma_2''=0$,因此

$$\begin{cases} \sigma_1 = \sigma_1' + \sigma_1'' = \dfrac{E_2A_2}{A_1(E_1A_1 + E_2A_2)}P, \\ \sigma_2 = \sigma_2' + \sigma_2'' = -\dfrac{E_2}{E_1A_1 + E_2A_2}P. \end{cases} \tag{2-3-16}$$

由式(2-3-16)可见,这种预应力混凝土构件中存在预应力 $\boldsymbol{\sigma}_1$ 和 $\boldsymbol{\sigma}_2$,特别是因为在混凝土部分产生的是预压应力 $\boldsymbol{\sigma}_2$,从而有利于用混凝土抵抗拉伸载荷.

例 2-3-5　一个铜管套在螺栓外面,原先螺母和垫圈刚好接触. 现将螺母拧紧 $1/n$ 圈,求螺栓和铜管内的应力 $\boldsymbol{\sigma}_1$ 和 $\boldsymbol{\sigma}_2$(参见图 2-3-9).

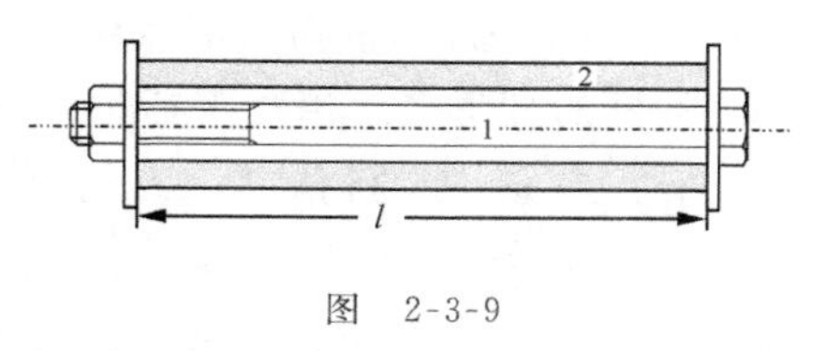

图 2-3-9

设螺栓的截面积为 A_1，材料的杨氏模量为 E_1；铜管的截面面积为 A_2，材料的杨氏模量为 E_2. 螺栓的螺距为 h. 用 N_1 和 N_2 分别表示螺栓和铜管的内力，平衡方程是

$$N_1 + N_2 = 0.$$

设 Δl_1 和 Δl_2 分别代表螺栓和铜管的伸长，于是有几何方程

$$\Delta l_1 - \Delta l_2 = h/n,$$

利用物理条件可将上式改写为

$$\frac{N_1 l}{E_1 A_1} - \frac{N_2 l}{E_2 A_2} = \frac{h}{n},$$

将此式与平衡方程联立，解出内力 N_1 和 N_2，从而得

$$\sigma_1 = \frac{A_2 E_1 E_2 h}{nl(E_1 A_1 + E_2 A_2)}, \quad \sigma_2 = -\frac{A_1 E_1 E_2 h}{nl(E_1 A_1 + E_2 A_2)}.$$

应力的符号表明，螺栓受拉，铜管受压.

最后的这几个组合杆的例子中，由于最关心的是内力，故使用的都是力法.

§2-4 简单桁架

在§1-4和§2-1中我们已涉及桁架结构. 桁架结构是由杆件连接而成的. 为了保证桁架各杆只有轴有向力，应当允许在节点处各杆之间的相对转动，而且要求外力(载荷和支反力)仅作用在节点上. 对静定桁架，用自由体方法可求出支反力和各杆的轴力 N_i. 因为每个杆都是均匀拉伸或压缩，也容易求出它们的伸长

$$\Delta l_i = \frac{N_i l_i}{E_i A_i},$$

上式中的下标 i 是杆的编号，所有与该杆有关的量都标以下标 i.

在各杆变形的同时，桁架节点产生位移. 即使在小变形情况，

如果不进行简化，要想确定节点位移也是很困难的. 在小变形的情况下，各杆的变形 Δl_i 相对于杆长 l_i 来说是一个小量，节点位移 u 也是一个小量. 我们认为 $\Delta l_i/l_i$ 和 u/l 均是一阶小量，于是 $(u/l)^2 \ll 1$，也就是说，与 1 相比，$(u/l)^2$ 可以略去不计. 在做了这样的近似之后，我们可以证明，垂直于杆轴的位移不引起杆的伸长，或者说，所忽略的伸长是比 u/l 更高阶的小量. 事实上，如图 2-4-1 所示，若长为 l 的直杆，其右端有一个垂直于杆轴方向的位移 u，而左端仍在原处不动. 在新的位置上杆的长度必为

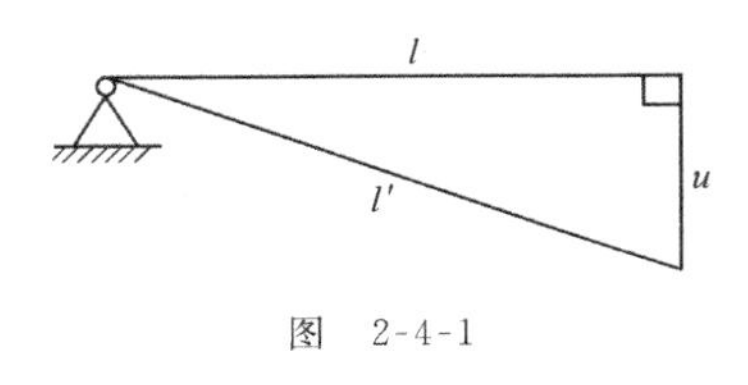

图　2-4-1

$$l' = \sqrt{l^2 + u^2} = l\sqrt{1 + \left(\frac{u}{l}\right)^2},$$

按泰勒级数展开得

$$l' = l\left(1 + \frac{1}{2}\frac{u^2}{l^2} + \cdots\right),$$

显然，相对伸长 $(l'-l)/l$ 对于 u/l 来说是二阶的，可以略去不计，即可得 $l'=l$.

现在再研究一个例子，从中可以看出求节点位移的方法. 如图 2-4-2 所示的一个托架，在节点 A 处作用有铅直向下的载荷 P. 由截面法可求出横杆和斜杆的内力 N_1 和 N_2. 在这个例子中 $N_1>0$，$N_2<0$. 然后计算出横杆的伸长 Δl_1 和斜杆的缩短 Δl_2. 并用下述方法确定节点 A 的位移：想象在节点 A 处将铰链解脱，但保持各杆的初始方向，让杆 1 伸长 Δl_1，

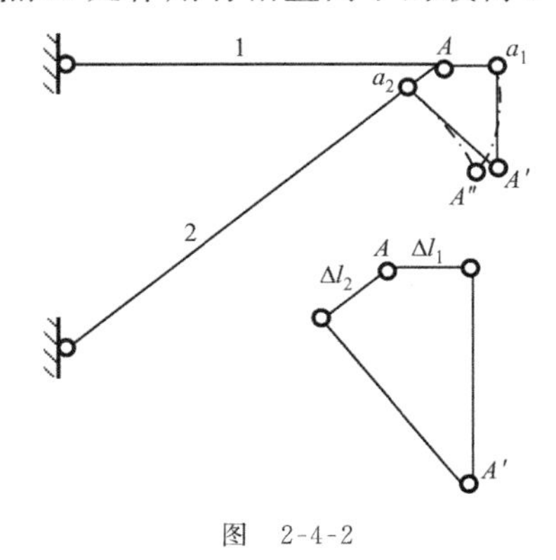

图　2-4-2

其端点移到点 a_1 处，让杆 2 缩短 Δl_2，其端点移到点 a_2 处. 为求节点 A 的新位置，只需将两杆各绕其左端支座转动，所画出的两个圆弧在 A'' 处相交，线段 AA'' 就是所求的位移. 显然这样求位移 AA'' 或者求它在水平与铅直方向的投影，完全是一个初等的几何学问题，但计算起来却相当繁琐. 借用上面讨论过的，垂直于杆的一个小位移不引起杆伸长(精确到二阶小量)的结论，能使我们的几何问题得到极大的简化. 从杆的右端点作杆的垂线来代替作圆弧，两垂线的交点为 A'，我们便得到了节点 A 的新位置. 在图 2-4-2 中，A' 和 A'' 有较大的距离，这是因为伸长 Δl 和杆长 l 使用了不同的比例尺所引起的错觉. 事实上，$\Delta l/l$ 大约是 10^{-3} 大小的值，而图中仅为 1/10 左右. 为避免这种错觉，可另画一个如图 2-4-2 的下图，从某点 A 开始，以任意的比例尺(远大于上图的比例尺)画平行于相应杆的线段 Δl_1 和 Δl_2，在这些线段的末端分别作它们的垂线，其交点就是 A'. 如果在该图上用同一比例尺画出杆件，则会发现它们远远地超出了纸面. 这时，半径十分大的圆弧与垂线实际上没有什么区别.

图 2-4-2 所表示的方法是寻求桁架节点位移的一个重要手段，这样的图被称为维利奥特(Williot)图.

例 2-4-1 研究图 2-4-3 所示的二杆组成的桁架，杆 1 和杆 2 与铅直线分别成 α 和 β 角. 设二杆在节点载荷作用下分别伸长 Δl_1 和 Δl_2. 用维利奥特图方法求节点 A 的位移.

用 δ_H 和 δ_V 分别代表节点 A 的水平位移和铅直位移分量. 将折线 ABA' 向二杆方向上投影，得到

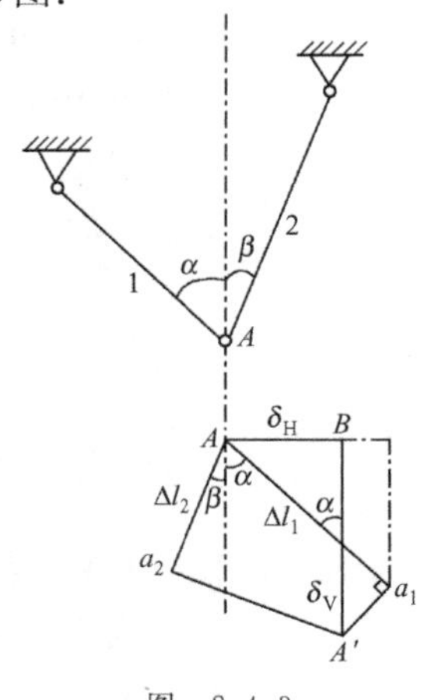

图 2-4-3

$$\Delta l_1 = \delta_H \sin\alpha + \delta_V \cos\alpha,$$

$$\Delta l_2 = -\delta_H \sin\beta + \delta_V \cos\beta,$$

由此解出

$$\delta_H = \frac{\Delta l_1 \cos\beta - \Delta l_2 \cos\alpha}{\sin(\alpha+\beta)}, \quad \delta_V = \frac{\Delta l_1 \sin\beta + \Delta l_2 \sin\alpha}{\sin(\alpha+\beta)}. \tag{2-4-1}$$

作为一个特殊情况，设 $l_1 = l_2$，$\alpha = \beta$，$E_1 A_1 = E_2 A_2$. 在铅直节点力作用下，$\Delta l_1 = \Delta l_2$，因而

$$\delta_H = 0, \ \delta_V = \Delta l / \cos\alpha. \tag{2-4-2}$$

例 2-4-2 用维利奥特图方法求例 1-4-2 中三杆简单桁架节点 C 的位移.

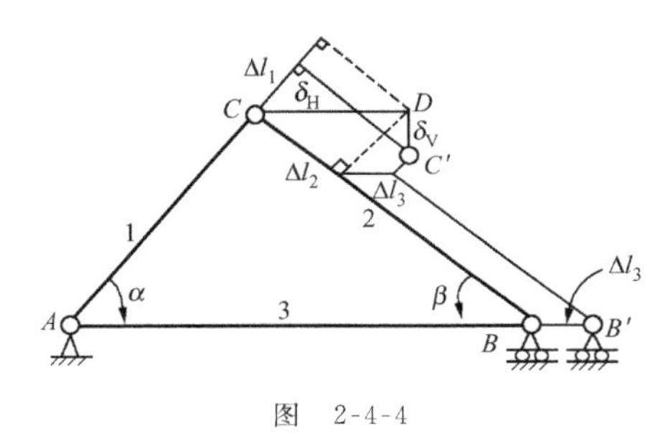

图 2-4-4

分别用 Δl_1，Δl_2 和 Δl_3 代表杆 1，杆 2 和杆 3 的伸长或缩短(它们都是算术值). 要特别注意，节点 B 为活动简支，它有水平移动 Δl_3，如图 2-4-4 所示. C' 点是节点 C 变形后的位置，CD 长度是节点 C 的水平位移 δ_H，DC' 长度是铅直位移 δ_V. 将折线 CDC' 向杆 1 方向和杆 2 方向投影，得到

$$\Delta l_1 = \delta_H \cos\alpha - \delta_V \sin\alpha,$$
$$\Delta l_2 + \Delta l_3 \cos\beta = \delta_H \cos\beta + \delta_V \sin\beta,$$

由此解出

$$\begin{cases} \delta_H = \dfrac{\Delta l_1 \sin\beta + \Delta l_2 \sin\alpha + \Delta l_3 \sin\alpha\cos\beta}{\sin(\alpha+\beta)}, \\ \delta_V = \dfrac{-\Delta l_1 \cos\beta + \Delta l_2 \cos\alpha + \Delta l_3 \cos\alpha\cos\beta}{\sin(\alpha+\beta)}. \end{cases} \tag{2-4-3}$$

如果在本问题中将支点 B 改为固定简支，则杆 3 不能伸长，也不受力. 实际上相当于把杆 3 拿掉. 这时的节点 C 位移可用式(2-4-3)令 $\Delta l_3 = 0$ 得到. 所得公式在实质上与式(2-4-1)是一致

的,只要注意在本例中 α 和 β 的定义与例 2-4-1 不同,并在式(2-4-3)中,用 $\pi/2-\alpha$ 代替 α,用 $\pi/2-\beta$ 代替 β,用 $-\Delta l_2$ 代替 Δl_2,令 $\Delta l_3=0$,用 $-\delta_V$ 代替 δ_V,就得到式(2-4-1).

以下各例研究简单的静不定桁架.

例 2-4-3　静不定桁架如图 2-4-5 所示,由三根杆构成,在节点 A 上作用以铅直向下的载荷 $\boldsymbol{P}$,求各杆的内力和节点 A 的位移.

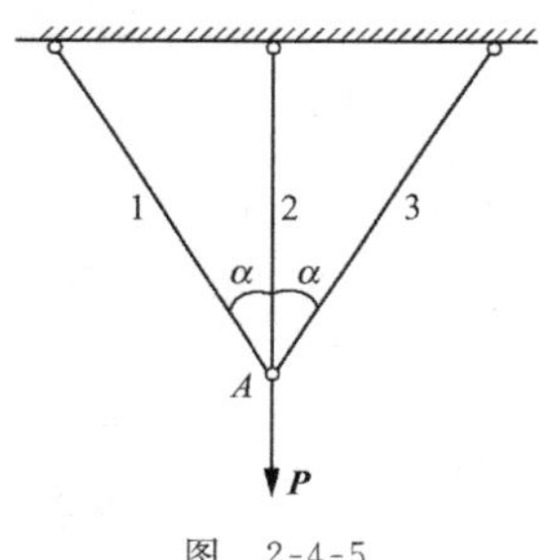

图　2-4-5

设杆 1 和杆 3 的杨氏模量和截面面积相同,记为 E_1 和 A_1. 杆 2 的杨氏模量和截面面积为 E_2 和 A_2. 由对称性知杆 1 和杆 3 的内力相同:

$$N_1 = N_3,$$

节点 A 的平衡条件是

$$2N_1\cos\alpha + N_2 = P.$$

由对称性,$\delta_H=0$,$\delta_V=\Delta l_2$. 此外由式(2-4-1),知 $\delta_V=\Delta l_1/\cos\alpha$,因而有几何方程

$$\Delta l_1 = \cos\alpha\Delta l_2,$$

由物理关系和几何条件 $l_2=l_1\cos\alpha$,上式为

$$\frac{N_1 l_1}{E_1 A_1} = \cos\alpha\,\frac{N_2 l_1\cos\alpha}{E_2 A_2}.$$

上式与平衡条件联立,可解出

$$N_1 = N_3 = \frac{\dfrac{E_1A_1}{E_2A_2}\cos^2\alpha}{1+2\dfrac{E_1A_1}{E_2A_2}\cos^3\alpha}P,$$

$$N_2 = \frac{1}{1+2\dfrac{E_1A_1}{E_2A_2}\cos^3\alpha}P.$$

节点位移是

$$\delta_V = \frac{Pl}{E_2 A_2 + 2E_1 A_1 \cos^3\alpha},$$

其中 $l=l_2$. 如果用 k_1 和 k_2 表示杆 1 和杆 2 的刚度，它们的定义是

$$k_1 = \frac{E_1 A_1}{l_1},\ k_2 = \frac{E_2 A_2}{l_2},$$

那么

$$\frac{k_1}{k_2} = \frac{E_1 A_1}{E_2 A_2}\cos\alpha.$$

于是内力 N_1, N_2 和 N_3 可表示为

$$N_1 = N_3 = \frac{\frac{k_1}{k_2}\cos\alpha}{1 + 2\,\frac{k_1}{k_2}\cos^2\alpha}P,\ N_2 = \frac{P}{1 + 2\,\frac{k_1}{k_2}\cos^2\alpha}. \tag{2-4-4}$$

从式(2-4-4)可以看出，当 $k_1/k_2 \to 0$ 时，即两斜杆的刚度比中间杆的刚度小很多时，$N_1 = N_3 \to 0$, $N_2 \to P$. 载荷将全部由中间杆承担，而斜杆不受力. 反之，若 $k_1/k_2 \to \infty$，则得 $N_1 = N_3 \to P/2\cos\alpha$, $N_2 \to 0$，载荷全部由两斜杆承担，中间杆不受力. 一般来说，静不定结构中各构件的内力分配是与它们的刚度比有关. 刚度大的杆承受的内力也大，这是静不定结构的一个特点，也是它与静定结构的主要区别之一.

例 2-4-4　温度的变化会引起固体材料的膨胀和收缩，杆件温度的变化要产生温度变形. 在静不定杆系内，由于有过多的约束，杆件不能自由伸缩，这导致杆内产生应力以及相应的弹性变形. 现计算如图 2-4-6 所示的桁架，当温度升高了 ΔT 时所产生的温度应力.

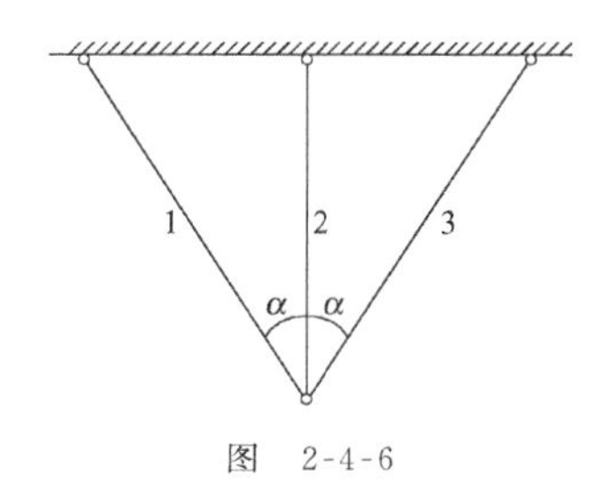

图　2-4-6

用 α_l 表示材料的热膨胀系数，各杆由温度变化产生的变形应是 $\alpha_l l_i \Delta T_i$，而温度应力对应的弹性变形是 $N_i l_i / E_i A_i$，由温度变形和弹性变形合成的总变形应满足几何方程，即为

$$\alpha_l l_1 \Delta T + \frac{N_1 l_1}{E_1 A_1} = \left(\alpha_l l_2 \Delta T + \frac{N_2 l_2}{E_2 A_2}\right)\cos\alpha.$$

设 $l_2 = l$，则 $l_1 = l/\cos\alpha$，上式可写成

$$\alpha_l \frac{l}{\cos\alpha}\Delta T + \frac{N_1}{k_1} = \left(\alpha_l l \Delta T + \frac{N_2}{k_2}\right)\cos\alpha,$$

将此式与平衡方程

$$2N_1\cos\alpha + N_2 = 0$$

联立，可解出

$$\begin{cases} N_1 = N_3 = -\dfrac{k_1(1-\cos^2\alpha)\alpha_l l \Delta T}{\cos\alpha\left(1 + 2\dfrac{k_1}{k_2}\cos^2\alpha\right)}, \\ N_2 = \dfrac{2k_1(1-\cos^2\alpha)\alpha_l l \Delta T}{1 + 2\dfrac{k_1}{k_2}\cos^2\alpha}. \end{cases} \tag{2-4-5}$$

例 2-4-5 计算如图 2-4-7 所示桁架的装配应力，其中中间杆比两边斜杆连接节点位置短一个 Δ 值.

为使三根杆能够装配在一起，必须将中间杆拉长或将两斜杆压短，才能使它们在节点处相互连接. 与这些变形相对应，杆 2 内有拉伸的装配应力，杆 1 和杆 3 内有压缩的装配应力. 在计算时，可假定各杆的内力都是正的，而且都伸长. 于是几何方程为

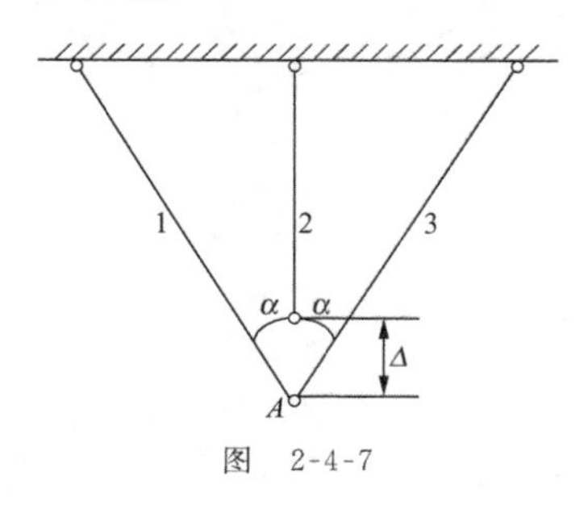

图 2-4-7

$$\Delta l_1 = (\Delta l_2 - \Delta)\cos\alpha.$$

将此式代入物理方程得

$$\frac{N_1}{k_1}=\left(\frac{N_2}{k_2}-\Delta\right)\cos\alpha,$$

与平衡方程(与例 2-4-4 同)联立,可解得

$$N_1=N_3=-\frac{\Delta k_1\cos\alpha}{1+2\dfrac{k_1}{k_2}\cos^2\alpha},\quad N_2=\frac{2\Delta k_1\cos^2\alpha}{1+2\dfrac{k_1}{k_2}\cos^2\alpha}.\tag{2-4-6}$$

这一节前面讨论的所有问题,都是在小变形情况下进行的.在小变形情况,(1) 静力平衡方程是对变形前构形建立的;(2) 在作位移图时,忽略了 u/l 的二阶量.这样,平衡方程对于未知力来说是线性的,在几何方程中 u/l 和 $\Delta l/l$ 是同阶的小量,它们之间的关系也是线性的,再加上物理方程中内力与 $\Delta l/l$ 的关系也是线性的,这些便导致:各杆内力总是线性地依赖于外力,节点位移也是外力的线性函数.由此得知,在计算由几个力引起的变形时,可以对每个力分别计算,然后再将其结果叠加.

现在我们通过一个简单的例子来说明一下小变形理论的适用范围问题.如图 2-4-8 所示的两杆与水平线成 θ_0 角度,在节点 A 处作用一个铅直向下的力 $\boldsymbol{P}$.在载荷 $\boldsymbol{P}$ 的作用下,两杆的倾角改变了 θ 值.考虑平衡是在变形之后达到的,则平衡方程为

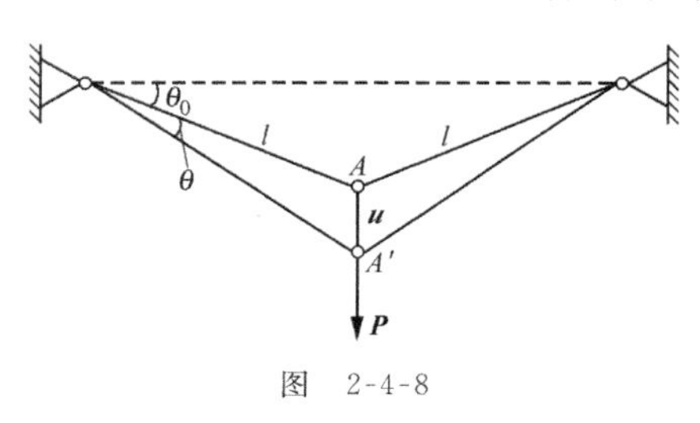

图　2-4-8

$$2N\sin(\theta_0+\theta)-P=0,\tag{2-4-7}$$

而几何方程是

$$(l+\Delta l)\cos(\theta_0+\theta)=l\cos\theta_0,\tag{2-4-8}$$

物理方程是

$$N=EA\Delta l/l,\tag{2-4-9}$$

不难看出平衡方程和几何方程都是非线性的. 由于 θ 很小,有

$$\sin\theta \approx \theta, \quad \cos\theta \approx 1-\frac{1}{2}\theta^2.$$

式(2-4-7)和(2-4-8)可改为

$$N=\frac{P}{2\sin\theta_0-\theta^2\sin\theta_0+2\theta\cos\theta_0}, \tag{2-4-10}$$

$$\Delta l\cos\theta_0-(l+\Delta l)\left(\frac{1}{2}\theta^2\cos\theta_0+\theta\sin\theta_0\right)=0. \tag{2-4-11}$$

当 θ_0 为有限值时,式(2-4-10)中略去高阶小量,得

$$N=P/2\sin\theta_0, \tag{2-4-12}$$

这是小变形下的平衡条件,即在变形前所列的平衡条件. 在式(2-4-11)中略去高阶小量,得

$$\Delta l\cos\theta_0-\theta l\sin\theta_0=0.$$

考虑到节点 A 的位移 u 恰为 $l\cdot\theta/\cos\theta_0$,上式为

$$u=\Delta l/\sin\theta_0, \tag{2-4-13}$$

式(2-4-13)正是小变形下求节点位移的公式(2-4-2). 当 $\theta_0=0$ 时(参见图 2-4-9),$\sin\theta_0=0$,$\cos\theta_0=1$,平衡方程(2-4-10)和几何方程(2-4-11)分别为

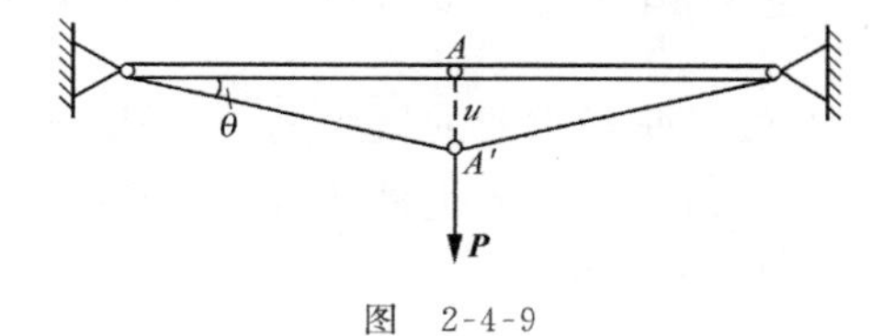

图 2-4-9

$$N=P/2\theta \tag{2-4-14}$$

和

$$\frac{\Delta l}{l}=\frac{\theta^2/2}{1-\theta^2/2}=\frac{1}{2}\theta^2, \tag{2-4-15}$$

这里两个方程都保留了非线性性质. 将它们与物理方程(2-4-9)联立,可解出

$$\theta=\sqrt[3]{\frac{P}{EA}},\quad u=l\sqrt[3]{\frac{P}{EA}}.\tag{2-4-16}$$

由此可见，力与变形的关系不再是线性关系.通过以上讨论能够得到这样的结论，小变形条件是指 θ 与 θ_0 相比是个小量，而不是 θ 值本身的大小.在 $\theta_0=0$ 的情况下(参见图 2-4-9)，无论 θ 值(变形)本身怎样小，都要在变形后列平衡条件.这时节点 A 的相对位移 u/l 与杆的相对伸长 $\Delta l/l$ 不再是同阶量.这里是小应变，大位移，属于大变形问题.小变形的几何关系式(2-4-1)不再成立(注意：$\alpha+\beta=\pi$)，小变形理论也不再适用.

如图 2-4-9 所示，力 P 和位移 u 在能量上是共轭的.从式(2-4-16)可导出结构的切线刚度系数

$$k_{\mathrm{T}}=\frac{\partial P}{\partial u}=3EA\left(\frac{u}{l}\right)^2.$$

当 $u\to0$ 时 $k_{\mathrm{T}}\to0$，对任何小的力 δP 可引起无限大的位移 δu.这种结构是不稳定的，在工程上也称为危性结构，在设计中应避免出现.

§2-5　拉伸和压缩时的强度计算和刚度计算

材料力学中，**强度**是最重要的概念之一.强度这个术语经常在两种场合出现，一是研究材料的机械性质时谈到的材料强度，一是结构计算时谈到的结构强度.

某种材料的强度是指材料抵抗破坏的能力，这种能力通常是由该材料做成的标准试件进行单向拉伸试验来确定的(参见§1-7).对于脆性材料，通常取强度极限 σ_{b} 作为破坏应力，对于塑性材料，通常取屈服极限 σ_{s} 作为破坏应力.因此，强度极限和屈服极限分别是脆性和塑性材料的主要强度指标.

结构强度是指结构抵抗载荷的能力，即结构的极限承载能力，也就是在保证结构内各点应力 σ 均不大于破坏应力的条件下，结

构的最大承载能力. 显然,结构的强度不仅与结构材料的强度有关,也与结构的几何形状和外力作用的方式有关. 许多工程事故是由于强度不够而造成的,因此,强度问题是工程设计中最重要的问题之一. 为了工程和设备能安全可靠地运行,实际上不允许结构内的应力正好达到破坏应力,在设计中要使用**安全系数**的概念. 用破坏应力值除以安全系数,便得到**许用应力**

$$[\sigma]=\frac{\sigma_s}{n_s} \quad 或 \quad [\sigma]=\frac{\sigma_b}{n_b}, \tag{2-5-1}$$

其中 n_s 和 n_b 分别是塑性材料和脆性材料的安全系数. n_s 值大小为 1.5～2.0,n_b 值大小为 2.0～5.0. 安全系数的合适选择是一个既重要又复杂的问题. 建筑、土木、机械、航空、造船和筑坝等工程部门都有自己相应的设计规范. 表 2-5-1 列出了一些常见材料的许用应力值.

表 2-5-1 一些常见材料的许用应力

材料名称	许用应力[σ]/MPa	
	拉伸	压缩
灰口铸铁	3.5～5.4	160～200
低碳钢	170	170
低合金钢(16 Mn)	230	230
红松(顺纹)	6.4	10
混凝土(300 号)	0.6	10.3

在设计中,为保证结构内各点应力值均不超出许用应力值,则应满足如下的**强度条件**

$$-[\sigma]_{压} \leqslant \sigma \leqslant [\sigma]_{拉}, \tag{2-5-2}$$

或者

$$\sigma_{max} \leqslant [\sigma]_{拉}, \quad \sigma_{min} \geqslant -[\sigma]_{压}. \tag{2-5-3}$$

如果材料的拉伸和压缩的许用应力相同,上面的强度条件可写为

$$\sigma_{max} \leqslant [\sigma]. \tag{2-5-4}$$

根据强度条件进行强度计算有三方面的内容:

(1) 材料和最大载荷已经确定,需要根据强度条件设计结构

形式和选择截面尺寸；

(2) 材料、结构形式和截面尺寸是现成的，需要根据强度条件求极限载荷(许用载荷)；

(3) 材料、几何尺寸和载荷都已确定，需要检查强度条件是否满足，并确定工作安全系数

$$n_{w} = \sigma^{0}/\sigma_{max}, \tag{2-5-5}$$

其中 σ^{0} 是破坏应力(塑性材料 $\sigma^{0}=\sigma_{s}$，脆性材料 $\sigma^{0}=\sigma_{b}$).

现以例 2-4-3 的桁架为例，说明上述三种强度计算的具体过程. 设 $E_1A_1=E_2A_2=E_3A_3$，则

$$\sigma_1 = \sigma_3 = \frac{\cos^2\alpha}{1+2\cos^3\alpha}\frac{P}{A}, \quad \sigma_2 = \frac{1}{1+2\cos^3\alpha}\frac{P}{A}. \tag{2-5-6}$$

显然有 $\sigma_2>\sigma_1>0$，即 $\sigma_{max}=\sigma_2$.

(1) 如果载荷 P 已知，材料已确定，即 $[\sigma]$ 已知，则由式(2-5-4)和(2-5-6)，

$$(1+2\cos^3\alpha)A \geqslant \frac{P}{[\sigma]}.$$

当 α 选定之后，杆的截面面积至少应为

$$A = \frac{P}{[\sigma](1+2\cos^3\alpha)}.$$

(2) 如果材料已知(即 $[\sigma]$ 已知)，结构形状和截面尺寸 A 已确定，则极限载荷为

$$[P] = (1+2\cos^3\alpha)A[\sigma].$$

(3) 若材料的破坏应力 σ^{0} 已知，结构的几何尺寸和载荷 P 都给定，则结构工作安全系数

$$n_{w} = \frac{A\sigma^{0}}{P}(1+2\cos^3\alpha).$$

例 2-5-1　如图 2-5-1 所示，重物 W 由铝丝 CD 悬挂在钢丝 AB 之中点 C，已知铝丝直径 $d_1=2$ mm，许用应力 $[\sigma]_1=100$ MPa，钢丝直径 $d_2=1$ mm，许用应力 $[\sigma]_2=240$ MPa，且 $\alpha=30°$，试求许用载荷 $[W]$. 若不更换铝丝和钢丝，如何提高许用载

荷？相应的许用载荷$[W]^*$是多少(结构仍保持对称)？

设铝丝和钢丝的张力分别为 N_1 和 N_2，容易求出

$$N_1 = W,\ N_2 = \frac{W}{2\sin\alpha}.$$

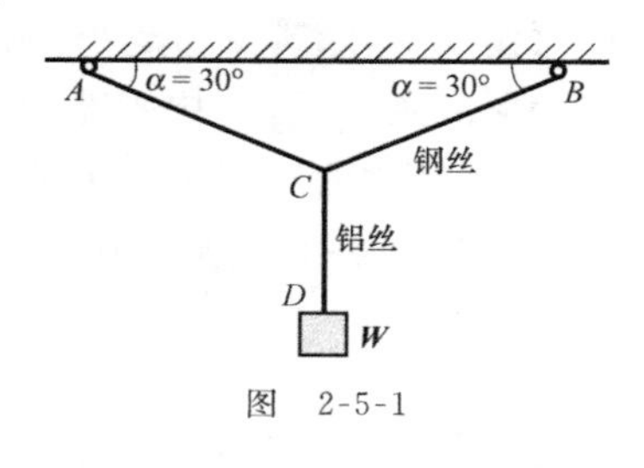

图　2-5-1

根据强度条件确定许用载荷如下. 对铝丝，

$$\sigma_1 = \frac{N_1}{A_1} = \frac{4W}{\pi d_1^2} \leqslant [\sigma]_1,$$

因此

$$W_1 \leqslant \frac{\pi d_1^2 [\sigma]_1}{4} = 314\ \text{N};$$

对钢丝，

$$\sigma_2 = \frac{N_2}{A_2} = \frac{2W}{\pi d_2^2 \sin\alpha} \leqslant [\sigma]_2,$$

因此

$$W_2 \leqslant \frac{\pi d_2^2 \sin\alpha [\sigma]_2}{2} = 188\ \text{N}.$$

比较 W_1 与 W_2，则$[W]=W_2=188\ \text{N}$.

为提高结构承载能力，应减少钢丝受力. 在 $0\leqslant\alpha\leqslant\pi/2$ 之间，钢丝受力 N_2 随 α 角的增加而减少. 当 $\alpha\geqslant\alpha^*$ 时，$W_1\leqslant W_2$，即

$$\frac{\pi d_1^2 [\sigma]_1}{4} \leqslant \frac{\pi d_2^2 [\sigma]_2 \sin\alpha^*}{2},$$

所以，

$$\alpha^* \geqslant \sin^{-1}\left(\frac{[\sigma]_1 d_1^2}{2[\sigma]_2 d_2^2}\right) = 56.4°.$$

因此，当 $\alpha\geqslant\alpha^*=56.4°$时，结构的许用载荷提高为

$$[W]^* = W_1 = 314\ \text{N}.$$

刚度是结构抵抗变形的能力，它是与结构变形有关的概念. 在

同样载荷作用下，结构变形越小，则它的刚度越大. 换句话说，在产生同样变形的条件下，结构所需的载荷值越大，它的刚度也越大. 因此，我们将结构的刚度定义为使结构产生单位变形所需要的外力值. 例如，对图 2-2-1 所示的拉杆，外力 P 与变形 Δl 的关系为

$$P = \frac{EA}{l}\Delta l,$$

按刚度定义，则直杆的刚度 k 为

$$k = \frac{EA}{l}.$$

再如，对图 2-4-5 所示的简单桁架，外力 P 与节点 A 位移之间的关系是

$$\delta_{\mathrm{V}} = \frac{Pl}{E_2A_2 + 2E_1A_1\cos^3\alpha},$$

则这个桁架的刚度为

$$k = \frac{1}{l}(E_2A_2 + 2E_1A_1\cos^3\alpha).$$

读者可以根据刚度的定义，对本章前面各节所举的例题，写出杆和杆系的刚度来.

例 2-5-2　求图 1-4-3 所示受均布内压 p 的薄圆环的刚度.

在内压 p 作用下，圆环胀大. 设圆环的平均内径为 R，在变形前后它们的改变量为 ΔR，圆环在周向的应变（即圆环周长的相对变形）为

$$\varepsilon = \frac{2\pi(R + \Delta R) - 2\pi R}{2\pi R} = \frac{\Delta R}{R},$$

在例 1-4-3 中已计算出圆环的内力

$$N = \frac{1}{2}Dpb,$$

其中 b 为圆环的宽度，D 为圆环内直径，$D=2R$，因而

$$\varepsilon = \frac{\sigma}{E} = \frac{N}{Ehb} = \frac{R}{Eh}p,$$

考虑到 $\varepsilon=\dfrac{\Delta R}{R}$，可得

$$\Delta R=\frac{R^2}{Eh}p.$$

如果将 $q=pb$ 看做圆环的广义力，那么与其在能量上共轭的广义位移 ω 为 $2\pi R\Delta R$（参见第九章）. 于是可以定义圆环的刚度为

$$k=\frac{q}{\omega}=\frac{Ehb}{2\pi R^3}=\frac{EA}{2\pi R^3}, \tag{2-5-7}$$

其中 A 是圆环的横截面面积.

在刚度设计中就是根据工程要求对构件进行设计，以保证在确定外部载荷作用下，构件的弹性位移（最大位移或指定位置处的位移）不超过规定的数值. 对于拉压杆，刚度设计准则（**刚度条件**）为

$$u_N\leqslant[u], \tag{2-5-8}$$

式中，u_N 为轴向最大位移或指定位置处的位移（对圆环要取为径向位移，即 ΔR），$[u]$是许用位移.

例 2-5-3　如图 2-5-2 所示的长为 $2l$，容重为 γ 的圆杆 ABC 绕其中点 C 以角速度 ω 旋转. 求其端点的位移，并用刚度条件求许用角速度.

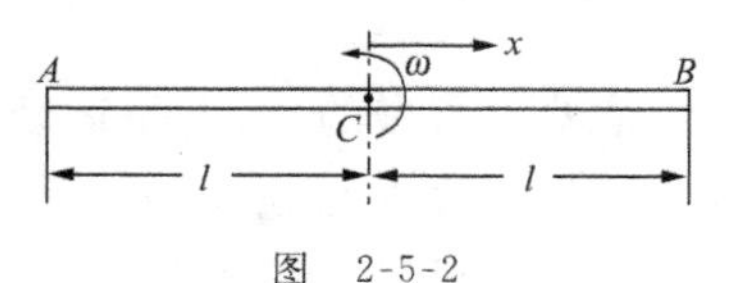

图　2-5-2

设杆的截面面积为 A，杆的体力（离心力）的集度

$$q(x)=\omega^2\frac{\gamma}{g}Ax,$$

其中 g 是重力加速度. 由式(2-2-10)，杆的内力为

$$N(x)=-R(0)-\int_0^x q(x)\mathrm{d}x=-R(0)-\frac{\omega^2}{2}\frac{\gamma}{g}Ax^2,$$

在 $x=l$，$N(x)=0$，可得 $R(0)=-\dfrac{\omega^2}{2}\dfrac{\gamma}{g}Al^2$，因而

$$N(x)=\frac{1}{2}\omega^2\frac{\gamma}{g}A(l^2-x^2).$$

再由式(2-2-13),可得端点位移 $u(l)$,

$$u(l)=u(0)+\int_0^l \frac{N(x)}{EA}\mathrm{d}x=\frac{1}{3gE}\gamma\omega^2 l^3.$$

取 $u(l)$ 为 u_N,刚度条件为

$$\frac{1}{3gE}\gamma\omega^2 l^3 \leqslant [u],$$

得许用角速度

$$[\omega]=\left(\frac{3gE[u]}{\gamma l^3}\right)^{\frac{1}{2}}.$$

§ 2-6 弹性变形能

本节中我们把所研究的弹性体看做是一个保守的力学系统,也就是,外力所作之功全部地转化为物体运动的动能和储存在物体内的势能.弹性体储存势能以及将势能转换为其他形式能量的性质,自古以来就有广泛的应用,例如,古代的弓箭和现代的钟表发条等.上述关于保守系统的说法可用下式表示:

$$W=T+U, \tag{2-6-1}$$

其中 W 是外力所做的功,T 是运动动能,U 是变形势能.为计算势能的值,我们假设外力施加的过程是充分缓慢的,产生的变形速度很小,以使动能可以忽略不计.在加载速度趋于零的极限情况下,我们由式(2-6-1)得

$$W=U.$$

实际上,在一定精度要求下实现这个等式,不必假设速度是非常小的.要知道动能的值与速度平方成正比,我们将速度减小 10 倍,动能将减少 100 倍.

现在来研究随着外力的增加直杆的变形过程.可以将这个变形过程看做是由外力增加引起的一系列的无限小伸长增量 $\mathrm{d}(\Delta l)$ 的积累,因而

$$W = U = \int_0^{\Delta l} P \mathrm{d}(\Delta l). \tag{2-6-2}$$

设 $P=\sigma A$，$\Delta l=\varepsilon l$，并注意到杆的体积 $V=Al$，可按下式求得直杆的变形能或称**应变能**：

$$U = V\int_0^{\varepsilon} \sigma \mathrm{d}\varepsilon,$$

联系应力 σ 和应变 ε 的弹性本构方程由方程(1-8-4)给出，它是 $\sigma=f(\varepsilon)$. 于是，单位体积的变形能或**应变比能**为

$$u = \int_0^{\varepsilon} \sigma \mathrm{d}\varepsilon = \int_0^{\varepsilon} f(\varepsilon)\mathrm{d}\varepsilon. \tag{2-6-3}$$

在均匀应力情况，简单地将 u 乘以 V 就得到 U.

对于线性弹性体，由式(2-6-3)得

$$u = \frac{1}{2}E\varepsilon^2 = \frac{1}{2}\frac{\sigma^2}{E} = \frac{1}{2}\sigma\varepsilon, \tag{2-6-4}$$

将上式乘以体积 $V=Al$，或者考虑式(2-2-4)直接对式(2-6-2)积分得

$$U = \frac{EA\ (\Delta l)^2}{2l} = \frac{N^2 l}{2EA} = \frac{1}{2}N\Delta l. \tag{2-6-5}$$

应该注意到，为使最终的势能表达式(2-6-5)成立，必须使作用力逐渐地从零增加到最终值 N，以保证 $W=U$. 力-位移曲线如图 2-6-1 所示，功是用有阴影的三角形面积表示的.

在理论力学中，将有势的力称为保守力. 仅对于这种力，机械能守恒(参见方程(2-6-1))才是正确的.

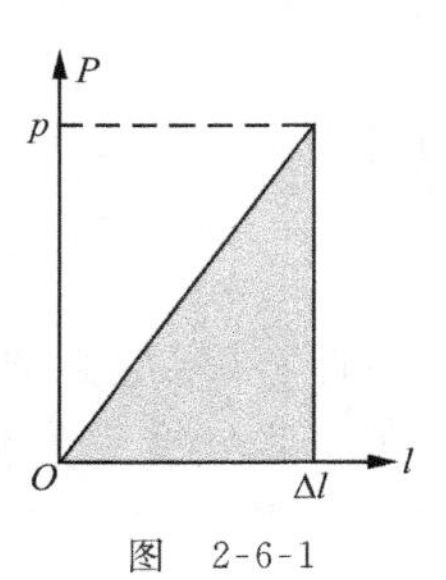

图　2-6-1

我们现在一般地讨论 n 个变量 y_1，y_2，…，y_n 对另外 n 个变量 x_1，x_2，…，x_n 的依赖关系. 当存在一个函数 $U(x_1, x_2, \cdots, x_n)$，使

$$y_k = \frac{\partial U}{\partial x_k}, \quad k = 1, 2, \cdots, n \tag{2-6-6}$$

成立时，称 $y_1, y_2, \cdots, y_n$ 是有势的，$U(x_1, x_2, \cdots, x_n)$ 就是势函数. 我们发现，如果式(2-6-6)是正确的，那么，它的逆关系，即用 y_k 表示 x_k 的关系，可用类似的公式给出，也就是，存在一个函数 $\Phi(y_1, y_2, \cdots, y_n)$，使

$$x_k = \frac{\partial \Phi}{\partial y_k}. \tag{2-6-7}$$

由关系式(2-6-6)推导关系式(2-6-7)的过程通常称之为勒让德(Legendre)变换，它可用下述方法实现：设

$$\Phi = x_i y_i - U, \tag{2-6-8}$$

上式中的重复下标表示对 $1, 2, \cdots, n$ 求和. 假设相对于变量 $x_1, x_2, \cdots, x_n$ 求解式(2-6-6)，并将解出的 x_i 代入式(2-6-8)，因此 $\Phi = \Phi(y_1, y_2, \cdots, y_n)$. 将式(2-6-8)对 y_k 求导，得到

$$\frac{\partial \Phi}{\partial y_k} = x_k + y_i \frac{\partial x_i}{\partial y_k} - \frac{\partial U}{\partial x_i} \frac{\partial x_i}{\partial y_k}.$$

由于式(2-6-6)，上面等式右端的第二和第三项相消，剩下的就是式(2-6-7).

将式(2-6-3)对 ε 求导，我们得

$$\sigma = \frac{\partial u}{\partial \varepsilon}, \tag{2-6-9}$$

这就是弹性势是应力势的条件. 应用勒让德变换，令式(2-6-9)中的 ε 相当于式(2-6-6)中的 x，σ 相当于 y，设

$$\varphi = \sigma\varepsilon - u = \varphi(\sigma),$$

我们得到

$$\varepsilon = \frac{\partial \varphi}{\partial \sigma}. \tag{2-6-10}$$

弹性势(或应力势) u 有直接的力学含义，它是储存在物体单位体积中弹性变形的势能. 物理量 φ 没有类似的直接力学意义，有时将它称为单位体积的余能或变形势，称为余能的原因可由图 2-6-2 清楚地看出. 如果

$$u = \int \sigma \mathrm{d}\varepsilon$$

是阴影区域的面积，那么将 φ 增补到这块面积上可得到以 σ 和 ε 为边的长方形. 对于线性弹性材料，变形势 φ 在数值上与应力势相等，矩形的对角线将其面积分为相等的两个部分. 由式(2-6-4)得到

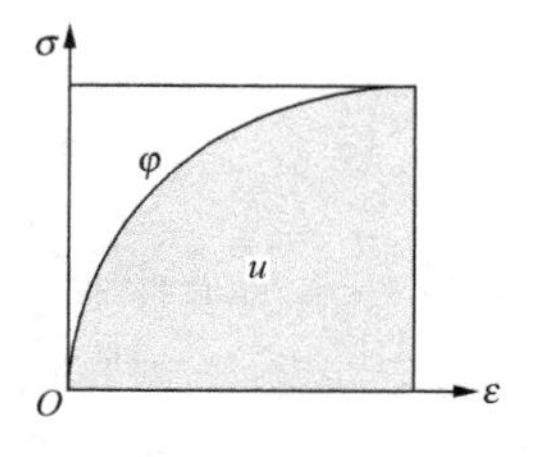

图 2-6-2

$$\sigma = \frac{\mathrm{d}u(\varepsilon)}{\mathrm{d}\varepsilon}, \quad \varepsilon = \frac{\mathrm{d}\varphi(\sigma)}{\mathrm{d}\sigma}. \tag{2-6-11}$$

例 2-6-1 如图 2-6-3 所示的一铰接正方形结构，材料是线性弹性的，各杆的弹性模量及截面面积皆相同，分别为 E 及 A，试求受力后 A,B 两点间距离的改变.

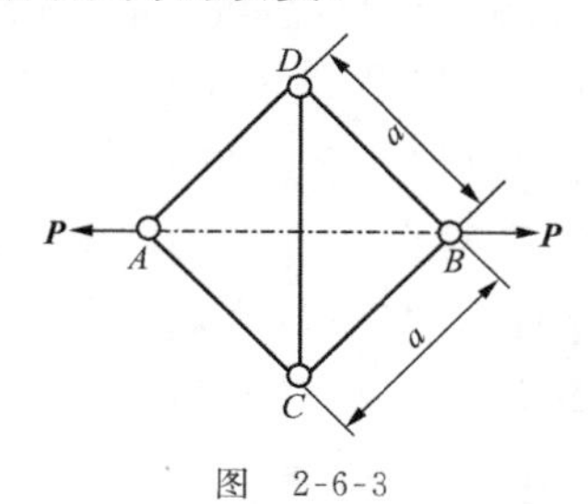

图 2-6-3

桁架结构的变形能为所有杆的变形能之和. 因为各杆的内力为

$$N_{AD} = N_{AC} = N_{BD} = N_{BC} = \frac{\sqrt{2}}{2}P,$$

$$N_{CD} = -P,$$

结构的变形能为

$$U = 4\left[\frac{1}{2}\frac{a}{EA}\left(\frac{\sqrt{2}P}{2}\right)^2\right] + \frac{1}{2}\frac{\sqrt{2}a}{EA}P^2 = \frac{1}{2}(2+\sqrt{2})\frac{a}{EA}P^2.$$

设 A,B 两点距离的改变为 $2x$，外力所做之功为

$$W = 2\left(\frac{1}{2}Px\right) = Px,$$

由于 $W=U$ 得

$$2x = (2+\sqrt{2})\frac{Pa}{EA}.$$

§2-7　弹性变形的热力学

前面给出的弹性变形以及弹性体的定义，需要进一步地精确化. 在实际问题中，变形时温度总是要发生变化的，这与气体在压缩和膨胀时温度发生变化一样. 现在可以对弹性体给出一个更一般的定义：作用在弹性体上的外力在一个封闭的变形和温度循环中所做的功为零. 这个定义与§1-7 和§1-8 中给出的定义相比，主要差别在于这里说明了循环末端的温度值与初始值相同. 显然，对于黏性材料（如黏性流体）这种定义是不适用的，黏性阻力所做的功将转化为热，要实现变形与温度的封闭循环，必须从物体中撤销这部分热. 被撤销的热等于外力功，故外力功永远不会是零.

现在研究处于均匀拉伸状态的单元体，例如它可以是一个棱长为单位值的立方体. 在这个立方体的两个彼此相对的面上作用有正应力 σ. 因为面积等于单位值，所以面上作用的合力就是 σ. 由于棱长等于单位值，所以应变 ε 就是绝对伸长. 对于单元体来说，力 σ 可以看做是外力. 如果力增加了 $\mathrm{d}\sigma$，伸长增加了 $\mathrm{d}\varepsilon$，力所做的功为 $\sigma\mathrm{d}\varepsilon$. 体积内热量的变化可一般地表示为 $\mathrm{d}Q$. 根据**热力学**第一定律知，内能变化 $\mathrm{d}u$ 为

$$\mathrm{d}u=\sigma\mathrm{d}\varepsilon+\mathrm{d}Q. \tag{2-7-1}$$

由热力学第二定律可知，存在一个叫做熵的状态函数 S，对于一个可逆过程有

$$\mathrm{d}Q=T\mathrm{d}S,$$

其中 T 是热力学温度，因此

$$\mathrm{d}u=\sigma\mathrm{d}\varepsilon+T\mathrm{d}S,$$

这个表达式应当是一个全微分，内能是应变和熵的函数，即 $u=u(\varepsilon,S)$，本构方程为

$$\sigma=\frac{\partial u}{\partial\varepsilon},\quad T=\frac{\partial u}{\partial S}. \tag{2-7-2}$$

因此，内能是一种热力学势. 借助于勒让德交换，可构造另一叫做自由能的热力学势

$$u^{*}(\varepsilon,T)=u-TS,$$

其本构方程为

$$\sigma=\frac{\partial u^{*}}{\partial\varepsilon},\quad S=-\frac{\partial u^{*}}{\partial T}.\tag{2-7-3}$$

与周围介质不发生热交换的过程叫做**绝热过程**. 在绝热过程中 $dQ=0$，因而 $S=$常数. 温度保持不变的过程叫做**等温过程**，即 $T=$常数. 现在很清楚，对于绝热过程，应力势是内能本身；对于等温过程，应力势相应地是自由能. 仅对于等温和绝热过程，弹性体内的应力和应变之间的关系才是单值的. 一般地，如果与周围介质发生热交换，这种单值关系将被破坏.

我们假设，由实验确定出的应力、应变和温度之间的关系是

$$\sigma=E\varepsilon-E\alpha_{l}(T-T_{0}),\tag{2-7-4}$$

其中 α_l 是热膨胀系数，T_0 是初始状态下的温度，也就是如果 $T=T_0$ 和 $\sigma=0$，则 $\varepsilon=0$. 式(2-7-4)中的弹性模量 E 应当是在等温条件下定义的，称为等温弹性模量. 如果试件在弹性变形时发生温度变化，那么弹性变形的同时会伴随有温度应变. 在试验过程中不进行连续的温度测量，就不可能区分出弹性应变和温度应变. 仅仅测量力和变形，我们会发现，应力增量与应变增量之间的关系不能用胡克定律和弹性模量 E 描述.

现在假设，弹性模量 E 和热膨胀系数 α_l 是与温度无关的常数（这仅在一个很窄的温度范围内近似地成立）. 用应变和温度表示应力的公式(2-7-4)，可以看做是由式(2-7-3)从理论上导出的，也就是说，应力是自由能对应变的导数. 因此，对式(2-7-4)积分得到自由能的表达式

$$u^{*}=\frac{1}{2}E\varepsilon^{2}-E\alpha_{l}\varepsilon(T-T_{0})+\psi(T),\tag{2-7-5}$$

其中 $\psi(T)$是一个待定的温度的函数. 由上式可以推出，弹性体的

熵为

$$S = -\frac{\partial u^*}{\partial T} = E\alpha_l\varepsilon - \psi',$$

现在计算出内能为

$$u = u^* + TS = \frac{1}{2}E\varepsilon^2 + E\alpha_l\varepsilon T_0 + \psi - \psi' T. \quad (2\text{-}7\text{-}6)$$

如果应变等于零，则由式(2-7-1)可知，内能是热能，并等于 $C_e T$，这里 C_e 是变形保持为常数时的热容量.我们假设热容量 C_e 是个常数，它既和应变无关，也和温度无关.在上面关于 u 的表达式(2-7-6)中，令 $\varepsilon=0$，得到

$$\psi - T\psi' = C_e(T - T_0),$$

这是一个关于函数 $\psi(T)$ 的微分方程，它很容易积分.在上面熵的表达式中，我们不需要 $\psi(T)$ 本身，只需要它的导数 $\psi'(T)$.因为确定熵可以使其精确到任意常数，我们在选择常数时可要求在 $\varepsilon=0$ 和 $T=T_0$ 时 $S=0$.省略中间的推导，我们写出熵的表达式为

$$S = E\alpha_l\varepsilon + C_e \ln\frac{T}{T_0}. \quad (2\text{-}7\text{-}7)$$

因而用应变和温度表示的内能公式(2-7-6)可改写为

$$u = \frac{1}{2}E\varepsilon^2 + E\alpha_l T_0\varepsilon + C_e T. \quad (2\text{-}7\text{-}8)$$

然而为了使内能是势函数，需要将它用应变和熵来表示，因此，从式(2-7-7)和(2-7-8)中消去 T，我们得

$$u = \frac{1}{2}E\varepsilon^2 + E\alpha_l T_0\varepsilon + C_e T_0 \exp\left(\frac{S - E\alpha_l\varepsilon}{C_e}\right). \quad (2\text{-}7\text{-}9)$$

由此可立刻得到没有热交换时绝热拉伸的应力-应变关系.按式(2-7-2)，将 u 对 ε 微商，我们即得到应力-应变关系式

$$\sigma = \frac{\partial u}{\partial\varepsilon} = E\varepsilon + E\alpha_l T_0\left[1 - \exp\left(\frac{S - E\alpha_l\varepsilon}{C_e}\right)\right]. \quad (2\text{-}7\text{-}10)$$

正如所见到的，如果材料在等温条件下服从线性的胡克定律，那么在绝热变形时应力-应变关系不再是线性的了，但是这种非线

性的性质是很弱的. 我们假设在温度 T_0 开始拉伸,初始时刻有 $S=0$,于是全部变形过程发生在熵值为零的情况下. 在式(2-7-10)中设 $S=0$,将指数项展成级数,只取前两项,得到下面的结果:

$$\sigma = E\left(1+\frac{E\alpha_l^2 T_0}{C_e}\right)\varepsilon, \tag{2-7-11}$$

物理量 $E(1+E\alpha_l^2 T_0/C_e)$叫做**绝热弹性模量**,它大于等温弹性模量. 在高频弹性振动的情况,温度在一周期的时间内来不及消散,固有振动的频率应当用绝热模量来确定. 对于金属材料,绝热模量和等温模量的差别是不大的,大约为 1%～2%. 对于聚合物、岩石以及混凝土材料,这种差别可能很大.

对于温度我们来求解方程(2-7-7),得

$$T = T_0 \exp\left(\frac{S-E\alpha_l\varepsilon}{C_e}\right).$$

显然,按式(2-7-9)将内能 u 对熵 S 取导数求温度,我们得到同样的结果. 将指数项展成级数并设 $S=0$,我们得

$$T = T_0\left(1-\frac{E\alpha_l}{C_e}\varepsilon\right). \tag{2-7-12}$$

从式(2-7-12)可见,拉伸时材料变冷了,压缩时材料变热. 例如我们研究一个振动过程,在杆内交替地发生拉伸和压缩,也即温度交替地降低和升高. 然而在实际条件下,总会与周围介质进行热交换,也就是损失了热能,这在表面上以振动的阻尼性质体现出来. 很长的杆可以传播声波,在同一瞬时杆的某些部位受拉,而相邻的部位受压,由于导热性,会产生某种温度均衡,分析这一类过程需要利用所谓热弹性的相关理论,也就是同时研究弹性方程和热传导方程.

§ 2-8　弹性波在杆内的传播

在很长的(例如半无限长的)直杆端部突然地作用一个常值的

轴向力(其相应的应力是 σ,弹性应变是 ε).一维杆弹性动力学理论可以证明,应力状态将以常值速度 c 沿杆传播,速度 c 的大小仅与材料有关.从力作用在杆端面那一瞬时算起,经过时间 t,直杆受力情况如下:在长度为 ct 的一段内,杆均匀受压或受拉(与力的方向有关),杆的其余部位仍然没有应力.设截面 m-n 是杆受应力部分和不受力部分的交界,称之为弹性波的波前.这个波前以速度 c 运动.我们在距杆端为 x 处取截面 p-q(图 2-8-1).在给定的瞬时 t,截面 p-q 到波前的距离是 $ct-x$.由于长度为 $ct-x$ 的一段杆内均匀地承受压应力 σ,因而其相对变形是

$$\varepsilon=\sigma/E,$$

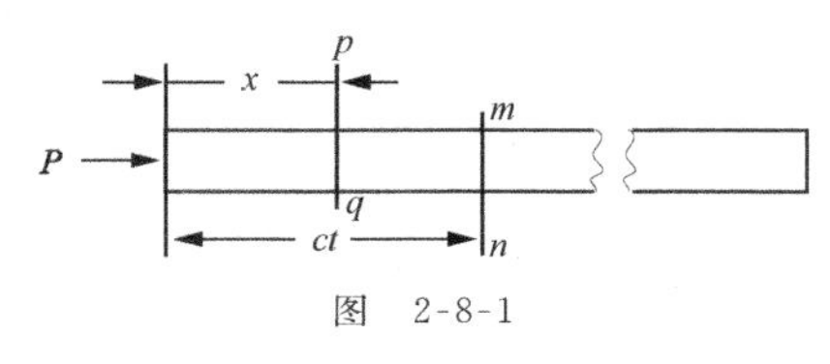

图　2-8-1

所以,截面 p-q 相对于它的初始位置向右移动的距离为

$$u=\varepsilon(ct-x)=\frac{\sigma}{E}(ct-x).$$

对时间求导,便求出截面 p-q 的运动速度为

$$v=\frac{\mathrm{d}u}{\mathrm{d}t}=\frac{\sigma c}{E}. \tag{2-8-1}$$

由式(2-8-1)确定的速度与坐标 x 无关,只要 $x<ct$,该式就适用.当 $x>ct$ 时速度应当是零,即 $v=0$.因此,如果在杆端作用的力是常数,那么在波前后面各截面运动的速度也是常数,而在波前处速度发生间断.这些结论对于应力同样适用.如果在波前处应力和速度发生间断,这种波称为冲击波或强间断波.

根据式(2-8-1)所确定的事实,还可以给出反向的结论,也就是,如果强迫杆端面以一个常速度沿杆轴方向移动,那么在波前的后面,应力将是常数.例如,用一个质量很大,速度为 v 的物体对杆端面冲击,这时冲击波的波前以速度 c 离开端部,在波前之后的质点速度将等于 v;按式(2-8-1),$\sigma=Ev/c$.留给我们的问题是确定波前的传播速度 c.为此,我们用截面 1-1 和 2-2 从直杆内截取出

长为 $\mathrm{d}x$ 的一段(图 2-8-2). 设在时刻 t,弹性波波前通过截面 1-1,在时刻 $t+\mathrm{d}t$ 通过截面 2-2. 为此应该有

$$\mathrm{d}x=c\mathrm{d}t,$$

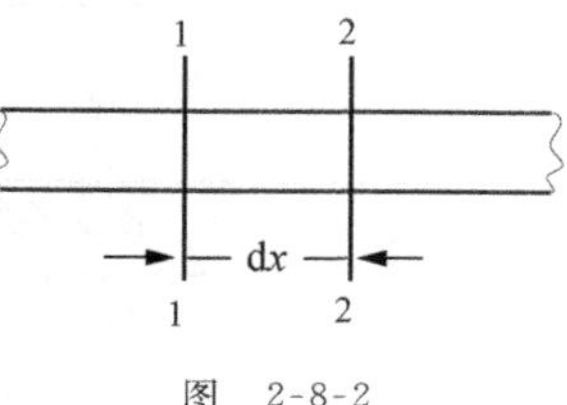

图 2-8-2

对截出的短杆使用牛顿第二定律. 在时间间隔 $\mathrm{d}t$ 之内,截面 1-1 上作用以力 σA(A 是横截面面积),在这期间,截面 2-2 上是不受力的,因而力的冲量等于 $\sigma A\mathrm{d}t$. 在开始时刻 t,整个被截出部分是静止的;在时刻 $t+\mathrm{d}t$,它整个地以速度 v 运动,因而动量的变化是

$$v\rho A\,\mathrm{d}x=v\rho Ac\,\mathrm{d}t,$$

式中的 ρ 是材料密度. 由于力的冲量与动量的变化相等,我们得

$$\sigma=v\rho c. \tag{2-8-2}$$

式(2-8-2)的更一般的写法是

$$\sigma=\langle v\rangle\rho c, \tag{2-8-3}$$

尖括号表示相应的量在通过波前时的突变幅度. 例如,$\langle\sigma\rangle$ 表示在波前前面和波前后面的应力之差. 如果我们的载荷不是作用在静止的杆上,而是作用在运动着的和有预应力的杆上,上面讨论也是完全成立的. 例如,可以想象在杆端作用以阶梯形式的载荷,开始时 $\sigma=\sigma^-$,然后在杆端的应力立刻增加到 $\sigma=\sigma^+$,结果有两个弹性波波前以相同的速度传播;设 $\langle\sigma\rangle=\sigma^+-\sigma^-$,$\langle v\rangle=v^+-v^-$,$\sigma^+$ 和 v^+,σ^- 和 v^- 的关系同时由式(2-8-2)给出,在第二个波前处应当列出的条件是式(2-8-3). 式(2-8-2)或(2-8-3)是直接从动量方程导出的,对于在任何连续介质中传播的波前都成立. 根据弹性杆的公式(2-8-1),将式(2-8-2)中的速度 v 用应力表示,可求出

$$c=\sqrt{\frac{E}{\rho}}. \tag{2-8-4}$$

由式(2-8-1)可以看出,甚至在碰撞速度不大时,也不免出现塑性变形. 例如,对于钢,$c=4900\ \mathrm{m/s}$,取 $E=2\times10^5\ \mathrm{MPa}$,$\sigma_s=$

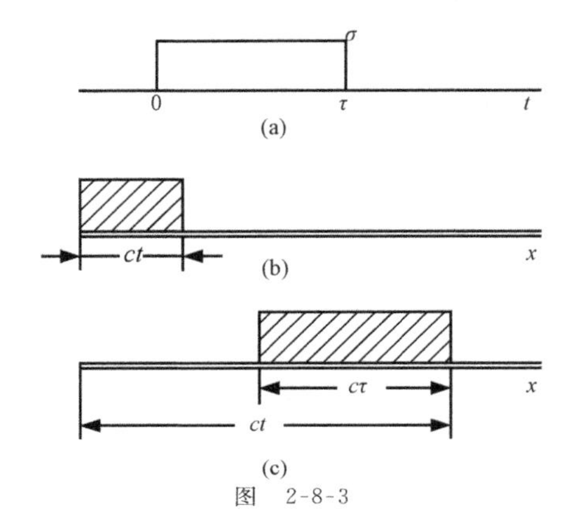

图 2-8-3

300 MPa,可求出,当冲击速度超过 7.4 m/s(相当于高度为 2.8 m 自由落体所达到的速度),就足以出现塑性变形.

现在假设一个常值力不是在全部时间内,而是在一个确定的时间间隔 τ 内作用在杆端,力与时间的关系如图 2-8-3(a)所示,当 $t<0$ 时,$\sigma=0$,当 $0<t<\tau$ 时,$\sigma=$ 常数. 当 $t>\tau$ 时,$\sigma=0$. 图 2-8-3(b)给出了当 $t<\tau$ 时沿杆长的应力分布图. 这时波前得以推进到长为 ct 的位置,在波前后面的应力处处为常数并等于 σ. 当$t>\tau$时,分布图不同了,杆的端部已没有力作用,这意味着端部应力等于零. 无应力区域以同样速度 c 沿杆传播,这个区域的边界就是后一个波的波前. 图 2-8-3(c)给出了沿杆长的应力分布图,这个图形保持不变地以速度 c 向右运动. 如果改变横坐标的比例尺,用时间 t 代替长度 ct,则这个图再现了杆端部上的作用力随时间变化的图.

上面所做出的结论还可以推广到更一般的情况,即作用在杆端的力随时间按任意规律变化的情况. 我们用阶梯形式的曲线代替平缓的曲线,可把问题归结为一系列由短时间作用的常强度载荷所激发的波,这些沿杆传播的波属于前面研究过的情况. 在极限情况下便得到沿杆移动的应力分布图案,这个分布图再现了端部力随时间变化的规律 $P(t)$. 如果在坐标为 x 的截面上贴上应变片测量应变,再利用胡克定律就可以确定出与应变成比例的应力. 在任意截面,应力随时间变化的关系重现了作用在端面上的应力随时间变化的关系,仅仅是相位变动了 x/c.

§2-9　冲击应力

在§2-6中介绍的变形能的概念,可以用于求解冲击时的应力(也称为**冲击应力**)和变形的问题. 在理论力学里假定碰撞是瞬时的,绝对刚体碰撞时所产生的力是无穷大的,因此在研究中仅引入能量和冲量. 如果物体中有一个是弹性体时,那么碰撞时间就总是有限的,而力的值也可以确定. 弹性物体碰撞问题的精确提法涉及体内波的传播特性,处理这类问题是相当困难的.

这里我们将给出大质量物体对杆件的拉伸冲击或压缩冲击的近似求解方法,大质量物体被认为是绝对刚体. 如果杆件的质量与冲击物质量相比是很小时,则一般可认为杆件是没有质量的,在没有质量的杆件中变形的传播将是瞬时的. 在冲击的近似理论中基本假设正是如此,即假设变形瞬时地发生在杆件的全部截面上. 而实际上变形是以声速(对于钢材大约为 5000 m/s)从冲击顶端开始传播的. 上面的假定意味着,在实际情况是一个很大质量以很小的速度(与声速相比)对杆件撞击,以致碰撞的持续时间会比弹性波通过整个杆长的时间大得多. 在这个持续时间内,波已多次跑过这个长度,从固定端反射,返回到进行冲击的那一端,再重新反射等等.

由于假设在冲击后变形瞬时地发生在杆的所有截面,而且各截面的变形相同,因而问题的求解可直接地利用能量方程. 为确定起见,我们认为杆的下端是刚性固定的,设重物质量为 M(重力 $W=Mg$),从高度 H 自由落下对杆进行冲击,如图 2-9-1 所示. 在重物撞击杆的上端之后,它继续向下运动,使杆压短. 由于杆所提

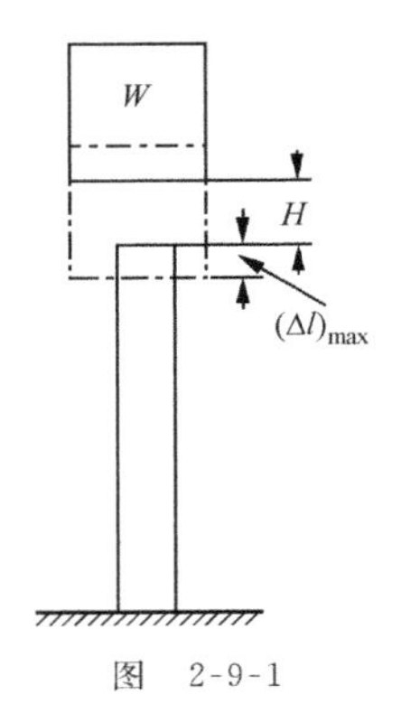

图　2-9-1

供的抗力，重物减速并很快达到零值，此时杆已缩短了$(\Delta l)_{max}$，在此瞬间杆的缩短和相应的压应力均为最大值. 随后杆又开始伸长，杆和重物的纵向振动也接着发生. 然而，我们可令下落重物所做的功$W(H+(\Delta l)_{max})$等于杆的应变能，从而计算出杆的最大缩短量$(\Delta l)_{max}$，即

$$W(H+(\Delta l)_{max})=\frac{EA}{2l}(\Delta l)_{max}^2.$$

这是一个关于$(\Delta l)_{max}$的二次方程，

$$(\Delta l)_{max}^2-2(\Delta l)_{st}(\Delta l)_{max}-2H(\Delta l)_{st}=0,$$

其中

$$(\Delta l)_{st}=\frac{Wl}{EA}\tag{2-9-1}$$

是重物W在静力学条件下(准静态)引起的杆的变形. 解上述方程得

$$\begin{aligned}(\Delta l)_{max}&=(\Delta l)_{st}+\sqrt{(\Delta l)_{st}^2+2H(\Delta l)_{st}}\\&=(\Delta l)_{st}+\sqrt{(\Delta l)_{st}^2+\frac{v^2}{g}(\Delta l)_{st}},\end{aligned}\tag{2-9-2}$$

式中$v=\sqrt{2gH}$为重物在撞击杆件顶端这一瞬间的速度. 从式(2-9-2)和(2-9-1)可看出，如果W和l都增加，或者冲击速度增大，那么$(\Delta l)_{max}$就增加. 它们还表明，如果杆的截面刚度EA增大，则$(\Delta l)_{max}$减小.

如果高度H与$(\Delta l)_{st}$相比是很大的话，即$H\gg(\Delta l)_{st}$，式(2-9-2)或简化为

$$(\Delta l)_{max}=\sqrt{2H(\Delta l)_{st}}=\sqrt{\frac{v^2}{g}(\Delta l)_{st}}.\tag{2-9-3}$$

假设在出现最大压缩量的一瞬间杆中应力分布是均匀的，我们便得到下列最大应力的近似公式：

$$\sigma_{\max}=\frac{E\,(\Delta l)_{\max}}{l}=\frac{E}{l}\left[\frac{v^{2}}{g}\,(\Delta l)_{\mathrm{st}}\right]^{\frac{1}{2}}=\left(\frac{Wv^{2}}{2g}\right)^{\frac{1}{2}}\left(\frac{2E}{Al}\right)^{\frac{1}{2}}.$$

由上式我们看出，下落物体的动能或弹性模量 E 增加，将引起应力增大，而杆件体积 Al 增加，将使应力减小. 这种情况与杆件静力压缩大不相同，在静力压缩中应力与杆长 l 以及弹性模量 E 无关.

另外一种重要的极端情况是 $H=0$，也即重物 W 被突然地置于杆件端处，没有初速度. 这样在端部施加的载荷叫突加载荷. 虽然在此情况杆件开始变形时没有动能，但该问题与杆件承受静载荷时的问题却大不相同. 对于静压缩我们假设载荷是逐渐作用的，因而在所作用的载荷与杆的抗力之间总是处于平衡. 在这样的条件下，载荷的动能问题完全不会介入. 在载荷突加时，杆的压缩量和杆中的应力在开始时为零，然后，突加载荷在其自重作用下开始下落. 在此运动过程中，杆的抗力逐渐增加直到它恰好等于 W，那时重物的垂直位移为$(\Delta l)_{\mathrm{st}}$. 但在此刻，载荷从位移$(\Delta l)_{\mathrm{st}}$中获得了一定的动能，因此它继续向下运动，直到它的速度因杆中的抗力而降到零为止. 在此条件下的最大压缩量可由式(2-9-2)令 $H=0$ 而得，因此

$$(\Delta l)_{\max}=2\,(\Delta l)_{\mathrm{st}}. \tag{2-9-4}$$

这就是说，突加载荷由于动态产生的变形等于静荷作用时所得变形的两倍.

在结构工程计算中引用冲击系数是很方便的，将结构的动态响应与静态响应之比定义为**冲击系数**. 在杆件的冲击问题中(图 2-9-1)，可将最大缩短量与静力缩短量之比定义为冲击系数：

$$k_{\mathrm{d}}=\frac{(\Delta l)_{\max}}{(\Delta l)_{\mathrm{st}}}=1+\sqrt{1+\frac{2H}{(\Delta l)_{\mathrm{st}}}}. \tag{2-9-5}$$

在突加载荷情况，$H=0$，$k_{\mathrm{d}}=2$. 在一般工程计算中，先计算静载下的变形$(\Delta l)_{\mathrm{st}}$和应力 σ_{st}，再用式(2-9-5)计算冲击系数 k_{d}，最后求出冲击问题的最大变形和最大应力：

$$(\Delta l)_{max} = k_d (\Delta l)_{st}, \quad \sigma_{max} = k_d \sigma_{st}. \tag{2-9-6}$$

本节前面分析的各种结论是对图 2-9-1 所示的直杆压缩冲击得到的，然而对任何线性弹性系统都有同样的结论，只要结构的载荷与其产生的位移成正比就行，其比例系数是 §2-5 中讨论过的结构刚度.

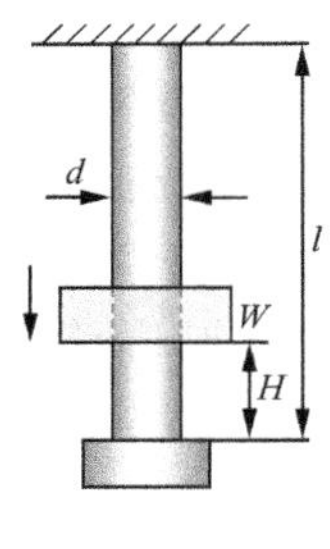

图　2-9-2

例 2-9-1　如图 2-9-2 所示的简单装置，最初处于静止状态的重物 W，从高为 H 处下落到长为 l 的钢制杆件下端处的翼缘上，设 $W=200\ \text{N}, H=150\ \text{mm}, l=2500\ \text{mm}, d=15\ \text{mm}$，试计算在冲击下杆的最大伸长和杆内的最大应力.

取钢的弹性模量 $E=2.0\times10^5$ MPa. 杆件截面面积

$$A = \frac{\pi}{4}(15\ \text{mm})^2 = 176.6\times10^{-6}\ \text{m}^2.$$

由式(2-9-1)得

$$(\Delta l)_{st} = \frac{Wl}{EA} = \frac{200\ \text{N}\times2.5\ \text{m}}{200\times10^9\ \text{N/m}^2\times176.6\times10^{-6}\ \text{m}^2} = 0.0142\ \text{mm},$$

而静态应力

$$\sigma_{st} = \frac{W}{A} = \frac{200\ \text{N}}{176.6\times10^{-6}\ \text{m}^2} = 1.13\ \text{MPa}.$$

由于

$$\frac{H}{(\Delta l)_{st}} = \frac{150\ \text{mm}}{0.0142\ \text{mm}} = 10563,$$

冲击系数为

$$k_d = 1+(1+2\times10563)^{\frac{1}{2}} = 146,$$

因而冲击时最大伸长和最大应力分别为

$$(\Delta l)_{max} = k_d (\Delta l)_{st} = 146\times0.0142\ \text{mm} = 2.07\ \text{mm},$$

$$\sigma_{max} = k_d\sigma_{st} = 146\times1.13\ \text{MPa} = 165\ \text{MPa}.$$

冲击应力和最大伸长均为静态值的 146 倍，可见考虑冲击问题的重要性.

例 2-9-2 如例 2-9-1 的装置，为保证冲击产生的变形是弹性的，重物的最大高度 H 应是多少？

从式(2-9-5)和(2-9-6)，可解出

$$H = \frac{1}{2}\left[\left(\frac{\sigma_{\max}}{\sigma_{st}} - 1\right)^2 - 1\right](\Delta l)_{st},$$

取钢的屈服极限 $\sigma_s = 235$ MPa，令 $\sigma_{\max} = \sigma_s$，$\sigma_{st} = 1.13$ MPa，$(\Delta l)_{st} = 0.0142$ mm 代入上式，则得

$$H_{\max} = \frac{1}{2}\left[\left(\frac{235\ \text{MPa}}{1.13\ \text{MPa}} - 1\right)^2 - 1\right] \times 0.0142\ \text{mm} = 301\ \text{mm}.$$

只要 $H \leqslant 301$ mm，如图 2-9-2 所示的冲击问题就是弹性响应，使用本节各公式是合理的.

例 2-9-3 如图 2-4-5 所示的桁架，如果点 A 的载荷 P 不是缓慢地从零逐渐增加到 P 的，而是在某一瞬时突然施加的，求节点 A 的最大位移和桁架内的最大内力.

我们知道静载荷 P 作用下点 A 的位移和最大的内力分别是

$$\delta_{st} = \frac{Pl}{E_2A_2 + 2E_1A_1\cos^2\alpha}, \quad N_2 = \frac{E_2A_2P}{E_2A_2 + 2E_1A_1\cos^2\alpha}.$$

由式(2-9-5)，本问题的冲击系数 $k_d = 2$，因而

$$\delta_{\max} = \frac{2Pl}{E_2A_2 + 2E_1A_1\cos^2\alpha}, \quad N_2 = \frac{2E_2A_2P}{E_2A_2 + 2E_1A_1\cos^2\alpha}.$$

§2-10 小结和讨论

在材料力学中主要讨论静力问题，载荷是静载荷. 静载荷是指从零开始，缓慢地增加到一定数值后保持不变的载荷. 所谓缓慢，是指构件内各质点的变形速度非常之小，以致认为构件始终处于平衡状态，或者说，处于准平衡状态.

以直杆为例，杆的一端固定，另一端作用有轴向载荷，大小为 P. 在受载过程中，杆将逐渐伸长，最后达到 Δl，载荷做功 $W = P\Delta l/2$，而此功转变为储存在杆内的应变能. 如果将载荷 P 缓慢地

移去，杆将恢复到原来的长度，储存在杆内的应变能以功的形式得以恢复.因此，杆像弹簧一样，在载荷作用或移去时可以储存或释放能量.而功的表达式中含有因子 1/2，这是因为载荷是从零开始，准静态施加的.

在材料力学有时还讨论动载荷问题，例如，冲击载荷问题.载荷以一定速度作用在杆的端面上，或者相当一个重物从高处落下，冲击在端面上(参见图 2-9-2).这种载荷叫冲击载荷.在冲击载荷作用下，构件内各质点的变形速度不可忽略，构件的响应涉及波的传播和质点的振动，精确地分析杆对冲击的响应比较困难.在材料力学中主要关心被冲击构件的最大应力和变形，可采用能量方法做近似的分析.一种特殊情况，重物突然地置于杆的端部的翼缘上($H=0$)，没有初速度，这种情况称为突加载荷.该问题不同于静载荷问题.在载荷突加情况下，杆的伸长量和杆的内力在开始时为零，然后突加载荷在自重作用下开始下落.在此运动过程中，杆的抗力逐渐增加直到它恰好等于重物重量，那时重物的垂直位移为 Δl(静载下的位移).但与此同时，载荷(重物)从位移中获得了一定的动能，因此它继续向下运动，直到它的速度因杆中的抗力而降到零为止.因此，杆的最大伸长量是 $2\Delta l$，最大应力也是静载荷情况的 2 倍.

还有一种情况是构件做匀加速运动.根据理论力学中的达朗贝尔(d'Alembert)原理，引进惯性力，而作为动平衡问题处理，例如本章例题 2-5-3.

本章在前五节，用较大篇幅讨论了拉杆、压杆和简单桁架的静力问题.讨论的内容有圣维南原理和平截面假设，直杆和简单桁架静定和静不定问题，强度计算和刚度计算等.

在拉伸和压缩时求解问题的步骤如下：

(1) 在变形前的构形上建立平衡条件，从载荷求约束力和内力.这样做的理由是杆件变形是微小(用肉眼难以看到).(2) 根据平截面假设，从内力求应力和位移.材料力学方法与弹性理论更精确方法的区别，主要在于前者引用了变形特性的一些简化假设，但在细长杆的条件下，材料力学方法仍然是足够精确的.(3) 根据应力、位移，做强度计算和刚度计算.

在(1)和(2)两步，如果引用广义函数，把集中力载荷和约束力形式地看做分布力，则可从平衡微分方程积分得到一般形式的应力和位移的通解. 在理论上，通解有一定意义，从中可看出载荷与应力、位移之间是线性关系. 这类问题称为线性问题.

上述的处理问题的方法在后文关于轴的扭转和梁的平面弯曲等问题均可资借鉴.

本章借助均匀拉伸状态的单元体，讨论了弹性变形的热力学，更精确地给出了弹性变形及弹性体的定义. 这是本书内容的又一个亮点.

等温弹性模量总是小于绝热弹性模量. 对于金属材料，两者相差较小，约为1%～2%；对于岩石类材料和聚合物，相差较大. 第一章介绍的拉伸试验是准静态加载，表1-7-1所列的弹性模量是等温弹性模量. 材料力学的静力分析中采用等温弹性模量. 在岩石力学问题分析中使用两种模量：静态弹性模量和动态弹性模量，前者应该是等温弹性模量，后者的大小应介于等温弹性模量和绝热弹性模量之间.

习　题

2.1 如图所示，发动机气缸内的气体压力 $p=3$ MPa，壁厚 $h=3$ mm，内径 $D=150$ mm. 已知气缸的弹性模量 $E=210$ GPa，试求气缸的周向拉应力、内径和周长的改变.

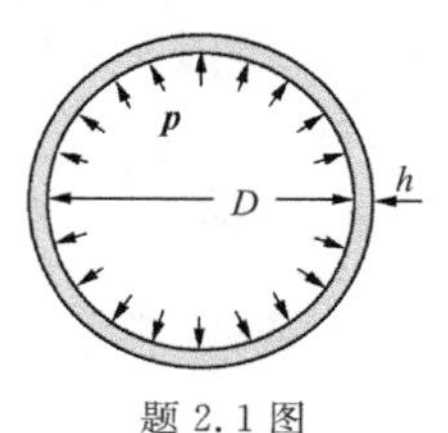

题2.1图

2.2　有一打入土中的混凝土桩，其周边的摩擦力支承上端的垂直载荷 **P**（如图所示）. 假设摩擦力为均匀分布，单位桩长上的摩擦力用 q 来表示. 已知桩的横截面面积为 A，弹性模量为 E 及埋入深度为 l. 试导出由 q，E，A 和 l 等项所表示的桩的总压缩量 δ 的公式（不计桩自身的重量）.

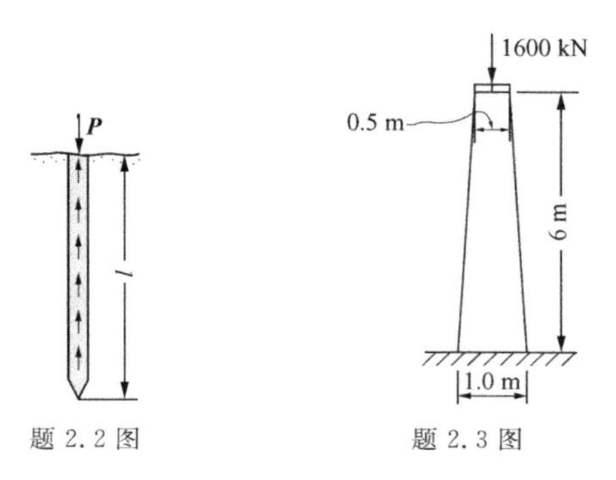

题 2.2 图　　　　题 2.3 图

2.3　图示一高度为 6 m 的正方形桥墩，其截面边长从顶部 0.5 m 起均匀的向下增大至底部 1.0 m 为止. 试求出在 1600 kN 压缩载荷作用下桥墩的压缩量. 假定混凝土的弹性模量为 24 GPa，且不计桥墩自身的重量.

2.4　刚性平板放置在四个对称排列的支柱上，支柱的横截面、长度和材料均相同（如图所示，图中长度单位为 mm）.

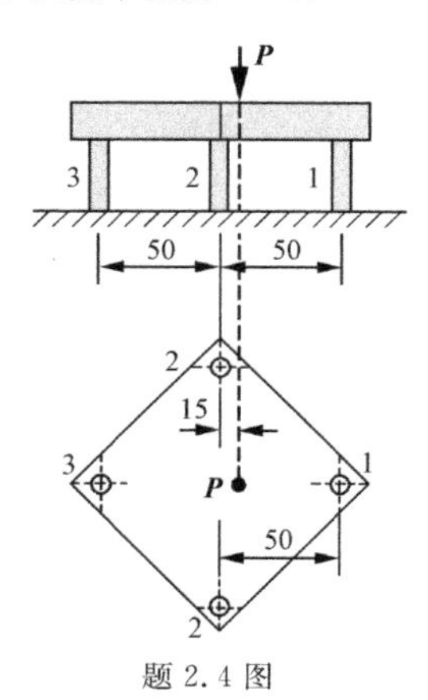

题 2.4 图

（1）当刚性平板上承受图示垂直载荷 **P** 作用时，试求各柱所受的力（设支柱只受轴力)；

(2) 若垂直载荷 **P** 施加在刚性平板上某一个区域时，可使得四支柱同时受力，试求出这个载荷作用区. 若使得三支柱受力、两支柱受力、一支柱受力，载荷作用区分别为何?

2.5 图示两根除了长度以外完全相同的绳索 CE 和 DB 支承一根刚杆 AB. 有一力 **P** 作用在刚杆上一点 F. 若 $l/h=2\sqrt{3}$，求在力 **P** 的作用下绳索 DB 中的拉力 **T**.

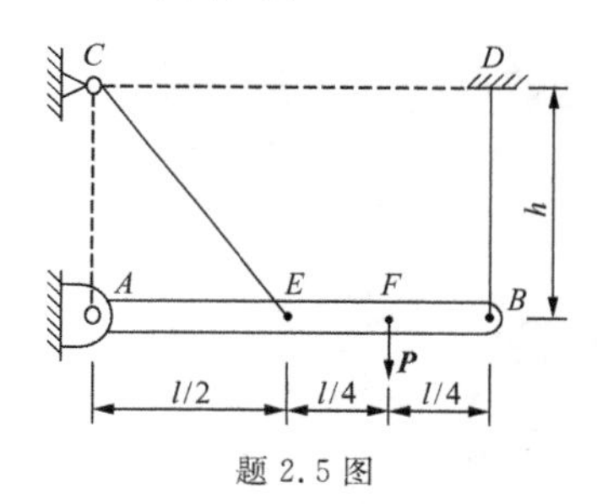

题 2.5 图

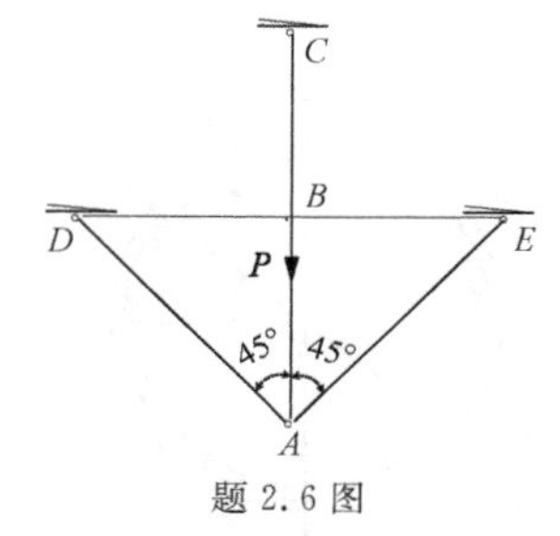

题 2.6 图

2.6 图示桁架中各杆的 EA 均相同，其中力 **P** 作用在 AC 杆之中点 B，试计算各杆的轴力.

2.7 图示铰接的正方形结构，各杆材料皆为铸铁，截面面积都等于 25 cm^2. 已知许用拉应力 $[\sigma_t]=50$ MPa，许用压应力 $[\sigma_c]=60$ MPa，试求结构的许用载荷 $[P]$.

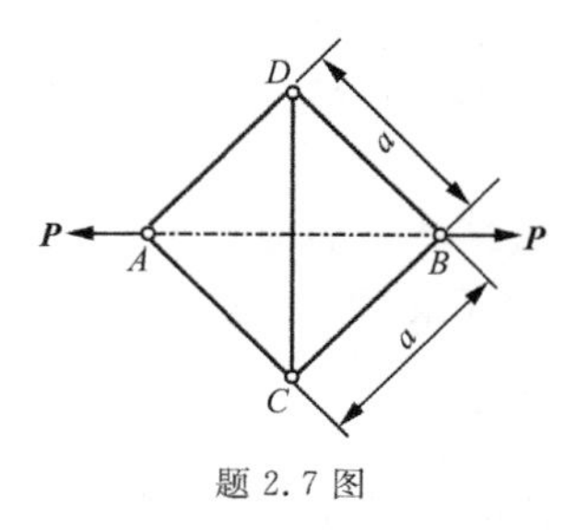

题 2.7 图

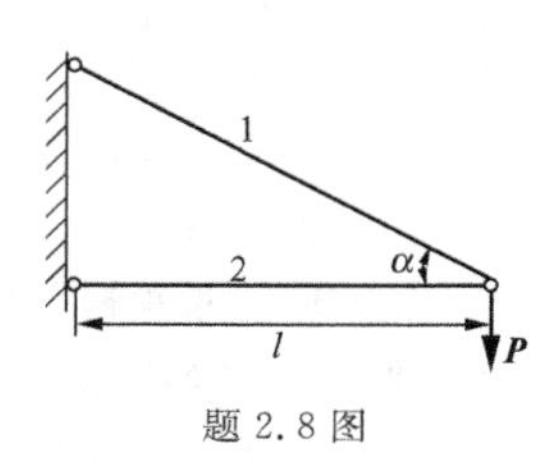

题 2.8 图

2.8 在图示三角架中，1 为金属杆，2 为木杆. 试问当木杆 1 所用材料为最少时，夹角 α 应为多大?

2.9 热套是工程上常用的将轮箍和轮体两部分装配成一体的加工工艺. 轮箍材料常是耐磨损、耐冲击的优质钢材. 在装配前，选取内径稍小于轮体外径的轮箍，将轮箍加热，并套在轮体上. 在轮箍温度降低到室温后，轮箍和轮体就紧紧地成为一体. 如图所示的钢质薄壁圆筒加热至 60℃ 后密合地套在温度为 15℃ 的铜衬套上. 已知钢筒壁厚为1 mm，铜套壁厚为4 mm，两者套合时钢筒的内径与铜套的外径均为 100 mm. 已知钢的线膨胀系数为 125×10^{-7} ℃$^{-1}$. 试求此结合件冷却至 15℃ 时，圆筒作用于衬套上的压力，以及衬套、圆筒横截面上的应力.（图内的尺寸单位为 mm.）

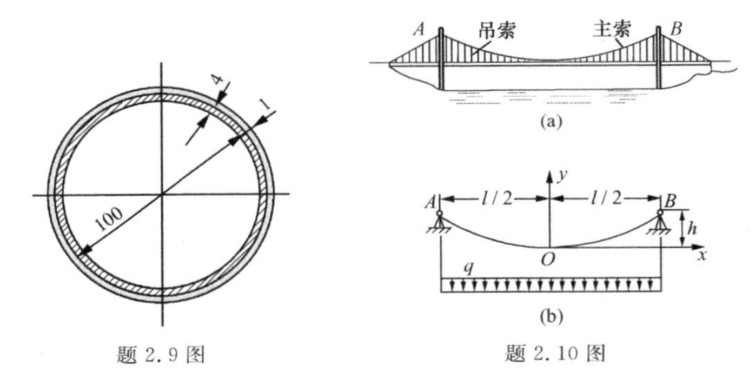

题 2.9 图　　　　　　题 2.10 图

2.10　如图所示，斜拉悬索桥的主钢索可以看成固定在点 A，B 上的呈抛物线的悬索. 桥面的载荷通过各吊索均匀分布在主钢索上，因此可以认为主钢索承受垂直方向的均布载荷 q. 悬索的特点是索内各点仅承受切线方向上的张力（拉力），而无弯矩，受力分析比较简单. 悬索的设计，简便可靠，且能充分发挥钢材性能，达到节省材料和减轻重量的经济效果.

悬挂点 A，B 间的水平距离 l 称为跨度，悬索的下垂量 h 称为垂度，轴向截面刚度记为 EA，取坐标原点在抛物线的最低点建立坐标系，如图所示. 求主钢索的总伸长 δ.

2.11　图示半径为 R 的刚性圆盘绕其轴心 C 以恒定的角速度 ω 转动. 四根正交的长为 l 的桨叶从圆盘的边缘伸出. 已知桨叶的横截面面积为 A，弹性模量为 E，密度为 ρ.

(1) 试求出在离心力的作用下积蓄在每一只桨叶内的应变能 U 值；

(2) 求每一只桨叶在离心力的作用下的伸长 δ.

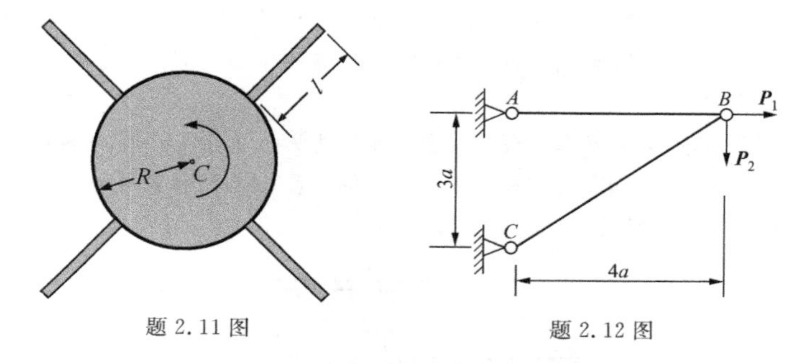

题 2.11 图　　　　题 2.12 图

2.12 桁架 ABC 受到水平的力 $\boldsymbol{P}_1$ 和垂直的力 $\boldsymbol{P}_2$ 的作用,如图所示,两根杆的轴向截面刚度均为 EA.

(1) 若 $P_2=0$,求在 $\boldsymbol{P}_1$ 的作用下桁架的应变能 U_1;

(2) 若 $P_1=0$,求在 $\boldsymbol{P}_2$ 的作用下桁架的应变能 U_2;

(3) 求当 $\boldsymbol{P}_1$,$\boldsymbol{P}_2$ 同时作用时,桁架的应变能 U 为多少?

2.13 升降电梯的轿厢是吊在一根钢索上,钢索的另一端绕在绞车鼓轮上,如图所示. 已知轿厢重量 $W=50$ kN,钢索的横截面面积为 1000 mm^2,轿厢以匀速 $v=1.6$ m/s 下降. 当钢索的长度 $l=240$ m 时,绞车突然刹住,试求这时钢索内的最大正应力(不计钢索的自重).

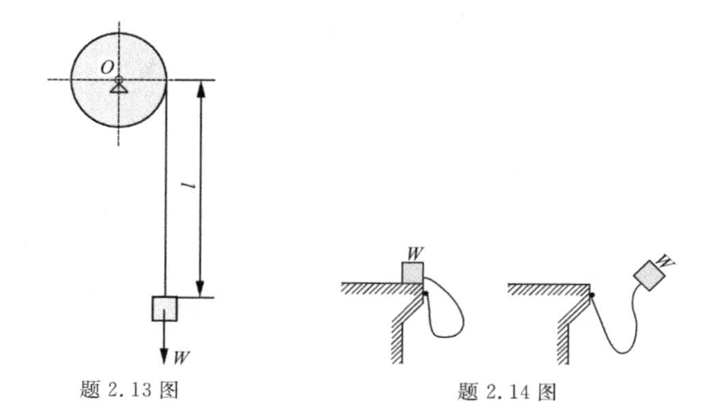

题 2.13 图　　　　题 2.14 图

2.14 蹦极是一项非常刺激的户外休闲活动. 若一个重为 W 的跳跃者站在蹦极的塔顶上,如图所示,身上绑着一根横截面面积为 A、弹性模量为 E 的软绳. 软绳的全长为 l,软绳的另一端固定在墙上. 现跳跃者从塔顶上自由下落.假设直到跳跃者下落停止时,软绳为弹性伸长,试求软绳的冲击系数.若跳跃者下落稳定后软绳伸长10%,则冲击时最大伸长为多少?

2.15 如图所示,有一矿车的缓冲器是用刚度为 $k=175\ \mathrm{kN/m}$ 的弹簧制成.当一辆重 6.7 kN 的矿车以 1.8 m/s 的速度撞击该弹簧缓冲器时,求弹簧的最大位移 $\delta_{\max}$.

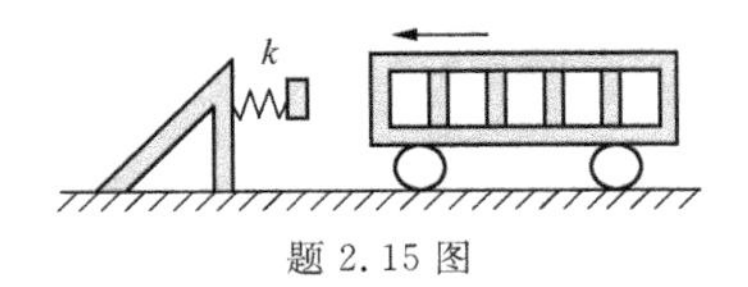

题 2.15 图

第三章　扭　　转

§3-1　圆截面直杆的扭转

在工程实践中经常遇到这样一类直杆，它所受的载荷经过简化后是作用在垂直于杆轴平面内的力偶，这种杆的受力状态称为**扭转**. 如机器中的传动轴、石油钻机中的钻杆等，都是直杆受扭转的例子. 材料力学中主要介绍圆截面直杆和薄壁截面直杆的扭转. 本节介绍圆截面直杆的扭转问题.

受扭的等圆截面直杆(又简称为等直圆杆)，通常称为**轴**. 最简单的情况是在轴的两个端面上作用以大小相等，且绕杆轴转向相反的外力偶，其矩记做 T(图 3-1-1). 在图中，坐标轴 x 沿杆的轴线并指向右方，这时右端面外力偶为正，左端面外力偶为负. 轴的内力可用截面法考虑自由体的平衡条件来确定，现在的内力是作用在该截面上的力偶，通常叫做**扭矩**，用 M_x 表示. 因为扭矩是内力(广义的内力)，它的符号规定要考虑到作用面的法线方向，扭矩矢量与作用面的外法向一致者为正值，否则为负值. 图 3-1-1 所示的情况，各截面的扭矩是不随 x 变化的，即有 $M_x=T$.

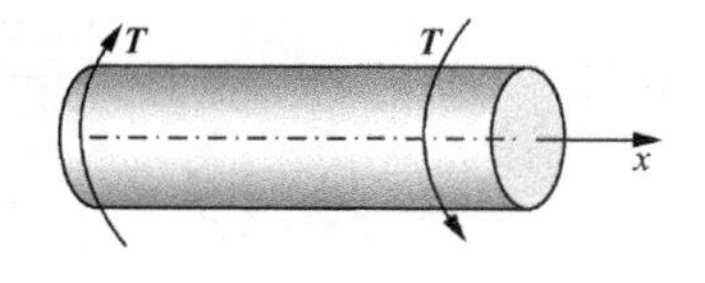

图　3-1-1

现在研究轴的变形，为此要引用**平截面假设**. 这个假设可叙述为：在圆轴受扭转时，所有的横截面像刚性平面一样绕杆的轴线转动，即变形前后半径保持直线，横截面的圆周界仍保持圆形.

我们取相距为 $\mathrm{d}x$ 的两个横截面，由于扭转，将这两个截面相对转动的角度 $\mathrm{d}\varphi$ 称为**扭转角**，相距单位长度的两截面之间的扭转角 $\mathrm{d}\varphi/\mathrm{d}x=\theta$ 称为**单位长度的扭转角**或比扭转角. 于是相距为

dx 的两个截面的相对扭转角 $d\varphi=\theta dx$(图 3-1-2(a)). 再从这长度为 dx 的小段轴中截出内径为 ρ,厚度为 $d\rho$ 的圆筒,由于 $d\rho$ 很小,可认为切应力沿筒厚是均匀分布的. 从图 3-1-2(b)可以看出单元 $mnpq$ 受剪切,其切应变的大小是

$$\gamma_\rho=\frac{\overline{pp'}}{\overline{mp}},$$

因 $\overline{mp}=dx$, $\overline{pp'}=\rho d\varphi=\rho\theta dx$,所以

$$\gamma_\rho=\theta\rho. \tag{3-1-1}$$

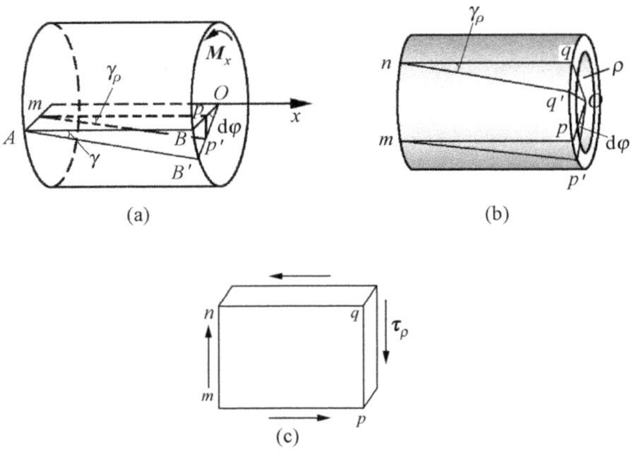

(a)

(b)

(c)

图　3-1-2

现在来研究横截面内的应力分布. 根据剪切胡克定律,由式(3-1-1)得

$$\tau_\rho=G\theta\rho, \tag{3-1-2}$$

τ_ρ 就是作用在单元体 $mnpq$ 的侧面 p-q 上的切应力,在与其垂直的侧面 m-p 上,作用有同样大小的切应力(切应力互等定理),因而在 p 点的受应力状态(图 3-1-2(c))是纯剪切状态. 因为 θ 值是表征截面整体转动的量,对指定截面来说是常数,所以圆轴截面上各点的切应力与该点到杆轴的距离 ρ 成正比,如图 3-1-3 所示. 在距杆轴为 ρ 的面元 dA 上的切应力合力为 $\tau_\rho dA$,它对轴线的力矩

为 $\tau_\rho\rho\mathrm{d}A$. 截面上扭矩 M_x 是截面上切应力对轴线的合力矩,即有

$$M_x = \int_A \tau_\rho \rho \mathrm{d}A = G\theta \int_A \rho^2 \mathrm{d}A.$$

上式第二个等号右端的积分只与截面的几何形状有关,它称为截面 A 的**极惯性矩**,并记为 I_p,

$$I_p = \int_A \rho^2 \mathrm{d}A. \qquad (3\text{-}1\text{-}3)$$

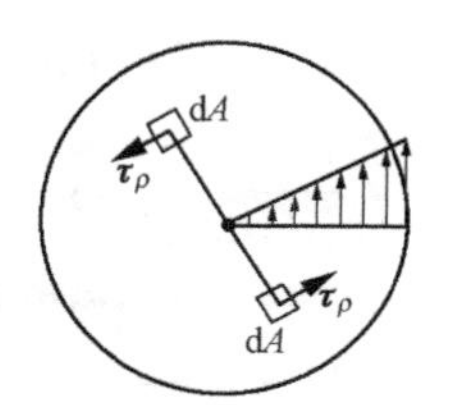

图　3-1-3

对于圆截面,

$$I_p = \int_0^{2\pi}\int_0^R \rho^3 \mathrm{d}\rho \mathrm{d}\psi = \frac{\pi}{2}R^4 = \frac{\pi}{32}D^4,$$

这里 R 是圆截面的半径,D 是直径. 由此可得单位长度扭转角 θ 为

$$\theta = \frac{M_x}{GI_p}, \qquad (3\text{-}1\text{-}4)$$

将 θ 值代入式(3-1-2)得扭转切应力公式

$$\tau_\rho = \frac{M_x\rho}{I_p}. \qquad (3\text{-}1\text{-}5)$$

对于仅在两端面受外力偶作用的轴,M_x 沿轴向是常数,因而各截面上切应力分布完全相同. 单位长度扭转角 θ 是常数,轴两端面的相对扭转角是 $\varphi=\theta l$,l 是轴的全长. 因此,式(3-1-4)可改写为

$$M_x = \frac{GI_p}{l}\varphi,$$

其中 GI_p/l 为杆的扭转刚度,GI_p 称扭转轴的截面刚度.

前面所做的平截面假设与得到的式(3-1-4)和(3-1-5)等对两端受扭的圆筒也是适用的,与等圆截面直杆的区别只在于截面的极惯性矩不同,计算圆筒的截面极惯性矩时取环面积的积分. 若空心轴的外径为 D,内径为 D',则有

$$I_p = \frac{\pi}{32}(D^4 - D'^4).$$

例 3-1-1　如图 3-1-4 所示的传动轴是钢制实心圆截面轴,

已知外力偶矩 $T_1=-1592\ \text{N}\cdot\text{m}, T_2=955\ \text{N}\cdot\text{m}, T_3=637\ \text{N}\cdot\text{m}$. 截面 A 与截面 B 的距离 $l_1=300\ \text{mm}$，截面 B 与截面 C 的距离 $l_2=500\ \text{mm}$，轴直径 $D=70\ \text{mm}$. 钢的切变弹性模量 $G=8\times10^4\ \text{MPa}$. 求轴的最大切应力和两端面的相对扭转角.

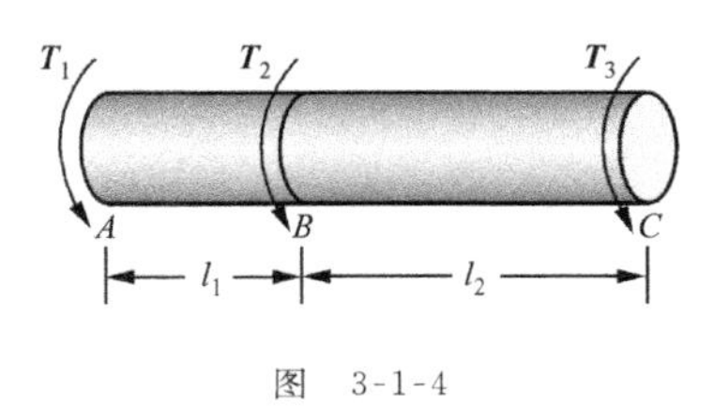

图　3-1-4

由截面法可求得此轴在 AB,BC 两段内的扭矩分别为 $M_{x_1}=1592\ \text{N}\cdot\text{m}$ 和 $M_{x_2}=637\ \text{N}\cdot\text{m}$. 因而最大切应力发生在 AB 段的 $\rho=D/2$ 之处，有

$$\tau_{\max}=M_{x_1}\frac{D}{2I_p}=\frac{M_{x_1}}{\frac{\pi}{16}D^3},$$

将有关数据代入

$$\tau_{\max}==\frac{1592\ \text{N}}{\frac{\pi}{16}\times(7\times10^{-2}\ \text{m})^3}=23.64\ \text{MPa}.$$

由于在轴的 AB 段和 BC 段，单位长度扭转角 θ 不同，必须分别计算各段扭转角，而后相加

$$\varphi_{AB}=\theta_1 l_1=\frac{M_{x_1}l_1}{GI_p},\quad \varphi_{BC}=\theta_2 l_2=\frac{M_{x_2}l_2}{GI_p},$$

$$\varphi_{AC}=\varphi_{AB}+\varphi_{BC}=\frac{M_{x_1}l_1+M_{x_2}l_2}{GI_p},$$

将有关数据代入上式得

$$\varphi_{AC}=\frac{1592\ \text{N}\cdot\text{m}\times0.3\ \text{m}+637\ \text{N}\cdot\text{m}\times0.5\ \text{m}}{80\times10^9\ \text{Pa}\times\frac{\pi}{32}\times(7\times10^{-2}\ \text{m})^4}=4.22\times10^{-8}\ \text{rad}.$$

例 3-1-2　计算如图 3-1-1 所示端面受扭矩 $\boldsymbol{T}$ 的等直圆杆的应变能.

如将图 3-1-2(b)中的 $mnpq$ 看做是一个小单元，遵循 §2-6

中求单向拉伸状态应变能的方法，可求得受纯剪切作用的单元 $mnpq$ 的应变能是

$$\frac{1}{2G}\tau_{\rho}^{2}\cdot \mathrm{d}x\cdot \rho\cdot \mathrm{d}\psi\cdot \mathrm{d}\rho,$$

因而这个小薄圆筒的应变能是

$$\left(\int_{0}^{2\pi}\frac{1}{2G}\tau_{\rho}^{2}\rho\,\mathrm{d}\psi\right)\mathrm{d}x\mathrm{d}\rho=\frac{\pi M_{x}^{2}}{GI_{\mathrm{p}}^{2}}\rho^{3}\,\mathrm{d}\rho\mathrm{d}x.$$

图 3-1-2(a)所示的一小段轴的应变能是

$$\int_{0}^{D/2}\frac{\pi}{G}\frac{M_{x}^{2}}{I_{\mathrm{p}}^{2}}\rho^{3}\,\mathrm{d}\rho\mathrm{d}x=\frac{1}{2}\frac{M_{x}^{2}}{GI_{\mathrm{p}}}\mathrm{d}x.$$

整个轴的应变能是将上式沿杆长 l 积分而得

$$U=\int_{0}^{l}\frac{1}{2}\frac{M_{x}^{2}}{GI_{\mathrm{p}}}\mathrm{d}x=\frac{lM_{x}^{2}}{2GI_{\mathrm{p}}}=\frac{lGI_{\mathrm{p}}}{2}\theta^{2}=\frac{1}{2}M_{x}\theta l,$$

由于扭矩 M_x 的大小恰是外力偶矩 T，因此上式可写为

$$U=\frac{1}{2}T\varphi,$$

$T\varphi/2$ 是外力偶在变形期间所做的功. 这就是说，在扭转过程中，外力偶做的功以应变能形式储存在轴内.

现在研究承受分布外力偶矩 $m(x)$ 的圆轴的扭转问题，而且轴的截面大小可以是变化的，即 I_{p} 是 x 的函数(图 3-1-5). 首先，用两个相距为 $\mathrm{d}x$ 的横截面截取一小段轴，它的受力图如图 3-1-6 所示，不难由它导出平衡方程

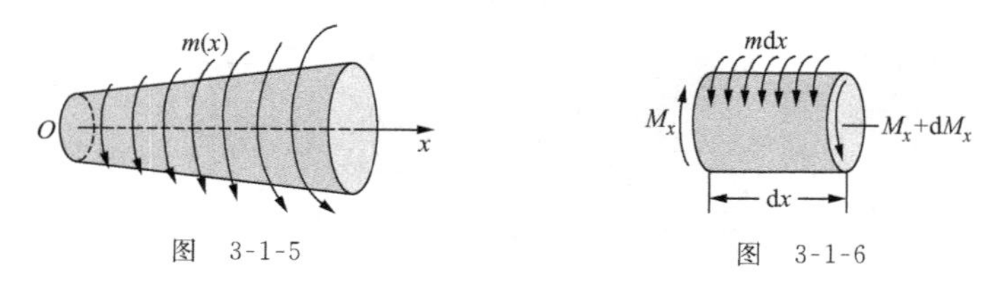

图　3-1-5　　　　图　3-1-6

$$\frac{\mathrm{d}M_{x}}{\mathrm{d}x}+m(x)=0, \tag{3-1-6}$$

积分式(3-1-6)，得

$$M_x = M_x(0) - \int_0^x m(x)\mathrm{d}x. \tag{3-1-7}$$

其次，由于 $\mathrm{d}x$ 很小，式(3-1-4)仍然成立，并考虑到 $\theta=\frac{\mathrm{d}\varphi}{\mathrm{d}x}$，有

$$\frac{\mathrm{d}\varphi}{\mathrm{d}x} = \frac{M_x}{GI_\mathrm{p}}, \tag{3-1-8}$$

因而

$$\begin{aligned}\varphi &= \varphi(0) + \int_0^x \frac{M_x}{GI_\mathrm{p}}\mathrm{d}x \\ &= \varphi(0) + M_x(0)\int_0^x \frac{\mathrm{d}x}{GI_\mathrm{p}} - \int_0^x \left(\frac{1}{GI_\mathrm{p}}\int_0^x m(x)\mathrm{d}x\right)\mathrm{d}x,\end{aligned} \tag{3-1-9}$$

因此，只要 $x=0$ 处的 φ 和 M_x 已知，任何截面的扭转角 φ 都可以由式(3-1-9)确定.

例 3-1-3　有一等圆截面杆 AB，其左端固定(参见图 3-1-7)，承受等集度 m_0 的分布外扭矩作用. 试导出该杆 B 端处扭转角 φ 的公式.

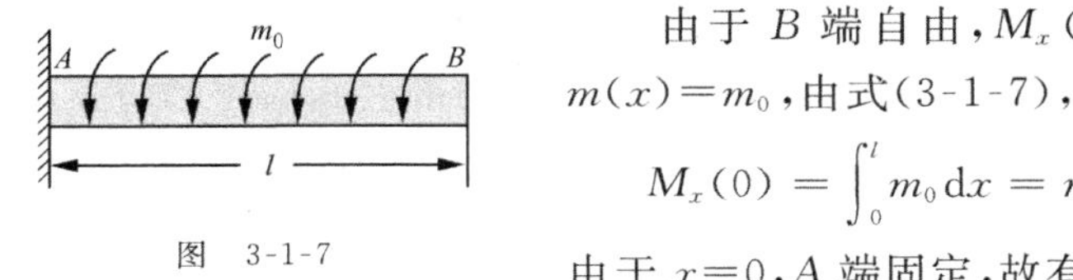

图　3-1-7

由于 B 端自由，$M_x(l)=0$，$m(x)=m_0$，由式(3-1-7)，

$$M_x(0) = \int_0^l m_0\mathrm{d}x = m_0 l.$$

由于 $x=0$，A 端固定，故有

$$\varphi(0) = 0,$$

由式(3-1-9)，

$$\varphi(x) = \frac{M_x(0)}{GI_\mathrm{p}}x - \frac{m_0}{2GI_\mathrm{p}}x^2,$$

在上式中取 $x=l$ 便得 B 端处扭转角公式

$$\varphi = \frac{m_0 l^2}{2GI_\mathrm{p}}.$$

例 3-1-4　将在 $x=x_i$ 处作用的集中外力偶矩载荷 T_i 看做是用 δ 函数定义的分布外力偶矩 $m(x)=T_i\delta(x-x_i)$. 重新计算例

3-1-1 中圆轴两端面的相对扭转角.

由式(3-1-7),

$$M_x(x) = M_x(0) - T_2 H(x - l_1),$$

式中 $H(x-l_1)$是单位跃阶函数,l_1 是 T_2 作用点的坐标. 由式(3-1-9),

$$\varphi(l) - \varphi(0) = \frac{M_x(0)l}{GI_p} - \frac{T_2}{GI_p}L(l - l_1),$$

因 $l=l_1+l_2$,$L(l-l_1)=L(l_2)=l_2$,上式为

$$\begin{aligned}\varphi(l) - \varphi(0) &= \frac{M_x(0)l_1}{GI_p} + \frac{(M_x(0) - T_2)l_2}{GI_p} \\ &= \frac{M_{x_1}l_1 + M_{x_2}l_2}{GI_p}.\end{aligned}$$

得到与例 3-1-1 完全相同的相对扭转角公式.

例 3-1-5 两端固定的圆截面杆 AB,在截面 C 处受一个矩为 T 的外扭转力偶作用,如图 3-1-8 所示. 已知杆的抗扭截面刚度为 GI_p,试求杆两端的支反力偶矩.

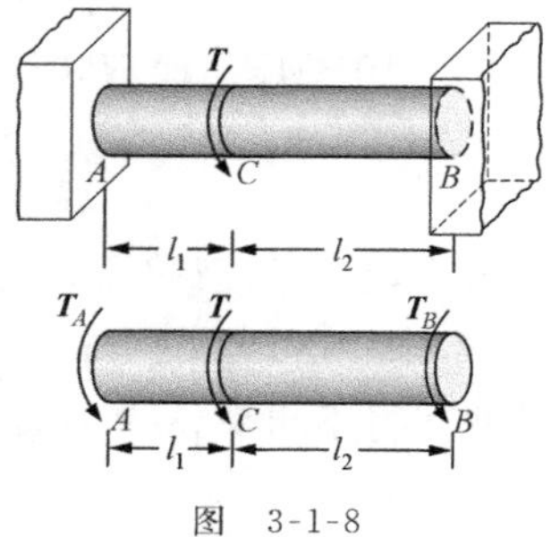

图 3-1-8

将两端支反力偶用 $\boldsymbol{T}_A$ 和 $\boldsymbol{T}_B$ 表示. 由矩的平衡条件得

$$T_A + T_B + T = 0.$$

两个未知支反力偶,仅有一个平衡方程,因此是一次静不定问题,需要补充变形相容条件. 由例 3-1-4 知

$$\varphi(l) - \varphi(0) = \frac{M_{x_1}l_1 + M_{x_2}l_2}{GI_p} = 0,$$

由于 $M_{x_1} = -T_A$,$M_{x_2} = T_B$,上式为

$$-T_A l_1 + T_B l_2 = 0,$$

将此式与平衡方程联立求解,得

$$T_A = -\frac{l_2}{l_1 + l_2}T, \quad T_B = -\frac{l_1}{l_1 + l_2}T,$$

式中的负号表明，实际的支反力偶矩方向与图 3-1-8 中所设的方向相反.

上面讨论的圆轴扭转理论的基础是平截面假设，现在简单地说明一下平截面假设的适用性. 从图 3-1-2(a) 中我们看到变形前的纤维 mp，在变形后是 mp'，它的长度是

$$\overline{mp'}=\frac{\overline{mp}}{\cos\gamma}=\overline{mp}\left(1+\frac{\gamma^2}{2}\right),$$

因而由扭转引起的纵向纤维的相对伸长是

$$\varepsilon_x=\frac{\overline{mp'}-\overline{mp}}{\overline{mp}}=\frac{1}{2}\gamma_\rho^2=\frac{1}{2}\rho^2\theta^2,$$

所以当扭转角 θ 很小时，即 $\rho\theta\leqslant R\theta\ll 1$，才有 $\varepsilon_x=0$，平截面假设才是合理的. 由式(3-1-2)，小扭转角的条件等价于

$$\frac{\tau_{\max}}{G}\ll 1.$$

这个条件对于金属材料显然是容易满足的. 例如软钢，$G=0.8\times 10^5$ MPa，而剪切许用应力 $[\tau]\approx 98$ MPa，因而

$$\frac{\tau_{\max}}{G}\approx 1.2\times 10^{-3}.$$

与 1 相比，它可以忽略不计. 然而对橡皮材料，其切变模量 G 的数值很小，$\tau_{\max}$ 可以与 G 有相同的数量级，这种材料圆轴的横截面在变形期间将不再保持为平面，会发生翘曲.

§3-2　截面的翘曲和刚周边假设

§3-1 作为圆杆扭转理论基础的平截面假设，在小变形情况下对圆截面是完全合理的，但对其他形状的截面却不适用. 如果对非圆截面杆仍采用 §3-1 的公式(3-1-4)和(3-1-5)，将会导致错误的结论. 例如，在面积相等的情况下，圆截面的极惯性矩比狭长矩形截面的极惯性矩小，按 §3-1 理论，矩形截面的抗扭刚度大，但日常经验恰好得到相反的结论. 再如，整体圆管沿母线切开后，

虽然极惯性矩值不减小，但管子的抗扭刚度却降低很多.还有，对矩形截面，按上节理论，角点处的切应力最大，但实际为零(由切应力互等定理可证明).这一切都说明上节给出的公式是不适用于非圆截面杆件的，这是因为对非圆截面杆来说，平截面假设不成立.

对于下面两节将要讨论的薄壁截面杆件扭转问题，我们采用**刚周边假设**:杆扭转后，横截面的周线虽然在杆表面上被扭曲了，但在其变形前的平面上的投影形状仍保持不变.也就是说，对于横截面的投影来说，它在杆扭转时将作刚性转动.根据刚周边假设，扭转变形可分成两部分:(1) 截面像刚体那样绕杆轴转过一个角度;(2) 截面上各点沿着杆轴方向移动.由于截面上各点沿杆轴的位移是不同的，原来的横截面在变形后不再是平面了，相应的变形叫做**翘曲**.当我们顺杆轴方向观察时，将看不到翘曲，只能看到截面周线作刚性转动，这就是“刚周边”说法的来由.

杆件扭转时，如果所有截面翘曲程度相同，则轴向纤维不会有伸长，沿截面也不会产生拉伸或压缩的正应力，而只会有切应力，这种情况称为**自由扭转**.在自由扭转中，截面各点的纵向位移将不受到限制.

如果薄壁杆的端面上各点轴向位移受到限制(例如端部支持的影响)，或者杆上有集中外力偶矩作用，则各截面的翘曲将是不同的，杆内将产生纵向应变.这时截面上除了切应力外，还有正应力，这种情况称为**约束扭转**.

本章只讨论自由扭转，约束扭转将在第七章介绍.

§3-3　闭口薄壁截面直杆的扭转

设薄壁截面是由两条封闭的平面曲线围成，壁厚 h 是由某点算起的中心线弧长 s 的函数.在壁厚不大的情况下，可以认为切应力沿厚度的变化不是主要的，因而切应力只与 s 有关.

这时薄壁杆件扭转的切应力分布，可以与两侧壁间液体的流动类比,切应力矢量对应于流体的速度矢量.周边上各点切应力矢量的方向是沿着周边切线的方向,这个条件对应于不可渗透刚壁的环流条件.

现在来证明,切应力与壁厚的乘积为常数(剪力流定理).

考虑图 3-3-1 中截出的单元体 $mnpq$ 的平衡,根据切应力互等定理,在纵截面 m-p 上作用的切应力等于横截面上点 m 的切应力 τ,因而在纵截面 m-p 上作用的合力为 $\tau h\,\mathrm{d}x$,类似地,在纵截面 n-q 上作用的合力为

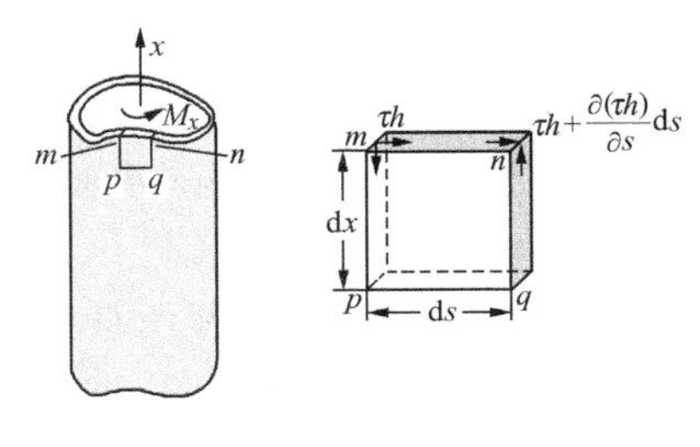

图　3-3-1

$$\tau h\,\mathrm{d}x+\frac{\partial}{\partial s}(\tau h)\,\mathrm{d}x\mathrm{d}s.$$

如将作用于单元上的力在母线方向投影,可得

$$\frac{\partial}{\partial s}(\tau h)=0,$$

由此得

$$\tau h=\text{常数}.\qquad(3\text{-}3\text{-}1)$$

可见如将切应力与液体流速类比,则上式表明,同一时刻流过每一断面的流量相同,这就是液体的不可压缩条件.

下面将切应力 τ 与扭矩 M_x 联系起来.如图 3-3-2 所示,将截面用没有厚度的周边表示,单位弧长上的作用力为 τh,此值为常数.作用在弧 $\mathrm{d}s$ 上的力为 $\tau h\,\mathrm{d}s$,它对周边内的点 O(任取的点)的力矩记为 $\mathrm{d}M_x$.力矩的臂是从点 O 到周边切线的距离 p.然而,$p\mathrm{d}s$ 是底为 $\mathrm{d}s$ 顶点为 O 这一三角形面积的二倍,以 $2\mathrm{d}A_{\mathrm{m}}$ 表示

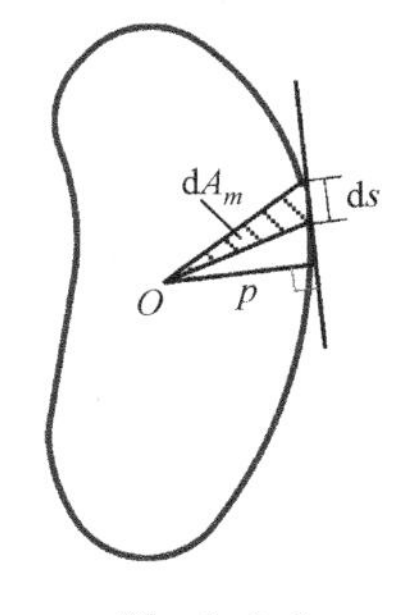

图　3-3-2

之,则

$$\mathrm{d}M_x = (\tau h) \cdot p\mathrm{d}s = (\tau h) 2\mathrm{d}A_{\mathrm{m}},$$

这里 A_{m} 是截面中线所围的面积(注意:A_{m} 不是薄壁截面的面积). 如将作用在周边所有单元上的力矩加起来,可得

$$M_x = \tau h \cdot 2dA_{\mathrm{m}},$$

于是有

$$\tau = \frac{M_x}{2A_{\mathrm{m}}h}. \tag{3-3-2}$$

现在转到确定扭转角的问题. 根据刚周边假设,杆件的变形由两部分组成:截面作为整体扭转时的变形以及截面上各点沿母线移动时所形成的变形.

首先,确定由于截面扭转所产生的剪切. 取相距为 $\mathrm{d}x$ 的两个截面,它们相对转角为 $\theta\mathrm{d}x$,如图 3-3-3 所示. 由于扭转,点 m 的位移 $mm' = \theta\rho\mathrm{d}x$,该位移是沿着中心为点 O 的圆弧进行的. 线段 mm' 与周边点 m 处的切线成 α 角. 完全类似地在点 n 得到位移 nn'. 将位移 mm' 分解为两个分量:垂直于周边的分量 mm'' 及沿周边切线的分量 $m''m'$. 第一个分量并不使单元 $mnpq$ 产生变形,而仅使它整体地向前(或向后)倾斜($m''n''pq$ 与 $mnpq$ 的形状完全相同). 第二个分量决定了 $mnpq$ 的剪切变形,即上底相对于下底的剪错,这个剪错位移恰好等于 mm' 在切线方向的投影,即 $\theta\rho\mathrm{d}x\cos\alpha$. 故相对剪切为

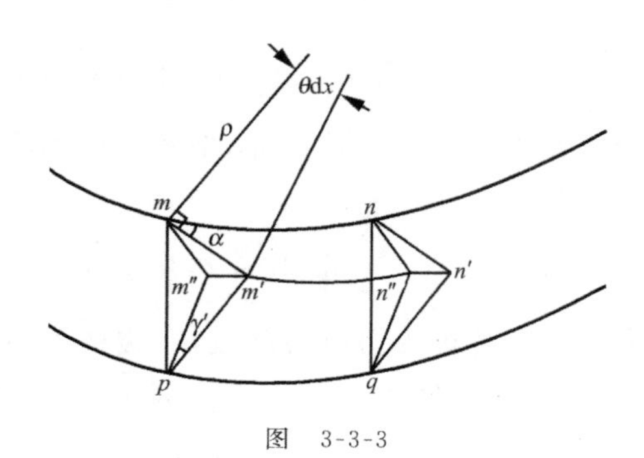

图 3-3-3

$$\gamma' = \theta\rho\cos\alpha.$$

其次,确定由于截面各点沿母线(x 轴方向)移动时所产生的

剪切.如图 3-3-4 所示,单元 $mnpq$ 取自杆的中面,图中没有画出杆件的厚度.现在我们来考察各点沿母线的位移.各点位移是弧长 s 的函数 $u(s)$.如果相应于边 mp 的母线坐标为 s,其上各点位移为 u,那么母线 nq 的坐标为 $s+\mathrm{d}s$,其上各点位移为 $u+\mathrm{d}u$.原来的四边形 $mnpq$ 由于变形变为 $m'n'p'q'$.相对剪切是

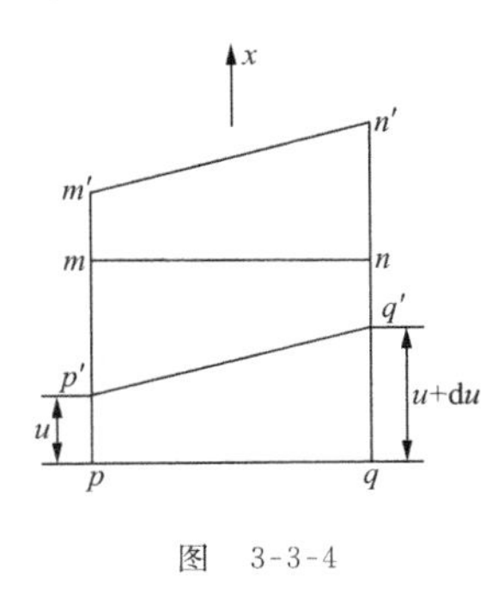

图　3-3-4

$$\gamma'' = \mathrm{d}u/\mathrm{d}s,$$

因此单元的总剪切为

$$\gamma = \gamma' + \gamma'' = \theta\rho\cos a + \frac{\mathrm{d}u}{\mathrm{d}s},$$

上式是任意形状的闭口薄壁杆件受扭时的剪切公式.对于薄壁圆管,$a=0$,$u=0$,上式就变为式(3-1-1).

由胡克定律得

$$\tau = G\theta\rho\cos\alpha + G\frac{\mathrm{d}u}{\mathrm{d}s},$$

将切应力乘以 $\mathrm{d}s$ 并沿周边积分,上式右端$\frac{\mathrm{d}u}{\mathrm{d}s}$的积分等于积分路径的起点及终点上的 u 值之差,对于封闭路径,该积分值为零.于是得到

$$\oint\tau\mathrm{d}s = G\theta\oint\rho\cos\alpha\mathrm{d}s,$$

等号左端的量称为切应力环流,右边很容易计算出.实际上,回到图 3-3-2,可以看出 $\rho\cos\alpha=p$,于是 $\rho\cos\alpha\mathrm{d}s=2\mathrm{d}A_{\mathrm{m}}$.因而

$$\oint\rho\cos\alpha\mathrm{d}s = 2A_{\mathrm{m}}.$$

这样,得到扭转角公式如下

$$\theta = \frac{1}{2GA_{\mathrm{m}}}\oint\tau\mathrm{d}s, \tag{3-3-3}$$

再将由式(3-3-2)求得的 τ 值代入上式得

$$\theta = \frac{M_x}{4GA_{\mathrm{m}}^2}\oint \frac{\mathrm{d}s}{h}. \tag{3-3-4}$$

例 3-3-1 用能量方法推导式(3-3-3).

单位长度杆件的应变能是

$$U = \iiint_V \frac{\tau^2}{2G}\mathrm{d}V = \oint \frac{\tau^2}{2G}h\,\mathrm{d}s \cdot 1 = \frac{\tau h}{2G}\oint \tau \mathrm{d}s,$$

由式(3-3-2),上式为

$$U = \frac{M_x}{2G \cdot 2A_{\mathrm{m}}}\oint \tau \mathrm{d}s.$$

对单位长度杆件,两端面的相对扭转角为 θ,扭矩为 M_x,外力功

$$W = \frac{1}{2}M_x\theta,$$

由于 $U=W$,得

$$\theta = \frac{1}{2GA_{\mathrm{m}}}\oint \tau \mathrm{d}s.$$

例 3-3-2 求半径为 R 厚度为 h 的薄壁圆筒的切应力和扭转角公式.

周线所围面积为 $A_{\mathrm{m}}=\pi R^2$,而且

$$\oint \frac{1}{h}\mathrm{d}s = \frac{2\pi R}{h},$$

由式(3-3-2)和(3-3-4)可以求得

$$\tau = \frac{M_x}{2\pi R^2 h}, \quad \theta = \frac{M_x}{2\pi \mathrm{R}^3 hG}.$$

如果将薄壁圆筒看做是空心圆轴,利用§3-1 中公式也可得到上述结果.

例 3-3-3 矩形空心截面杆(图 3-3-5)受扭矩 $M_x=10\,\mathrm{kN \cdot m}$,切变模量 $G=8\times 10^4$ MPa,求最大切应力和单位长度扭转角.(图中尺寸单位皆为 cm.)

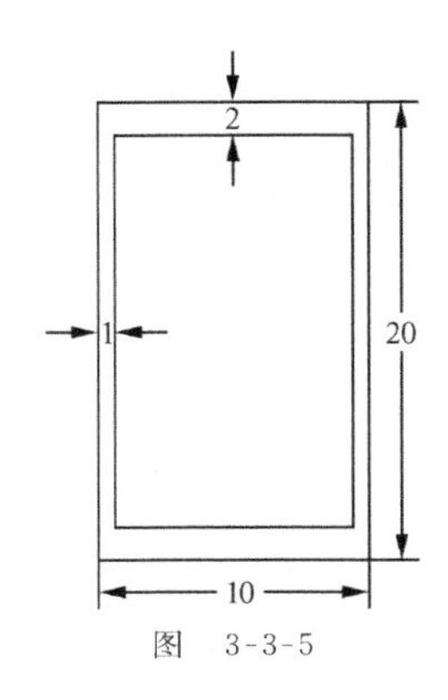

图 3-3-5

由于截面中心线的尺寸为 9 cm×18 cm,故 $A_m=162\ \mathrm{cm}^2$,同时

$$\oint\frac{\mathrm{d}s}{h}=2\times\frac{9}{2}+2\times\frac{18}{1}=45,$$

由式(3-3-2)和(3-3-4)求得

$$\tau_{\max}=\frac{1\times10^4}{2\times162\times10^{-4}\times10^{-2}}\ \mathrm{Pa}=30.9\ \mathrm{MPa},$$

$$\theta=\frac{1\times10^4}{4\times80\times10^9\times(162\times10^{-4})^2}\ \mathrm{rad/m}$$

$$=5.36\times10^{-3}\ \mathrm{rad/m}=0.307^\circ/\mathrm{m}.$$

§3-4 开口薄壁截面直件的扭转

扭转时切应力的分布,与截面形状相同的平底容器中液体的流动具有相似性,这使我们能够定性地看出开口薄壁截面直杆扭转时的应力分布图案(图 3-4-1).在这种形状的容器中,液体质点的迹线或流线为一封闭曲线,该曲线在很长的一段上(图 3-4-1 中的 ab 和 cd 段)几乎与器壁平行,流线的转折是在 da 和 bc 段,这两段的长度比 ab 及 cd 要小得多,忽略其影响,并近似地假设 $ab\approx cd\approx s_m$,这里 s_m 为截面中心线的长度.

§3-3 给出的应力环流公式,不但能用于闭口截面,而且也能

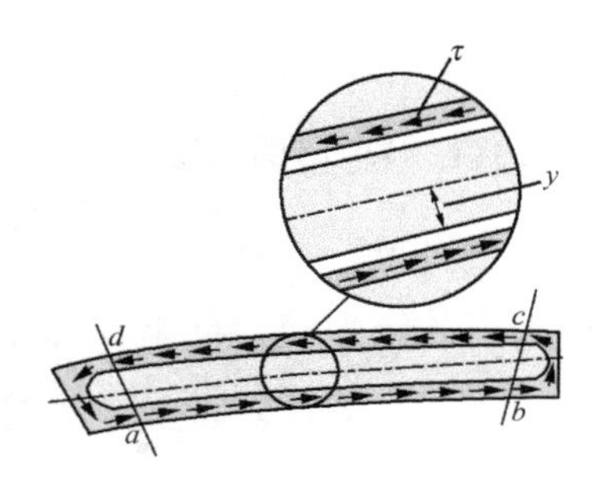

图　3-4-1

用于任意的切应力迹线. 现将其应用于迹线 $abcd$ 上. 在计算式(3-3-3)中的积分时，忽略 bc 及 da 段，并假设在弧 ab 及 cd 上的切应力值不变，则有

$$\int \tau \mathrm{d}s = 2\tau s_{\mathrm{m}}.$$

具有同样精确度的情况下，流线所围面积 A_{m} 为

$$A_{\mathrm{m}} = 2s_{\mathrm{m}}y,$$

因而

$$\theta = \frac{2\tau s_{\mathrm{m}}}{4Gs_{\mathrm{m}}y} = \frac{\tau}{2Gy},$$

由此得

$$\tau = 2G\theta y. \tag{3-4-1}$$

求某点的切应力时，y 是该点到截面中心线的距离.

这里还需把单位扭转角 θ 与扭矩 M_x 联系起来. 取彼此相距为 $\mathrm{d}y$ 的两条流线，将其间所夹的截面部分看作承受扭矩 $\mathrm{d}M_x$ 的闭口无限薄壁截面的杆件. 利用式(3-3-4)得

$$\mathrm{d}M_x = \frac{4GA_{\mathrm{m}}^2}{\oint \frac{\mathrm{d}s}{\mathrm{d}y}}\theta,$$

而我们已知

$$A_{\mathrm{m}} = 2s_{\mathrm{m}}y, \quad \oint \frac{\mathrm{d}s}{\mathrm{d}y} = \frac{2s_{\mathrm{m}}}{\mathrm{d}y},$$

于是

$$\mathrm{d}M_x = 8Gs_{\mathrm{m}}y^2\theta \mathrm{d}y.$$

为了算出整个截面的扭矩，需将上式从 $y=0$ 到 $y=h/2$ 积分，可以得到

$$M_x = \frac{1}{3} G s_m h^3 \theta. \tag{3-4-2}$$

将由式(3-4-2)求出的 θ 值,代入式(3-4-1)得

$$\tau = \frac{2M_x y}{h^3 s_m / 3}, \tag{3-4-3}$$

这里切应力 τ 是坐标 y 的函数,它在 $y=h/2$ 处达到最大值,即

$$\tau_{\max} = \frac{M_x}{h^2 s_m / 3}. \tag{3-4-4}$$

式(3-4-2)和(3-4-3)是在截面壁厚很薄,h 比截面中心线长度 s_m 小很多这个前提条件下推导出来的,即仅在这样的条件下才可以忽略长度为 h 的两端部的影响. 也就是说,这个被忽略的端部长度仅与厚度 h 有关,而与 s_m 的尺度无关. 因此,随着 s_m 的增长(h 保持不变),端部的影响总是变得愈来愈小. 此外,还要求截面中心线是平滑的,其曲率半径比 h 的尺寸要大得多. 然而,实际上截面通常是由不同长度和厚度的几部分组成,如工字形截面杆,而各部分的连接处将形成一定的角度,这就导致在各部分连接处产生局部的应力再分布,这种再分布的情况可用流体动力学的比拟来弄清楚. 在转角处和截面厚度突然改变的地方,流动速度分布总是不均匀的. 然而这个扰动区,即局部应力的范围,只限于各部分连接处扩展到其阶为 h 的长度范围之内. 因此,如果壁厚与组成截面的各部分的长度相比是足够小的,便可以忽略这些局部应力. 如果认为每个部分承受的扭转是独立的,根据式(3-4-2),对编号为 i,长度为 $(s_m)_i$,厚度为 h_i 的这一部分的扭矩为

$$(M_x)_i = \frac{1}{3} G (s_m)_i h_i^3 \theta,$$

总扭矩等于各部分扭矩之和,即

$$M_x = \frac{1}{3} G \sum_i (s_m)_i h_i^3 \theta,$$

由此得

$$\theta = \frac{M_x}{\frac{1}{3}G\sum_i (s_m)_i h_i^3}. \tag{3-4-5}$$

现在可以确定作用在编号为 k 的这一部分上的扭矩 $(M_x)_k$，即

$$(M_x)_k = \frac{(s_m)_k h_k^3 M_x}{\sum_i (s_m)_i h_i^3}.$$

根据式(3-4-3)，第 k 号部分上最大切应力为

$$(\tau_k)_{\max} = \frac{M_x h_k}{\frac{1}{3}\sum_i (s_m)_i h_i^3},$$

可见，在杆件截面上厚度最大的地方有最大的切应力

$$\tau_{\max} = \frac{M_x h_{\max}}{\frac{1}{3}\sum_i (s_m)_i h_i^3}. \tag{3-4-6}$$

式(3-4-5)和(3-4-6)是近似成立的，因为实际上比值 h/s_m 总是有限的. 在计算实际的型钢截面时，可以在相应的手册中找到对这些公式应做的不大的修正. 修正后最大切应力公式是

$$\tau_{\max} = \frac{M_x h_{\max}}{\frac{1}{3}\eta\sum_i (s_m)_i h_i^3}, \tag{3-4-7}$$

其中 η 是修正参数. 对于角钢截面 $\eta=1.00$，槽钢截面 $\eta=1.12$，T形钢截面 $\eta=1.15$，工字钢截面 $\eta=1.20$.

例 3-4-1 试求几何尺寸相同、材料性质也相同的有缝和无缝圆形薄管的刚度比.

有缝管是开口薄壁截面杆件，由式(3-4-2)，它的刚度

$$k_1 = \frac{M_x}{\Delta\varphi} = \frac{M_x}{\theta l} = \frac{1}{3l}G s_m h^3 = \frac{2\pi R h^3 G}{3l},$$

其中 $\Delta\varphi$ 为杆件两端面之间的相对扭转角，l 为杆长. 由例 3-3-2 知，无缝管的刚度

$$k_2 = \frac{2\pi R^3 h G}{l},$$

因而所求的刚度比为

$$\frac{k_1}{k_2}=\frac{h^2}{3R^2}=0.333\left(\frac{h}{R}\right)^2,$$

由于 $h/R\ll 1$,开缝薄钢管的抗扭刚度极低.在自由扭转的条件下,有时认为它是不能承受扭矩的几何可变系统.

例 3-4-2　试求几何尺寸相同、材料也相同的有缝和无缝圆形薄管的最大切应力之比.

对有缝管,由式(3-4-4),最大切应力

$$\tau_1=\tau_{\max}=\frac{M_x}{\frac{1}{3}h^2 s_m}=\frac{3M_x}{2\pi h^2 R};$$

对无缝管,由式(3-3-2)得

$$\tau_2=\frac{M_x}{2A_m h}=\frac{M_x}{2\pi R^2 h},$$

因此它们的最大切应力比为

$$\frac{\tau_1}{\tau_2}=\frac{3R}{h}.$$

由于 $R\gg h$,闭口薄壁圆管所受应力远小于开口薄壁圆管,因而它的强度储备比开口截面要大得多.

§3-5　直杆扭转的强度和刚度计算

根据以上各节的讨论,直杆扭转的强度条件可以统一地表为如下形式:

$$\tau_{\max}=\frac{(M_x)_{\max}}{W_p}\leqslant[\tau],\tag{3-5-1}$$

式中的$[\tau]$是许用切应力,它可直接根据圆截面薄管扭转实验测得的剪切破坏应力除以安全系数来得到.对于塑性材料,通常取$[\tau]=0.577[\sigma]$,详见§4-7. W_p 是**抗扭截面系数**,或称极截面系数.对不同形状的截面,W_p 的计算公式见表 3-5-1.刚度条件可以

统一地表示为

表 3-5-1

	W_p	C
圆截面	$\frac{1}{16}\pi D^3$	$\frac{1}{32}\pi D^4$
圆筒截面	$\frac{1}{16}\pi D^3\left(1-\frac{D'^4}{D^4}\right)$	$\frac{1}{32}\pi D^4\left(1-\frac{D'^4}{D^4}\right)$
闭口薄壁截面	$2A_m h_{\min}$	$4A_m^2\Big/\oint\frac{ds}{h}$
开口薄壁截面	$\frac{\eta}{3h_{\max}}\sum_i (s_m)_i h_i^3$	$\frac{1}{3}\eta\sum_i (s_m)_i h_i^3$
矩形截面	αab^2	βab^3

$$\theta_{\max}=\frac{(M_x)_{\max}}{GC}\leqslant[\theta], \tag{3-5-2}$$

其中 C 称为截面的几何刚度系数. 对于圆形和环形截面, C 就是极惯性矩 I_p. 对不同形状的截面, C 的计算公式也列在表 3-5-1 中. $[\theta]$是许用的单位长度扭转角, 它的具体数值可从有关的机械手册中查出. 对于精密机器的轴, $[\theta]$常取在 0.15～0.30 °/m 之间; 对于一般的传动轴, 则可放宽到 2 °/m 左右.

表 3-5-1 的最末一行还列出了矩形截面杆的 W_p 和 C 的公式, 这是因为矩形截面杆的扭转在实际应用中也占有相当重要的地位. 矩形截面杆的扭转理论属于弹性力学的内容, 不能用材料力学的方法建立. 然而采用流体力学比拟, 可以定性地了解矩形截面上的切应力分布情况. 假如有矩形底面的柱形容器, 容器内液体产生环流(图 3-5-1), 显而易见在角点上速度等于零. 每一单位

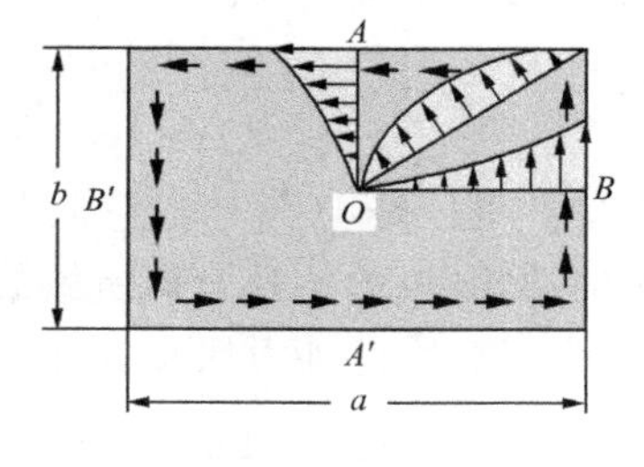

图 3-5-1

时间经过断面 OA 的流量与经过断面 OB 的流量相同，而由于 $OA<OB$，所以在 OA 上的平均速度大于 OB 上的平均速度. 因而可推测到在点 A 的速度较点 B 的大. 将流速与截面上的切应力对比，我们可知在角顶处的切应力为零，在长边中点处的切应力值最大. 这些结论仅是以直观为基础的推测，其正确性可在弹性力学中得到证明. 根据弹性力学理论的计算结果，用数值方法拟合出矩形截面杆的 W_p 和 C 的公式，它们是

$$W_p = \alpha ab^2, \quad C = \beta ab^3,$$

式中 a 是矩形长边，b 是短边，α 和 β 是无量纲参数，它们的值与边长比 a/b 有关，现列在表 3-5-2 中. 计算中若遇到 a/b 的某一中间值时，可用线性插值方法确定相应的 α 和 β 值.

表　3-5-2

a/b	1	1.5	2	3	4	6	8	10	∞
α	0.208	0.231	0.246	0.267	0.282	0.299	0.307	0.313	0.333
β	0.140	0.196	0.229	0.263	0.281	0.299	0.307	0.313	0.333

工程实践中，传动轴是重要的零件，往往仅知道它所传递的功率和转速. 因此，为了对它进行强度和刚度计算，首先要根据它所传递的功率和转速，求出使轴发生扭转的外力偶矩. 功率由主动轮传到轴上，再通过从动轮分配出去. 设通过某一轮所传递的功率为 N_k，单位为 kW，轴的转速为每分钟 n 转，则作用在此轴上的外力偶矩 T 可按以下方法求得. 功率 N_k（单位：kW）相当于每分钟做功

$$W = 1000 \times N_k \times 60\ \mathrm{s},$$

这里功的单位是 J（焦耳），它应与作用在轮上的外力偶每分钟内所做的功相等. 由于外力偶所做的功等于其矩 T 与轮的转角 α 的乘积，即 $T\alpha$，因此外力偶每分钟所做的功为

$$W = \frac{T\alpha}{t} = T\omega = 2\pi nT \text{（单位：J）},$$

由此我们得到

$$T = \frac{60\ \mathrm{s} \times 1000 N_k}{2\pi n}\ (\text{单位}:\mathrm{N \cdot m}) \tag{3-5-3}$$

或

$$T = 9.55\ \mathrm{s}\ \frac{N_k}{n}\ (\text{单位}:\mathrm{kN \cdot m}). \tag{3-5-4}$$

例 3-5-1 一电机的传动轴直径 $D=40\ \mathrm{mm}$,轴传递的功率为 $30\ \mathrm{kW}$,转速 $n=1400\ \mathrm{r/min}$,轴由 45 号钢制成,其剪切许用应力 $[\tau]=40\ \mathrm{MPa}$,切变模量 $G=8\times10^4\ \mathrm{MPa}$,单位长度杆的许用扭转角 $[\theta]=2^\circ/\mathrm{m}$. 试校核此轴的强度和刚度.

首先计算扭转力偶矩 T,由式(3-5-4)和已知数据得

$$\begin{aligned} T &= 9.55\ \mathrm{s}\ \frac{N_k}{n} = 9.55 \times \frac{30}{1400}\ \mathrm{kN \cdot m} \\ &= 0.204\ \mathrm{kN \cdot m} = 204\ \mathrm{N \cdot m}. \end{aligned}$$

其次求极惯性矩. 由截面法求得轴横截面上的扭矩为

$$M_x = T = 204\ \mathrm{N \cdot m},$$

由表 3-5-1 及已知数据算得抗扭截面系数为

$$W_{\mathrm{p}} = \frac{\pi D^3}{16} = \frac{\pi}{16}(4\times10^{-2}\ \mathrm{m})^3 = 12.55\times10^{-6}\ \mathrm{m}^3.$$

将 M_x 和 W_{p} 代入式(3-5-1)得

$$\tau_{\max} = \frac{M_x}{W_{\mathrm{p}}} = \frac{204\ \mathrm{N \cdot m}}{12.55\times10^{-6}\ \mathrm{m}^3} = 16.3\ \mathrm{MPa} < 40\ \mathrm{MPa},$$

由表 3-5-1 及已知数据算得极惯性矩为

$$I_{\mathrm{p}} = \frac{\pi D^4}{32} = \frac{\pi(4\times10^{-2}\ \mathrm{m})^4}{32} = 25.1\times10^{-8}\ \mathrm{m}^4.$$

将 M_x 和 I_{p} 以及已知的 G 值代入式(3-5-2),并换算单位后得

$$\begin{aligned} \theta &= \frac{M_x}{GI_{\mathrm{p}}}\frac{180^\circ}{\pi} \\ &= \frac{204}{8\times10^{10}\times25.1\times10^{-8}} \times \frac{180^\circ}{\pi}/\mathrm{m} \\ &= 0.58^\circ/\mathrm{m} < 2^\circ/\mathrm{m}. \end{aligned}$$

因此，此轴同时满足强度条件和刚度条件的要求.

§3-6　小结和讨论

本章主要介绍圆截面直杆和薄壁截面直杆的扭转，它们的变形分别遵循平截面假设和刚周边假设. 薄壁杆件在自由扭转情况，各个横截面的翘曲是相同的，沿轴向没有伸缩变形. 在圆截面直杆扭转和薄壁截面直杆自由扭转情况下，截面上仅有切应力，没有正应力，每一点都是纯剪切应力状态，虽然沿截面分布不均匀，但它们也是一种最简单的应力状态.

开口薄壁直杆在自由扭转下的刚度远小于闭口截面的刚度. 开口圆管刚度与闭口圆管刚度之比为 $0.333(h/R)^2$. 开口钢管自由扭转的刚度极低，有时认为它是不能承受扭矩的几何变形系统.

开口薄壁杆件的约束扭转问题，比较复杂，将在第七章里专门研究.

习　题

3.1　用实验方法求钢的切变模量 G 的装置如图所示. 圆截面钢试件 AB 长为 $l=0.1$ m、直径 $d=10$ mm，其 A 端固定，B 端有长为 $s=80$ mm 的杆 BC 与截面连成整体. 当在 B 端加扭转力偶 $T=15$ N·m 时，测得 BC 与杆的顶点 C 的位移 $\Delta=1.5$ mm. 试求钢的切变模量 G，杆内的最大切应力 τ_{max} 以及杆表面的切应变 γ.

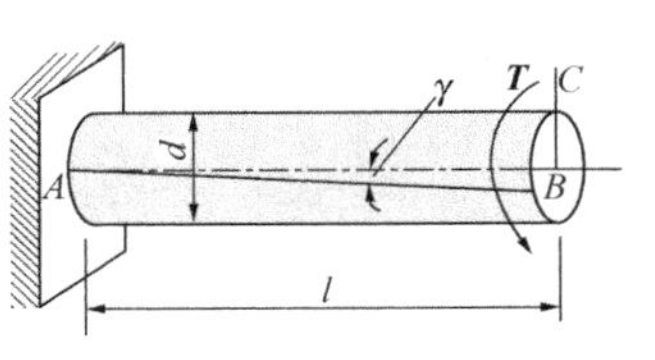

题 3.1 图

3.2 直径 $d=25\,\text{mm}$ 的钢圆杆受轴向拉力 60 kN 作用时，在标距 0.2 m 的长度内伸长了 0.113 mm；受外扭转力偶矩 0.2 kN・m 作用时，相距为 0.15 m 的两横截面相对扭转了 $0.55°$. 试求钢材的 E,G 和 ν.

3.3 在图示受扭圆杆上，用三个截面 ABE,CDF 和 $ABCD$ 截出杆的一部分. 根据切应力互等定理可知截面上切应力的分布如图(b)所示. 试问 $ABCD$ 面上的切应力所构成的合力偶与什么力系相平衡？

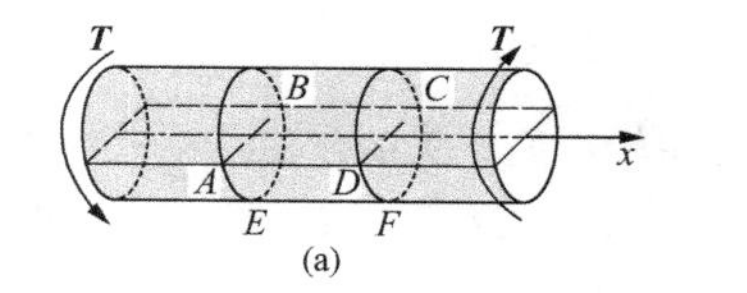

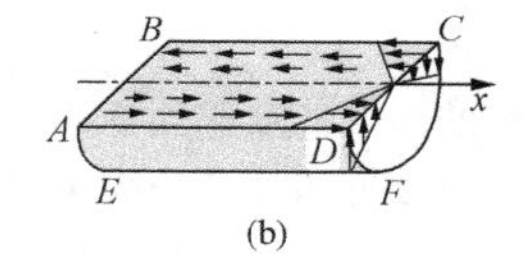

题 3.3 图

3.4 今欲以一内外径比值为 0.6 的空心轴来代替一直径为 400 mm 的实心轴. 在两轴的许用应力相等的条件下，试确定空心轴的外径，并比较实心轴和空心轴的重量.

3.5 如图所示的一变截面的薄壁圆筒. 已知其长为 l，各处厚度均为 h，两端处的直径为 d_A 和 $2d_A$. 由于筒壁很薄，截面的极惯性矩 $I_p\approx\pi d^3h/4$. 求在圆筒两端受外扭转力偶矩 T 的作用时筒的扭转角 φ.

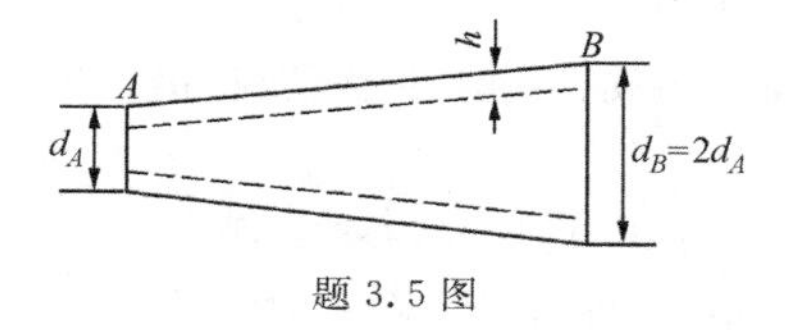

题 3.5 图

3.6 如图所示，一根两端固定的圆形杆 AB，右半部分空心. 两部分的极惯性矩分别为 I_{pA}，I_{pB}. 求在距左端距离 x 为多少处加一力矩 $\boldsymbol{T}$ 可使两端的支反扭转力矩相等？

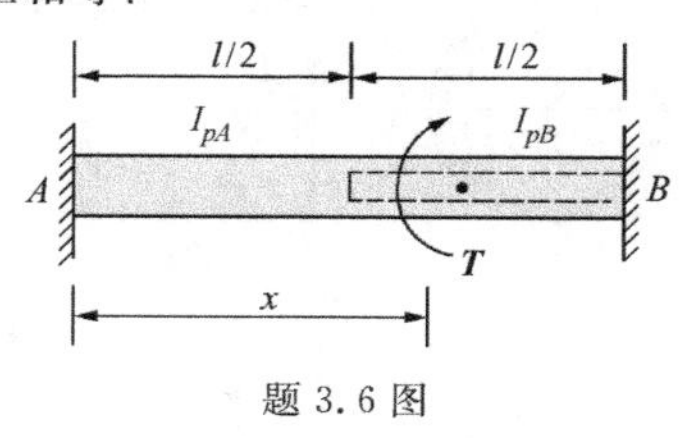

题 3.6 图

3.7　图示两端固定的圆杆受到一对外扭转力偶矩 $\boldsymbol{T}$ 的作用，$T=10\ \mathrm{kN\cdot m}$，试求固定端截面上的扭矩.若已知$[\tau]=60\ \mathrm{MPa}$，试选择此杆的直径.

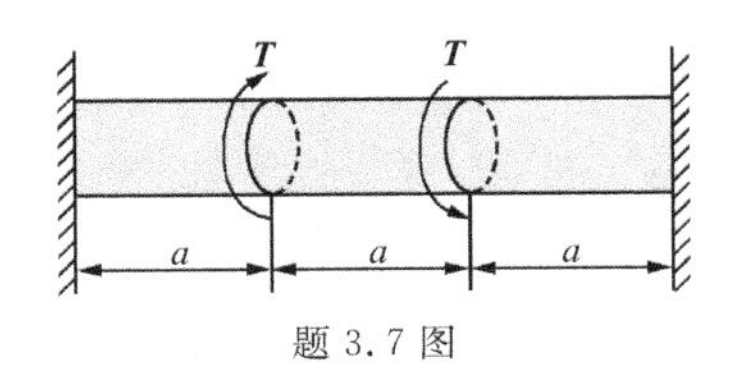

题 3.7 图

3.8　图示的闭口薄壁截面杆受到外扭转力偶矩 $\boldsymbol{T}$ 的作用.若$[\tau]=60\ \mathrm{MPa}$，试确定其许用扭转力偶矩.若在杆上沿母线开一缝，试问许用扭转力偶矩将减为多少？（图中尺寸单位为 mm.）

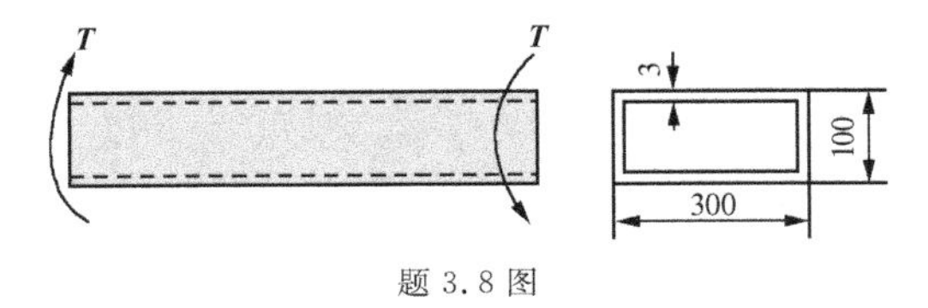

题 3.8 图

3.9　有一铝制的空心圆轴，外径为 100 mm，内径为 86 mm，长为 2.4 m，轴的切变模量 $G=28\ \mathrm{GPa}$.

（1）当空心圆轴两端受扭，使得最大切应力为 50 MPa 时，试求轴的总转角 φ；

（2）若同样的扭矩作用于一根实心的圆轴上并产生了同样大小的最大切应力，则实心圆杆的直径 d 应为多少？

3.10　图示的薄壁环形截面杆和薄壁箱形截面杆的材料、长度、壁厚和横截面面积均相同，试求两杆切应力之比及单位长度扭转角之比.

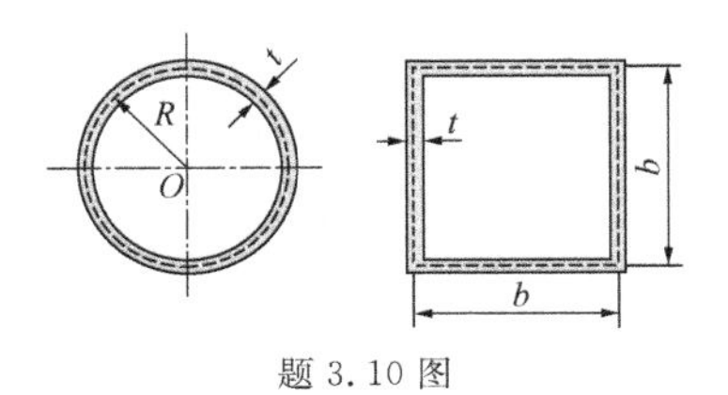

题 3.10 图

3.11 图示的轴 ABC 由点 A 发动机驱动转动. 发动机的功率为 300 kW, 转速为 3.2 Hz. 已知 B, C 两点的齿轮输出的功率分别为 120 kW 和 180 kW, 轴的两部分的长度分别为 $l_1=1.5$ m, $l_2=0.9$ m. 若轴的许用切应力为 50 MPa, A, C 两点间的容许扭转角为 0.02rad, $G=75$ GPa, 则轴的直径为多少?

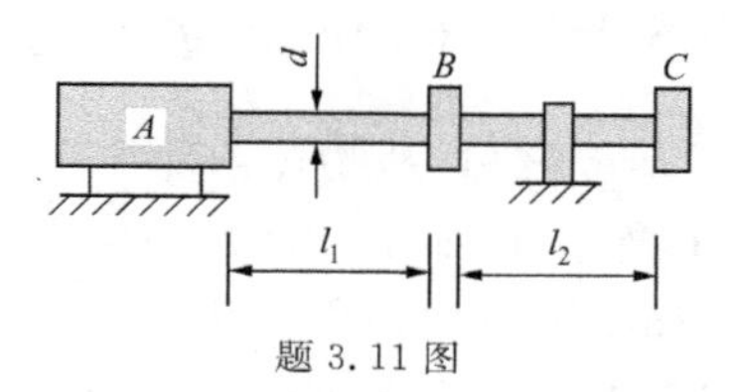

题 3.11 图

3.12 图示一端固定的圆截面杆 AB 的直径为 d, 承受集度为 m 的均布外力偶作用. 若 G 为已知, 试求杆内积蓄的应变能.

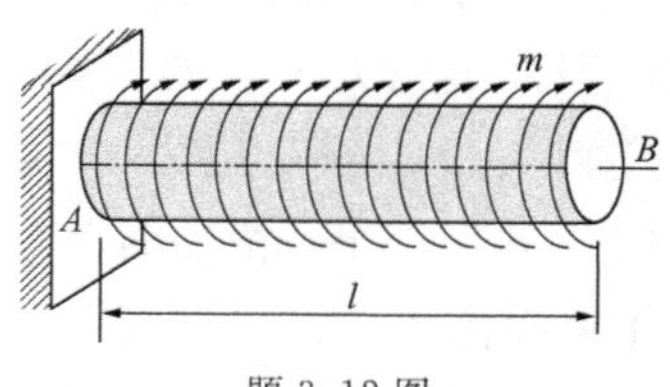

题 3.12 图

3.13 圆柱形密圈螺旋弹簧的平均直径 $D=125$ mm, 簧杆的直径 $d=18$ mm, 受拉力 $P=500$ N. 试求弹簧内的最大切应力近似值和精确值. 若弹簧材料的 $G=82$ GPa, 欲使弹簧在力 P 的作用下的变形等于 6 mm, 问弹簧最少应有几圈?

第四章　应力应变分析和强度理论

§4-1　平面应力状态

在取定坐标系 $Oxyz$ 之后，从物体内部截出一个直六面体，它的每个面垂直于一个坐标轴. 如果物体是均匀应力状态，六面体的尺寸可以是有限的. 如果不是均匀应力状态，六面体的尺寸取得十分微小，以至于各截面上的应力也可看做是均匀分布的. 平面应力下的一个微元体，在法线为 x 轴和 y 轴的截面上可能既有正应力也有切应力，如图 4-1-1 所示，但在法线为 z 轴的截面上没有应力. 在以法线为 x 轴的截面上应力矢量的分量记为 σ_x，τ_{xy}；在以 y 轴为法线的截面上，应力矢量的分量记为 σ_y，τ_{yx}. σ_x 和 σ_y 是正应力，指向与截面外法向一致时为正，相反时为负. τ_{xy} 和 τ_{yx} 是切应力，第一个下标表示作用面法方向的指向，第二个下标表示应力的指向. 作用在法向为坐标轴正向的截面时，指向坐标正向的切应力分量为正，相反的为负；作用在法向为坐标轴负向的截面上时，指向坐标轴负向的切应力分量为正，相反的为负. 图 4-1-1 画出的应力分量都是正的. 为了绘图简单，通常**平面应力状态**的微元体在 z 轴方向的厚度就不在纸面上画出来了，受力情况表示如图 4-1-1(b) 的平面图形. 平面应力状态的应力分量是 σ_x，σ_y，

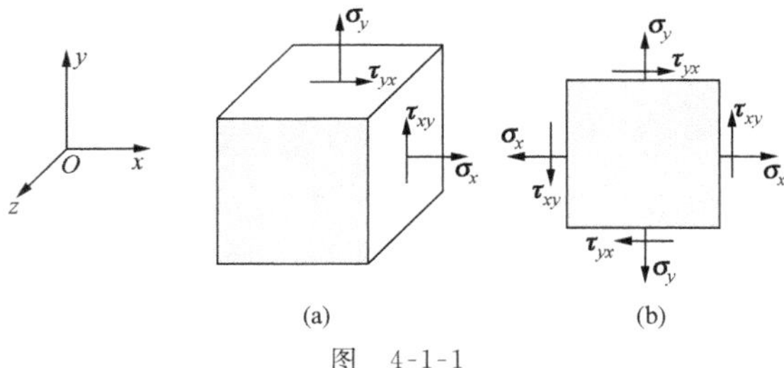

图　4-1-1

τ_{yx}和τ_{xy}. 这时根据切应力互等定理有

$$\tau_{xy} = \tau_{yx}, \tag{4-1-1}$$

因而平面应力状态的四个应力分量当中仅有三个分量是独立的.

为研究任意平行于 z 轴的横截面内的应力，用法向为 $n_x = \cos\alpha, n_y = \sin\alpha (n_z = 0)$ 的截面将微小直六面体切割为两部分，研究其中一部分(图 4-1-2)的平衡. 设作用在这个斜截面上的应力矢量在 Oxy 坐标系中的分量为 X_n, Y_n. 如果斜截面的面积记为 A，那么三棱柱的另两个侧面的面积分别是

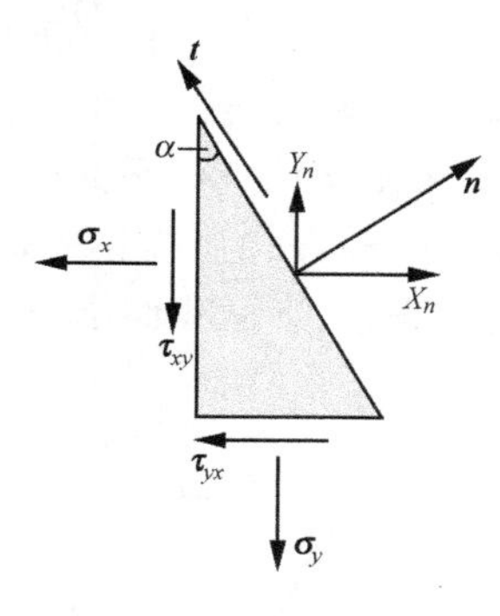

图　4-1-2

$$A_x = An_x = A\cos\alpha,$$
$$A_y = An_y = A\sin\alpha.$$

考虑三棱柱在 x 和 y 轴方向的平衡条件

$$X_nA - \sigma_xA_x - \tau_{yx}A_y = 0,$$
$$Y_nA - \tau_{xy}A_x - \sigma_yA_y = 0,$$

得

$$\begin{cases} X_n = \sigma_x\cos\alpha + \tau_{yx}\sin\alpha, \\ Y_n = \tau_{xy}\cos\alpha + \sigma_y\sin\alpha. \end{cases} \tag{4-1-2}$$

将这个矢量投影在截面法线 $\boldsymbol{n}$ 的方向，得到正应力

$$\begin{aligned} \sigma_n &= X_n\cos\alpha + Y_n\sin\alpha \\ &= \sigma_x\cos^2\alpha + (\tau_{xy} + \tau_{yx})\cos\alpha\sin\alpha + \sigma_y\sin^2\alpha. \end{aligned} \tag{4-1-3}$$

将该矢量投影在 $\boldsymbol{t}$ 方向(与法向 $\boldsymbol{n}$ 垂直，方向余弦为 $t_x = -\sin\alpha$, $t_y = \cos\alpha$)，得切应力 τ_{nt} 为

$$\begin{aligned} \tau_{nt} &= X_n(-\sin\alpha) + Y_n\cos\alpha \\ &= (\sigma_y - \sigma_x)\sin\alpha\cos\alpha + \tau_{xy}\cos^2\alpha - \tau_{yx}\sin^2\alpha. \end{aligned} \tag{4-1-4}$$

这样，如果我们知道了应力分量 σ_x, σ_y 和 $\tau_{xy}(=\tau_{yx})$，那么任意斜

截面上的应力分量都可确定,因此说应力分量 σ_x,σ_y 和 τ_{xy} 完全决定了一点的平面应力状态.

现在我们从坐标变换的角度研究一点的平面应力状态.如果应力分量 σ_x,σ_y,τ_{xy},τ_{yx} 在 Oxy 坐标系中定义了一点的平面应力状态,那么取定另外一个坐标系 Ont 后,同样可用应力分量 σ_n,σ_t,τ_{nt},τ_{tn} 来定义该点的平面应力状态(图 4-1-3).因为(σ_x,σ_y,τ_{xy},τ_{yx})和(σ_n,σ_t,τ_{nt},τ_{tn})所描述的是同一个应力状态,所以它们之间必有一定的联系,下面我们推导这两组应力分量之间的变换公式.

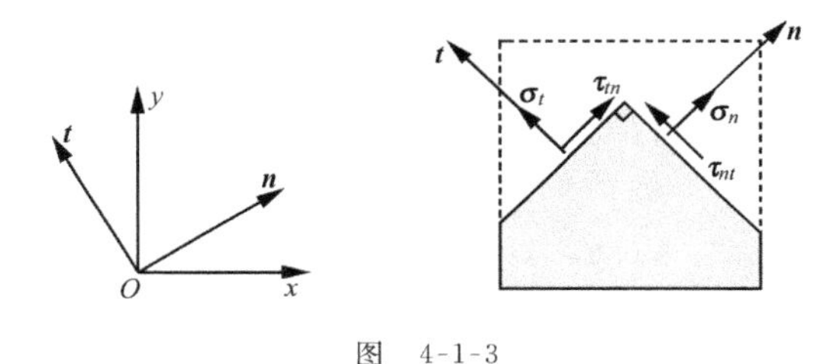

图　4-1-3

将方向 **n** 看做斜截面的法线方向,斜截面上的应力由式(4-1-2)给出.引用矩阵表示,可表示为

$$\begin{bmatrix} X_n \\ Y_n \end{bmatrix}=\begin{bmatrix} \sigma_x & \tau_{yx} \\ \tau_{xy} & \sigma_y \end{bmatrix}\begin{bmatrix} \cos\alpha \\ \sin\alpha \end{bmatrix}. \tag{4-1-5}$$

上式左端 X_n,Y_n 是在坐标系 Oxy 内的矢量分量,而该斜面上作用的正应力分量 σ_n 和切应力分量 τ_{nt} 则是同一矢量在坐标系 Ont 中的分量.这两组矢量分量应满足如下的变换公式:

$$\begin{bmatrix} \sigma_n \\ \tau_{nt} \end{bmatrix}=\begin{bmatrix} \cos\alpha & \sin\alpha \\ -\sin\alpha & \cos\alpha \end{bmatrix}\begin{bmatrix} X_n \\ Y_n \end{bmatrix},$$

将式(4-1-5)代入上式,则得

$$\begin{bmatrix} \sigma_n \\ \tau_{nt} \end{bmatrix}=\begin{bmatrix} \cos\alpha & \sin\alpha \\ -\sin\alpha & \cos\alpha \end{bmatrix}\begin{bmatrix} \sigma_x & \tau_{yx} \\ \tau_{xy} & \sigma_y \end{bmatrix}\begin{bmatrix} \cos\alpha \\ \sin\alpha \end{bmatrix}. \tag{4-1-6}$$

完全类似地可得到法向为 **t** 的截面上的正应力和切应力分量

$$\begin{bmatrix}\tau_{tn}\\ \sigma_t\end{bmatrix}=\begin{bmatrix}\cos\alpha & \sin\alpha\\ -\sin\alpha & \cos\alpha\end{bmatrix}\begin{bmatrix}\sigma_x & \tau_{yx}\\ \tau_{xy} & \sigma_y\end{bmatrix}\begin{bmatrix}-\sin\alpha\\ \cos\alpha\end{bmatrix}. \tag{4-1-7}$$

上式右端的 $-\sin\alpha$ 和 $\cos\alpha$ 是 t 方向的方向余弦，将式(4-1-6)和(4-1-7)合并在一起便得

$$\begin{bmatrix}\sigma_n & \tau_{tn}\\ \tau_{nt} & \sigma_t\end{bmatrix}=\begin{bmatrix}\cos\alpha & \sin\alpha\\ -\sin\alpha & \cos\alpha\end{bmatrix}\begin{bmatrix}\sigma_x & \tau_{yx}\\ \tau_{xy} & \sigma_y\end{bmatrix}\begin{bmatrix}\cos\alpha & -\sin\alpha\\ \sin\alpha & \cos\alpha\end{bmatrix}. \tag{4-1-8}$$

这就是平面应力状态在不同坐标系内应力分量的变换公式，该公式正是平面应力的张量变换公式.

将式(4-1-6)和(4-1-7)改写成标量表达式，即为

$$\begin{aligned}\sigma_n &= \sigma_x\cos^2\alpha+\sigma_y\sin^2\alpha+(\tau_{xy}+\tau_{yx})\sin\alpha\cos\alpha\\ &= \frac{1}{2}(\sigma_x+\sigma_y)+\frac{1}{2}(\sigma_x-\sigma_y)\cos2\alpha+\tau_{xy}\sin2\alpha,\end{aligned} \tag{4-1-9}$$

$$\begin{aligned}\sigma_t &= \sigma_x\sin^2\alpha+\sigma_y\cos^2\alpha-(\tau_{xy}+\tau_{yx})\sin\alpha\cos\alpha\\ &= \frac{1}{2}(\sigma_x+\sigma_y)-\frac{1}{2}(\sigma_x-\sigma_y)\cos2\alpha-\tau_{xy}\sin2\alpha,\end{aligned} \tag{4-1-10}$$

$$\begin{aligned}\tau_{nt} = \tau_{tn} &= (\sigma_y-\sigma_x)\sin\alpha\cos\alpha+\tau_{xy}\cos^2\alpha-\tau_{yx}\sin^2\alpha\\ &= -\frac{1}{2}(\sigma_x-\sigma_y)\sin2\alpha+\tau_{xy}\cos2\alpha.\end{aligned} \tag{4-1-11}$$

将式(4-1-9)和(4-1-10)相加得

$$\sigma_n+\sigma_t=\sigma_x+\sigma_y. \tag{4-1-12}$$

由此可知，在不同坐标下表示的两个正应力之和是个常数，也即它是坐标变换的一个不变量.

式(4-1-9)～(4-1-11)表明，当 α 角从 0°到 360°变化时，其正应力和切应力也随之改变. 正应力的最大值和最小值称为**主应力**. 发生主应力的截面称为**主平面**，它的位置可用令导数 $\mathrm{d}\sigma_n/\mathrm{d}\alpha$ 等于零，然后求解 α 来确定. 由方程(4-1-9)我们求出

$$\frac{\mathrm{d}\sigma_n}{\mathrm{d}\alpha}=-(\sigma_x-\sigma_y)\sin2\alpha+2\tau_{xy}\cos2\alpha=0 \tag{4-1-13}$$

或

$$\tan 2\alpha_{\mathrm{p}}=\frac{2\tau_{xy}}{\sigma_{x}-\sigma_{y}},\tag{4-1-14}$$

式中用 α_{p} 代替 α，α_{p} 表示主平面的法向与 x 轴的夹角. 从方程(4-1-14)所得到的 $2\alpha_{\mathrm{p}}$ 有两个相差 180°的值，其中第一个值位于 0°和 180°之间，另一个位于 180°和 360°之间. 从而可以求出 α_{p} 的两个值：一个值位于 0°和 90°之间；另一个位于 90°和 180°之间. 对于这两个 α_{p} 中的一个值，其正应力为最大；而对另一个值，正应力则为最小. 这两个主应力发生在相互垂直的截面上.

根据方程(4-1-14)求出 α_{p} 的两个值以后，可将这些值代入方程(4-1-9)，得到任一具体情况下的两个主应力值. 我们借助代数运算可得到主应力的一般公式. 为此，根据式(4-1-14)，有

$$\cos 2\alpha_{\mathrm{p}}=\pm\frac{\sigma_{x}-\sigma_{y}}{\sqrt{(\sigma_{x}-\sigma_{y})^{2}+4\tau_{xy}^{2}}},$$

$$\sin 2\alpha_{\mathrm{p}}=\pm\frac{2\tau_{xy}}{\sqrt{(\sigma_{x}-\sigma_{y})^{2}+4\tau_{xy}^{2}}},$$

将这些表达式代入式(4-1-9)，得

$$\sigma_{1,2}=\frac{\sigma_{x}+\sigma_{y}}{2}\pm\sqrt{\left(\frac{\sigma_{x}-\sigma_{y}}{2}\right)^{2}+\tau_{xy}^{2}},\tag{4-1-15}$$

式中 σ_1 和 σ_2 分别表示大的主应力和小的主应力.

如果将由式(4-1-14)求出的 α_{p} 值代入式(4-1-11)，我们发现，在这些截面上切应力为零，这表明在主平面上没有切应力. 因而，我们可以用另一种方式定义主应力，即切应力为零的截面上的正应力为主应力.

主平面的法向叫做主方向，以主方向为坐标轴的坐标系叫做主坐标系，坐标轴叫做**主轴**. 在主轴系内截取的微小直六面体，各表面上只作用正应力，如图 4-1-4 所示.

现在让我们确定最大切应力和它所作用的平面. 求导数 $\mathrm{d}\tau_{nt}/\mathrm{d}\alpha$（参见式(4-1-11)），并令它等于零，我们求出

$$\cot 2\alpha_{\mathrm{s}}=-\frac{2\tau_{xy}}{\sigma_{x}-\sigma_{y}},\tag{4-1-16}$$

式中 α_s 表示最大切应力平面对应的角. 将上式与式(4-1-14)进行比较,我们看出 $\cot 2\alpha_s = -\tan 2\alpha_p$. 所以,$2\alpha_s$ 和 $2\alpha_p$ 必定相差 90°,因此,最大切应力所在面的法方向必定与主方向成 45°. 将由式(4-1-16)所确定的 $2\alpha_s$ 值代入式(4-1-11),我们求得最大切应力为

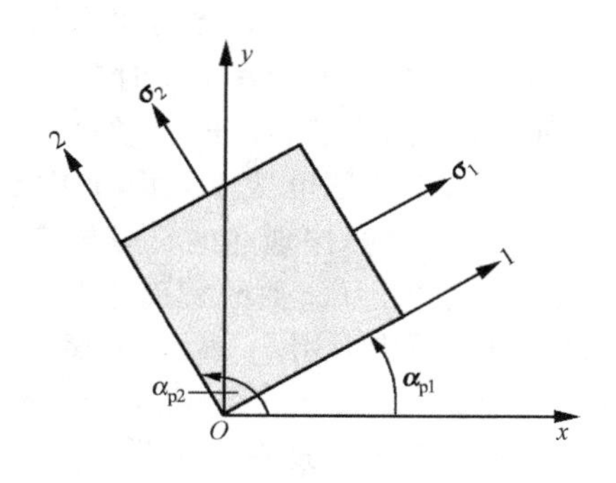

图 4-1-4

$$\tau_{\max} = \sqrt{\left(\frac{\sigma_x - \sigma_y}{2}\right)^2 + \tau_{xy}^2}, \tag{4-1-17}$$

将式(4-1-15)中的 σ_1 和 σ_2 相减,可看出最大切应力也等于

$$\tau_{\max} = \frac{\sigma_1 - \sigma_2}{2}. \tag{4-1-18}$$

不难看出,最大切应力平面上的正应力一般不为零,将由式(4-1-16)确定的 $2\alpha_s$ 代入式(4-1-9),正应力大小为

$$\sigma = \frac{\sigma_x + \sigma_y}{2} = \frac{\sigma_1 + \sigma_2}{2}. \tag{4-1-19}$$

§4-2 应 力 圆

上节给出了关于平面应力状态下,斜截面上应力分量的数学表达式,现在介绍一种工程界常用的几何学方法. 我们将每个斜截面上的正应力分量 σ_n 和切应力分量 τ_{nt} 合在一起看做是 σ-τ 平面上的一个点,所有斜截面上应力矢量的总体组成 σ-τ 平面上的某条曲线,为此要对各截面上正应力和切应力的符号作一新的规定. 正应力的符号仍规定与外法向方向一致者为正,相反者为负(即拉

为正，压为负)；而切应力符号这里采取一种特殊规定(仅在这一节用这种规定)，将截面外法线顺时针转 90°，与该方向相同的切应力取正值，相反的为负值. 于是，在图 4-1-1 中切应力 τ_{xy} 是负的，而 τ_{yx} 是正的，因此这里切应力符号规定与作为张量分量的切应力符号规定是不同的. 按现在的符号规定，切应力分量用一个下标表示，例如在法方向为 x 轴的截面上切应力用 τ_x 表示，在法方向为 y 轴的截面上切应力用 τ_y 表示，显然有

$$\tau_x = -\tau_{xy}, \quad \tau_y = \tau_{yx},$$

因而切应力互等定理现在表示为

$$\tau_x = -\tau_y. \tag{4-2-1}$$

根据本节的符号规定，式(4-1-9)和(4-1-11)可改写为

$$\sigma_n = \frac{1}{2}(\sigma_x + \sigma_y) + \frac{1}{2}(\sigma_x - \sigma_y)\cos 2\alpha - \tau_x \sin 2\alpha, \tag{4-2-2}$$

$$\tau_n = \frac{1}{2}(\sigma_x - \sigma_y)\sin 2\alpha + \tau_x \cos 2\alpha, \tag{4-2-3}$$

式中的 σ_n 和 τ_n 分别代表本节定义在法向为 n 方向的截面上的正应力和切应力. 由式(4-1-14)，得

$$\tan 2\alpha_{\mathrm{p}} = \frac{-\tau_x}{\frac{1}{2}(\sigma_x - \sigma_y)},$$

因而

$$\sin 2\alpha_{\mathrm{p}} = \frac{-\tau_x}{\sqrt{\frac{1}{4}(\sigma_x - \sigma_y)^2 + \tau_x^2}},$$

$$\cos 2\alpha_{\mathrm{p}} = \frac{\frac{1}{2}(\sigma_x - \sigma_y)}{\sqrt{\frac{1}{4}(\sigma_x - \sigma_y)^2 + \tau_x^2}}.$$

于是，式(4-2-2)和(4-2-3)可改写为

$$\sigma_n - \frac{1}{2}(\sigma_x + \sigma_y) = \sqrt{\frac{1}{4}(\sigma_x - \sigma_y)^2 + \tau_x^2}\cos(2\alpha - 2\alpha_{\mathrm{p}}), \tag{4-2-4}$$

$$\tau_n = \sqrt{\frac{1}{4}(\sigma_x - \sigma_y)^2 + \tau_x^2}\sin(2\alpha - 2\alpha_p). \qquad (4\text{-}2\text{-}5)$$

式(4-2-4)和(4-2-5)恰为一个圆的参数方程. 它表述为：在以 σ 为横轴、τ 为纵轴的 $O\sigma\tau$ 平面上，一个以点 $((\sigma_x+\sigma_y)/2, 0)$ 为中心、以 $\{[(\sigma_x-\sigma_y)/2]^2+\tau_x^2\}^{1/2}$ 为半径的圆. 这个圆称为**应力圆**，有时也称为**莫尔(Mohr)圆**(参见图 4-2-1).

两个互相垂直的截面，它们的法线方向相差 90°，从参数方程(4-2-4)和(4-2-5)可见，它们在应力圆上相差 90° 的两倍，即 180°. 这两个面上的应力分量分别对应于应力圆的一条直径的两端点的坐标值，因而可以采用下面简单的方法画应力圆：

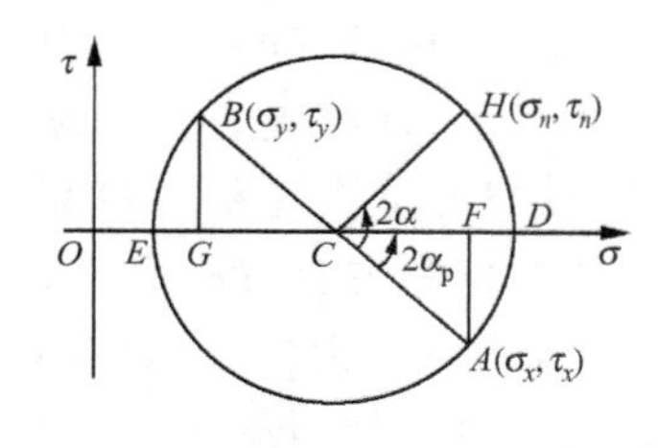

图 4-2-1

(1) 画出直角坐标系，用横轴表示 σ，纵轴表示 τ，并选定适当的比例尺；

(2) 画出横坐标为 σ_x，纵坐标为 $\tau_x(=-\tau_{xy})$ 的点 A，以及横坐标为 σ_y，纵坐标为 $\tau_y(=\tau_{yx})$ 的点 B；

(3) 连 AB 线，它与 σ 轴交于点 C，以 C 为圆心，通过 AB 画一个圆，就是所求的应力圆.

显然，这个应力圆圆心 C 的横坐标是

$$OC = \frac{1}{2}(OF + OG) = \frac{1}{2}(\sigma_x + \sigma_y),$$

圆心 C 的纵坐标为零，这个圆的半径

$$r = AC = BC = \sqrt{\left(\frac{\sigma_x - \sigma_y}{2}\right)^2 + \tau_x^2},$$

它恰是参数方程(4-2-4)和(4-2-5)所对应的圆.

应力圆给出了平面应力状态中各截面上的应力分量如何随截面法向与 x 轴夹角 α 变化的直观形象，它使前一节的解析公式变

成图形而容易记忆.它为判断主轴位置、主应力大小,以及最大切应力大小和作用面提供了一个直观的图解法.如图 4-2-1 所示,点 A 对应于法向为 x 轴的截面上的应力,B 点对应于法向为 y 轴的截面上的应力,这两个面在实际单元体内夹角为 $90°$,而在应力圆上为 $180°$.点 D 对应于主平面上的应力,即它的横坐标为 σ_1,点 E 对应于另一主平面上的应力,它的横坐标为 σ_2,这两个面在实际单元体内是互相垂直的,在应力圆上相差 $180°$.主方向与 x 轴方向的夹角为 α_p,而在应力圆上为 $2\alpha_p$(即$\angle DCA$).用作图方法可在图上量出$\angle DCA$ 的值和点 D 的横坐标,它们分别是主方向与 x 轴夹角的两倍和主应力 σ_1 的值.为了用作图方法求法向与 x 轴成 α 角的截面上的应力分量,可以点 A 为起点沿逆时针方向在应力圆上转过 2α 角到点 H,从图上量出点 H 的横坐标和纵坐标,就得到该截面上的正应力 σ_n 和切应力 τ_n 的值.

单向拉伸、单向压缩和纯剪切应力状态的应力圆分别在图 4-2-2(a),(b)和(c)中画出.

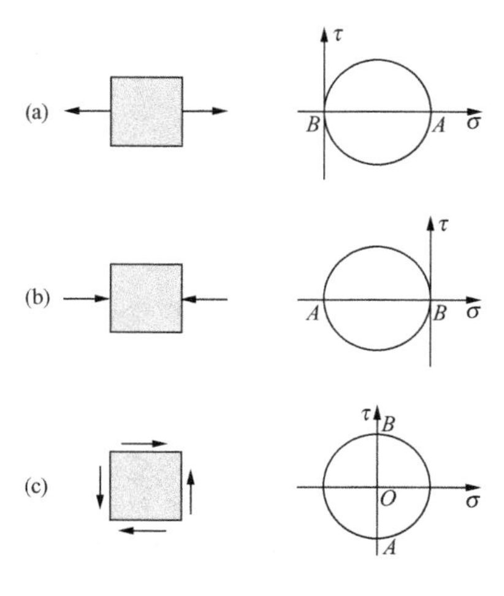

图　4-2-2

§ 4-3　空间应力状态

现在研究一般的空间应力状态. 在取定坐标之后,从物体中截出一个直六面体. 设六面体各边与坐标轴方向平行,则以 x,y,z 轴为法线的截面上的应力矢量分别是

$$\begin{aligned} \boldsymbol{P}_x &= \sigma_x \boldsymbol{i} + \tau_{xy} \boldsymbol{j} + \tau_{xz} \boldsymbol{k}, \\ \boldsymbol{P}_y &= \tau_{yx} \boldsymbol{i} + \sigma_y \boldsymbol{j} + \tau_{yz} \boldsymbol{k}, \\ \boldsymbol{P}_z &= \tau_{zx} \boldsymbol{i} + \tau_{zy} \boldsymbol{j} + \sigma_z \boldsymbol{k}. \end{aligned} \tag{4-3-1}$$

三个应力矢量分量如图 4-3-1 所示. $\sigma_x,\sigma_y,\sigma_z$ 是正应力,与法向一致者为正,相反者为负;$\tau_{xy},\tau_{xz},\tau_{yz},\tau_{yx},\tau_{zx},\tau_{zy}$ 是切应力,它的第一个下标表示该应力所在的面的法线方向,第二个下标表示应力的方向,

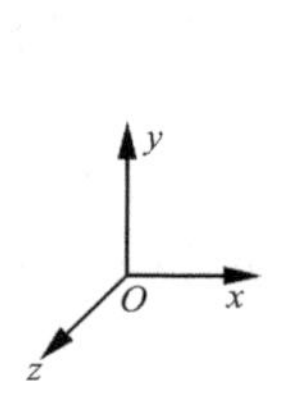

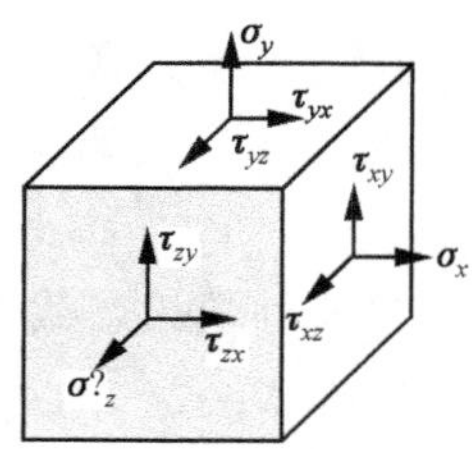

图　4-3-1

切应力正负号规定与 § 4-1 中相同. 分别考虑关于 z 轴,x 轴和 y 轴力矩的平衡,可得

$$\tau_{xy} = \tau_{yx}, \quad \tau_{yz} = \tau_{zy}, \quad \tau_{zx} = \tau_{xz}, \tag{4-3-2}$$

这是空间应力状态的切应力互等定理.

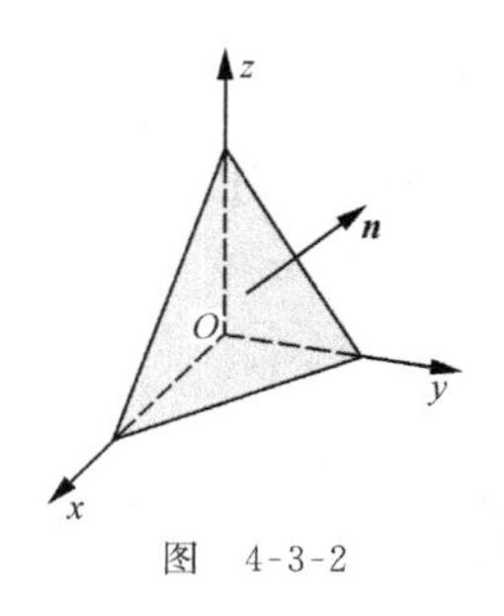

图　4-3-2

给出三个互相垂直的截面上的应力矢量(即由式(4-3-1)给出),可以求得过这点任何截面上的应力矢量. 设 $\boldsymbol{n}$ 为任一给定截面的法向,该截面与三个坐标平面构成一个四面体,如图 4-3-2 所示,若斜截面(法向为 $\boldsymbol{n}$)的面积为 A,方向余弦 $n_x = \cos(\boldsymbol{n},\boldsymbol{i})$,$n_y = \cos(\boldsymbol{n},\boldsymbol{j})$,$n_z = \cos(\boldsymbol{n},\boldsymbol{k})$,则四面体另

外三个面的面积为

$$A_x = A\cos(\boldsymbol{n},\boldsymbol{i}) = An_x,$$

$$A_y = A\cos(\boldsymbol{n},\boldsymbol{j}) = An_y,$$

$$A_z = A\cos(\boldsymbol{n},\boldsymbol{k}) = An_z.$$

设斜截面上的应力矢量

$$\boldsymbol{P}_n = X_n\boldsymbol{i} + Y_n\boldsymbol{j} + Z_n\boldsymbol{k},$$

则该面上的合力为 $\boldsymbol{P}_nA$,其余三个面上的合力分别为 $-\boldsymbol{P}_xA_x$, $-\boldsymbol{P}_yA_y$, $-\boldsymbol{P}_zA_z$. 由平衡条件得

$$\boldsymbol{P}_n = \boldsymbol{P}_xn_x + \boldsymbol{P}_yn_y + \boldsymbol{P}_zn_z.$$

上式如果用分量表示,则有

$$\begin{bmatrix} X_n \\ Y_n \\ Z_n \end{bmatrix} = \begin{bmatrix} \sigma_x & \tau_{yx} & \tau_{zx} \\ \tau_{xy} & \sigma_y & \tau_{zy} \\ \tau_{xz} & \tau_{yz} & \sigma_z \end{bmatrix} \begin{bmatrix} n_x \\ n_y \\ n_z \end{bmatrix}. \tag{4-3-3}$$

这样我们求得了任意截面上的应力矢量. 九个应力分量组成一个对称的矩阵 $\boldsymbol{\Sigma}$:

$$\boldsymbol{\Sigma} = \begin{bmatrix} \sigma_x & \tau_{yx} & \tau_{zx} \\ \tau_{xy} & \sigma_y & \tau_{zy} \\ \tau_{xz} & \tau_{yz} & \sigma_z \end{bmatrix}, \tag{4-3-4}$$

式中 $\sigma_x, \sigma_y, \sigma_z, \tau_{xy}, \tau_{xz}, \tau_{yx}, \tau_{yz}, \tau_{zx}, \tau_{zy}$ 等是应力状态在直角坐标系 $Oxyz$ 各轴上的分量. 应力状态也可在另外的坐标系中表示. 现取新的直角坐标系为 $Ontr$,其 n, t 和 r 轴的方向余弦分别是(n_x, n_y, n_z), (t_x, t_y, t_z)和(r_x, r_y, r_z). 在法向为 $\boldsymbol{n}$ 的截面上的应力矢量已如式(4-3-3)给出. 将上述矢量在新坐标系中表示,则为

$$\begin{bmatrix} \sigma_n \\ \tau_{nt} \\ \tau_{nr} \end{bmatrix} = \begin{bmatrix} n_x & n_y & n_z \\ t_x & t_y & t_z \\ r_x & r_y & r_z \end{bmatrix} \begin{bmatrix} \sigma_x & \tau_{yx} & \tau_{zx} \\ \tau_{xy} & \sigma_y & \tau_{zy} \\ \tau_{xz} & \tau_{yz} & \sigma_z \end{bmatrix} \begin{bmatrix} n_x \\ n_y \\ n_z \end{bmatrix}.$$

对于法向为 $\boldsymbol{t}$ 和 $\boldsymbol{r}$ 的另两个截面上的应力矢量也可写出类似的表示式. 将所得三个表示式合并在一起便得到

$$\begin{bmatrix} \sigma_n & \tau_{tn} & \tau_{rn} \\ \tau_{nt} & \sigma_t & \tau_{rt} \\ \tau_{nr} & \tau_{tr} & \sigma_r \end{bmatrix} = \begin{bmatrix} n_x & n_y & n_z \\ t_x & t_y & t_z \\ r_x & r_y & r_z \end{bmatrix} \begin{bmatrix} \sigma_x & \tau_{yx} & \tau_{zx} \\ \tau_{xy} & \sigma_y & \tau_{zy} \\ \tau_{xz} & \tau_{yz} & \sigma_z \end{bmatrix} \begin{bmatrix} n_x & t_x & r_x \\ n_y & t_y & r_y \\ n_z & t_z & r_z \end{bmatrix}. \tag{4-3-5}$$

这就是应力状态在不同坐标系中的变换公式. 式(4-3-5)右端的第一个矩阵是两个坐标系的坐标变换矩阵,它是一个正交矩阵,将它简记为 $\boldsymbol{A}$,则式(4-3-5)可写为

$$\boldsymbol{\Sigma}' = \boldsymbol{A\Sigma A}^{\mathrm{T}}, \tag{4-3-6}$$

式中 $\boldsymbol{\Sigma}$ 是由式(4-3-4)在坐标系 $Oxyz$ 内表示的应力状态,$\boldsymbol{\Sigma}'$ 是在坐标系 $Ontr$ 内表示的应力状态,$\boldsymbol{A}^{\mathrm{T}}$ 是 $\boldsymbol{A}$ 的转置. 满足变换矩阵(4-3-6),构成一个二阶张量,因此一点的应力状态在数学上是一个二阶张量,称为**应力张量**.

现在要问是否存在一个这样的坐标系,在这个坐标系内表示的应力分量中切应力分量均为零. 也就是说,是否存在三个互相垂直的截面,在它们上面只有正应力而没有切应力? 回答是肯定的. 下面我们来确定这样的截面. 设这个截面的法向为 $\boldsymbol{n}$,其上的应力矢量与该面的法向一致(这表明此面上无切应力),大小为 σ,即有

$$X_n = \sigma n_x, \quad Y_n = \sigma n_y, \quad Z_n = \sigma n_z.$$

代入式(4-3-3)得

$$\begin{bmatrix} \sigma_x & \tau_{yx} & \tau_{zx} \\ \tau_{xy} & \sigma_y & \tau_{zy} \\ \tau_{xz} & \tau_{yz} & \sigma_z \end{bmatrix} \begin{bmatrix} n_x \\ n_y \\ n_z \end{bmatrix} = \sigma \begin{bmatrix} n_x \\ n_y \\ n_z \end{bmatrix}. \tag{4-3-7}$$

这是一个典型的特征值问题,因为应力张量是一个实对称矩阵,所以有三个实特征值,对应于三个互相正交的特征矢量. 三个特征值就是三个主应力,按大小顺序记做 $\sigma_1, \sigma_2, \sigma_3$,三个相应的特征矢量就是主应力作用面的法线方向,称为主方向. 以三个互相垂直的主方向为坐标轴的坐标系为主坐标系.

我们可以不援引特征值理论,而采用一个迂回的方法来讨论空间应力状态的主应力和主方向. 实际上,式(4-3-7)是关于 n_x,

n_y,n_z 的一个线性齐次方程组，存在非零解的条件是由其系数构成的行列式为零，即

$$\begin{vmatrix} \sigma_x-\sigma & \tau_{yx} & \tau_{zx} \\ \tau_{xy} & \sigma_y-\sigma & \tau_{zy} \\ \tau_{xz} & \tau_{yz} & \sigma_z-\sigma \end{vmatrix}=0. \tag{4-3-8}$$

这里得到关于 σ 的三次代数方程，称为特征方程. 这个方程(4-3-8)至少有一个实根(复根仅可能成对出现). 用 σ_3 表示这个根，将它代入方程(4-3-7)，使其成为关于 n_x,n_y,n_z 的方程(只有两个方程是独立的)，并补充一个方程

$$n_x^2+n_y^2+n_z^2=1,$$

我们便可解出主应力 $\boldsymbol{\sigma}_3$ 作用面的法方向.

现在研究从物体内截出来的直六面体，这个六面体的一个面垂直于 3 轴($\boldsymbol{\sigma}_3$ 的指向)，如图 4-3-3 所示. 在垂直于 $\boldsymbol{n}$ 和 $\boldsymbol{t}$ 轴的面上作用着的应力矢量一定平行于 Ont 平面. 这是因为在垂直于 3 轴的面上切应力等于零，并由切应力互等定理，侧面上切应力一定平行于 $\boldsymbol{n}$ 轴或 $\boldsymbol{t}$ 轴. 这样得到一个平面应力状态(分量 $\sigma_n,\sigma_t,\tau_{nt}$ 未在图上画出)以及在其上叠加一个沿 3 轴方向的拉伸或压缩. 显然，应力 $\boldsymbol{\sigma}_3$ 对平行于 3 轴的截面上的应力没有任何影响. 因而根据平面应力状态理论，总可以找到这样的两个互相垂直的平面，在其上面切应力为零. 这两个面上的正应力用 $\boldsymbol{\sigma}_1$ 和 $\boldsymbol{\sigma}_2$ 表示，它们的方向取为 1 轴和 2 轴. 于是我们证明了存在三个互相垂直的平面，其上的切应力为零.

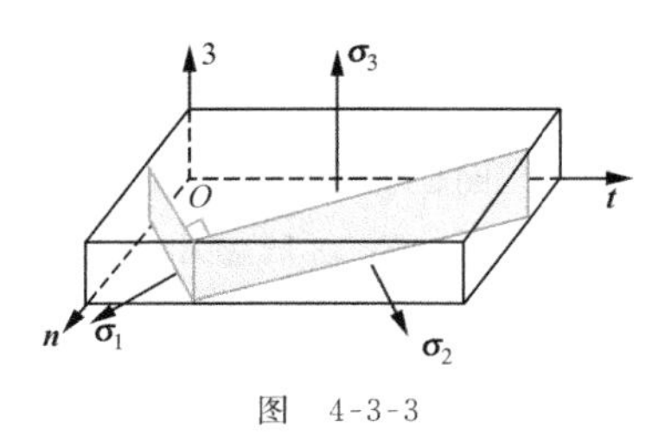

图　4-3-3

当特征方程(4-3-8)有二重根时，则有两个主应力相等，这时与第三个方向垂直的任意两个相互垂直的方向都是主方向. 如果有三重根，$\sigma_1=\sigma_2=\sigma_3$，相当于等值受拉或受压，这时任何三个互相

垂直的方向都是主方向. 在上面讨论中没有涉及主应力的大小. 我们以后约定主应力的编号次序为

$$\sigma_1 \geqslant \sigma_2 \geqslant \sigma_3. \tag{4-3-9}$$

由于在主坐标系内应力张量的分量只有三个正应力不为零, 形式上最简单, 以下我们经常在主坐标系内讨论应力张量的性质. 在主坐标系内法向为 $\boldsymbol{n}$ 的截面上应力矢量 $\boldsymbol{P}_n$ 的分量为

$$X_n = \sigma_1 n_1, \quad Y_n = \sigma_2 n_2, \quad Z_n = \sigma_3 n_3. \tag{4-3-10}$$

该面上的正应力即应力矢量 $\boldsymbol{P}_n$ 在法向 $\boldsymbol{n}$ 上的投影

$$\sigma = \boldsymbol{P}_n \cdot \boldsymbol{n} = \sigma_1 n_1^2 + \sigma_2 n_2^2 + \sigma_3 n_3^2. \tag{4-3-11}$$

该面上的切应力

$$\begin{aligned} \tau &= \sqrt{\boldsymbol{P}_n^2 - \sigma^2} \\ &= [\sigma_1^2 n_1^2 + \sigma_2^2 n_2^2 + \sigma_3^2 n_3^2 - (\sigma_1 n_1^2 + \sigma_2 n_2^2 + \sigma_3 n_3^2)^2]^{1/2}. \end{aligned} \tag{4-3-12}$$

例 4-3-1 八面体应力.

以等角截断各主轴的那些平面叫做八面体平面. 为了清晰起见, 我们将不经过坐标原点来画它们, 而是表示为图 4-3-4 上所示的正八面体, 它的各面也就称为八面体的面. 第一象限的那个面的法线的方向余弦为

$$n_1 = n_2 = n_3 = 1/\sqrt{3}.$$

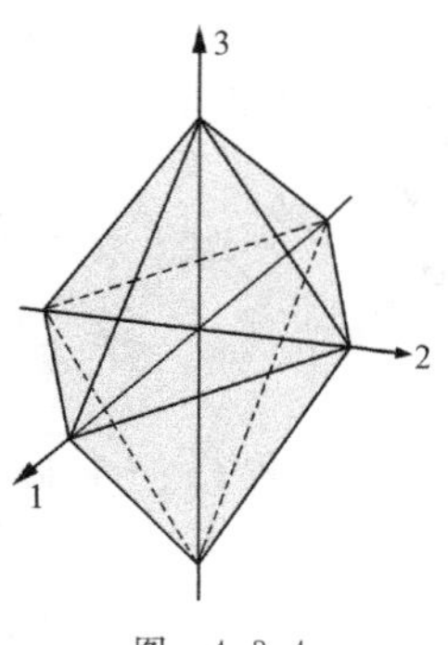

图 4-3-4

由式(4-3-11), 八面体上的正应力是

$$\sigma_8 = \frac{1}{3}(\sigma_1 + \sigma_2 + \sigma_3) = p,$$

式中 p 表示主应力的平均值, 以后称为球应力. 由式(4-3-12), 八面体面上切应力是

$$\tau_8 = \left[\frac{1}{3}(\sigma_1^2 + \sigma_2^2 + \sigma_3^2) - \frac{1}{9}(\sigma_1 + \sigma_2 + \sigma_3)^2\right]^{1/2}$$

$$= \frac{1}{3}\left[(\sigma_1 - \sigma_2)^2 + (\sigma_2 - \sigma_3)^2 + (\sigma_3 - \sigma_1)^2\right]^{1/2}. \tag{4-3-13}$$

例 4-3-2　极值切应力.

为方便起见,我们可以求 τ^2 的极值. 利用如下一类的等式:

$$n_1^2 - n_1^4 = n_1^2(1 - n_1^2) = n_1^2(n_2^2 + n_3^2),$$

由式(4-3-12)得

$$\tau^2 = n_1^2 n_2^2 (\sigma_1 - \sigma_2)^2 + n_2^2 n_3^2 (\sigma_2 - \sigma_3)^2 + n_3^2 n_1^2 (\sigma_3 - \sigma_1)^2.$$

现在将 τ^2 看做是 n_1, n_2, n_3 的函数,在 $n_1^2 + n_2^2 + n_3^2 = 1$ 的条件下求 τ^2 的极值. 使用拉格朗日乘子法,相当于求下式的极值:

$$f \equiv \tau^2 + \lambda(n_1^2 + n_2^2 + n_3^2 - 1).$$

于是有

$$\frac{\partial f}{\partial n_1} = 2n_1 n_2^2 (\sigma_1 - \sigma_2)^2 + 2n_1 n_3^2 (\sigma_3 - \sigma_1)^2 + 2\lambda n_1 = 0,$$

$$\frac{\partial f}{\partial n_2} = 2n_2 n_1^2 (\sigma_1 - \sigma_2)^2 + 2n_2 n_3^2 (\sigma_2 - \sigma_3)^2 + 2\lambda n_2 = 0,$$

$$\frac{\partial f}{\partial n_3} = 2n_3 n_2^2 (\sigma_2 - \sigma_3)^2 + 2n_3 n_1^2 (\sigma_3 - \sigma_1)^2 + 2\lambda n_3 = 0,$$

$$\frac{\partial f}{\partial \lambda} = n_1^2 + n_2^2 + n_3^2 - 1 = 0.$$

由第一个方程得一个解 $n_1 = 0$,将 $n_1 = 0$ 代入第二和第三个方程,得

$$n_3^2 (\sigma_2 - \sigma_3)^2 + \lambda = 0, \quad n_2^2 (\sigma_2 - \sigma_3)^2 + \lambda = 0.$$

仅当 $n_2^2 = n_3^2$ 时,这两个方程是一致的. 令 $n_2^2 = n_3^2$ 和 $n_1 = 0$ 代入第四个方程,它为

$$n_2^2 + n_2^2 = 1.$$

因而 $n_2 = \pm 1/\sqrt{2}$,于是第一组解是

$$n_1 = 0, \quad n_2 = n_3 = \pm 1/\sqrt{2}, \quad \lambda = -\frac{(\sigma_2 - \sigma_3)^2}{2}.$$

将上面求出 n_1,n_2,n_3 代回关于 τ^2 的方程得

$$\tau_{\text{ext}}^2=\frac{1}{4}(\sigma_2-\sigma_3)^2,$$

式中 τ_{ext} 为 τ 的极值：

$$\tau_{\text{ext}}=\pm(\sigma_2-\sigma_3)/2.$$

如果令 $n_2=0$ 或 $n_3=0$ 可求出另外两组解，其法线方向余弦分别满足 $n_3^2=n_1^2=1/2,n_2=0$ 和 $n_1^2=n_2^2=1/2,n_3=0$. 相应的切应力值分别为 $\pm(\sigma_3-\sigma_1)/2$ 和 $\pm(\sigma_1-\sigma_2)/2$. 切应力的极值称为主切应力，并记做

$$\tau_{12}=\frac{1}{2}(\sigma_1-\sigma_2),$$

$$\tau_{23}=\frac{1}{2}(\sigma_2-\sigma_3),$$

$$\tau_{13}=\frac{1}{2}(\sigma_1-\sigma_3).$$

由于我们约定有式(4-3-9)，故最大切应力

$$\tau_{\max}=\tau_{13}=(\sigma_1-\sigma_3)/2. \tag{4-3-14}$$

最大切应力作用面法线的方向余弦是 $n_1^2=1/2,n_3^2=1/2,n_2=0$. 这个法线垂直于 2 轴，与 1 轴和 3 轴的夹角均为 45°(参见图 4-3-5).

现在再看式(4-1-18)，该式定义的切应力实际上是在 Oxy 平面内的主切应力. 在一般情况下，主应力大小按式(4-3-9)定义，最大切应力由式(4-3-14)给出. 在平面应力情况，法向为 z 轴的面上主应力为零，因而仅当 σ_1 和 σ_2 反号时，按式(4-1-18)求出的主切应力才是最大切应力. 当 σ_1 和 σ_2 同为正值时，按式(4-3-14)，$\tau_{\max}=\sigma_1/2$；同为负值时，$\tau_{\max}=-\sigma_3/2$.

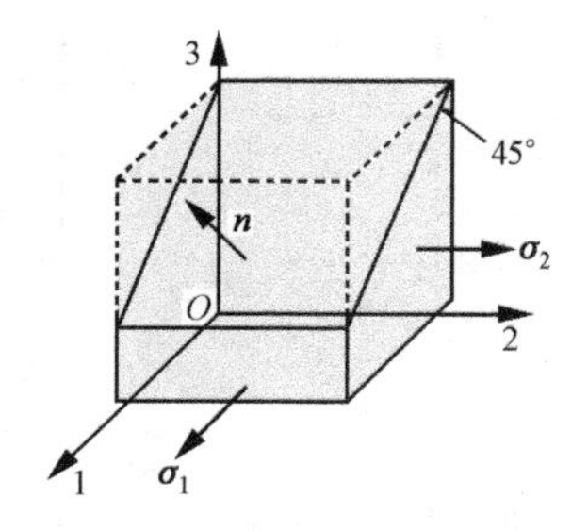

图 4-3-5

§4-4　平面应变状态

在取定坐标系 $Oxyz$ 之后，从物体内部截取一个直六面体形状的微元体，其每条棱都平行于一个坐标轴，见图 4-4-1(a). 如果这个微元体的变形在 z 轴方向受到限制，以致没有 z 轴方向的线应变 ε_z，也没有 z，x 轴方向间的切应变 γ_{zx} 和 z，y 轴方向间的切应变 γ_{zy}，只有沿 x 轴方向的线应变 ε_x，y 轴方向的线应变 ε_y，及 x，y 轴方向间的切应变 γ_{xy}，见图 4-4-1(b). 这种变形状态称为**平面应变状态**.

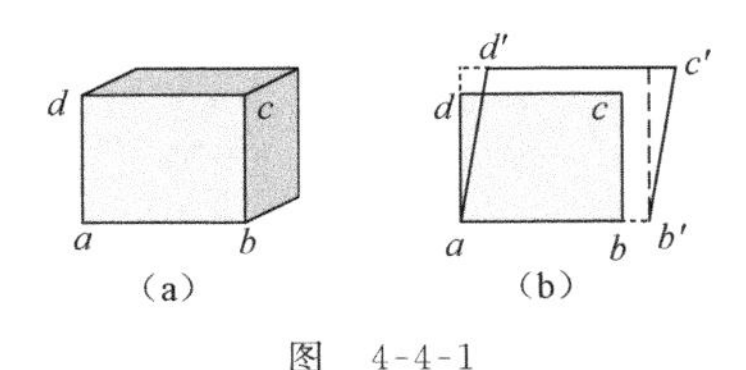

图　4-4-1

为清楚起见，将平面应变分量 ε_x，ε_y，γ_{xy} 分别画在单位棱长的微元体上，如图 4-4-2 所示. 这里 ε_x 和 ε_y 都是正的线应变(伸长)，切应变定义为左下角直角的减小. 这样，正的切应变与正的切应力(指张量切应力 τ_{xy})相一致.

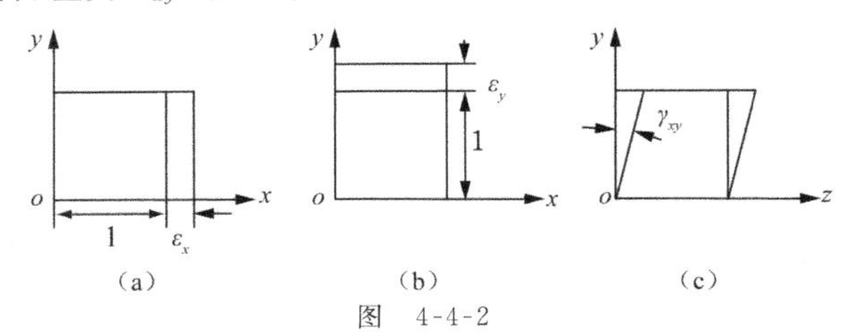

图　4-4-2

平面应变在一般情况用下列条件定义：

$$\varepsilon_x \neq 0,\quad \varepsilon_y \neq 0,\quad \gamma_{xy} \neq 0,\quad \varepsilon_z = \gamma_{zx} = \gamma_{zy} = 0. \tag{4-4-1}$$

而平面应力的定义是

$$\sigma_x \neq 0, \quad \sigma_y \neq 0, \quad \tau_{xy} \neq 0, \quad \sigma_z = \tau_{zx} = \tau_{zy} = 0. \tag{4-4-2}$$

虽然上述两组方程之间具有相似性，然而却不可推断平面应变状态和平面应力状态能够同时发生. 我们知道，平面应变下的微元，通常受有 z 轴方向的应力 σ_z，以保持 $\varepsilon_z=0$，因而它不是平面应力状态. 而平面应力状态下，通常 z 轴方向的应力 $\sigma_z=0$，而应变 $\varepsilon_z\neq 0$，因而它不是平面应变状态.

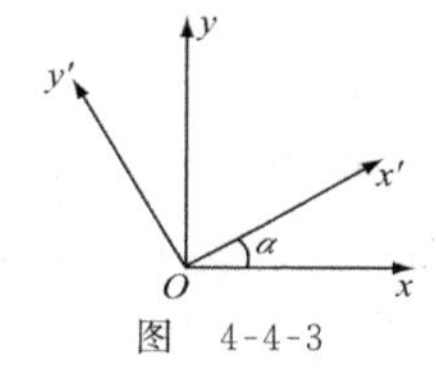

图 4-4-3

平面应变状态的应变分量 $\varepsilon_x,\varepsilon_y,\gamma_{xy}$ 是在 Oxy 坐标系给出的. 我们要问在一个新的坐标系 $Ox'y'$（参见图 4-4-3）内应变分量 $\varepsilon_{x'},\varepsilon_{y'},\gamma_{x'y'}$ 又将如何呢？这里取的坐标系 $Ox'y'$ 就是 §4-1 中的 Ont，那里采用 $\boldsymbol{n}$ 和 $\boldsymbol{t}$ 是强调它们是应力作用面的法向和切向.

一个边长为 dx 和 dy，对角线在 x' 轴方向的矩形如图 4-4-4 所示. 由于应变 $\varepsilon_x,\varepsilon_y$ 和 γ_{xy}，该微元体将沿 x 轴方向伸长 $\varepsilon_x dx$，沿 y 轴方向伸长 $\varepsilon_y dy$，而直角 xOy 将减小 γ_{xy}. 对角线长度的相应增量分别为 $\varepsilon_x dx\cos\alpha$，$\varepsilon_y dy\sin\alpha$ 及 $\gamma_{xy} dy\cos\alpha$. 而对角线长度的总增

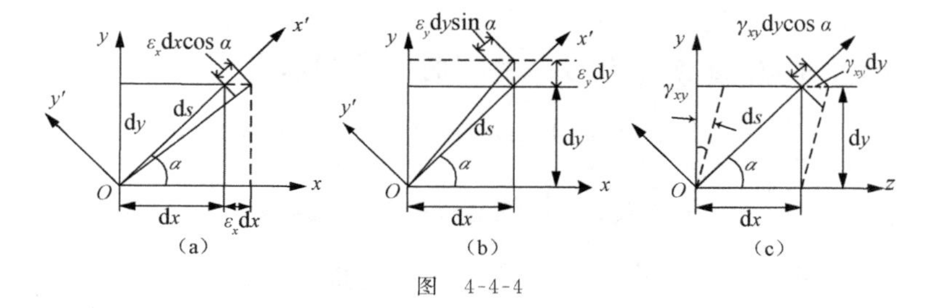

图 4-4-4

加量是这三个量之和，因此在 x' 轴方向的线应变 $\varepsilon_{x'}$ 是对角线总伸长除以长度 ds 而得. 注意到 $dy/ds=\sin\alpha, dx/ds=\cos\alpha$，我们得出

$$\begin{aligned}\varepsilon_{x'} &= \varepsilon_x \cos^2\alpha + \varepsilon_y \sin^2\alpha + \gamma_{xy}\sin\alpha\cos\alpha \\ &= \frac{1}{2}(\varepsilon_x+\varepsilon_y)+\frac{1}{2}(\varepsilon_x-\varepsilon_y)\cos2\alpha+\frac{1}{2}\gamma_{xy}\sin2\alpha.\end{aligned} \tag{4-4-3}$$

只需用 $\alpha+\pi/2$ 代替式(4-4-3)中的 α，就可得到 y' 轴方向的线应变

$$\varepsilon_{y'} = \frac{1}{2}(\varepsilon_x+\varepsilon_y)-\frac{1}{2}(\varepsilon_x-\varepsilon_y)\cos2\alpha-\frac{1}{2}\gamma_{xy}\sin2\alpha. \tag{4-4-4}$$

切应变 $\gamma_{x'y'}$ 的变换公式，也可用分析图 4-4-4 中的变形求得. 从应变 ε_x 的贡献开始，由图(a)我们看到，x' 轴沿顺时针方向旋转了一个等于 $\varepsilon_x dx\sin\alpha/ds$ 的微小角度. 类似地，在图(b)中 x' 轴沿逆时针方向旋转了一个 $\varepsilon_y dy\cos\alpha/ds$ 的角度，而在图(c)中它沿顺时针方向旋转了一个 $\gamma_{xy}dy\sin\alpha/ds$ 的角度. 因而，x' 轴沿顺时针方向的净旋转角为

$$\theta_1 = \varepsilon_x\sin\alpha\cos\alpha-\varepsilon_y\sin\alpha\cos\alpha+\gamma_{xy}\sin^2\alpha,$$

在上式中用 $\alpha+\pi/2$ 代替 α，我们得到 y' 轴的沿顺时针方向的净旋转角

$$\theta_2 = -\varepsilon_x\sin\alpha\cos\alpha+\varepsilon_y\sin\alpha\cos\alpha+\gamma_{xy}\cos^2\alpha,$$

直角 $x'Oy'$ 的减少量为 $\theta_2-\theta_1$，它就是切应变 $\gamma_{x'y'}$，即

$$\gamma_{x'y'} = -2\varepsilon_x\sin\alpha\cos\alpha+2\varepsilon_y\sin\alpha\cos\alpha+\gamma_{xy}(\cos^2\alpha-\sin^2\alpha).$$

用 1/2 乘以上式各项后，并做适当的三角变换，得

$$\begin{aligned}\frac{1}{2}\gamma_{x'y'} &= -(\varepsilon_x-\varepsilon_y)\sin\alpha\cos\alpha+\frac{1}{2}\gamma_{xy}(\cos^2\alpha-\sin^2\alpha) \\ &= -\frac{1}{2}(\varepsilon_x-\varepsilon_y)\sin2\alpha+\frac{1}{2}\gamma_{xy}\cos2\alpha.\end{aligned} \tag{4-4-5}$$

三个公式(4-4-3)，(4-4-4)和(4-4-5)等价于下面的矩阵形式的变换公式：

$$\begin{bmatrix} \varepsilon_{x'} & \frac{1}{2}\gamma_{y'x'} \\ \frac{1}{2}\gamma_{x'y'} & \varepsilon_{y'} \end{bmatrix} = \begin{bmatrix} \cos\alpha & \sin\alpha \\ -\sin\alpha & \cos\alpha \end{bmatrix} \begin{bmatrix} \varepsilon_x & \frac{1}{2}\gamma_{yx} \\ \frac{1}{2}\gamma_{xy} & \varepsilon_y \end{bmatrix} \begin{bmatrix} \cos\alpha & -\sin\alpha \\ \sin\alpha & \cos\alpha \end{bmatrix}, \tag{4-4-6}$$

这个公式是平面应变状态的应变分量在不同坐标系中的变换公式. 式中切应变用 $\gamma_{yx}/2=\gamma_{xy}/2$ 表示，它们是切应变 γ_{xy} 的 1/2，而不是切应变的本身. 实际上，$\gamma_{xy}/2$ 正是应变张量的切应变分量，而 γ_{xy} 则不是，这一点有重要意义. 平面应变坐标变换公式与 §4-1 的平面应力公式相似，这表明在 §4-1 所有的关于平面应力的结论在这里都有对应的结论. 例如，线应变之和是一个不变量

$$\varepsilon_{x'} + \varepsilon_{y'} = \varepsilon_x + \varepsilon_y. \tag{4-4-7}$$

再如，存在主应变 ε_1 和 ε_2，其大小为

$$\varepsilon_{1,2} = \frac{1}{2}(\varepsilon_x + \varepsilon_y) \pm \sqrt{\left(\frac{\varepsilon_x - \varepsilon_y}{2}\right)^2 + \left(\frac{\gamma_{xy}}{2}\right)^2}. \tag{4-4-8}$$

其方位(主方向)由下式给出：

$$\tan 2\alpha = \frac{\gamma_{xy}}{\varepsilon_x - \varepsilon_y}. \tag{4-4-9}$$

在两个主方向之间，切应变为零. 最大切应变发生在与主方向成 45°角的两方向之间，大小为

$$\frac{1}{2}\gamma_{\max} = \sqrt{\left(\frac{\varepsilon_x - \varepsilon_y}{2}\right)^2 + \left(\frac{\gamma_{xy}}{2}\right)^2}. \tag{4-4-10}$$

在材料和结构性质的试验中，用应变片测量应变十分普遍. 如果不知道应变的主方向，则需要在测点附近，沿三个不同方向贴置三个应变片. 这种应变片布置叫做应变花. 常用的应变花有两种：一种是三个方向相隔 60°，称为等角应变花；另一种是三个方向相隔 45°，称为直角应变花(图 4-4-5).

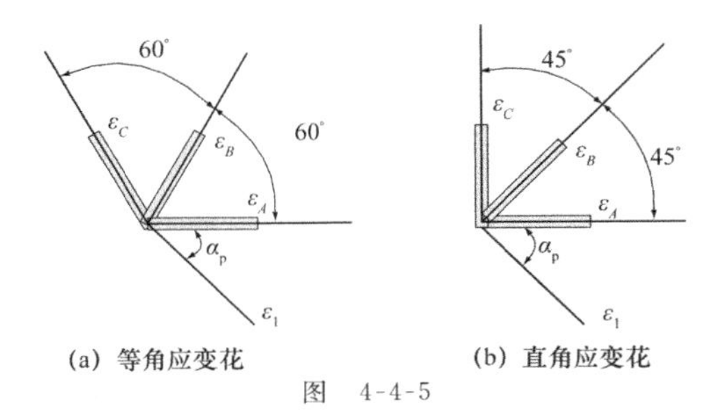

(a) 等角应变花　　(b) 直角应变花

图　4-4-5

例 4-4-1　对等角应变花，按逆时针方向的顺序将这些应变记做 ε_A，ε_B 和 ε_C. 试推导由应变实测值 ε_A，ε_B，ε_C 求主应变大小和方位的公式.

设主应变 ε_1 方向到 ε_A 方向的夹角为 α_p，由式(4-4-3)，有

$$\varepsilon_A = \frac{1}{2}(\varepsilon_1 + \varepsilon_2) + \frac{1}{2}(\varepsilon_1 - \varepsilon_2)\cos 2\alpha_p,$$

$$\varepsilon_B = \frac{1}{2}(\varepsilon_1 + \varepsilon_2) + \frac{1}{2}(\varepsilon_1 - \varepsilon_2)\cos 2(\alpha_p + 60°),$$

$$\varepsilon_C = \frac{1}{2}(\varepsilon_1 + \varepsilon_2) + \frac{1}{2}(\varepsilon_1 - \varepsilon_2)\cos 2(\alpha_p + 120°).$$

这是一组已知 ε_A，ε_B，ε_C，求解 ε_1，ε_2 和 α_p 的联立方程. 引入中间变量

$$A = \frac{1}{2}(\varepsilon_1 + \varepsilon_2),\quad B = \frac{1}{2}(\varepsilon_1 - \varepsilon_2). \tag{4-4-11}$$

联立方程为

$$\varepsilon_A = A + B\cos 2\alpha_p, \tag{4-4-12}$$

$$\varepsilon_B = A - \frac{1}{2}B\cos 2\alpha_p - \frac{\sqrt{3}}{2}B\sin 2\alpha_p, \tag{4-4-13}$$

$$\varepsilon_C = A - \frac{1}{2}B\cos 2\alpha_p + \frac{\sqrt{3}}{2}B\sin 2\alpha_p. \tag{4-4-14}$$

将上面三式相加，消去 B，得

$$A = \frac{1}{3}(\varepsilon_A + \varepsilon_B + \varepsilon_C). \tag{4-4-15}$$

将式(4-4-12)改写为

$$\varepsilon_A - A = B\cos 2\alpha_{\mathrm{p}}, \tag{4-4-16}$$

将式(4-4-14)与(4-4-13)相减得

$$\frac{1}{\sqrt{3}}(\varepsilon_C - \varepsilon_B) = B\sin 2\alpha_{\mathrm{p}}, \tag{4-4-17}$$

将式(4-4-16)与(4-4-17)两端平方,相加消去 α_{p},得

$$\begin{aligned} B &= \pm\sqrt{(\varepsilon_A - A)^2 + \left(\frac{\varepsilon_C - \varepsilon_B}{\sqrt{3}}\right)^2} \\ &= \pm\sqrt{\left(\frac{\varepsilon_B + \varepsilon_C - 2\varepsilon_A}{3}\right)^2 + \left(\frac{\varepsilon_C - \varepsilon_B}{\sqrt{3}}\right)^2}. \end{aligned} \tag{4-4-18}$$

实际上,$\varepsilon_1 > \varepsilon_2$,上式只需取正号.由式(4-4-15)和(4-4-18)求得了 A 和 B,我们就得到了主应变

$$\varepsilon_1 = A + B, \ \varepsilon_2 = A - B. \tag{4-4-19}$$

用式(4-4-17)除以式(4-4-16),消去 B,得

$$\tan 2\alpha_{\mathrm{p}} = \frac{\sqrt{3}(\varepsilon_C - \varepsilon_B)}{2\varepsilon_A - \varepsilon_B - \varepsilon_C}. \tag{4-4-20}$$

由此得到主方向角 α_{p}.

为了建立平面应变状态的应变圆(也称应变莫尔圆),我们重新考察式(4-4-3)和(4-4-5),将它们改写为如下形式:

$$\varepsilon_\alpha = \varepsilon_{x'} = \frac{1}{2}(\varepsilon_x + \varepsilon_y) + \frac{1}{2}(\varepsilon_x - \varepsilon_y)\cos 2\alpha - \left(-\frac{\gamma_{xy}}{2}\right)\sin 2\alpha, \tag{4-4-21}$$

$$-\frac{\gamma_\alpha}{2} = \gamma_{x'y'} = \frac{1}{2}(\varepsilon_x - \varepsilon_y)\sin 2\alpha + \left(-\frac{\gamma_{xy}}{2}\right)\cos 2\alpha. \tag{4-4-22}$$

它们与§4-2 中的式(4-2-2)和(4-2-3)有完全相同的结构,只要将应变 ε_α 换成 σ_n,$-\gamma_\alpha/2$ 换成 τ_n,$-\gamma_{xy}/2$ 换成 τ_x,ε_x 和 ε_y 换成 σ_x 和 σ_y,就回到应力圆的公式.这里要特别指出,τ_n(或 τ_α)对应于 $-\gamma_\alpha/2$,τ_x 对应于 $-\gamma_{xy}/2$,其中的负号来源于我们定义切应力 τ_n

时采用的符号约定，即从面元法向顺时针旋转 90°的方向为切应力 τ_n 的正向.

应变圆圆心 C 的横坐标等于$(\varepsilon_x+\varepsilon_y)/2$，圆的半径是$\sqrt{[(\varepsilon_x-\varepsilon_y)/2]^2+(\gamma_{xy}/2)^2}$，画成的应变圆如图 4-4-6 所示. 点 A 代表 x 轴方向有关的应变，具有坐标$(\varepsilon_x,-\gamma_{xy}/2)$. 在过点 A 直径上相反一端的点 B，具有坐标$(\varepsilon_y,\gamma_{xy}/2)$，它代表着从 x 轴旋转了 90°角的 y 轴之有关应变，而旋转了角度 α 的有关应变用 H 点的坐标代表，它由 A 点量取 2α 角来定位. 此外，主应变用 D 和 E 点代表，最大切应变用 G 和 F 点代表. 所有这些量，借助该圆均容易确定.

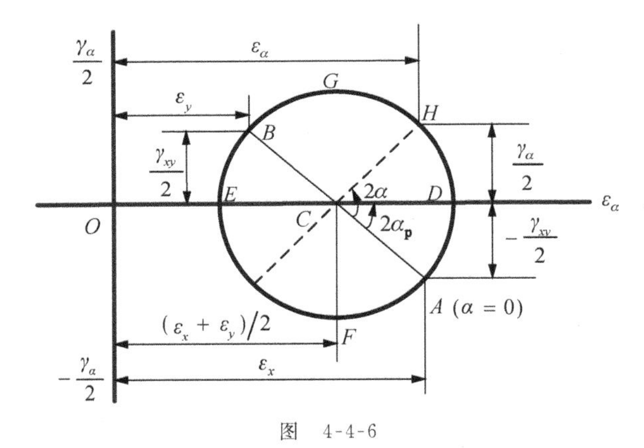

图　4-4-6

例 4-4-2　设某腕足类贝壳化石在正常情况左右对称，已知长宽比为 h_0/l_0，如图 4-4-7(a)所示. 现发现在某地区一大片此类贝壳化石有了变形，长宽比变为 h/l. 北东象限内的直角平均减小 θ(单位：rad)，如图 4-4-7(b)所示. 试求应变的主方向.

根据线应变的定义，有

$$\varepsilon_h=\frac{h-h_0}{h_0}=\frac{h}{h_0}-1,$$

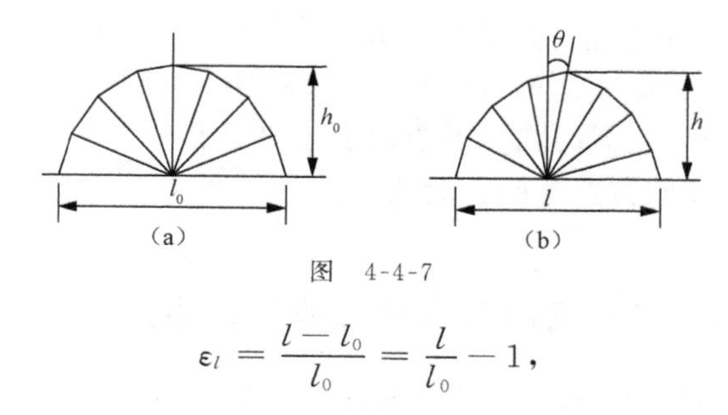

图 4-4-7

$$\varepsilon_l = \frac{l - l_0}{l_0} = \frac{l}{l_0} - 1,$$

因而,

$$\frac{h}{h_0} = 1 + \varepsilon_h, \quad \frac{l}{l_0} = 1 + \varepsilon_l,$$

$$\frac{h/l}{h_0/l_0} = \frac{h}{h_0}\frac{l_0}{l} = \frac{1+\varepsilon_h}{1+\varepsilon_l} \approx 1 + \varepsilon_h - \varepsilon_l,$$

最右边的近似式是忽略了 $\varepsilon_l^2, \varepsilon_h\varepsilon_l$ 等二阶小量后得出的. 于是我们有

$$\varepsilon_h - \varepsilon_l \approx \frac{h/l}{h_0/l_0} - 1.$$

从上式看出,从变形前后的长宽比,可以得到线应变之差($\varepsilon_h - \varepsilon_l$). 在横轴 ε_α 上,任取一点,设其值为 ε_h,就可得出 ε_l 的位置(图 4-4-8). 对称轴的偏转角 θ 就是切应变 $\gamma_h = \theta > 0$,则从 ε_h 向上量 $\theta/2$,得到点 H,从 ε_l 向下量 $-\theta/2$,得到点 H',连接 HH',以 HH' 为直径的

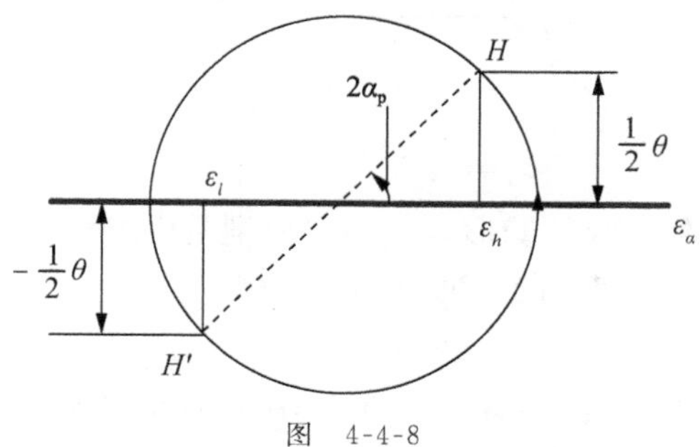

图 4-4-8

圆就是应变圆，并由此确定出 α_p 角. 如果 h 是沿南北向的，则北偏东 α_p 角就是主应变 ε_1 的方向. 请注意，从这个结果不能定出主应变的大小(因应变圆的圆心不能确定). 知道了应变主方向，可以估计地质历史期间构造运动的大致方向.

§4-5 空间应变状态和广义胡克定律

最简单的空间应变状态是在主轴坐标系中表述的. 由物体内取出直六面体，其各棱的方向平行于主轴(图 4-5-1). 平行于主轴 1 方向的棱原长为 a，作用载荷之后伸长了 Δa，因而在主轴 1 方向的相对变形，即应变为 $\varepsilon_1 = \Delta a/a$. 类似地，在主轴 2 和主轴 3 方向的应变分别为$\varepsilon_2 = \Delta b/b$ 和 $\varepsilon_3 = \Delta c/c$. 关于主轴的胡克定律是主应力 $\boldsymbol{\sigma}_1, \boldsymbol{\sigma}_2, \boldsymbol{\sigma}_3$ 和主应变 $\boldsymbol{\varepsilon}_1, \boldsymbol{\varepsilon}_2, \boldsymbol{\varepsilon}_3$ 之间的关系. 利用纵向变形和横向变形的胡克定律与叠加原理，就可以来计算应变 $\boldsymbol{\varepsilon}_1$. 将应变 $\boldsymbol{\varepsilon}_1$ 表述为三个应变之和，即

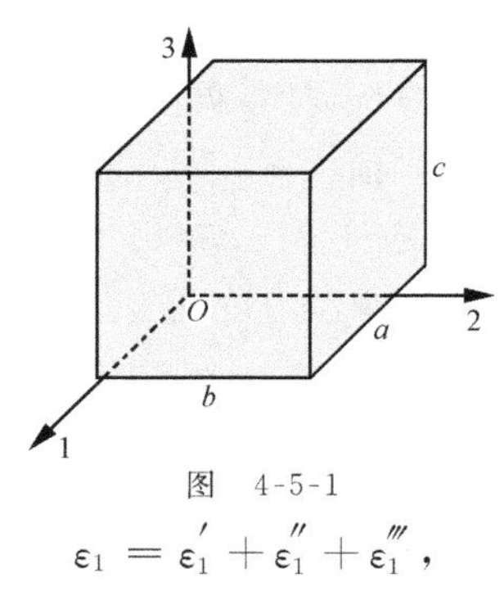

图 4-5-1

$$\varepsilon_1 = \varepsilon_1' + \varepsilon_1'' + \varepsilon_1''',$$

这里 ε_1' 是由 $\boldsymbol{\sigma}_1$ 引起的变形，ε_1'' 和 ε_1''' 分别是由 $\boldsymbol{\sigma}_2$ 和 $\boldsymbol{\sigma}_3$ 引起的. 应力 $\boldsymbol{\sigma}_1$ 作用方向与伸长的方向相同，因而

$$\varepsilon_1' = \sigma_1/E.$$

相对于 $\boldsymbol{\sigma}_2$ 和 $\boldsymbol{\sigma}_3$ 来说，方向 1 是横向，根据横向变形与纵向应力的关系可计算出 ε_1'' 和 ε_1'''：

$$\varepsilon_1'' = -\frac{\nu\sigma_2}{E}, \quad \varepsilon_1''' = -\frac{\nu\sigma_3}{E}.$$

相加后得

$$\begin{cases} \varepsilon_1 = \dfrac{1}{E}[\sigma_1 - \nu(\sigma_2 + \sigma_3)], \\ \varepsilon_2 = \dfrac{1}{E}[\sigma_2 - \nu(\sigma_3 + \sigma_1)], \\ \varepsilon_3 = \dfrac{1}{E}[\sigma_3 - \nu(\sigma_1 + \sigma_2)]. \end{cases} \tag{4-5-1}$$

后两个方程是用完全相同方法得到的. 式(4-5-1)是空间应力和应变状态下关于主轴的胡克定律.

弹性变形伴随着体积的改变. 如图 4-5-1,变形前的直六面体的体积是

$$V = abc.$$

由于变形,各棱长为 $a+\Delta a$, $b+\Delta b$, $c+\Delta c$,变形后的体积为 $V+\Delta V$,于是有

$$V + \Delta V = (a+\Delta a)(b+\Delta b)(c+\Delta c).$$

上式两端同时除以 $V=abc$,并将数值 1 移到右端,得到

$$\frac{\Delta V}{V} = (1+\varepsilon_1)(1+\varepsilon_2)(1+\varepsilon_3) - 1, \tag{4-5-2}$$

这就是体积相对变化的公式. 体积的相对变化是用主轴方向上的相对伸长(称为主应变)来表示的. 体积的相对变化称为**体应变**,记为 e. 由于应变与数值 1 相比是个小量,展开式(4-5-2)右端的括号,保留一阶项和略去高阶项,我们得

$$e = \frac{\Delta V}{V} = \varepsilon_1 + \varepsilon_2 + \varepsilon_3. \tag{4-5-3}$$

现在来建立体应变与球应力之间的关系. 将方程组(4-5-1)的三个式子相加,得

$$\varepsilon_1 + \varepsilon_2 + \varepsilon_3 = \frac{1-2\nu}{E}(\sigma_1 + \sigma_2 + \sigma_3),$$

再利用下列关系式:

$$\sigma_1 + \sigma_2 + \sigma_3 = 3p,$$

我们有

$$e = \frac{3(1-2\nu)}{E}p,$$

称

$$K = \frac{E}{3(1-2\nu)} \tag{4-5-4}$$

为弹性变形的**体积模量**. 体应变的公式可改写为

$$e = \frac{p}{K}, \tag{4-5-5}$$

上式也称为体积变形的胡克定律.

可以看出,如果 $\nu=1/2$,则 $K\to\infty$. 这种材料是不可压缩的,变形时它的体积保持不变. 体积模量的值总是正的,因而泊松比 ν 不可能大于 1/2. 如果真的存在 $\nu>1/2$ 的材料,那么能量守恒定律将被破坏. 实际上,可以设想有一个带活塞的圆柱形容器,里面装满不可压缩的液体,并放有一小块材料,材料的 $\nu>1/2$,因而 $K<0$. 对活塞施加力,在小块材料上造成均匀压缩,静水压力 p 的值为负. 根据式(4-5-5),体积改变将是正的,体积的增加意味着活塞上升,这时外力做了负功.

在后面的§4-6中,我们将用能量方法证明

$$G = \frac{E}{2(1+\nu)}. \tag{4-5-6}$$

G 值不可能是负的,否则剪力将做负功. 因此,$\nu>-1$. 总结一下前面的讨论,我们得到在理论上对 ν 值的限制为

$$-1 \leqslant \nu \leqslant \frac{1}{2},$$

但在实际上,还没有发现一种现实材料的 ν 为负值,因而对 ν 值的限制应改写为

$$0 \leqslant \nu \leqslant \frac{1}{2}. \tag{4-5-7}$$

对最一般的情况截取单元体，使其棱平行于坐标轴 x，y 和 z. 我们可以用下述方法描述它的变形. 首先使各棱得到相对伸长（或缩短），并相应地用 ε_x，ε_y 和 ε_z 表示. 然后使之发生剪切，也就是改变在每两个坐标面之间的二面角. 平面 xOz 和平面 yOz 之间角度的变化用 γ_{xy} 表示，还可类似地定义另外两个剪切 γ_{yz} 和 γ_{zx}. 由于纯剪切不改变棱的长度，因此剪切变形 γ_{xy}，γ_{yz}，γ_{zx} 不影响伸长 ε_x，ε_y 和 ε_z. 于是，类似于上面的推导，相对的体应变等于

$$e = \varepsilon_x + \varepsilon_y + \varepsilon_z.$$

六个量 ε_x，ε_y，ε_z，γ_{xy}，γ_{yz} 和 γ_{zx} 合在一起构成了**应变张量**. 它通常写成如下形式：

$$\boldsymbol{E} = \begin{bmatrix} \varepsilon_x & \frac{1}{2}\gamma_{yx} & \frac{1}{2}\gamma_{zx} \\ \frac{1}{2}\gamma_{xy} & \varepsilon_y & \frac{1}{2}\gamma_{zy} \\ \frac{1}{2}\gamma_{xz} & \frac{1}{2}\gamma_{yz} & \varepsilon_z \end{bmatrix}. \tag{4-5-8}$$

对于切应变分量，下标的次序是可交换的，也即 $\gamma_{xy}=\gamma_{yx}$，$\gamma_{yz}=\gamma_{zy}$，$\gamma_{zx}=\gamma_{xz}$. 相应的张量分量不是剪切值本身而是它的一半. 在这个条件下，相应于 $Ontr$ 坐标系的应变矩阵 $\boldsymbol{E}'$ 与在 $Oxyz$ 坐标系的应变矩阵 $\boldsymbol{E}$ 有类似于(4-3-6)式的关系：

$$\boldsymbol{E}' = \boldsymbol{AEA}^{\mathrm{T}}. \tag{4-5-9}$$

应变分析理论可完全与应力分析理论相似地建立起来. 事实上，平面应力状态下最大切应力的作用面与主轴的倾角是 45°，其大小等于$(\sigma_1-\sigma_3)/2$. 同样，最大切应变 γ 的两个面与主方向也成 45° 角，其大小等于 $\varepsilon_1-\varepsilon_3$.

正应力和切应力引起的应变是彼此无关且确定的，所以可用方程组(4-5-1)并将 σ_1，σ_2，σ_3 改为 σ_x，σ_y，σ_z 来求相对伸长 ε_x，ε_y，ε_z，而用式(1-7-3)来求切应变. 因而，对任意坐标系的胡克定律方程有如下形式：

$$\begin{cases} \varepsilon_x = \dfrac{1}{E}[\sigma_x - \nu(\sigma_y + \sigma_z)], \\ \varepsilon_y = \dfrac{1}{E}[\sigma_y - \nu(\sigma_z + \sigma_x)], \\ \varepsilon_z = \dfrac{1}{E}[\sigma_z - \nu(\sigma_x + \sigma_y)]; \\ \gamma_{xy} = \dfrac{1}{G}\tau_{xy}, \quad \gamma_{yz} = \dfrac{1}{G}\tau_{yz}, \quad \gamma_{zx} = \dfrac{1}{G}\tau_{zx}, \end{cases} \tag{4-5-10}$$

上式称为**广义胡克定律**.

§4-6　弹性变形能

处在**复杂应力状态**下的物体,它所储存的弹性势能可以完全按拉伸时的计算方式求得.取一个正立方体,其各边与主轴方向一致,每边的长度等于单位长度,此立方体的体积等于单位体积,其变形能为 u.在这种情况中,正应变 $\boldsymbol{\varepsilon}_1$,$\boldsymbol{\varepsilon}_2$ 和 $\boldsymbol{\varepsilon}_3$ 就是各边的绝对伸长,也就是 $\boldsymbol{\sigma}_1$,$\boldsymbol{\sigma}_2$ 和 $\boldsymbol{\sigma}_3$ 做功时的位移.而 $\boldsymbol{\sigma}_1$,$\boldsymbol{\sigma}_2$ 和 $\boldsymbol{\sigma}_3$ 各作用面的面积等于单位面积,因此 $\boldsymbol{\sigma}_1$,$\boldsymbol{\sigma}_2$ 和 $\boldsymbol{\sigma}_3$ 的大小等于各面上的合力值.现在设想应力是逐渐增加的,在某一瞬时应力为 $\theta\sigma_1$,$\theta\sigma_2$ 和 $\theta\sigma_3$,这里 θ 是一个参数,它从 0 到 1 变化,当 $\theta=1$ 时,加载过程结束.这种情况相当于比例加载.应变可以按胡克定律用应力表示,胡克定律是线性关系,因此当应力等于 $\theta\sigma_1$,$\theta\sigma_2$ 和 $\theta\sigma_3$ 时,应变是 $\theta\varepsilon_1$,$\theta\varepsilon_2$ 和 $\theta\varepsilon_3$.设参数 θ 得到一个增量 $\mathrm{d}\theta$,则应变相应地得到一个增量 $\mathrm{d}\theta\varepsilon_1$,$\mathrm{d}\theta\varepsilon_2$ 和 $\mathrm{d}\theta\varepsilon_3$.在边界面上合力做的功为

$$\mathrm{d}u = (\sigma_1\theta)(\varepsilon_1\mathrm{d}\theta) + (\sigma_2\theta)(\varepsilon_2\mathrm{d}\theta) + (\sigma_3\theta)(\varepsilon_3\mathrm{d}\theta).$$

将上式从 0 到 1 积分,得

$$u = \frac{1}{2}(\sigma_1\varepsilon_1 + \sigma_2\varepsilon_2 + \sigma_3\varepsilon_3), \tag{4-6-1}$$

这就是储存在单位体积内的变形势能,也称为**应变比能**.这里我们假设了加载过程是很缓慢的,变形是很缓慢的,因而在变形过程中

动能是很小的,可以不计. 外力做的功全部转化为势能储存在弹性体内.

我们注意到,在推导式(4-6-1)时不一定要假设应力分量按同一参数成比例地变化. 弹性体的最终状态与力作用的过程无关,这是由弹性性质所必然导致的结论. 我们选择按比例加载,是为了计算最简单. 在式(4-6-1)中将应变通过胡克定律用应力表示,得

$$u=\frac{1}{2E}[\sigma_1^2+\sigma_2^2+\sigma_3^2-2\nu(\sigma_1\sigma_2+\sigma_2\sigma_3+\sigma_3\sigma_1)]. \quad (4\text{-}6\text{-}2)$$

例 4-6-1 证明弹性模量 E,切变模量 G 和泊松比 ν 之间满足下列关系:

$$G=\frac{E}{2(1+\nu)}.$$

首先,对于平面应力状态,在任意坐标系下的应力分量是 σ_x, σ_y, τ_{xy},于是

$$\sigma_{1,2}=\frac{1}{2}(\sigma_x+\sigma_y)\pm\frac{1}{2}\sqrt{(\sigma_x-\sigma_y)^2+4\tau_{xy}^2},$$

$$\sigma_3=0.$$

将它们代入式(4-6-2),得平面应力状态应变比能的公式

$$u=\frac{1}{2E}[(\sigma_x+\sigma_y)^2+2(1+\nu)(\tau_{xy}^2-\sigma_x\sigma_y)]. \quad (4\text{-}6\text{-}3)$$

其次,考虑一个纯剪切应力状态,它是一个特殊的平面应力状态,这时有

$$\sigma_x=0,\quad \sigma_y=0,\quad \tau_{xy}=\tau.$$

将上面一组公式代入式(4-6-3),得

$$u=\frac{1+\nu}{E}\tau^2,$$

与第三章使用过的剪切应变能公式

$$u=\frac{1}{2G}\tau^2$$

相比,得

$$G=\frac{E}{2(1+\nu)}.$$

现在回到空间应力状态，仍然在主坐标系下用主应力描述一点的应力状态. 将主应力分成两部分(图 4-6-1)，即

$$\sigma_1=\sigma_1'+p,\quad \sigma_2=\sigma_2'+p,\quad \sigma_3=\sigma_3'+p,$$

其中

$$\sigma_1'=\sigma_1-p,\quad \sigma_2'=\sigma_2-p,\quad \sigma_3'=\sigma_3-p$$

称为**偏应力**分量，而 $p=(\sigma_1+\sigma_2+\sigma_3)/3$ 正是前面讲的**球应力**分量. 单元体在球应力作用下，只有体积改变而没有形状改变. 因为在这种应力状态下所有截面的切应力恒为零，物体内任意两相互垂直的线段夹角是不变的. 此外，单元体在偏应力作用下，因为 $\sigma_1'+\sigma_2'+\sigma_3'=0$，由胡克定律得 $\varepsilon_1'+\varepsilon_2'+\varepsilon_3'=0$，所以单元体的体积变形为零，仅有形状的改变.

如果将单元体的应力状态看做是偏应力状态和球应力状态依次作用相加的结果，我们可用下述方法计算最后的弹性势能.

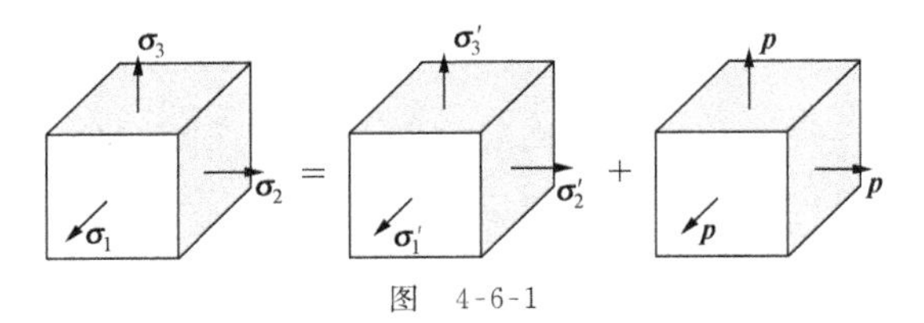

图　4-6-1

由于加上第一组偏应力 σ_1'，σ_2' 和 σ_3'，物体内储存的弹性比能为 u_1. 然后再加上第二组应力，即球应力，它引起的附加变形为 ε_1''，ε_2'' 和 ε_3''. 第二组力在相应变形上做功，即弹性比能为 u_2. 但第一组应力在 ε_1''，ε_2'' 和 ε_3'' 上也要做功，记为 u_{12}. 因此物体的弹性比能是

$$u=u_1+u_2+u_{12}.$$

因为 ε_1''，ε_2'' 和 ε_3'' 是相应于球应力的这部分变形，那么应该有

$$\varepsilon_1''=\varepsilon_2''=\varepsilon_3''=\frac{1-2\nu}{E}p,$$

偏量应力在这些变形上所作之功为

$$u_{12}=\sigma_1'\varepsilon_1''+\sigma_2'\varepsilon_2''+\sigma_3'\varepsilon_3''$$

$$=(\sigma_1'+\sigma_2'+\sigma_3')\frac{1-2\nu}{E}p.$$

因 $\sigma_1'+\sigma_2'+\sigma_3'=0$,所以 $u_{12}=0$.

如果将单元体的应力状态看做是球应力和偏应力相继作用的结果,可以类似地证明 $u_{21}=0$.

这样,弹性变形比能可以分解为**体积改变比能**与**形状改变比能**之和.

由式(4-6-2),形状改变比能为

$$u_S=\frac{1}{2E}[\sigma_1'^2+\sigma_2'^2+\sigma_3'^2-2\nu(\sigma_1'\sigma_2'+\sigma_2'\sigma_3'+\sigma_3'\sigma_1')],$$

因为

$$0=(\sigma_1'+\sigma_2'+\sigma_3')^2$$

$$=\sigma_1'^2+\sigma_2'^2+\sigma_3'^2+2(\sigma_1'\sigma_2'+\sigma_2'\sigma_3'+\sigma_3'\sigma_1'),$$

上式为

$$u_S=\frac{1+\nu}{2E}(\sigma_1'^2+\sigma_2'^2+\sigma_3'^2).$$

因 $\sigma_1'+\sigma_2'+\sigma_3'=0$,可将上面等式右端减去

$$\frac{1+\nu}{6E}(\sigma_1'+\sigma_2'+\sigma_3')^2,$$

等式不变.整理后并注意到

$$\sigma_i'-\sigma_j'=\sigma_i-\sigma_j,$$

从而得到以应力分量表示的形状改变比能

$$u_S=\frac{1+\nu}{6E}[(\sigma_1-\sigma_2)^2+(\sigma_2-\sigma_3)^2+(\sigma_3-\sigma_1)^2]$$

$$=\frac{1}{12G}[(\sigma_1-\sigma_2)^2+(\sigma_2-\sigma_3)^2+(\sigma_3-\sigma_1)^2]=\frac{3\tau_8^2}{4G},$$

(4-6-4)

其中 τ_8 为八面体的切应力.将式(4-6-2)中的 $\sigma_1,\sigma_2,\sigma_3$ 用 p 代替,

可得体积改变比能

$$u_{\mathrm{V}}=\frac{3(1-2\nu)}{2E}p^{2}=\frac{1}{2K}p^{2}=\frac{1}{2K}\sigma_{8}^{2},\qquad(4\text{-}6\text{-}5)$$

其中 σ_8 为八面体的正应力. 综上所述,我们得到的结论是:弹性变形比能可以写成形状改变比能 u_{S} 和体积改变比能 u_{V} 之和,而且这两者都与八面体应力密切相关. 然而,要强调指出,作用在单元上的应力状态在随意地分解为两个应力状态时,相应的弹性应变比能相加并不等于原来总应力状态所对应的变形比能,这是因为弹性变形比能是应力分量的二次式(也就是说,在一般情况下,$u_{12}\neq0$).

例 4-6-2 受力构件内某点的应力状态如图 4-6-2 所示. 若构件材料的弹性模量 $E=200\,\mathrm{GPa}$,泊松比 $\nu=0.25$,求其形状改变比能与体积改变比能之比是多少?(图中各应力单位皆为 MPa.)

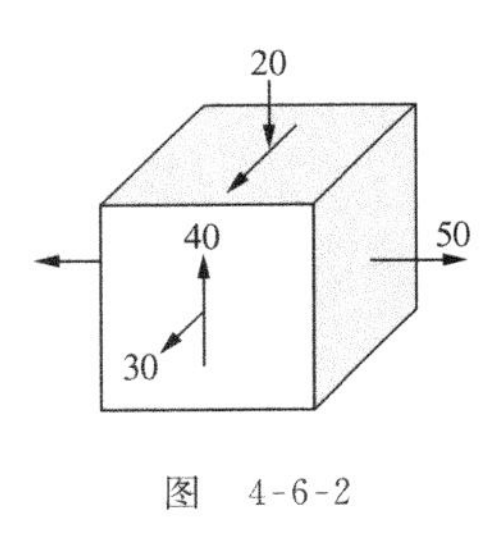

图　4-6-2

设该单元体的一个主应力 $\bar{\sigma}_3=50\,\mathrm{MPa}$,另两个主应力可以由式(4-1-15)计算得到

$$\bar{\sigma}_1=\frac{-20+30}{2}\mathrm{MPa}+\sqrt{\left(\frac{-20-30}{2}\right)^2+40^2}\,\mathrm{MPa}$$

$$=52\,\mathrm{MPa},$$

$$\bar{\sigma}_2=\frac{-20+30}{2}\mathrm{MPa}-\sqrt{\left(\frac{-20-30}{2}\right)^2+40^2}\,\mathrm{MPa}$$

$$=-42\,\mathrm{MPa}.$$

按式(4-3-9)规定,三个主应力

$$\sigma_1=\bar{\sigma}_1=52\,\mathrm{MPa},$$

$$\sigma_2=\bar{\sigma}_3=50\,\mathrm{MPa},$$

$$\sigma_3=\bar{\sigma}_2=-42\,\mathrm{MPa}.$$

由式(4-6-4)得单元体的形状改变比能

$$u_s=\frac{1+0.25}{6\times2\times10^5}[(52-50)^2+(50+42)^2+(-42-52)^2]\text{MPa}$$

$$=18.0\times10^{-3}\ \text{MPa}=18.0\times10^3\ \text{J/m}^3,$$

由式(4-6-5)得单元体的体积改变比能

$$u_v=\frac{3(1-2\times0.25)}{2\times2\times10^5}\left[\frac{1}{3}(52+50-42)\right]^2\text{MPa}$$

$$=1.50\times10^{-3}\text{MPa}=1.50\times10^3\ \text{J/m}^3,$$

因此

$$\frac{u_s}{u_v}=\frac{18.0}{1.50}=12.0.$$

§ 4-7 强 度 理 论

处于简单拉伸(压缩)和纯剪切应力状态下材料发生破坏(脆性破坏或塑性破坏)的强度条件是容易建立的,因为可以直接做拉伸或压缩试验以及纯剪切试验来确定极限应力(强度极限或屈服极限).对于处于复杂应力状态下的材料要建立其强度条件,也按上述直接根据试验资料的方法就不现实了.因为复杂应力状态中三个主应力 $\sigma_1,\sigma_2,\sigma_3$ 之间的比例是各种各样的,要在每一种比例下,通过对材料直接进行试验来确定其极限应力将是不胜其烦而且也是难以做到的.由于工程设计的需要,人们针对各种类型材料破坏的原因,提出了各种不同的假说,给出判断材料在复杂应力状态下是否破坏的理论.这些理论统称为**强度理论**.

按照材料破坏的物理性质,可以分为脆性断裂和塑性屈服两类形式,因而强度理论也相应地分为两类.

第一类强度理论是以脆断作为破坏的标志,其中包括**最大拉应力理论**和**最大伸长应变理论**.

最大拉应力理论是最早提出来的强度理论,所以也称它为第一强度理论.这个理论认为,无论材料内一点的应力状态如何,只要该点的最大拉伸主应力 σ_1 达到了单向拉伸断裂时横截面上的

极限应力 σ_b，材料就发生破坏. 于是，这个理论的破坏条件是

$$\sigma_1 = \sigma_b,\ \sigma_b > 0.$$

由上式右边的极限应力除以安全系数 n_b 就得到材料的许用拉应力$[\sigma]$. 因此，对于危险点处于复杂应力状态下的材料，按第一强度理论所建立的强度条件为

$$\sigma_1 \leqslant [\sigma]. \tag{4-7-1}$$

应该指出，上式中的 σ_1 必须为拉应力. 在没有拉应力的三向压缩应力状态下，显然不能采用第一强度理论来建立强度条件.

最大伸长应变理论是在稍后一些时候提出的，所以也称为第二强度理论. 这个理论认为，无论材料内一点的应力状态如何，只要材料内该点的最大伸长应变 ε_1 达到了单向拉伸断裂时最大伸长应变的极限值 ε_b，材料就发生断裂破坏. 于是，按照这一强度理论的观点，脆断的破坏条件是

$$\varepsilon_1 = \varepsilon_b,\ \varepsilon_b > 0.$$

如果这种材料直到发生脆断破坏之前都在线弹性范围内工作，即服从胡克定律，则破坏条件可改写为

$$\varepsilon_1 = \frac{\sigma_b}{E},$$

而由空间应力状态的胡克定律式(4-4-1)可知，复杂应力状态下一点处的最大伸长应变为

$$\varepsilon_1 = \frac{1}{E}[\sigma_1 - \nu(\sigma_2 + \sigma_3)].$$

于是用应力表示的破坏条件为

$$\sigma_1 - \nu(\sigma_2 + \sigma_3) = \sigma_b.$$

将上式右边的 σ_b 除以安全系数 n_b 即得材料的许用拉应力$[\sigma]$，故对危险点处于复杂应力状态下的构件，按第二强度理论所建立的强度条件是

$$\sigma_1 - \nu(\sigma_2 + \sigma_3) \leqslant [\sigma]. \tag{4-7-2}$$

比较式(4-7-2)和(4-7-1)，从形式上看，第二强度理论似乎

比第一强度理论更完善一些，在式(4-7-2)中，除了最大拉应力 σ_1 之外，还把 σ_2 和 σ_3 两个主应力考虑进去了. 然而，在内压力、轴向拉(或压)力以及引起扭转的外力偶矩联合作用下，用铸铁制成的薄壁圆管试件进行试验的结果表明，第二强度理论并不比第一强度理论更符合试验结果. 当改变内压力、轴向拉(或压)力和力偶矩三者间的比例时，管壁内任意一点处的平面应力状态可以是各种各样的. 有一类情况是两个主应力均为拉应力；或者一个为拉应力，另一个为压应力，而前者的绝对值较后者的大. 在这两种情况中，铸铁管的试验结果与按最大拉应力理论计算的结果较为符合. 另外一类情况是两个主应力中一个为拉应力，其值小于另一个为压应力的主应力的绝对值，在这类情况中，铸铁管的试验结果则与按最大伸长应变理论计算的结果较接近.

第二类的强度理论是以出现屈服现象或发生显著的塑性变形作为破坏的标志，其中包括**最大切应力理论**和**最大形状改变比能理论**. 这些理论是 19 世纪末叶以来，在工程实践中大量使用像软钢这一类塑性材料，并对材料产生塑性变形的物理实质有了较多认识后，先后提出和推广应用的.

最大切应力理论又称为第三强度理论. 这个理论的根据是：当作用在构件上的外力过大时，其危险点处的材料就会沿最大切应力所在的截面滑移而发生屈服破坏. 因此，不论在什么样的应力状态下，只要材料内某点的最大切应力达到了单向拉伸屈服时切应力的屈服值 τ_s，材料就在该点处出现显著塑性变形或屈服. 对于软钢一类塑性材料，在单向拉伸试验时材料正是沿斜截面发生滑移而出现明显的屈服现象的. 这时试件在横截面上的正应力就是材料的屈服极限 σ_s，在试件斜截面上的最大切应力(即 45°斜截面上的切应力)等于横截面上正应力的一半. 于是，对于这类材料，就可以从单向拉伸试验得到材料的切应力屈服极限值 τ_s：

$$\tau_s = \frac{1}{2}\sigma_s.$$

所以,按照这一强度理论的观点,屈服破坏条件是

$$\tau_{\max} = \tau_s = \frac{1}{2}\sigma_s.$$

由于复杂应力状态下一点处的最大切应力为

$$\tau_{\max} = \frac{1}{2}(\sigma_1 - \sigma_3),$$

屈服破坏条件可改写为

$$\sigma_1 - \sigma_3 = \sigma_s.$$

这个条件在塑性理论中称为特雷斯卡(Tresca)屈服准则.将上式右边的 σ_s 除以安全系数 n_s,即得材料的许用拉应力$[\sigma]$,故对危险点处于复杂应力状态的构件,按第三强度理论所建立的强度条件是

$$\sigma_1 - \sigma_3 \leqslant [\sigma]. \tag{4-7-3}$$

最大形状改变比能理论也称为第四强度理论.它认为单位体积的形状改变比能 u_s 是引起材料屈服破坏的决定性因素,也就是不论在什么样的复杂应力状态下,只要构件内一点处的形状改变比能 u_s 达到了材料的极限值 u_{ss},该点处的材料就会发生屈服破坏.对于像软钢这一类塑性材料,因为在拉伸试验时当横截面上的正应力到达 σ_s 时就出现明显的屈服现象,故可通过拉伸试验的资料来确定材料的 u_{ss}值.为此,利用式(4-6-4),将 $\sigma_1 = \sigma_s$,$\sigma_2 = \sigma_3 = 0$ 代入,就可求得材料的极限值 u_{ss}:

$$u_{ss} = \frac{1}{12G}(2\sigma_s^2).$$

所以,按照这一强度理论的观点,屈服破坏条件 $u_s = u_{ss}$ 可写为

$$\frac{1}{12G}[(\sigma_1 - \sigma_2)^2 + (\sigma_2 - \sigma_3)^2 + (\sigma_3 - \sigma_1)^2] = \frac{1}{12G}(2\sigma_s^2),$$

或简化为

$$\sqrt{\frac{1}{2}[(\sigma_1 - \sigma_2)^2 + (\sigma_2 - \sigma_3)^2 + (\sigma_3 - \sigma_1)^2]} = \sigma_s,$$

这个条件在塑性理论中称为米塞斯(Mises)屈服准则.再将上式右

边的 σ_s 除以安全系数 n_s 得到材料的许用拉应力$[\sigma]$，于是对于危险点处于复杂应力状态下的构件，按第四强度理论所建立的强度条件是

$$\sqrt{\frac{1}{2}[(\sigma_1-\sigma_2)^2+(\sigma_2-\sigma_3)^2+(\sigma_3-\sigma_1)^2]}\leqslant[\sigma]. \tag{4-7-4}$$

由于形状改变比能可由八面体切应力 τ_8 完全确定(参见式(4-3-13))，因而最大形状改变比能理论也可看做是一种切应力理论，即在八面体面上的切应力达到某个极限值时，材料发生塑性破坏.

为了对第三和第四两种强度理论做比较，我们来考察拉伸许用应力和剪切许用应力之间的关系. 在纯剪切应力状态下，一点处的三个主应力分别为 $\sigma_1=\tau,\sigma_2=0,\sigma_3=-\tau$. 对于像软钢一类的塑性材料，由试验资料可知，在纯剪切和单向拉伸两种应力状态下，材料均发生屈服破坏. 按最大切应力理论建立的强度条件是

$$\tau-(-\tau)\leqslant[\sigma]$$

或

$$\tau\leqslant\frac{1}{2}[\sigma].$$

按最大形状改变比能理论建立的强度条件是

$$\sqrt{\frac{1}{2}[(\tau-0)^2+(0-\tau)^2+(-\tau-\tau)^2]}\leqslant[\sigma]$$

或

$$\tau\leqslant[\sigma]/\sqrt{3}.$$

将以上各式与纯剪切应力状态下的强度条件

$$\tau\leqslant[\tau]$$

相比较，我们得到许用拉应力$[\sigma]$与许用切应力$[\tau]$之间的关系：对第三强度理论，$[\tau]=0.5[\sigma]$；对第四强度理论，$\tau=[\sigma]/\sqrt{3}=0.577[\sigma]$. 两种理论的差异不超过 15%.

对于最大切应力理论和最大形状改变比能理论，曾在二向应

力状态下进行过比较系统的试验验证. 这些试验同样是利用空心薄壁圆管在前述的复合受力条件下进行的. 管的材料是软钢和铜这一类塑性材料. 试验结果表明,在二向应力状态下,按最大切应力理论计算的结果由于未考虑主应力 σ_2 的影响而偏于完全,而按最大形状改变比能理论计算的结果与试验资料更符合一些. 目前在钢结构设计规范中,基本上是根据 $[\tau]=0.577[\sigma]$,由软钢的许用拉应力来规定许用切应力 $[\tau]$ 的.

上面介绍的四种强度理论都仅使用一个参数来刻画材料强度,因而只适用于抗拉伸破坏和抗压缩破坏的性能相同或相近的材料. 但是有些材料(如铸铁、混凝土、岩土)对于拉伸和压缩破坏的抵抗能力存在很大差别,抗压强度远大于抗拉强度. 对于这些材料很难用前面的四种强度理论正确地描述它们的强度性质. 此外,前面四种理论中,或者认为材料是脆断破坏,或者是塑性破坏,而事实上还存在着中间状态的破坏形式,因而后来又提出了**莫尔强度理论**.

莫尔强度理论认为,在物体内一点的某个截面上,当其正应力和切应力达到某种最不利的组合时就导致材料破坏. 破坏条件可以写成

$$\tau = f(\sigma). \tag{4-7-5}$$

在 $O\sigma\tau$ 平面上,这个方程表示一条曲线,称为极限曲线. 如图 4-7-1 所示. 若讨论材料内一点的强度,必须考虑过该点的所有可能的截面,并检查在这些截面中的应力分量是否满足式(4-7-5). 每一个截面对应于 $O\sigma\tau$ 平面上坐标为 σ 和 τ 的点,这些点的集合构成某个图形. 我们将证明,这个图形的外周线是由应力 σ_1 和 σ_3 作出的莫尔圆. 这个莫尔圆称为应力主圆或莫尔主圆. 实际上,圆周上各点表示平

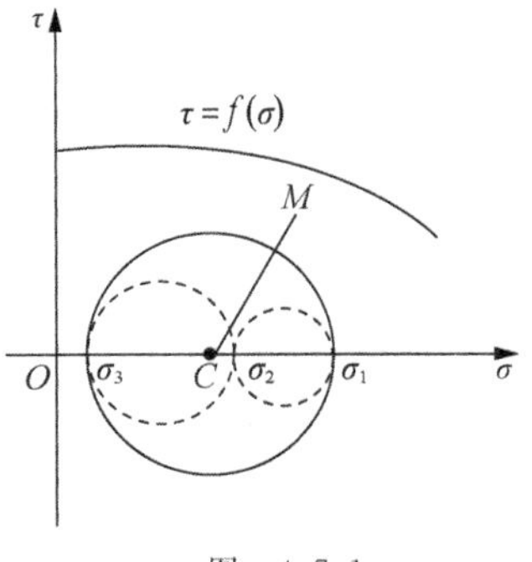

图　4-7-1

行于 σ_2 轴的各截面上的应力分量，因而它们属于上述的图形. 现在我们要证明的是，在位于 σ_1 和 σ_3 做出的莫尔主圆圆外的点 M 不可能代表任何一个截面上的应力分量. 使用反证法，假设有一个点 M 位于上述圆外，如图 4-7-1 所示，则线段 MC 大于圆的半径，有下面不等式：

$$\left(\sigma-\frac{\sigma_1+\sigma_3}{2}\right)^2+\tau^2>\left(\frac{\sigma_1-\sigma_3}{2}\right)^2,$$

式中的 σ 和 τ 是点 M 的坐标. 上式经过简单变化后有如下形式：

$$s^2-\sigma(\sigma_1+\sigma_3)+\sigma_1\sigma_3>0, \tag{4-7-6}$$

其中

$$s^2=\sigma^2+\tau^2.$$

按假定，σ 和 τ 是某个截面上的正应力和切应力. 设这个截面的法方向相对于主轴的方向余弦是 n_1，n_2 和 n_3. 这时由 §4-3 中的公式有

$$s^2=\sigma_1^2n_1^2+\sigma_2^2n_2^2+\sigma_3^2n_3^2,$$
$$\sigma=\sigma_1n_1^2+\sigma_2n_2^2+\sigma_3n_3^2.$$

将它们代入式(4-7-6)得

$$\sigma_1\sigma_3(1-n_1^2-n_3^2)+[\sigma_2^2-\sigma_2(\sigma_1+\sigma_3)]n_2^2>0.$$

方向余弦应满足条件 $n_1^2+n_2^2+n_3^2=1$，因此上式第一个括号等于 n_2^2，约去这个量，最后得如下不等式：

$$\sigma_2^2-\sigma_2(\sigma_1+\sigma_3)+\sigma_1\sigma_3>0. \tag{4-7-7}$$

然而这个不等式是不可能成立的. 实际上，上述不等式左端是关于 σ_2 的二次三项式，这个三项式的根为 $\sigma_2=\sigma_1$ 和 $\sigma_2=\sigma_3$. 因为当$\sigma_2=\pm\infty$时三项式为正无限大，也就是当 $\sigma_2>\sigma_1$ 和 $\sigma_2<\sigma_3$ 时三项式为正，所以当 $\sigma_3<\sigma_2<\sigma_1$ 时三项式应当取负值，而按定义，σ_2 是中间主应力，应满足这个条件，因而式(4-7-7)不能成立，即得矛盾，故点 M 不能在莫尔主圆之外. 这就是说，所有截面的应力分量都对应于莫尔主圆的内点.

用莫尔理论检验强度的方法与前面的理论一样. 我们根据主

应力 σ_1 和 σ_3 做出莫尔主圆，如果这个圆不与极限曲线相切或相交，那么强度是得到保证的.

极限曲线 $\tau=f(\sigma)$ 是根据实验确定的. 对于不同的达到破坏条件的应力状态做莫尔主圆，极限曲线是这些圆的包络线.

莫尔理论最初是为预测岩石材料的剪切破裂提出的. 岩石破坏试验通常在三轴压缩试验装置上进行. 在不同围压下得到若干破裂时的莫尔应力主圆，这些主圆的包络线就是强度曲线(式(4-7-5)). 莫尔包络线的最简单形式是直线，即

$$|\tau_n| = c - \sigma_n \tan\varphi. \tag{4-7-8}$$

上式是库仑早年研究土体强度问题时提出的，称为库仑方程. 使用库仑方程作为包络线的莫尔理论，在岩石力学中称为**莫尔-库仑强度理论**. 式(4-7-8)中，c 是剪切强度的截断值(图 4-7-2)，也称为黏聚力；φ 是内摩擦角，$\mu=\tan\varphi$ 是内摩擦系数，$-\sigma_n\tan\varphi$ 是材料破坏的内摩擦阻力. 在一定的围压范围内，多数岩石的破坏试验资料都与直线包络线相符. 几种有代表性岩石的 c 和 φ 值列于表 4-7-1.

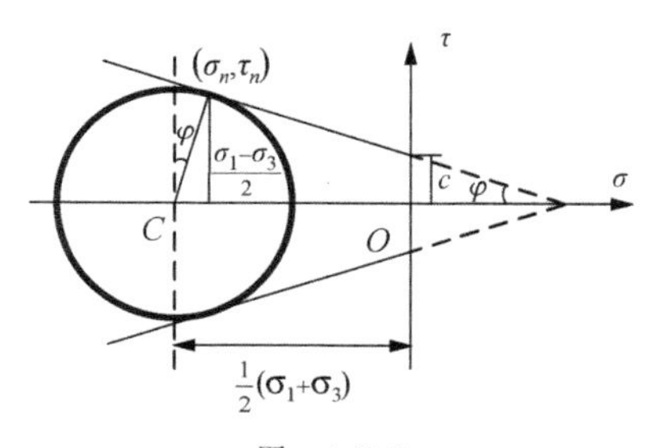

图 4-7-2

表 4-7-1

岩石类别	c/MPa	φ/(°)	围压范围/MPa
Berea 砂岩	27.2	37.8	0～200
Georgia 大理岩	21.2	25.3	5.6～68.8
Stone 山花岗岩	55.1	51.0	3.4～34.5

在破裂面上的正应力和切应力(见图 4-7-2)为

$$\sigma_n = \frac{1}{2}(\sigma_1 + \sigma_3) + \frac{1}{2}(\sigma_1 - \sigma_3)\sin\varphi,$$

$$\tau_n = \frac{1}{2}(\sigma_1 - \sigma_3)\cos\varphi,$$

将它们代入式(4-7-8),可得

$$\frac{\sigma_1}{b} - \frac{\sigma_3}{a} = 1,$$

式中

$$a = \frac{2c\cos\varphi}{1-\sin\varphi}, \quad b = \frac{2c\cos\varphi}{1+\sin\varphi}.$$

显然,b 可看做拉伸强度 σ_t,a 可看做压缩强度 σ_c,于是有

$$\frac{\sigma_1}{\sigma_t} - \frac{\sigma_3}{\sigma_c} = 1$$

或

$$\sigma_1 - m\sigma_3 = \sigma_t, \tag{4-7-9}$$

式中 $m=\sigma_t/\sigma_c$,是拉伸强度 σ_t 与压缩强度 σ_c 之比,简称强度比. 在 $O\sigma_1\sigma_3$ 平面,莫尔-库仑准则如图 4-7-3 所示.

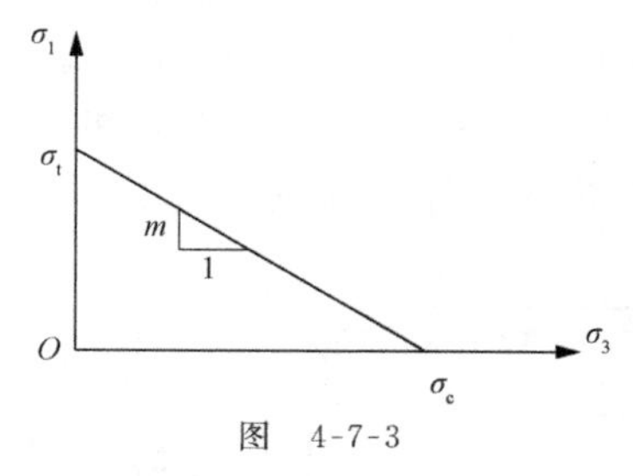

图 4-7-3

对铸铁等金属脆性材料更适用于使用在 σ_1,σ_3 平面上表述的莫尔-库仑准则,铸铁压缩强度 σ_c 是拉伸强度 σ_t 的几倍. 铸铁材料的破坏试验资料多半是在平面应力状态的试验获得的. 实际上,在平面应力状态,如果 $\sigma_1 > 0$,则一定有 $\sigma_3 \leqslant 0$,因而拉伸、压缩、纯剪切的破坏时应力主圆或包含原点或通过原点. 某些铸铁的强度参

数，在表 4-7-2 中给出.

表　4-7-2

材料类别	拉伸强度 σ_t/MPa	压缩强度 σ_c/MPa	强度比 m
T15-33 铸铁	150	650	0.23
T20-40 铸铁	240	850	0.28
球墨铸铁	400	1500	0.267

考虑到强度储备而引用安全系数，脆性金属材料有如下形式的莫尔-库仑强度条件：

$$\sigma_1 - \frac{[\sigma_t]}{[\sigma_c]}\sigma_3 \leqslant [\sigma_t], \tag{4-7-10}$$

式中 $[\sigma_t]$ 和 $[\sigma_c]$ 分别是材料的拉伸许用应力和压缩许用应力.

按莫尔理论得到的强度条件对脆性材料是正确的. 如果取 $[\sigma_c]\to\infty$，则与最大拉应力理论一致；如果取 $[\sigma_t]/[\sigma_c]=\nu$，则变为最大伸长应变理论. 莫尔理论也可用于塑性材料，因为当 $[\sigma_t]=[\sigma_c]$ 时，它转化为最大切应力理论.

例 4-7-1　如图 4-7-4 所示，两端封闭的薄壁圆筒受内压 p 作用，材料的许用应力 $[\sigma]=170$ MPa，泊松比 $\nu=0.28$，圆筒的内半径 $R=600$ mm，内压 $p=1.5$ MPa，圆筒的长度比直径大得多. 试按照各种强度理论求壁厚 h，并加以比较.

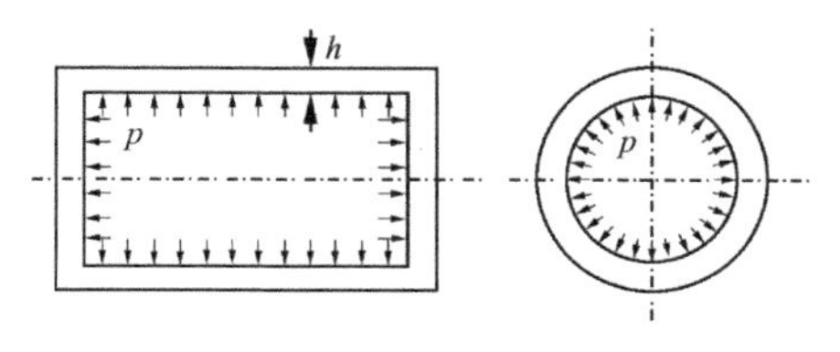

图　4-7-4

因为圆筒的长度比直径大得多，故可用无端部影响的圆筒中央部分的应力作为研究的对象. 在圆筒的内侧表面上，周向应力 $\sigma_t=pR/h$，轴向应力 $\sigma_z=pR/2h$，径向应力 $\sigma_r=-p$，均为主应力.

设它们分别为 σ_1，σ_2，σ_3，且有 $\sigma_1>\sigma_2>\sigma_3$.

按照最大拉应力理论，有 $\sigma_1=[\sigma]$，则

$$h=\frac{pR}{[\sigma]}=\frac{1.5\times600}{170}\,\text{mm}=5.3\,\text{mm}.$$

按照最大伸长应变理论，由于 $\sigma_1>\sigma_2>\sigma_3$，故 $\varepsilon_1>\varepsilon_2>\varepsilon_3$. 由式(4-7-2)，

$$[\sigma]=\sigma_1-\nu(\sigma_2+\sigma_3)=\frac{pR}{h}-\nu\left(\frac{pR}{2h}-p\right),$$

因此

$$\frac{R}{h}=\frac{1}{1-\frac{\nu}{2}}\left(\frac{[\sigma]}{p}-\nu\right)=\frac{1}{1-\frac{0.28}{2}}\left(\frac{170}{1.5}-0.28\right)=131,$$

$$h=\frac{600}{131}\,\text{mm}=4.6\,\text{mm}.$$

按照最大切应力理论，由式(4-7-3)

$$[\sigma]=\sigma_1-\sigma_3=p\left(\frac{R}{h}+1\right),$$

因此

$$\frac{R}{h}=\frac{[\sigma]}{p}-1=\frac{170}{1.5}-1=112,$$

$$h=\frac{600}{112}\,\text{mm}=5.4\,\text{mm}.$$

按照最大形状改变比能理论，由式(4-7-4)，

$$\begin{aligned}2[\sigma]^2&=(\sigma_1-\sigma_2)^2+(\sigma_2-\sigma_3)^2+(\sigma_3-\sigma_1)^2\\&=p^2\left[\frac{1}{4}\left(\frac{R}{h}\right)^2+\left(\frac{R}{2h}+1\right)^2+\left(-1-\frac{R}{h}\right)^2\right],\end{aligned}$$

因此

$$3\left(\frac{R}{h}\right)^2+6\left(\frac{R}{h}\right)+4=4\left(\frac{[\sigma]}{p}\right)^2,$$

代入$[\sigma]$和 p 数值得

$$4\left(\frac{[\sigma]}{p}\right)^2=51378.$$

解上面的二次方程得

$$\frac{R}{h}=\frac{-3+\sqrt{9+3\times 51374}}{3}=130,$$

$$h=\frac{600}{130}\ \mathrm{mm}=4.6\ \mathrm{mm}.$$

按照莫尔-库仑理论，

$$[\sigma]=\sigma_1-m\sigma_3=\frac{pR}{h}+mp=p\left(\frac{R}{h}+m\right),$$

取强度比 $m=0.25$，则有

$$\frac{R}{h}=\frac{[\sigma]}{p}-m=\frac{170}{1.5}-0.25=113.1,$$

$$h=\frac{600}{113.1}\ \mathrm{mm}=5.31\ \mathrm{mm}.$$

结果是最大切应力理论、莫尔-库仑理论和最大拉应力理论所求得的壁厚稍大，最大伸长应变理论和最大形状改变比能理论所求得的壁厚稍小，它们的偏差可达 15%.

例 4-7-2　铸铁的拉伸强度 σ_t 和压缩强度 σ_c 之间的关系为 $\sigma_t=m\sigma_c$ 时，用莫尔-库仑强度理论求剪切强度 τ_s.

如图 4-7-5 所示，如果考虑以简单拉伸和简单压缩时的莫尔主圆Ⅰ和Ⅱ的公切线 AE 作为破坏的极限曲线，则再做一纯剪切时的以 O 为中心与极限曲线 AE 相切的圆Ⅲ，该圆的半径就是 τ_s.

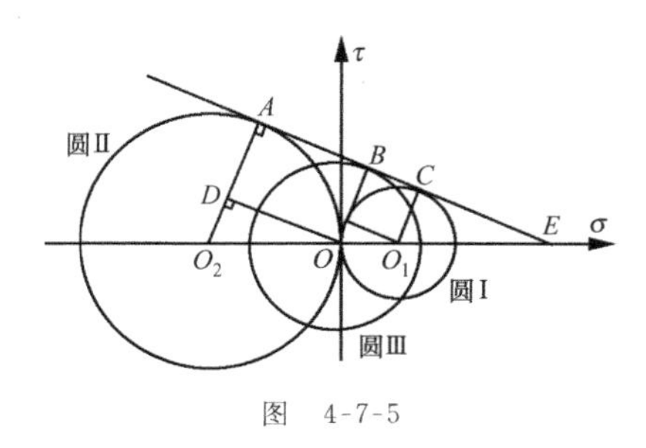

图　4-7-5

不难看出，圆Ⅰ的半径是 $\sigma_t/2$，圆Ⅱ的半径是 $\sigma_c/2$. 从图上有

$$\frac{O_2D}{O_2O}=\frac{OB-O_1C}{OO_1},$$

即

$$\frac{\frac{1}{2}\sigma_c-\tau_s}{\frac{1}{2}\sigma_c}=\frac{\tau_s-\frac{1}{2}\sigma_t}{\frac{1}{2}\sigma_t}.$$

由于 $\sigma_t=m\sigma_c$，从上式可解出

$$\tau_s=\frac{m}{1+m}\sigma_c=\frac{1}{1+m}\sigma_t.$$

如果取 $m=1/4$，那么 $\tau_s=0.2\sigma_c=0.8\sigma_t$. 可见对铸铁而言，压缩强度最大，拉伸强度次之，剪切强度最小. 如果考虑到强度储备，引用相同的安全系数 n，则拉伸、压缩、剪切的许用应力也有类似结论：$[\tau]=0.2[\sigma_c]=0.8[\sigma_t]$.

§ 4-8　小结和讨论

变形体内一点的应力状态是一个对称的二阶张量，在选定坐标系之后，它的 6 个分量是 $\sigma_x,\sigma_y,\sigma_z,\tau_{yz},\tau_{zx},\tau_{xy}$. 在不同的坐标系里，有不同的分量，但它们之间要满足张量的坐标变换公式(4-3-5).

变形体内一点的应变状态也是一个对称的二阶张量，在选定坐标系后，它的 6 个分量是 $\varepsilon_x,\varepsilon_y,\varepsilon_z,\gamma_{yz}/2,\gamma_{zx}/2,\gamma_{xy}/2$. 要特别注意张量的切应变分量是工程切应变分量的一半. 这表明，不是任何 6 个分量都能构成一个张量，如果用工程切应变作为张量分量，则它们不能满足不同坐标系之间的坐标变换.

对线性弹性材料，应力分量和应变分量之间有线性关系，称为本构关系或应力-应变关系. 对于各向同性材料，本构关系仅含有两个独立的材料常数，即杨氏模量 E 和泊松比 ν. 在工程应用中，常将弹性本构关系写成分量形式(4-5-3)，共 6 个方程，它们称为广义胡克定律.

材料力学主要讨论细长杆件和由它们组成的简单结构. 在杆件的侧面上不受力的情况下,杆内的应力状态为平面应力状态,其应力张量的非零分量仅有 $\sigma_x,\sigma_y,\tau_{xy}$. 而对应的应变是 $\varepsilon_x,\varepsilon_y,\gamma_{xy}$,因而本构方程为

$$\begin{cases}\varepsilon_x = \dfrac{1}{E}(\sigma_x - \nu\sigma_y),\\ \varepsilon_y = \dfrac{1}{E}(\sigma_y - \nu\sigma_x),\\ \gamma_{xy} = \dfrac{1}{G}\tau_{xy}.\end{cases} \tag{4-8-1}$$

切变模量 G 不是独立的,它可用 E,ν 表示为

$$G = \frac{E}{2(1+\nu)}.$$

另外需要补充一个正应变的表达式

$$\varepsilon_z = -\frac{\nu}{E}(\sigma_x + \sigma_y). \tag{4-8-2}$$

在工程结构(例如水坝、岩石巷道)中还存在一种平面应变状态,其应变张量的非零分量仅有 $\varepsilon_x,\varepsilon_y,\gamma_{xy}/2$,对应的应力分量是 $\sigma_x,\sigma_y,\tau_{xy}$,本构方程仍采用式(4-8-1)(也可写成用应变表示应力的逆形式). 另外,需要补充一个正应力 σ_z 的表达式

$$\sigma_z = \nu(\sigma_x + \sigma_y). \tag{4-8-3}$$

对照式(4-8-2)和(4-8-3),平面应力状态和平面应变一般不能同时发生,除非在泊松比 ν 为零时(例如软木材料),才可能有 $\varepsilon_z=\sigma_z=0$(既是平面应变,又是平面应力)的情况.

第二章的单向拉伸、单向压缩和第三章的纯剪切的应力状态,是平面应力的最简单的特殊情况,它们的应力圆如图 4-8-1 所示. 拉伸和压缩的应力圆通过坐标原点,纯剪切的应力圆包含原点. 实际上,对任何平面应力状态,根据 σ_1 和 σ_3 做出的应力主圆都有类似的特点:通过原点或包含原点. 如果主应力 $\sigma_1\geqslant\sigma_2\geqslant\sigma_3$,那么对于平面应力状态,$\sigma_1$ 和 σ_3 不能同时为正,如其不然,必有 $\sigma_2>0$,就

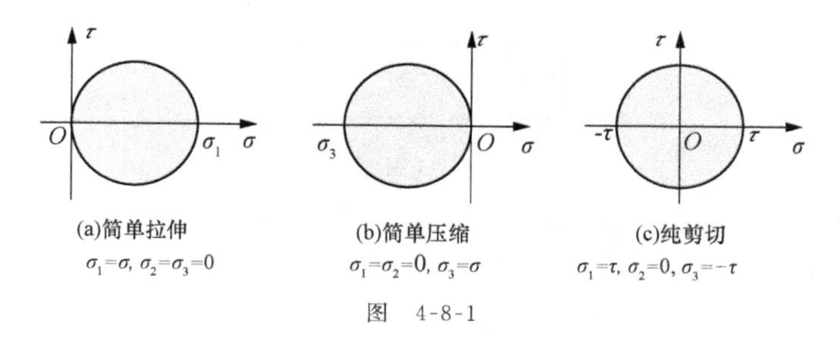

(a)简单拉伸 $\sigma_1=\sigma,\ \sigma_2=\sigma_3=0$

(b)简单压缩 $\sigma_1=\sigma_2=0,\ \sigma_3=\sigma$

(c)纯剪切 $\sigma_1=\tau,\ \sigma_2=0,\ \sigma_3=-\tau$

图 4-8-1

不是平面应力了.同样 σ_1 和 σ_3 也不能同时为负,否则 $\sigma_2<0$,也不是平面应力了.因此,平面应力状态下,如果 $\sigma_1>0$,必有 $\sigma_3\leqslant 0$;如果 $\sigma_1=0$,必有 $\sigma_3<0$;而 $\sigma_1<0$,也是不可能的.

铸铁材料的材料试验是在平面应力状态下做的,用单向拉伸、单向压缩和纯剪切三个应力圆的包络线作为强度曲线(如图 4-7-2所示).而岩石材料的三轴试验中,试件受三向压缩破坏时的应力主圆是由 σ_1(围压)和 σ_3(轴压)做出的,不包含原点.

材料的强度是用应力分量和强度参数(许用应力)表述的.在单向应力和平面应力状态,某些应力分量为零,强度条件变得较为简单.单向拉压状态的强度条件(2-5-4),圆杆扭转和薄壁杆件自由扭转的强度条件(3-5-1)都是简单的强度条件.在下一章介绍的平面弯曲是平面应力状态,由于最大切应力比最大正应力小一个数量级,同时许用切应力$[\tau]$和许用拉应力$[\sigma]$有相同的数量级(例如第三强度理论$[\tau]=0.5[\sigma]$,第四强度理论$[\tau]=0.577[\sigma]$),因而梁的强度多由正应力控制,在横截面的顶部或底部按正应力强度条件选好截面后,一般来说不再按切应力进行校核了,除非某些特殊情况.

习 题

4.1 求证图示受力构件凸尖点处任意截面上均无应力.

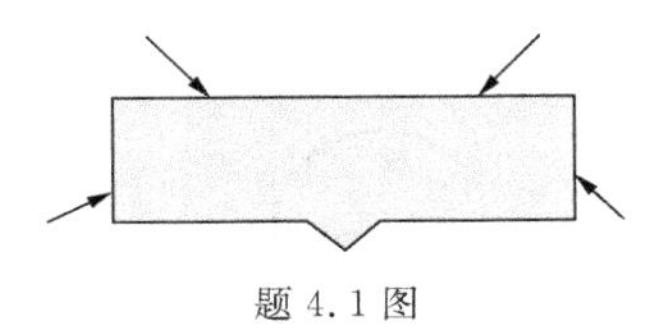

题 4.1 图

4.2　试绘出图示水坝内 A,B,C 三个微元各截面上的应力(只考虑图纸平面内受力情况).

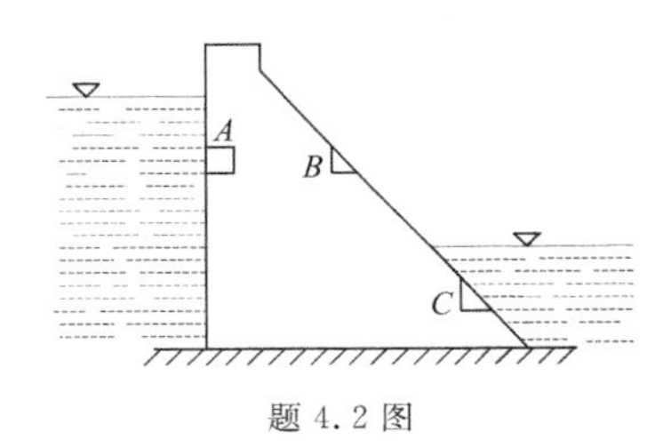

题 4.2 图

4.3　已知应力状态如图所示(图中应力单位:MPa),试求:

(1) 指定斜截面上的应力;

(2) 主应力;

(3) 主方向,并在单元体上绘出主平面位置及主应力方向;

(4) 最大切应力.

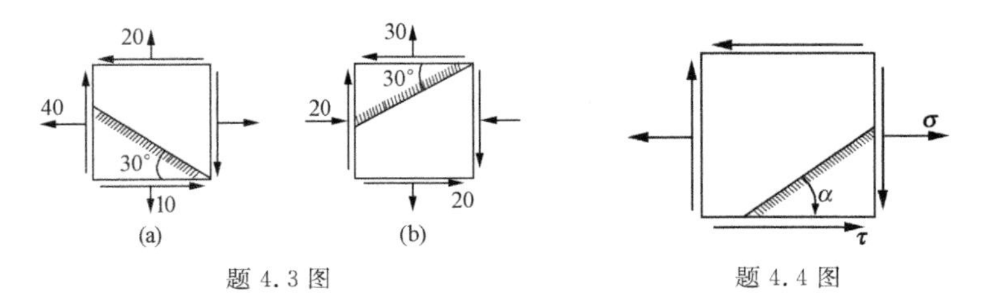

题 4.3 图　　　　题 4.4 图

4.4　已知杆件上某点处于平面应力状态,如图所示. 试用应力圆求该平面内的下列各表达式:

(1) 斜截面上应力 σ_α,τ_α 的表达式;

(2) 主应力及主平面位置角度$\alpha_{\rm p}$的表达式;

(3) 最大切应力的表达式.

4.5　如图所示，某点在载荷系统 I 作用下具有单向应力状态(图(a))；在载荷系统 II 作用下具有单向应力状态(图(b)). 已知 σ_1，σ_2，$\angle(n_1,\ n_2)=\alpha$. 试求在载荷系统 I 和 II 共同作用下(设仍处于弹性范围)$\sigma_{\max}$ 的表达式，并画出此时的应力单元体.

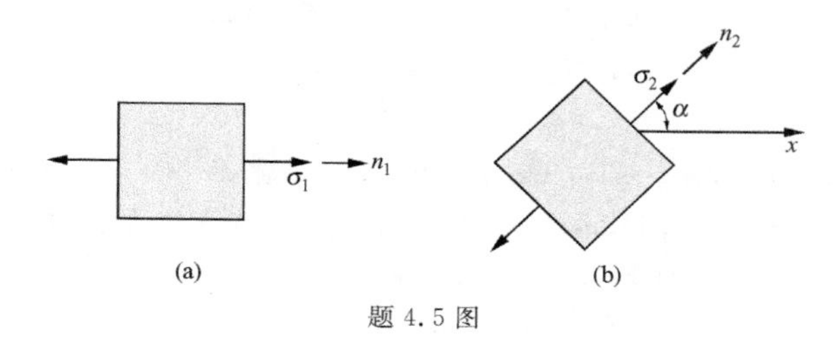

题 4.5 图

4.6　试求出图示各应力状态的主应力及最大切应力(图中应力单位：MPa).

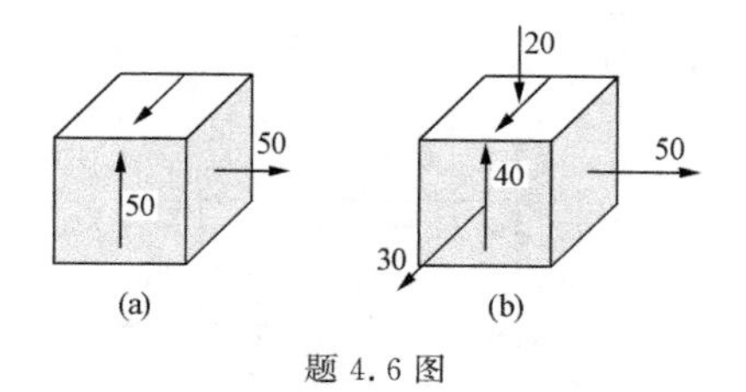

题 4.6 图

4.7　如图所示一个由三个电阻应变片排列组成的三向三角形应变计. 若应变片 A 测量 x 轴方向的正应变为ε_A，应变片 B 和 C 测量图示斜向的应变为 ε_B 和 ε_C，试导出 ε_x，ε_y 以及 x 轴和 y 轴之间的切应变 γ_{xy}.

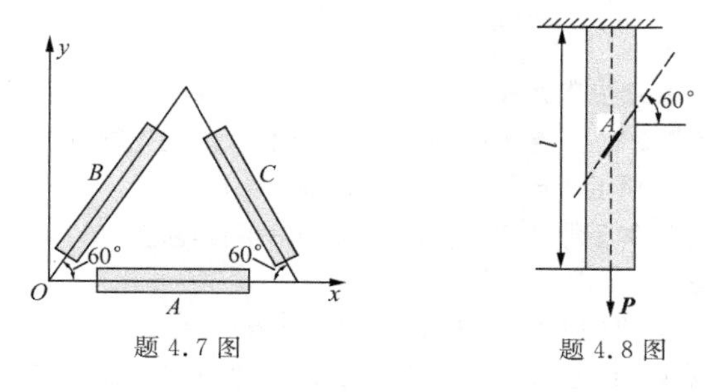

题 4.7 图　　　　题 4.8 图

4.8　图示为一钢质圆杆，直径 $D=20$ mm. 已知 A 点处与水平线成 60°方向

上的正应变 $\varepsilon_{60^\circ}=4.1\times10^{-4}$，试求载荷 P.

4.9　有一内半径为 r 薄壁圆筒形容器，同时受均匀内压 p 和两端的压力 $\boldsymbol{P}$ 作用(如图). 问力 $\boldsymbol{P}$ 为多大时，在圆筒的壁上应力状态为纯剪切？

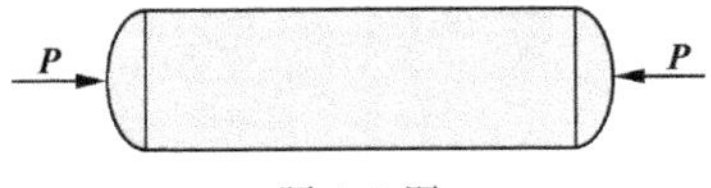

题 4.9 图

4.10　如图所示，长 $a=250$ mm，高 $b=150$ mm，宽 $c=150$ mm 的长方体，受应力 $\sigma_x=-50$ MPa，$\sigma_y=-40$ MPa，$\sigma_z=-36$ MPa 的作用. 已知材料为钢($E=200$ GPa，$\nu=0.30$). 试求：

(1) 长方体中的最大切应力 $\tau_{\max}$；

(2) 长宽高的改变 Δa，Δb，Δc；

(3) 体积的改变 ΔV；

(4) 总的应变能 U.

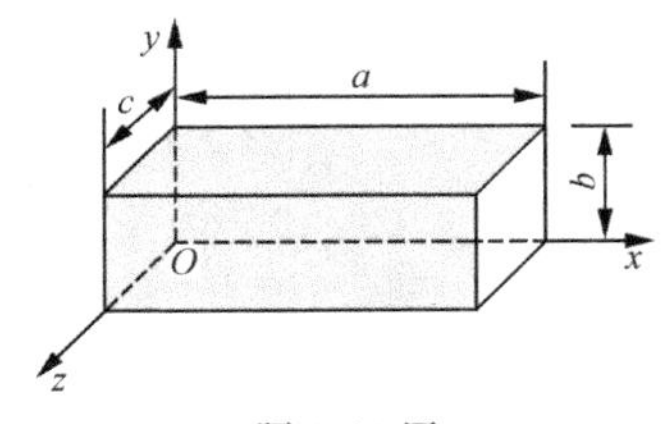

题 4.10 图

4.11　一个钢球($E=210$ GPa，$\nu=0.3$)在均布外压 p 的作用下，体积减小了 0.4%. 计算：

(1) 外压 p；

(2) 体积弹性模量 K；

(3) 当钢球的直径 $d=15$ mm 时储存在球内应变能 U.

4.12　圆杆受力如图所示. 已知 $d=10$ mm，$T=Pd/10$.

(1) 试求许用载荷[P]，若材料为：(a) 钢材，[σ]=160 MPa；(b) 铸铁，[σ]=30 MPa.

(2) 若对于铸铁圆柱，已知载荷 $P=2$ kN，$E=100$ GPa，$\nu=0.25$，试求圆柱表面上 AB 线段的正应变，并根据第二强度理论进行强度校核.

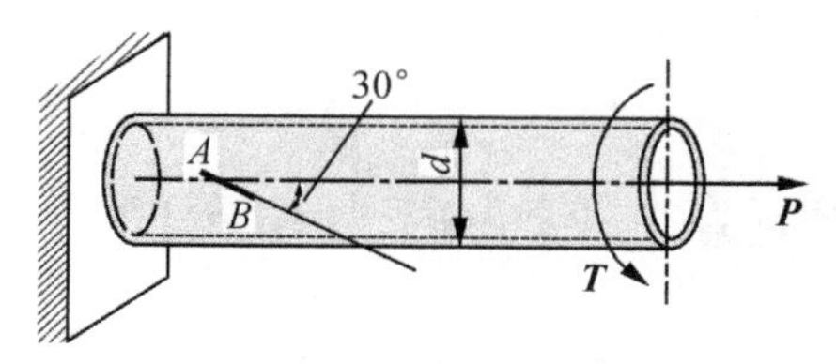

题 4.12 图

4.13 某种圆柱形船用锅炉，平均直径为 1250 mm，设计时所采用的工作内压为 2.3 MPa，在工作温度下材料的屈服极限 $\sigma_s=182.5$ MPa. 若安全系数为 1.8，试根据第三强度理论计算锅炉的壁厚.

4.14 圆柱形铸铁容器的内径 $D=200$ mm，壁厚 $h=20$ mm. 已知材料的 $\nu=0.25$，$[\sigma]_{拉}=20$ MPa，$[\sigma]_{压}=60$ MPa. 在下列几种情况下，试校核其强度：

(1) 只受内压 $p=4$ MPa；

(2) 除 p 外，容器两端还有轴向压力 $P=100$ kN；

(3) 除 p，P 外，两端还有扭转力偶 $T=4$ kN · m.

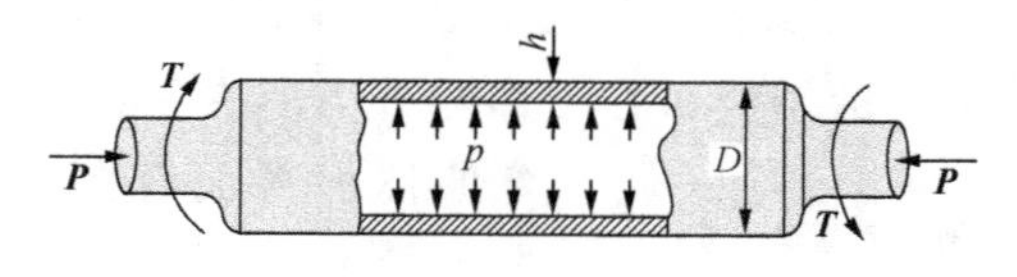

题 4.14 图

第五章　弯曲内力和弯曲应力

§5-1　弯曲内力-剪力和弯矩

在工程中常遇到这样一类直杆，它们所承受的外力是垂直于轴线的力系（有时还包括垂直于杆轴的力偶矢量）.在这些力作用下，杆变形的主要表现是任意两横截面绕垂直于杆轴线（即各截面形心的连线）的轴做相对转动，同时杆的轴线也将弯成曲线.这种变形称为**弯曲**.凡是以弯曲为主要变形的杆件通常称为**梁**.梁是一种常用的构件，几乎在各类工程中都占有重要地位.

工程中最常用到的梁，其横截面大都具有对称轴，同时，梁上所有的外力均作用在包含该对称轴的纵向平面内（通常称为纵对称面）.当梁变形时，其轴线即在该纵向平面内弯成一条曲线（图 5-1-1）.梁变形后的轴线所在平面与外力所在平面相重合的这种弯曲称为平面弯曲.它是弯曲问题中最简单和最常见的情况.本节和以后两节中，将以平面弯曲为主，讨论梁的内力和应力问题.

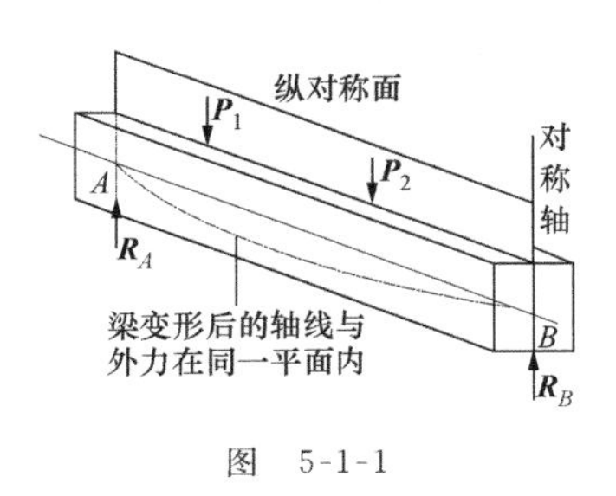

图　5-1-1

梁的支座按其对梁的约束情况可以简化为三种基本形式：固定端、固定铰支座和可动铰支座.它们的简图和相应的支反力表示在图 5-1-2 中.梁在两支座间的部分称为跨，其长度称为跨长或跨度.

如果梁具有一个固定端（另一端自由），称为**悬臂梁**.如果在两个端面处分别有一个固定铰支座和一个可动铰支座，则为**简支梁**.对于悬臂梁和简支梁，其三个支反力可由平面力系的三个平衡方

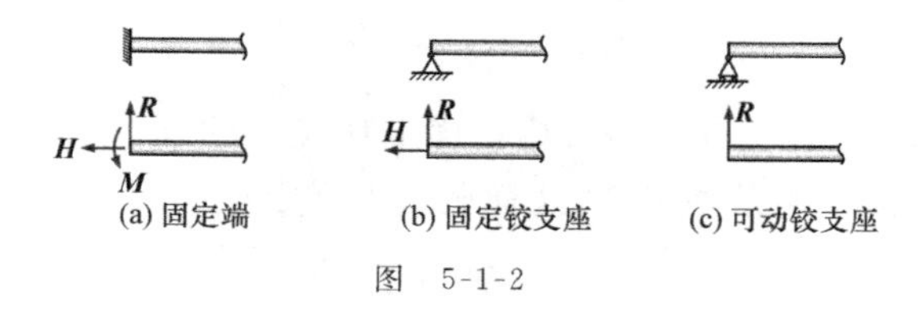

图 5-1-2

程求出，因而它们是静定梁.

当作用在梁上的全部外力(包括载荷和支反力)均为已知时，用截面法根据这些已知的外力即可求出内力. 下面举例说明.

例 5-1-1 对图 5-1-3 所示受集中力载荷 $\boldsymbol{P}$ 作用的简支梁求横截面上的内力.

取坐标原点 O 在左端面上，x 轴沿杆轴向右，y 轴向下，z 轴垂直于纸面，与 x 轴和 y 轴构成右手系.

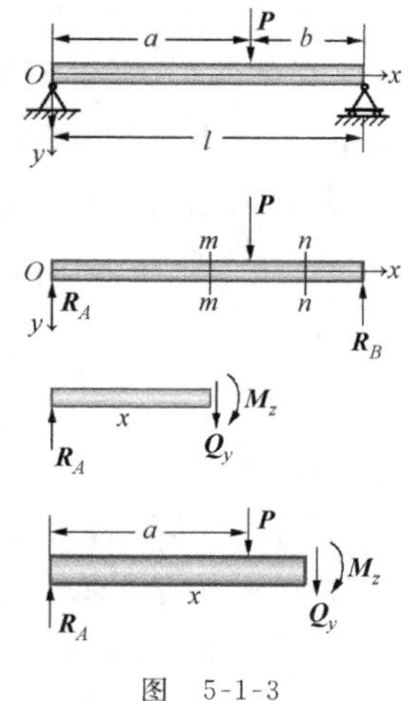

图 5-1-3

首先将梁端部约束解除，用支反力 $\boldsymbol{R}_A$ 和 $\boldsymbol{R}_B$ 代替，考虑梁的总体平衡求出 $\boldsymbol{R}_A$ 和 $\boldsymbol{R}_B$，将外力(载荷 $\boldsymbol{P}$ 和支反力 $\boldsymbol{R}_A$，$\boldsymbol{R}_B$)分别对点 A 和 B 取矩，列力矩的平衡方程，得

$$R_A = \frac{b}{l}P, \quad R_B = \frac{a}{l}P.$$

其次再用自由体方法求内力. 设横截面 m-m 到梁左端面距离为 x. 用横截面假想地把梁截为两段，将左边的一段当做自由体. 因为在自由体上作用有向上的外力(支反力)$R_A = bP/l$，所以在横截面 m-m 上必定有一个作用线与 $\boldsymbol{R}_A$ 平行而指向相反的内力，才能满足 y 方向的平衡条件. 设此力为 $\boldsymbol{Q}_y$，由平衡条件

$$Q_y - R_A = 0,$$

可得

$$Q_y = R_A = \frac{b}{l}P.$$

$\boldsymbol{Q}_y$ 称为**剪力**，它实际上是梁横截面上切应力的合力. 显然，根据自由体的全部平衡条件可知，此横截面上必定还有一个内力偶，因为支反力 $\boldsymbol{R}_A$ 与剪力 $\boldsymbol{Q}_y$ 组成了一个力偶，横截面上必须有一个内力偶才能与它平衡. 设此内力偶的矩为 $\boldsymbol{M}_z$，则由平衡方程

$$M_z + R_A x = 0,$$

可得

$$M_z = -R_A x = -\frac{b}{l}Px.$$

此内力偶的矩称为**弯矩**. 从直观上分析梁的变形可知，梁的弯曲将使下部纤维伸长，上部纤维缩短，因而横截面上的正应力将构成一力偶，其力偶矩就是弯矩. 如果取横截面 n-n 在载荷 $\boldsymbol{P}$ 作用点的右侧，可类似地用自由体平衡条件得出此截面上的剪力和弯矩

$$Q_y = R_B = -\frac{a}{l}P,$$

$$M_z = P(x-a) - R_A x = -\frac{l-x}{l}aP.$$

现在要强调一下剪力 $\boldsymbol{Q}_y$ 和弯矩 $\boldsymbol{M}_z$ 正负号的规定问题. 我们规定：当自由体截面的外法向为 x 轴正向时，沿 y 轴正向的剪力为正，相反的为负；弯矩所构成的矩矢量的方向沿 z 轴正向者为正，相反的为负. 如果截面的外法向指向 x 轴负向，则指向 y 轴正向的剪力为负，相反的为正；弯矩符号也类似地规定(图 5-1-4).

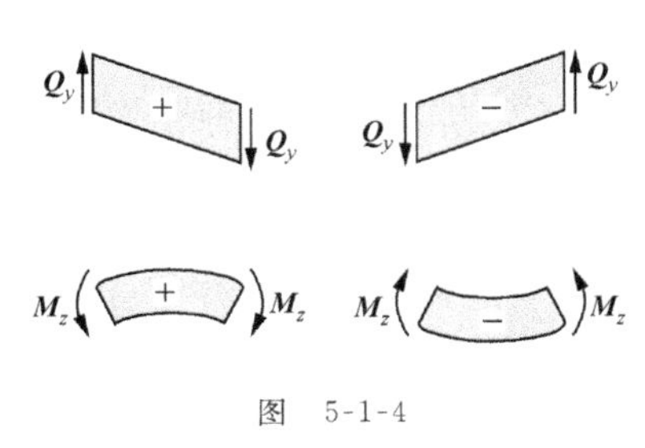

图　5-1-4

在例 5-1-1 的图 5-1-3 中，m-m 截面上和 n-n 截面上画出的剪力 $\boldsymbol{Q}_y$ 和弯矩 $\boldsymbol{M}_z$ 都是正的，如果计算结果中得到负值时，表明实际的剪力或弯矩的方向应与图示的方向相反.

为了形象地表示在梁的

各截面上剪力和弯矩沿梁长的变化情况，应当绘出剪力图和弯矩图，即按选定的比例尺，以横截面上的剪力或弯矩为纵坐标，以截面沿梁轴线的位置为横坐标绘出表示 $Q_y(x)$ 或 $M_z(x)$ 的图形. 剪力图和弯矩图可以用来确定梁的剪力和弯矩的最大值，以及该最大值所在截面的位置. 图 5-1-5 给出了例 5-1-1 简支梁的剪力图和弯矩图. 最大弯矩为 Pab/l，发生在集中载荷的作用点($x=a$)处.

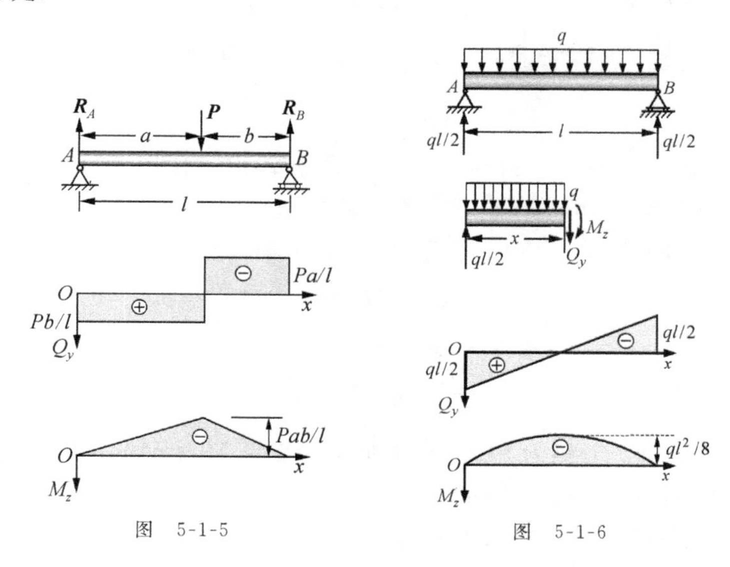

图 5-1-5　　图 5-1-6

例 5-1-2　求承受均布载荷 q 的简支梁的剪力和弯矩(图 5-1-6).

由对称性知，支反力 $\boldsymbol{R}_A$ 和 $\boldsymbol{R}_B$ 大小相同，且都指向 y 轴的负向：

$$R_A = R_B = -ql/2.$$

用距左端支座为 x 的横截面假想地将梁截开，考虑自由体的平衡得

$$Q_y = \frac{1}{2}ql - qx = q\left(\frac{l}{2} - x\right),\quad M_z = -\frac{q}{2}(l-x)x.$$

梁的剪力图和弯矩图如图 5-1-6 所示. 最大剪力 $Q_{max}=ql/2$,发生在支座处. 最大弯矩发生在梁的跨中,其值为 $ql^2/8$.

现在讨论**分布载荷**、剪力和弯矩之间的关系. 为此,用两个相距为 dx 的横截面截取一个梁的微段,作为自由体(图 5-1-7).

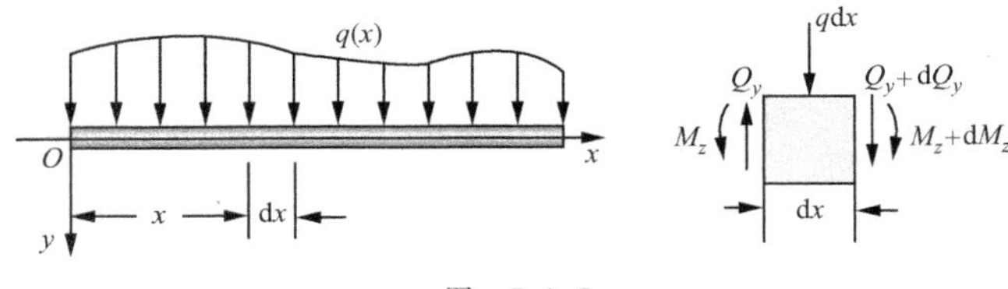

图　5-1-7

作用在自由体上外载荷的合力是 $q\mathrm{d}x$,设其作用点与左侧横截面的距离为 $\theta\mathrm{d}x(0\leqslant\theta\leqslant1)$. 设左侧截面上的剪力为 Q_y,右侧截面上的剪力为 $Q_y+\mathrm{d}Q_y$. 考虑自由体在 y 轴方向的平衡条件

$$(Q_y+\mathrm{d}Q_y)-Q_y+q\mathrm{d}x=0,$$

得

$$\frac{\mathrm{d}Q_y}{\mathrm{d}x}+q(x)=0. \tag{5-1-1}$$

设左侧截面上弯矩为 M_z,右侧截面上弯矩为 $M_z+\mathrm{d}M_z$,考虑自由体对右侧截面形心的矩的平衡条件

$$(M_z+\mathrm{d}M_z)-M_z+Q_y\mathrm{d}x-q\mathrm{d}x(1-\theta)\mathrm{d}x=0,$$

并忽略二阶小量后得

$$\frac{\mathrm{d}M_z}{\mathrm{d}x}+Q_y=0. \tag{5-1-2}$$

对式(5-1-2)求导,并利用式(5-1-1)可得

$$\frac{\mathrm{d}^2M_z}{\mathrm{d}x^2}=q(x). \tag{5-1-3}$$

式(5-1-1),(5-1-2)和(5-1-3)就是分布载荷、剪力和弯矩之间的关系.

如果分布载荷 $q(x)$ 在整个跨度上是连续的,并能用一个统一的公式表达，那么可以通过对式(5-1-1)和(5-1-2)积分，分别求出剪力分布和弯矩分布：

$$Q_y = Q_y(0) - \int_0^x q(x)\mathrm{d}x, \tag{5-1-4}$$

$$M_z = M_z(0) - Q_y(0)x + \int_0^x \int_0^x q(x)\mathrm{d}x\mathrm{d}x. \tag{5-1-5}$$

例如，对例 5-1-2 的均布载荷简支梁，$Q_y(0)=ql/2, M_z(0)=0$. 又 $q(x)$是常数，并用 q 表示，则

$$\int_0^x q(x)\mathrm{d}x = qx,$$

$$\int_0^x \left(\int_0^x q(x)\mathrm{d}x\right)\mathrm{d}x = \frac{1}{2}qx^2.$$

将它们代入式(5-1-4)和(5-1-5)，便得到例 5-1-2 的结果.

为了用式(5-1-4)和(5-1-5)计算梁在分段连续的分布载荷或具有折线形式的分布载荷作用下的剪力和弯矩，我们引入如下的特殊函数：

$$\varphi_n(x-x_i) = \begin{cases} 0, & x \leqslant x_i, \\ (x-x_i)^n/n!, & x > x_i. \end{cases} \tag{5-1-6}$$

当 $n=0,1,2$ 时此函数的图像如图 5-1-8 所示. 显然，$\varphi_0(x-x_i)$和$\varphi_1(x-x_i)$分别是我们在第二和第三章中曾经使用过的单位跃阶函数 $H(x-x_i)$和斜坡函数 $L(x-x_i)$. 对于形式如函数(5-1-6)的函数，可以证明有如下性质：

$$\int_0^x \varphi_n(x-x_i)\mathrm{d}x = \varphi_{n+1}(x-x_i). \tag{5-1-7}$$

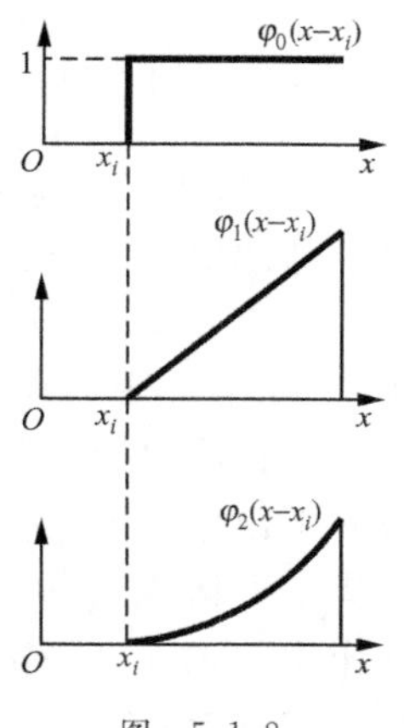

图　5-1-8

事实上，如果 $x\leqslant x_i$，那么 $\varphi(x-x_i)=0$，有

$$\int_0^x \varphi_n(x-x_i)\mathrm{d}x = 0 = \varphi_{n+1}(x-x_i), \quad x \leqslant x_i.$$

如果 $x>x_i$，那么

$$\int_0^x \varphi_n(x-x_i)\mathrm{d}x=\int_0^x \frac{(x-x_i)^n}{n!}\mathrm{d}x=\frac{(x-x_i)^{n+1}}{(n+1)!}$$
$$=\varphi_{n+1}(x-x_i),\quad x>x_i.$$

这就证明了上述性质式(5-1-7). 这样，对于具有形如函数(5-1-6)的分布载荷，我们可直接用式(5-1-4)和(5-1-5)求剪力和弯矩分布.

例 5-1-3 如图 5-1-9 所示的简支梁，在右半跨作用有均布载荷 q，求剪力和弯矩分布.

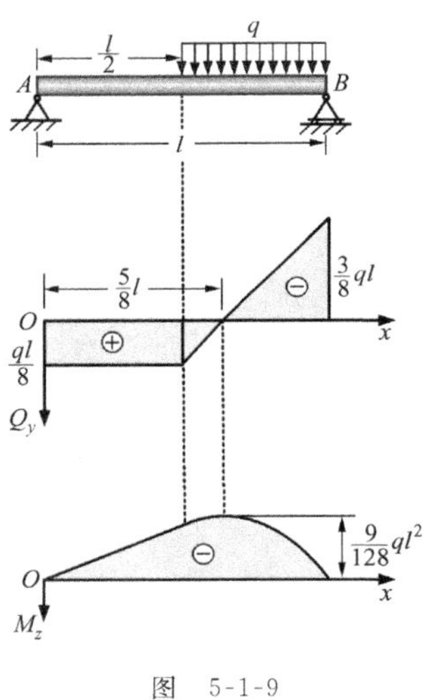

图　5-1-9

由于支反力 $R_A=-ql/8$，我们有

$$Q_y(0)=ql/8,\quad M_z(0)=0,$$

而且 $q(x)=q\varphi_0(x-l/2)$. 由式(5-1-4)和(5-1-5)得剪力和弯矩分布公式：

$$Q_y(x)=\frac{1}{8}ql-q\varphi_1\left(x-\frac{l}{2}\right),$$

$$M_z(x)=-\frac{1}{8}qlx+q\varphi_2\left(x-\frac{l}{2}\right).$$

剪力图和弯矩图也画在图 5-1-9 中. 为将式(5-1-1)和(5-1-2)推广至包括集中力和集中力偶矩情况，可以将集中力 P 看做用 δ 函数(或称单位点载荷函数，又或称单位脉冲函数)描述的分布力

$$q(x)=P_i\delta(x-x_i),$$

其中 x_i 是集中力作用点的坐标，P_i 是集中力的数值(代数值). 类似地可用广义函数表示作用在 x_j 点上的集中力偶矩，只要将集中力偶矩看做是在 x_j 点两侧相距 ε 处作用的两个大小相等方向相反的集中力生成的矩(图 5-1-10)，当 $\varepsilon\to 0$ 时保持

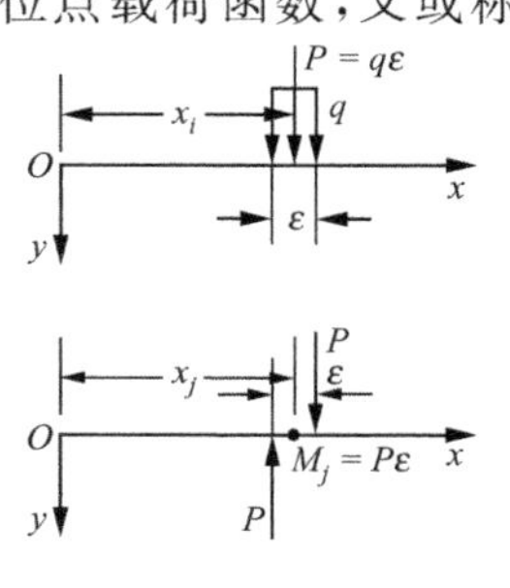

图　5-1-10

$M_j = P\varepsilon$ 不变，便得

$$q(x) = \lim_{\varepsilon\to 0}\left[P\delta\left(x - \left(x_i + \frac{\varepsilon}{2}\right)\right) - P\delta\left(x - \left(x_j - \frac{\varepsilon}{2}\right)\right)\right]$$

$$= \lim_{\varepsilon\to 0}\frac{M_j\delta\left(x - x_j - \frac{\varepsilon}{2}\right) - M_j\delta\left(x - x_i + \frac{\varepsilon}{2}\right)}{\varepsilon}$$

$$= -M_j\delta'(x - x_j),$$

其中 x_j 为集中力偶矩的作用点坐标，M_j 为力矩值（代数值），$-\delta'$ 是单位点力矩函数，它也叫做偶极子. 于是，对于作用有分布载荷和集中力以及集中力偶矩载荷的情况，梁的剪力和弯矩之间的关系如下：

$$\frac{\mathrm{d}Q_y}{\mathrm{d}x} + \bar{q}(x) + \sum P_i\delta(x - x_i) - \sum M_j\delta'(x - x_j) = 0, \tag{5-1-8}$$

$$\frac{\mathrm{d}M_z}{\mathrm{d}x} + Q_y = 0, \tag{5-1-9}$$

其中 $\bar{q}(x)$ 是通常的分布载荷. 将式(5-1-8)，(5-1-9)积分之后得

$$Q_y(x) = Q_y(0) - \int_0^x \bar{q}(x)\mathrm{d}x - \sum P_i\varphi_0(x - x_i) + \sum M_j\delta(x - x_j), \tag{5-1-10}$$

$$M_z(x) = M_z(0) - Q_y(0)x + \int_0^x\left(\int_0^x \bar{q}(x)\mathrm{d}x\right)\mathrm{d}x + \sum P_i\varphi_1(x - x_i) - \sum M_j\varphi_0(x - x_j). \tag{5-1-11}$$

我们注意到，式(5-1-10)右端第四项表明，集中力偶矩作用点处的剪力值为无限大. 这是将力偶视为一对靠得十分近、方向相反和大小相等的集中力的结果. 实际上，梁上某一点的集中力偶矩往往是由作用在该截面上偏心的轴向集中力载荷引起的. 而且，仅仅在一点上剪力为无限大的说法也无实际意义. 因而在实用中，剪力表达式(5-1-10)中可不计力偶项. 另外，梁的左端面（$x=0$）外法线沿 x 轴的负向，所以有

$$Q_y(0)=-R_A,\quad M_z(0)=-M_A,$$

其中 R_A 和 M_A 是支反力和支反力矩. 在式(5-1-10)和(5-1-11)中可将 $Q_y(0)$和 $M_z(0)$用支反力即外力代替,并把它们并入集中力和集中力偶矩项之中. 这样,我们得

$$Q_y(x)=-\int_0^x\bar{q}(x)\mathrm{d}x-\sum P_i\varphi_0(x-x_i),\quad(5\text{-}1\text{-}12)$$

$$M_z(x)=\int_0^x\left(\int_0^x\bar{q}(x)\mathrm{d}x\right)\mathrm{d}x+\sum P_i\varphi_1(x-x_i)-\sum M_j\varphi_0(x-x_j).\quad(5\text{-}1\text{-}13)$$

例 5-1-4 受集中力的悬臂梁如图 5-1-11 所示,求其剪力与弯矩分布.

支反力 $R_A=-P$,支反力矩 $M_A=-Pa$. 由式(5-1-12)和(5-1-13)得

$$\begin{aligned}Q_y(x)&=-R_A\varphi_0(x-0)-P\varphi_0(x-a)\\&=P-P\varphi_0(x-a),\\M_z(x)&=R_A\varphi_1(x-0)+P\varphi_1(x-a)-M_A\varphi_0(x-0)\\&=Pa-Px+P\varphi_1(x-a).\end{aligned}$$

剪力图和弯矩图见图 5-1-11.

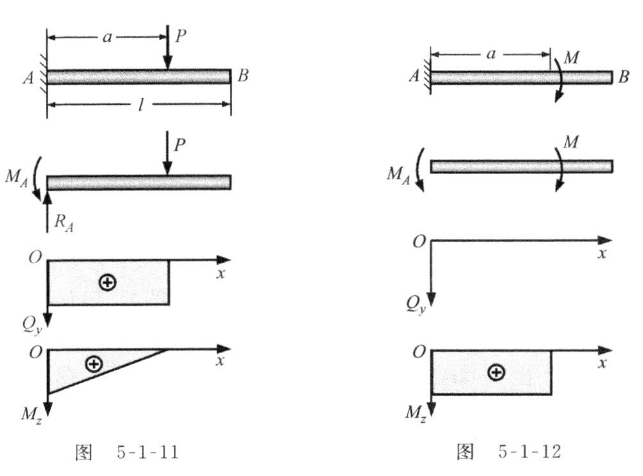

图 5-1-11　　图 5-1-12

例 5-1-5 受集中力矩的悬臂梁如图 5-1-12 所示，求其剪力和弯矩分布.

支反力 $R_A=0$，支反力矩 $M_A=-M$. 由式(5-1-12)得

$$Q_y(x)=0,$$

由式(5-1-13)，

$$\begin{aligned}M_z(x)&=-M_A\varphi_0(x-0)-M\varphi_0(x-a)\\&=M-M\varphi_0(x-a).\end{aligned}$$

剪力图与弯矩图如图 5-1-12 所示.

例 5-1-6 受均布载荷 q 的悬臂梁如图 5-1-13 所示，求其剪力和弯矩分布.

支反力 $R_A=-ql$，支反力矩 $M_A=-ql^2/2$. 由式(5-1-12)和(5-1-13)得

$$Q_y(x)=-R_A\varphi_0(x-0)-\int_0^x q\mathrm{d}x=ql-qx=q(l-x),$$

$$\begin{aligned}M_z(x)&=R_A\varphi_1(x-0)-M_A\varphi_0(x-0)+\frac{1}{2}qx^2\\&=-qlx+\frac{1}{2}ql^2+\frac{1}{2}qx^2=\frac{1}{2}ql^2\left(1-\frac{x}{l}\right)^2.\end{aligned}$$

剪力图与弯矩图如图 5-1-13 所示.

在很多情况下不按分段形式写出剪力和弯矩的分析表达式也可绘图，这时只要计算出某些特殊截面上的剪力和弯矩就够了. 由式(5-1-2)，(5-1-3)，(5-1-12)和(5-1-13)，可得如下的绘图规则：

(1) 梁上不受载荷的部分，剪力为常数，剪力图是一水平直线；弯矩是线性变化的，弯矩图是一斜线，其斜率为剪力的负值.

(2) 受均布载荷的部分，剪力是 x 的线性函数，若载荷 q 为正，则函数递减；弯矩图是一条抛物线.

(3) 在集中力作用处，剪力发生突变，突变的幅度就是集中力值；弯矩图在此处转折.

(4) 在集中力偶矩作用处，弯矩产生突变，其突变幅度等于集

中力偶矩的大小.

(5) 在自由端,如无集中力作用,则剪力为零;如无外力偶作用,其弯矩为零.在简支端上如无外力偶矩作用时,其弯矩为零.

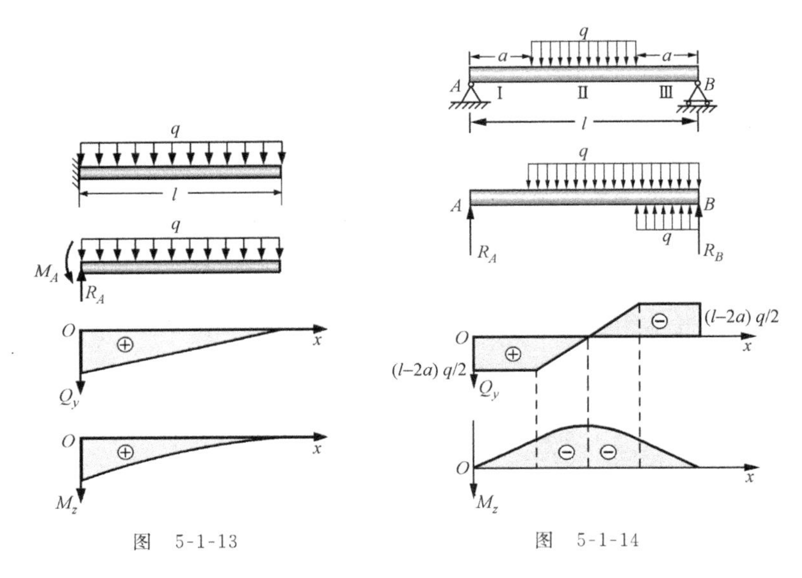

图　5-1-13　　　　图　5-1-14

例 5-1-7　简支梁受载荷如图 5-1-14 所示,求其剪力和弯矩分布.

不难求出:

$$R_A=-\frac{l-2a}{2}q,\quad M_A=0,$$

$$R_B=-\frac{l-2a}{2}q,\quad M_B=0,$$

$$q(x)=q\varphi_0(x-a)-q\varphi_0(x-(l-a)).$$

由式(5-1-12)和(5-1-13)得

$$Q_y(x)=-\left(-\frac{l-2a}{2}\right)\varphi_0(x-0)-q\varphi_1(x-a)$$
$$-(-q)\varphi_1(x-(l-a))$$

$$= q\left[\frac{l-2a}{2} - \varphi_1(x-a) + \varphi_1(x-l+a)\right],$$

$$M_z(x) = \left(-\frac{l-2a}{2}q\right)\varphi_1(x-0) + q\varphi_2(x-a)$$

$$- q\varphi_2(x-(l-a))$$

$$= q\left[-\frac{l-2a}{2}x + \varphi_2(x-a) - \varphi_2(x-l+a)\right].$$

画剪力图和弯矩图时，不必将上式化为分段的表达式来分段地绘图. 只要利用一些特殊截面的 Q_y 和 M_z 值，并利用前面给出的绘图规则，容易绘出剪力图和弯矩图. 先绘剪力图. 因 y 轴向下，均布载荷 q 是正的，支反力是负的，$R_A = R_B = -(l-2a)q/2$，又在第Ⅰ段梁上无外载荷，因而剪力图应是以 $(l-2a)q/2$ 为纵坐标的一条水平直线；同样求得在第Ⅲ段是纵坐标为 $-(l-2a)q/2$ 的水平直线；第Ⅱ段的左右两端没有集中力，因而剪力图在此两点应是连续的，同时在第Ⅱ段是受均布载荷，因而剪力是线性的，并将第Ⅰ和Ⅲ段剪力图的右、左两端用直线连起来，即得第Ⅱ段的剪力图. 现绘弯矩图. 由于两端简支处无集中力偶矩载荷，故两端处弯矩为零；第Ⅰ，Ⅲ段无载荷作用，其弯矩图为直线；计算在第Ⅰ，Ⅱ段连接处的弯矩，可得

$$M_z(a) = -\frac{l-2a}{2}qa,$$

在第Ⅱ，Ⅲ段连接处有相同大小的弯矩，将弯矩图上相应之点用斜线相连，即得Ⅰ，Ⅲ两段的弯矩图；梁的中间部分，即第Ⅱ段受均布载荷作用，因而该段的弯矩图是抛物线；并因梁上无集中载荷，所以整个弯矩图没有突然转折，故抛物线与第Ⅰ，Ⅲ段斜线在连接处相切. 在跨中点，剪力为零，因而弯矩取极值，该值为

$$M_z\left(\frac{l}{2}\right) = -\frac{q}{8}(l^2 - 4a^2).$$

这样便绘出了整个梁的弯矩图.

§5-2　弯曲应力

上一节我们研究了梁上任意截面的内力，即弯矩和剪力. 现在来研究截面上一点的应力，即正应力和切应力. 由于应力总是和应变联系在一起的，要弄清梁内各点的应力，必先对它的变形图像有所了解，为此要引用平截面假设. 这是运动学的一个基本假设，它可以这样来叙述：垂直于梁轴的平截面在梁受弯曲以后仍旧保持为平面. 平截面假设可以说明梁在变形时的特性. 我们研究相距为 dx 的两个截面，如图 5-2-1 所示. 考虑与 x 轴平行且在两截面之间的线元 mn 的变形. m 点的坐标为 (x,y,z)，n 点的坐标为 $(x+dx,y,z)$. 假设左边截面不动，右边截面发生平移和转动. 其沿 x 轴方向的平移为 $e\,dx$，绕 z 轴的转角为 $\theta=dx/R$，其中 R 为挠曲轴(变形后的梁轴)的曲率半径. 因截面平动引起线元 mn 的伸长为 $e\,dx$，因截面转动引起的伸长为 $y(dx/R)$，因此，mn 的相对伸长即线应变是

$$\varepsilon_x = e + y/R. \tag{5-2-1}$$

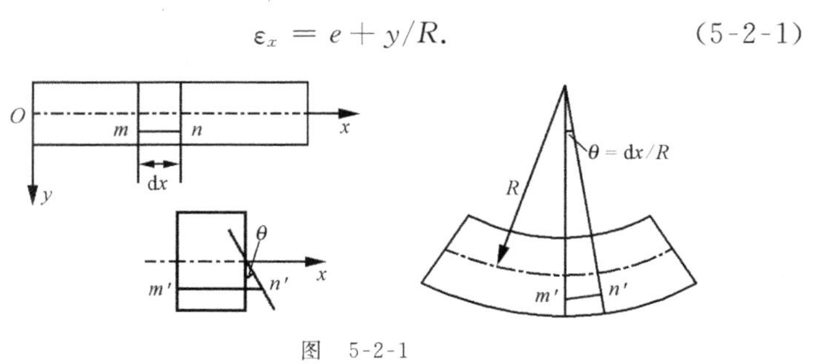

图　5-2-1

在弯曲理论中常用“纤维”这一术语(实际上，在前节讨论弯矩时已经使用了)，即把变形前与梁轴平行的物质线称为**纤维**. 纤维与横截面交点的 y,z 坐标称为纤维的坐标. 因此由式(5-2-1)可知，在平面弯曲情况，纤维的相对伸长是坐标 y 的线性函数.

我们进一步假设，纤维所受的应力状态是简单拉伸(或压缩)，

即在与杆轴平行的截面上没有应力作用(没有**挤压应力**). 一般情况下这只是一个近似,我们将在后面用一个例子来说明它. 于是,可以使用单向应力状态的胡克定律,得到**弯曲正应力**

$$\sigma_x = Ee + \frac{E}{R}y. \tag{5-2-2}$$

我们知道,截面上正应力 σ_x 的合力是轴向内力 N_x,正应力 σ_x 关于 z 的合力矩是截面弯矩 M_z,因而有

$$\int_A \sigma_x \mathrm{d}A = N_x = 0, \tag{5-2-3}$$

$$\int_A \sigma_x y \mathrm{d}A = - M_z. \tag{5-2-4}$$

在式(5-2-4)中,右端出现负号是因为我们定义指向 z 轴正向的弯矩为正. 将式(5-2-2)代入式(5-2-3),考虑到当坐标原点取在截面形心上时

$$\int_A y \mathrm{d}A = 0,$$

得 $e=0$. 因此,如果没有轴向内力,式(5-2-2)为

$$\sigma_x = \frac{Ey}{R}. \tag{5-2-5}$$

将上式代入式(5-2-4),可得

$$\frac{1}{R} = - \frac{M_z}{EI_z}, \tag{5-2-6}$$

式中

$$I_z = \int_A y^2 \mathrm{d}A. \tag{5-2-7}$$

式(5-2-7)定义的 I_z 称为截面 A 相对于 z 轴的**惯性矩**,它是由截面形状所完全确定的几何性质. 式(5-2-6)给出了在梁挠曲线上一点的曲率半径和该截面上弯矩之间的关系. 将它代入式(5-2-5)得

$$\sigma_x = - \frac{M_z y}{I_z}, \tag{5-2-8}$$

这就是横截面上弯曲正应力的公式. 注意,使用式(5-2-8)时,坐

标系的原点是取在截面形心上的.

由式(5-2-8)可知,截面内 $y=0$ 的各点上正应力 $\sigma_x=0$,也就是 $y=0$ 直线上的纤维既不伸长也不缩短,因而将直线 $y=0$ 称为截面的**中性轴**. 对整个梁,所有横截面的中性轴构成的曲面叫做**中性面**(图 5-2-2).

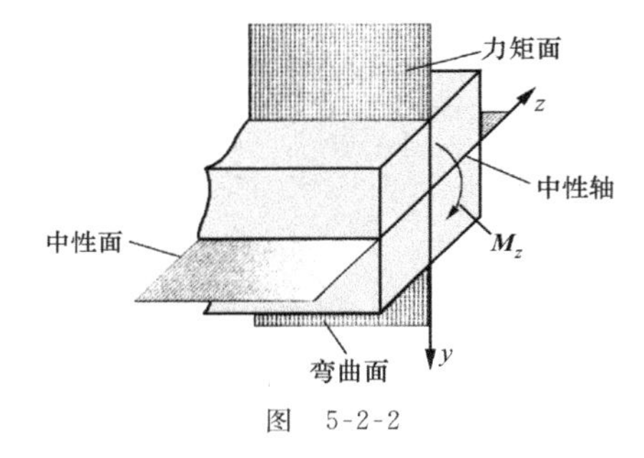

图　5-2-2

对于不同形式的横截面,容易利用式(5-2-7)计算出惯性矩 I_z,从而可用式(5-2-8)计算出正应力分布和正应力的最大值.

对于高为 h、宽为 b 的矩形截面梁,

$$I_z=\int_{-h/2}^{+h/2}y^2b\mathrm{d}y=\frac{1}{12}bh^3.$$

最大正应力发生在 $y=\pm h/2$ 处,其值为

$$(\sigma_x)_{\max}=\frac{6\ (M_z)_{\max}}{bh^2}.$$

对于半径为 R 的圆形截面梁,

$$I_z=\int_{-R}^{+R}y^2\cdot 2\sqrt{R^2-y^2}\mathrm{d}y=\frac{\pi}{4}R^4=\frac{\pi}{64}D^4,$$

最大正应力为

$$(\sigma_x)_{\max}=\frac{32\ (M_z)_{\max}}{\pi D^3}.$$

现在来研究**弯曲切应力**. 我们知道,截面上的剪力就是该面上切应力的合力. 如果沿梁的轴向各截面上弯矩是常数,必有 $Q_y=0$,也即切应力为零. 因此,研究切应力必须考虑弯矩(或正应力

σ_x)沿轴向的变化.为求得弯曲切应力,设 τ_{xy} 沿 z 轴方向均匀分布(图 5-2-3).考虑用相距为 dx 的两横截面从梁中截出一薄片,并用平行于 x 和 z 轴的截面将该薄片截为两部分,将上半部分 $abmn$ 作为自由体.横截面上点 n 的坐标为 y,其切应力记为 τ_{xy},由切应力互等定理,截面 m-n 上点 n 处的切应力 $\tau_{yx}=\tau_{xy}$.此外在 a-m 和 b-n 面上分别作用有正应力 σ_x 和 $\sigma_x+d\sigma_x$.自由体在 x 方向的平衡条件是

$$\int_{A^*}(\sigma_x+d\sigma_x)dA-\int_{A^*}\sigma_x dA+\tau_{xy}\cdot b\cdot dx=0,$$

式中的积分域 A^* 是自由体的截面,即梁截面中 n-n 以上的部分(见图 5-2-3).由式(5-2-8)有

$$\sigma_x+d\sigma_x=-\frac{M_z+dM_z}{I_z}y,$$

$$\sigma_x=-\frac{M_z}{I_z}y.$$

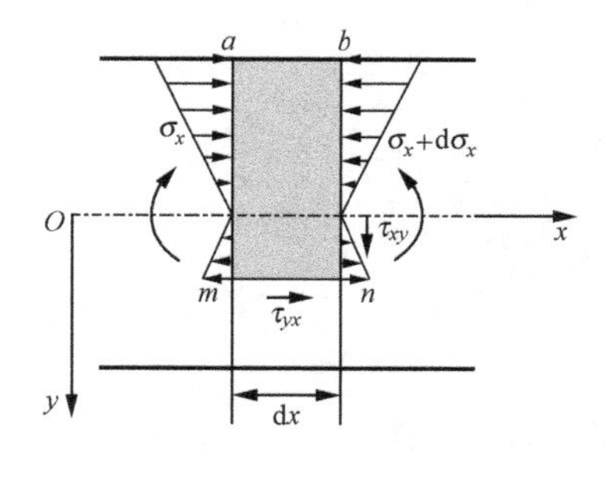

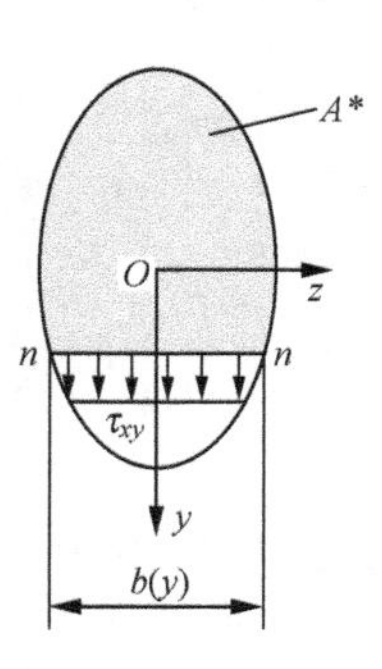

图 5-2-3

将上两式代入平衡条件得

$$-\frac{dM_z}{dx}\frac{1}{I_z}\int_{A^*}y dA+\tau_{xy}b=0.$$

于是得到**弯曲切应力** τ_{xy} 的公式为

$$\tau_{xy}=-\frac{Q_y S_z^*}{I_z b},\qquad(5\text{-}2\text{-}9)$$

其中

$$S_z^* = \int_{A^*} y\mathrm{d}A, \tag{5-2-10}$$

式中 S_z^* 是 A^* 相对于 z 轴(中性轴)的**静矩**,它是 y 的函数. 根据式(5-2-9)可以求出横截面上切应力 τ_{xy} 沿 y 轴方向的分布.

由式(5-2-9)所确定的切应力 $\boldsymbol{\tau}_{xy}$ 是截面上实际切应力 $\boldsymbol{\tau}$ 在 y 方向的投影. 例如,对图 5-2-4 所示的截面,z 轴为中性轴,在距中性轴 y 处,若平行于中性轴作直线 P_0PP_1,则在 P_1 点的实际切应力 $\boldsymbol{\tau}_1$ 必须沿截面周边曲线的切线方向,否则违背切应力互等定理(因梁的侧面上无切向分布载荷). 如果假设在直线 P_0PP_1 上的任意点 P 处实际切应力 $\boldsymbol{\tau}$ 方向为 PG 方向,则得

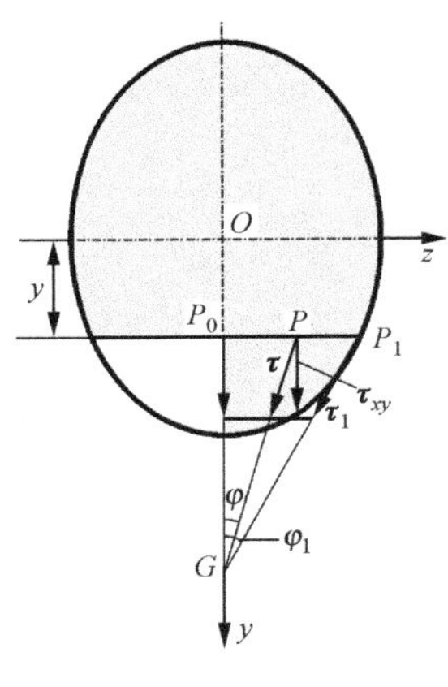

图　5-2-4

$$\tau = \tau_{xy}\sqrt{1+\tan^2\varphi}\ .$$

设 $P_0P_1 = b/2$, $\angle P_1GP_0 = \varphi_1$, $P_0P = z$,则

$$\tan\varphi = \frac{2z}{b}\tan\varphi_1.$$

于是为

$$\tau = \tau_{xy}\sqrt{1+\left(\frac{2z}{b}\tan\varphi_1\right)^2}.$$

对于高为 h、宽为 b 矩形截面梁(图 5-2-5),静矩 S_z^* 为

$$S_z^* = \int_{-h/2}^{y} yb\mathrm{d}y = \frac{1}{2}\left(y^2 - \frac{h^2}{4}\right)b.$$

切应力 τ_{xy} 沿 y 轴方向的分布为抛物线形式,在中性轴处取最大值:

$$(\tau_{xy})_{\max} = \frac{(Q_y)_{\max}\dfrac{h^2}{8}b}{\dfrac{bh^3}{12}b} = \frac{3}{2}\,\frac{(Q_y)_{\max}}{bh}.$$

它为平均切应力的 1.5 倍.

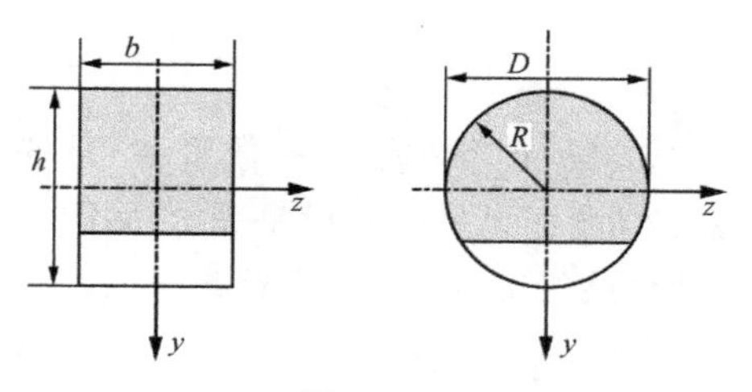

图 5-2-5

对于半径为 R 的圆形截面梁，静矩 S_z^* 为

$$S_z^* = \int_{-R}^{y} y \cdot 2\sqrt{R^2 - y^2}\,\mathrm{d}y = -\frac{2}{3}(R^2 - y^2)^{3/2}.$$

最大切应力发生在中性轴上，其值为

$$(\tau_{xy})_{\max} = \frac{(Q_y)_{\max}\dfrac{2}{3}R^3}{\dfrac{\pi}{4}R^4 \cdot 2R} = \frac{4}{3}\frac{(Q_y)_{\max}}{\pi R^2},$$

它是平均切应力 1.33 倍.

例 5-2-1 边长为 b 的正方形截面悬臂梁，梁长为 l，梁的上部承均布压力 p，求最大弯曲正应力和切应力.

应注意到这里 p 是单位面积上的力，而前面公式中的分布载荷 q 是单位长度的力，因而有 $pb=q$. 由前面例 5-1-6 知梁内最大弯矩和剪力均发生在固定端的根部，即

$$(M_z)_{\max} = \frac{bl^2}{2}p, \quad (Q_y)_{\max} = blp.$$

因而

$$(\sigma_x)_{\max} = \frac{6}{b^3} \cdot \frac{bl^2}{2}p = 3p\left(\frac{l}{b}\right)^2,$$

$$(\tau_{xy})_{\max} = \frac{3}{2b^2} \cdot blp = 1.5p\left(\frac{l}{b}\right).$$

于是悬臂梁内弯曲正应力 σ_x 比 p 大两个数量级，弯曲切应力 τ_{xy}

比 p 大一个数量级，而梁内横向**挤压应力** σ_y 与 p 有相同数量级，即有

$$\sigma_x \gg \tau_{xy} \gg \sigma_y.$$

这个结论对于细长的梁(h 和 b 是同一数量级)是普遍成立的，因而前面做的平截面假设和无挤压假设是完全适用的.

例 5-2-2 计算梁的应变能，设其弯矩分布为 $M_z(x)$，弯曲截面刚度为 EI_z，跨度为 l.

取长度为 $\mathrm{d}x$ 的一段单元体，其应变能为

$$\left(\int_A \frac{\sigma_x^2}{2E}\mathrm{d}A\right)\mathrm{d}x = \left[\int_A \frac{1}{2E}\left(-\frac{M_z y}{I_z}\right)^2 \mathrm{d}A\right]\mathrm{d}x$$

$$= \left(\frac{M_z^2}{2EI_z^2}\int_A y^2\mathrm{d}A\right)\mathrm{d}x = \frac{M_z^2}{2EI_z}\mathrm{d}x.$$

因此，整个梁的应变能为

$$U = \frac{1}{2E}\int_0^l \frac{M_z^2}{I_z}\mathrm{d}x. \tag{5-2-11}$$

§5-3 梁的强度条件和梁的合理截面

由于等直梁截面上的最大正应力总是出现在距中性轴最远的各点处，而该处的切应力等于零，因此，横截面上最大正应力所在各点处的应力状态是单向应力状态，如图 5-3-1 中的 A 和 E 两点. 于是，可仿照杆在轴向拉伸或压缩时的强度条件来建立正应力**强度条件**:

$$\sigma_{\max} \leqslant [\sigma], \tag{5-3-1}$$

但这时使用的许用应力$[\sigma]$略大于拉伸时的许用应力. 这是因为弯曲情况下，最外边纤维到达极限状态时，其危险性比简单拉伸或压缩时所有纤维同时到达极限状态的危险性

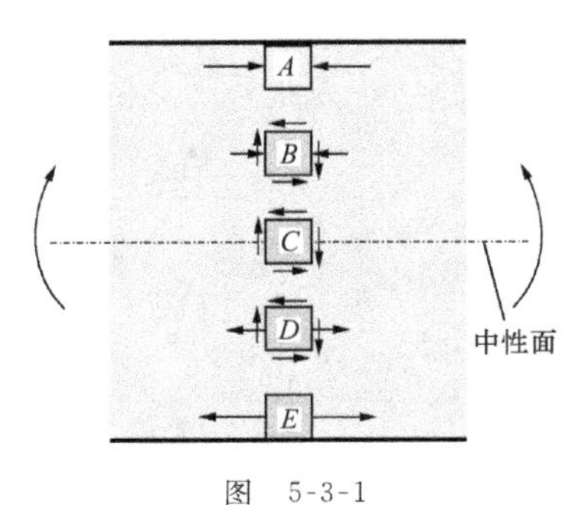

图 5-3-1

要小,因而安全系数相应地可取小一些.

等直梁的最大切应力一般是发生在剪力最大的截面内中性轴上各点处,这里的正应力 $\sigma_x=0$,因而最大切应力所在的各点,均可看做是处于纯剪切应力状态,如图 5-3-1 中的点 C. 最大切应力所在各点既可看做是处于纯剪切应力状态,就可仿照纯剪切应力状态下的强度条件来建立梁的切应力强度条件,即

$$(\tau_{xy})_{\max}\leqslant[\tau], \tag{5-3-2}$$

式中$[\tau]$为材料在弯曲时的剪切许用应力,其值在有关设计规范中有具体规定.

此外,梁横截面上的其他各点处既有正应力又有切应力. 例如图 5-3-1 中点 B 和 D 就属于这种情况,这时需要按§4-7 中所建立的各种强度理论进行强度计算.

我们曾经指出,对于横截面的两个尺度 h 和 b 具有相同数量级的细长梁来说,切应力 τ_{xy} 比正应力 σ_x 小一个数量级. 同时,剪切许用应力$[\tau]$与拉伸许用应力$[\sigma]$有相同的数量级. 因而梁的强度条件多由正应力控制,故在按正应力强度条件选好截面后,一般来说就不需要再按切应力进行强度校核了. 仅在以下几种特殊情况下,还要考虑切应力,并使用式(5-3-2)或强度理论进行强度校核:(1) 梁的最大弯矩较小,而最大剪力却很大时;(2) 焊接或铆接的组合截面(例如工字形)钢梁中,当其横截面腹板部分的厚度与梁高之比小于型钢截面的相应比值时;(3) 木梁,由于木材顺纹方向的抗剪强度较差,在弯曲时可能因中性面上的切应力过大而使梁沿中性面发生剪切破坏,因此,还需要按木材顺纹的许用切应力$[\tau]$对木材进行强度校核.

下面我们在梁的强度由横截面上正应力控制的前提条件下,讨论梁截面的合理选择问题.

设计梁时,通常因梁的长度、约束条件及载荷均已给定,故首先求最大弯矩$(M_z)_{\max}$. 其次确定所使用的材料,从而查出材料拉伸许用应力$[\sigma_t]$和压缩许用应力$[\sigma_c]$. 按强度条件

$$\left|\frac{(M_z)_{\max}h_1}{I_z}\right|\leqslant[\sigma_c],\quad \left|\frac{(M_z)_{\max}h_2}{I_z}\right|\leqslant[\sigma_t]$$

来选择截面，式中的 h_1 和 h_2 分别是截面形心到压缩区最远点和拉伸区最远点的距离，如图 5-3-2 所示. 最好的截面形式应当是拉伸和压缩应力的强度储备相同，因此应有

$$\frac{h_1}{h_2}=\frac{[\sigma_c]}{[\sigma_t]}.$$

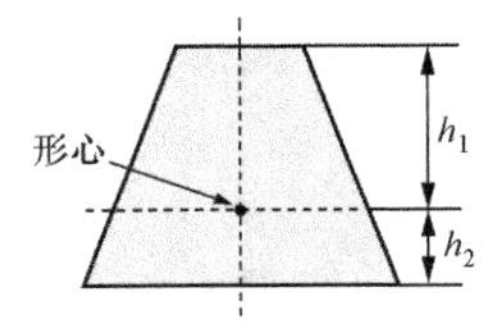

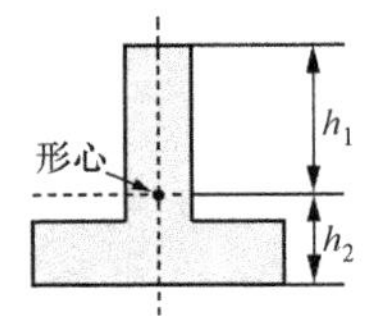

图 5-3-2

若拉伸和压缩的许用应力相同，则截面形式可取对称于中性轴的形式(如矩形、圆形等)，并按应力的最大绝对值来计算，即

$$|\sigma_x|_{\max}\leqslant\frac{|M_z|_{\max}|y|_{\max}}{I_z},$$

数值 $I_z/|y|_{\max}$称为**抗弯截面系数**，用 W_z 表示. 于是强度条件可写为

$$|\sigma_x|_{\max}\leqslant\frac{|M_z|_{\max}}{W_z}\leqslant[\sigma_t].$$

几种重要截面的抗弯截面系数是:

(1) 直径为 D 的圆，$W_z=\pi D^3/32$;

(2) 外直径为 D 和内直径为 D'的圆管，

$$W_z=\frac{\pi D^3}{32}\left[1-\left(\frac{D'}{D}\right)^4\right];$$

(3) 高为 h 宽为 b 的矩形，$W_z=bh^2/6$.

上面最后一式表明，矩形截面面积相同时，高而窄截面的截面系数较大.

若要使截面的形式更经济，可将材料分散到离中性轴较远的

部位，如工字形或箱形截面.

由于截面系数 W_z 较大的梁，其弯曲应力较小，所以当实心圆形截面和管形截面的面积相等时，后者的截面系数较大，强度得到加强. 然而，如图 5-3-3 所示的各种截面是离中性轴越远处面积越小，若削去远离中性轴处的小部分面积，截面系数会增大，梁得到加强.

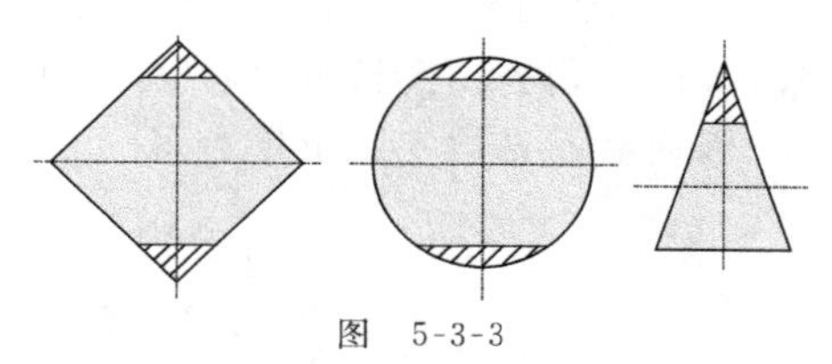

图 5-3-3

例 5-3-1 如图 5-3-4 所示边长为 a 的正方形，z 轴为中性轴，若削去截面上下侧的小部分，求截面系数的变化.

未削去时，

$$W_z = \frac{I_z}{a/\sqrt{2}} = \frac{\sqrt{2}}{12}a^3.$$

现求削去图中有斜线部分后，截面的惯性矩记为 I_z'. 因 I_z' 为截面Ⅰ与截面Ⅱ惯性矩之和，即

$$\begin{aligned} I_z' &= \frac{(1-k)^4 a^4}{12} + \frac{\sqrt{2}ka}{12}\left[(1-k)\sqrt{2}a\right]^3 \\ &= \frac{a^4}{12}(1-k)^3(1+3k), \end{aligned}$$

所以截面系数

$$W_z' = \frac{I_z'}{(1-k)a/\sqrt{2}} = \frac{\sqrt{2}}{12}a^3(1-k)^2(1+3k).$$

令

$$\frac{\mathrm{d}W_z'}{\mathrm{d}k} = 0,$$

则 $(1-9k)(1-k)=0$，此时 $k=1$ 或 $1/9$，可以看出 $k=1$ 不合题

意，$k=1/9$ 时 W_z' 最大. 所以

$$\frac{(W_z')_{\max}}{W_z}\times 100\%=\frac{\left(1-\frac{1}{9}\right)^2\left(1+\frac{3}{9}\right)}{1}\times 100\%$$
$$=105.3,$$

亦即此时截面系数增大 5.3%.

当我们想到截面系数是惯性矩和横截面一半高度之比时，上述结果便容易理解. 由于切去两个棱角，惯性矩减少的比例比高度减少的比例要小，因而截面系数实际上增大了.

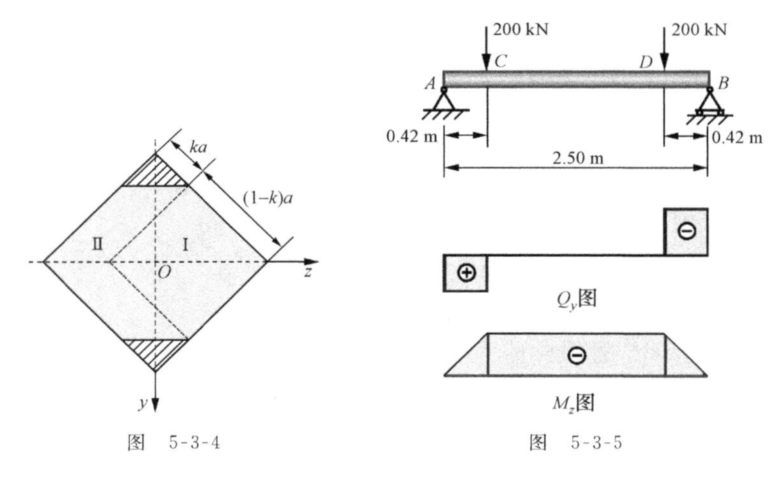

图　5-3-4　　　　图　5-3-5

例 5-3-2　两端简支的工字钢梁及其上的载荷如图 5-3-5 所示. 已知其材料 A3 钢的许用应力为 $[\sigma]=170$ MPa 和 $[\tau]=100$ MPa. 试按强度条件选择工字钢的型号.

我们应先找出此钢梁的危险截面，然后根据截面上危险点处的应力做强度计算. 钢梁自重忽略不计. 在算得支反力后，作梁的剪力图和弯矩图如图 5-3-5 所示. 由图可见，梁的 C，D 两截面上弯矩和剪力都取最大值，所以该两截面是危险截面. 现取截面 C 计算，它的剪力和弯矩分别是

$$(Q_y)_{\max}=200\ \text{kN},\quad (M_z)_{\max}=84\ \text{kN}\cdot\text{m}.$$

首先，按正应力强度条件选择截面，即按截面 C 的上、下边缘各点处的强度条件求出所需的截面系数 W_z：

$$W_z = \frac{(M_z)_{\max}}{[\sigma]} = \frac{84 \times 10^3\ \mathrm{N \cdot m}}{170 \times 10^6\ \mathrm{N \cdot m^{-2}}}$$

$$= 494 \times 10^{-6}\ \mathrm{m}^3.$$

如果选用 28a 号工字钢，则其抗弯截面系数为

$$W_z = 508\ \mathrm{cm}^3 = 508 \times 10^{-6}\ \mathrm{m}^3,$$

显然，这一截面满足正应力强度条件的要求.

其次，按切应力强度条件进行校核，对于 28a 号工字钢的截面，由附录 C《型钢规格表》查得：

$$I_z = 7114 \times 10^{-8}\ \mathrm{m}^4, \quad I_z/S = 24.62 \times 10^{-2}\ \mathrm{m},$$

$$d = 0.85 \times 10^{-2}\ \mathrm{m},$$

这里 d 是腹板的厚度，S 是静矩，在式(5-2-9)中分别用 b 和 S^* 表示. 危险截面上的最大切应力为

$$(\tau_{xy})_{\max} = \frac{(Q_y)_{\max}}{\frac{I_z}{S}d} = \frac{200 \times 10^3\ \mathrm{kN}}{24.62 \times 10^{-2}\ \mathrm{m} \times 0.85 \times 10^{-2}\ \mathrm{m}}$$

$$= 95.5\ \mathrm{MPa} < [\tau].$$

由此可见，选用 28a 号工字钢也能满足切应力的强度条件.

对于符合国家标准的型钢(工字钢、槽钢)来说，并不需要对腹板与翼缘交界处的点用强度理论进行强度校核. 因为由型钢规格表的附图可见，型钢截面在腹板和翼缘交界处有圆弧，而且工字钢翼缘的内边又有 1 : 6 的斜度，因而增加了交界处的截面宽度，这就保证了在截面上下边缘处的正应力和中性轴上的切应力都不超过许用应力的情况下，腹板与翼缘交界处附近各点一般不会发生强度不够的问题. 但是，对于自行设计的由三块钢板焊接而成的组合工字梁(又称钢板梁)，就要按 § 4-7 中的强度理论对腹板上与翼缘邻近的点进行强度校核.

§5-4　两种材料的组合梁

前面几节里所分析的梁都是均质材料的. 由几种不同材料做成的梁常在实际中有重要的应用,特别是由两种材料组成的梁. 例如,用金属带加强的木梁,以及用钢筋加强的混凝土梁等. 当梁的各组成部分连接得很紧而无相对错动时,就可以将它看成一个整体. 因此,要推导这种**组合梁**横截面上的正应力公式,平截面假设仍然是适用的,而且§5-2中几何方面的关系式仍然成立,只是在使用胡克定律时要考虑到两种材料的弹性模量是不同的. 这时,组合梁截面的中性轴一般将不再通过组合截面的形心.

现在考虑木材和钢板如图 5-4-1 所示的组合梁. 首先以图中截面顶边为基准线确定中性轴 NN 的位置. 因无轴向载荷,故

$$\int_{A_w} \sigma_w \mathrm{d}A + \int_{A_s} \sigma_s \mathrm{d}A = 0,$$

式中各量的下标 w 代表木材,s 代表钢板. 设中性面的曲率半径为 R,由平截面假设和胡克定律有

$$\sigma_w = E_w \frac{y}{R}, \tag{5-4-1}$$

$$\sigma_s = E_s \frac{y}{R}. \tag{5-4-2}$$

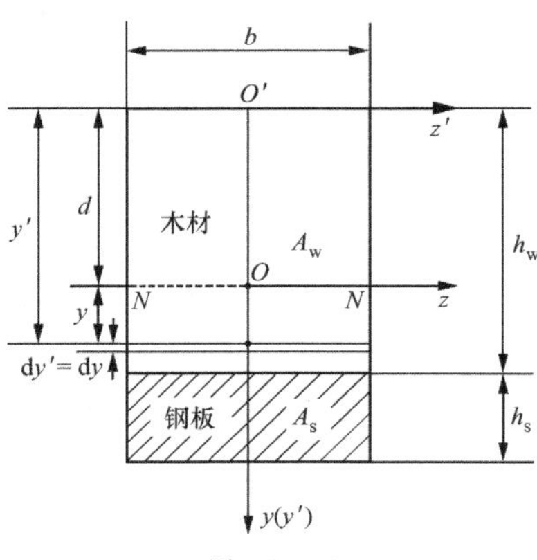

图　5-4-1

因而

$$E_w\int_{A_w} y\mathrm{d}A + E_s\int_{A_s} y\mathrm{d}A = 0.$$

设中性轴与顶边的距离为 d,则 $y=y'-d$,上式可改写为

$$E_w\int_{A_w}(y'-d)\mathrm{d}A + E_s\int_{A_s}(y'-d)\mathrm{d}A = 0,$$

得

$$\begin{aligned} d &= \frac{E_w\int_{A_w} y'\mathrm{d}A + E_s\int_{A_s} y'\mathrm{d}A}{E_w\int_{A_w}\mathrm{d}A + E_s\int_{A_s}\mathrm{d}A} \\ &= \frac{E_w\int_0^{h_w} y'b\mathrm{d}y' + E_s\int_{h_w}^{h_w+h_s} y'b\mathrm{d}y'}{E_wA_w + E_sA_s} \\ &= h_w\frac{\frac{1}{2} + \frac{h_sE_s}{h_wE_w} + \frac{1}{2}\left(\frac{h_s}{h_w}\right)^2\frac{E_s}{E_w}}{1 + \frac{h_sE_s}{h_wE_w}}. \end{aligned} \tag{5-4-3}$$

在特殊情况下,当 $h_s=0$,$d=h_w/2=h/2$;当 $E_s/E_w=1$,$d=(h_w+h_s)/2=h/2$. 弯矩 M_z 是正应力关于中性轴的合力矩,因而有

$$\frac{E_w}{R}\int_{A_w} y^2\mathrm{d}A + \frac{E_s}{R}\int_{A_s} y^2\mathrm{d}A = -M_z,$$

即

$$\frac{1}{R}(E_wI_w + E_sI_s) = -M_z.$$

对于全部截面为同一种材料的梁来说,由于其弯矩 $M_z=-EI/R$,故上式中的 $E_wI_w+E_sI_s$ 相当于 EI,从而相当于木材截面的等效惯性矩为 $I_w+(E_s/E_w)I_s$,钢板截面的等效惯性矩为$(E_w/E_s)I_w+I_s$. 因此,木材和钢板分别产生如下的正应力:

$$\sigma_w = \frac{-M_zy}{I_w + \frac{E_s}{E_w}I_s},\quad \sigma_s = \frac{-M_zy}{\frac{E_w}{E_s}I_w + I_s}. \tag{5-4-4}$$

下面考虑钢筋混凝土梁，由于混凝土抵抗拉伸的能力弱(下面的理论公式取它的$[\sigma_t]=0$)，故在受拉伸的一侧放入软钢钢筋，使其承受拉力，这样的梁称为钢筋混凝土梁. 图 5-4-2(a)为在受拉伸的一侧表面附近放入钢筋后的情形，其应变在中性轴处为零，其他按直线形式分布，如图 5-4-2(b)所示. 钢筋在梁表面附近，设钢筋承受全部拉应力，可认为梁应力分布如图 5-4-2(c)所示. 各部分的尺寸在图 5-4-2(a)中给出. 若中性面弯曲时的曲率半径为R，则钢筋和混凝土上表面处的应变ε_s和ε_c以及相应应力σ_s和σ_c为

$$\varepsilon_s=\frac{h_1-d}{R},\quad \varepsilon_c=-\frac{d}{R},$$

$$\sigma_s=E_s\frac{h_1-d}{R},\quad \sigma_c=-E_c\frac{d}{R},\tag{5-4-5}$$

式中各量的下标 s 表示钢筋，下标 c 表示混凝土. 由于截面上轴向合力为零，即

$$\sigma_s A_s+\frac{1}{2}\sigma_c bd=0.$$

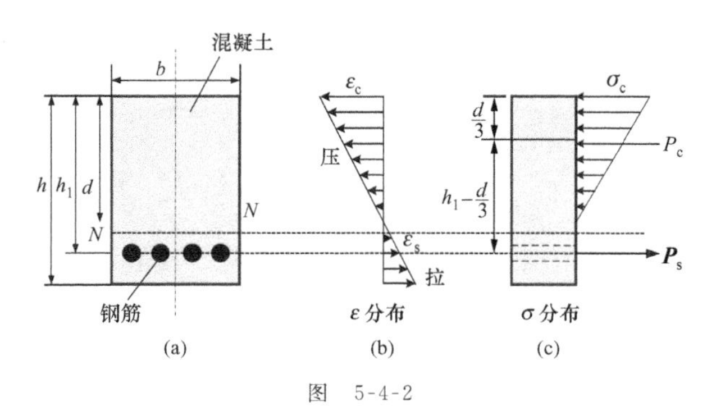

图 5-4-2

将式(5-4-5)中的σ_s和σ_c代入上式，并令$E_s/E_c=n$，得

$$bd^2+2nA_sd-2nA_sh_1=0,\tag{5-4-6}$$

解出

$$d=\frac{-nA_s+\sqrt{n^2A_s^2+2nA_sbh_1}}{b},\tag{5-4-7}$$

从而确定了中性轴的位置. 在中性轴上部混凝土截面压应力的合力 P_c 作用点距顶面的距离为 $d/3$. 由于截面的弯矩 M_z 是正应力的合力矩,于是有

$$P_s\left(h_1-\frac{d}{3}\right)=-M_z.$$

最后得

$$\begin{cases}\sigma_s=\dfrac{P_s}{A_s}=\dfrac{-M_z}{A_s\left(h_1-\dfrac{d}{3}\right)},\\ \sigma_c=-\dfrac{2P_c}{bd}=\dfrac{2M_z}{bd\left(h_1-\dfrac{d}{3}\right)}.\end{cases}\tag{5-4-8}$$

例 5-4-1 混凝土的配合比为水泥:砂:碎石=1:2:4 时,强度比$[\sigma_c]/[\sigma_s]=1/30$. 合理使用材料使应力比$(-\sigma_c/\sigma_s)=1/30$,此时钢筋截面的总面积 A_s 应取多少? 按 $n=E_s/E_c=10$ 计算.

由式(5-4-5)得

$$-\frac{\sigma_c}{\sigma_s}=\frac{1}{n}\frac{d}{h_1-d},$$

代入数值,则

$$\frac{1}{30}=\frac{1}{10}\frac{d}{h_1-d},\quad d=\frac{h_1}{4}.$$

将上式代入式(5-4-6),则得

$$\frac{bh_1}{16}+5A_s-20A_s=0,$$

即

$$A_s=0.0042bh_1.$$

因 $h_1\approx h$,故混凝土的截面面积可认为是 bh_1.

§5-5　非对称弯曲

以前各节讨论的梁，其横截面具有对称轴，而载荷恰作用在通过对称轴的纵向平面内，这种情况称为**平面弯曲**. 现在讨论更一般情况的等直梁，它的截面没有对称轴，载荷作用在任意的通过梁轴的某个平面内.

为研究梁截面上的正应力分布，仍采用平截面假设. 取梁在变形前相距为 dx 的两个截面，如图 5-5-1 所示. 考虑与 x 轴平行且在两截面之间的纤维元 mn 的变形，不妨认为左边截面不动，仅是右边的截面相对左边截面作一平动和一刚性转动. 点 m 的坐标为 (x,y,z)，点 n 的坐标为 $(x+dx,y,z)$. 由于平动引起 mn 的伸长为 $e\,dx$，由于转动，绕 y 轴产生的转角为的 $\theta_y=dx/R_y$，绕 z 轴产生的转角 $\theta_z=dx/R_z$. 这里 R_y 和 R_z 分别是挠曲轴在坐标面上投影的曲率半径，因而截面绕 y 轴和 z 轴转动而引起 mn 的伸长分别是 $\theta_y z$ 和 $\theta_z y$. 因此，mn 的相对伸长，即线应变是

$$\varepsilon_x=e+\frac{z}{R_y}+\frac{y}{R_z}. \tag{5-5-1}$$

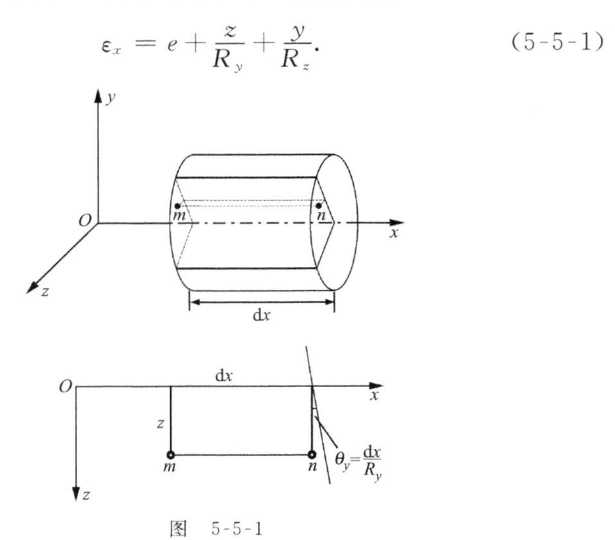

图　5-5-1

如果不计挤压应力，并引用胡克定律得

$$\sigma_x = E\left(e + \frac{z}{R_y} + \frac{y}{R_z}\right). \tag{5-5-2}$$

从上式可看出，平截面假设与假定横截面上正应力为线性分布是等效的.

我们知道，截面上正应力 σ_x 的合力是截面的轴向内力 N_x，而截面上正应力 σ_x 相对于 y 轴和 z 轴的合力矩则是相应截面的弯矩，也即是

$$\int_A \sigma_x \mathrm{d}A = N_x, \tag{5-5-3}$$

$$\int_A \sigma_x z \mathrm{d}A = M_y, \tag{5-5-4}$$

$$\int_A \sigma_x y \mathrm{d}A = -M_z. \tag{5-5-5}$$

将式(5-5-2)代入以上各式得

$$eA + \frac{S_y}{R_y} + \frac{S_z}{R_z} = \frac{N_x}{E}, \tag{5-5-6}$$

$$eS_y + \frac{I_y}{R_y} + \frac{I_{yz}}{R_z} = \frac{M_y}{E}, \tag{5-5-7}$$

$$eS_z + \frac{I_{zy}}{R_y} + \frac{I_z}{R_z} = -\frac{M_z}{E}. \tag{5-5-8}$$

上式中的 S_y 和 S_z 分别是截面 A 相对于坐标轴 y 和 z 的**静矩**：

$$S_y = \int_A z \mathrm{d}A, \quad S_z = \int_A y \mathrm{d}A. \tag{5-5-9}$$

I_y 和 I_z 分别是截面 A 相对于 y 轴和 z 轴的**惯性矩**，I_{yz} 和 I_{zy} 是**惯性积**：

$$I_y = \int_A z^2 \mathrm{d}A, \quad I_z = \int_A y^2 \mathrm{d}A, \quad I_{yz} = I_{zy} = \int_A yz \mathrm{d}A. \tag{5-5-10}$$

可以证明，在截面的大小和形状确定之后，一定能找到这样的一对互相垂直的轴的位置，在由这对轴组成的坐标系内计算的惯性积

等于零(见附录 B). 这对轴称为**主惯性轴**或**惯性主轴**,简称**主轴**. 此外,如果坐标系的原点取在截面形心上,必然有 $S_y=S_z=0$.

为了计算方便,我们取 y 轴和 z 轴为通过截面形心的主轴,这样的轴称为形心主轴. 这时式(5-5-6)～(5-5-8)为

$$e=\frac{N_x}{EA}, \tag{5-5-11}$$

$$\frac{1}{R_y}=\frac{M_y}{EI_y}, \tag{5-5-12}$$

$$\frac{1}{R_z}=-\frac{M_z}{EI_z}. \tag{5-5-13}$$

将以上各式代回到式(5-5-2)得

$$\sigma_x=\frac{N_x}{A}+\frac{M_y}{I_y}z-\frac{M_z}{I_z}y. \tag{5-5-14}$$

这就是截面上的正应力公式. 要注意,式中的 y 和 z 是截面上各点相对于形心主轴的坐标.

选择形心主轴坐标系不是绝对必要的. 因为从式(5-5-6)～(5-5-8)可以解出 e,R_y 和 R_z,这时代替式(5-5-11)～(5-5-13)将是一组复杂的公式. 而实际上在计算弯曲正应力时一般都使用形心主轴,所以这里不写出一般公式了.

现在讨论一种稍微特殊的情况,即所有外载荷都垂直于 x 轴,但不与主惯性轴重合,如图 5-5-2 中载荷 $\boldsymbol{P}$ 所示. 这时 $N_x=0$,弯矩 $\boldsymbol{M}$ 作用在一个与 y 轴成 α 角的平面内(图 5-5-2). 为了说明问题,我们取有两个对称轴的截面(显然对称轴就是主轴). 设截面上的总弯矩为 M,则

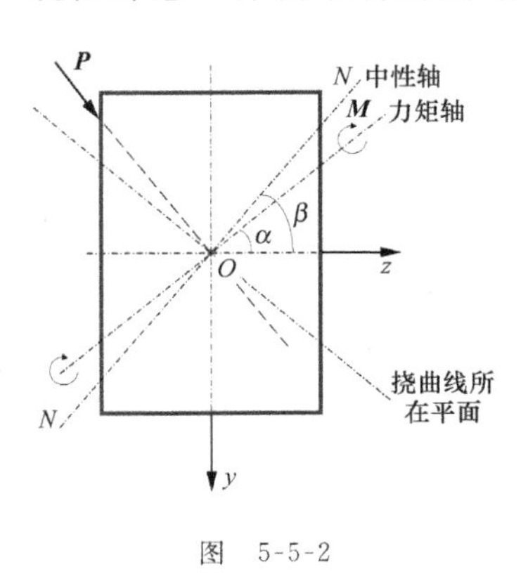

图　5-5-2

$$M_y=M\sin\alpha,$$

$$M_z=-M\cos\alpha.$$

由式(5-5-14)得

$$\sigma_x = \frac{M\sin\alpha}{I_y}z + \frac{M\cos\alpha}{I_z}y, \tag{5-5-15}$$

上式是截面上弯曲正应力公式. 按此关系,令 $\sigma_x = 0$,便可求出中性轴位置的方程式

$$y = -\frac{I_z}{I_y}\tan\alpha \cdot z.$$

在 $I_z \neq I_y$ 的情况,中性轴与施加弯矩的平面(载荷作用面)显然不相垂直. 因挠曲轴所在平面总是与中性面垂直的,所以弯矩平面与挠曲轴所在平面将不重合而形成一角度,这种弯曲变形叫做**斜弯曲**.

如果 $I_z = I_y$,那么可以证明,通过截面形心的所有轴都是主轴. 这时载荷所在平面即是主平面,而相应的弯曲变形必为平面弯曲.

§ 5-6　偏心压缩和截面核心

现在研究直杆的**偏心压缩**问题. 如图 5-6-1 所示,截面尺寸相对于长度不很大的等直杆,在点(y_0, z_0)处作用一轴向压力 $\boldsymbol{P}$. 这里 P 表示力的大小(算术值). 力作用线与横截面的交点称为极点,即图中的 M 点,它的坐标是(y_0, z_0). 对任一横截面,内力和内力矩为

$$N_x = -P,$$

$$M_y = -Pz_0,$$

$$M_z = Py_0.$$

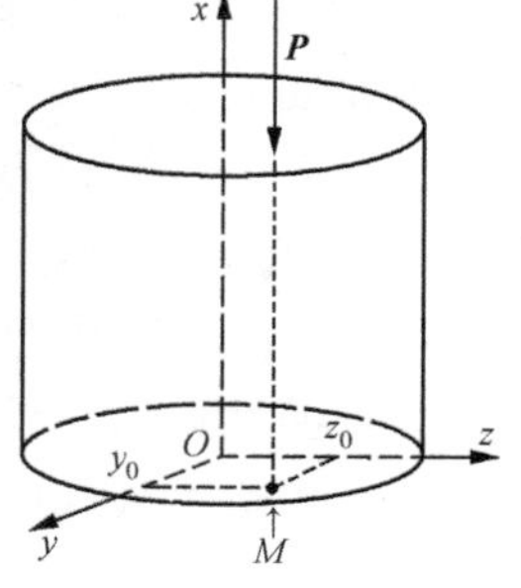

图　5-6-1

将这些值代入式(5-5-14)得截面上的正应力 σ_x 分布公式

$$\sigma_x = -\left(\frac{P}{A} + \frac{Pz_0}{I_y}z + \frac{Py_0}{I_z}y\right). \tag{5-6-1}$$

由于惯性矩 I_y 和 I_z 的量纲是长度的四次方，故可用下式表示：

$$I_y = Ai_y^2, \quad I_z = Ai_z^2, \tag{5-6-2}$$

上式中的 i_y 和 i_z 称为截面的**惯性半径**. 这样式(5-6-1)可改写为

$$\sigma_x = -\frac{P}{A}\left(\frac{yy_0}{i_z^2} + \frac{zz_0}{i_y^2} + 1\right). \tag{5-6-3}$$

令式(5-6-3)的左端等于零($\sigma_x = 0$)，我们便得到直线方程

$$\frac{yy_0}{i_z^2} + \frac{zz_0}{i_y^2} + 1 = 0. \tag{5-6-4}$$

在这条直线上正应力 σ_x 处处为零，因而称它为零线. 这条零线也就是截面的中性轴.

若将式(5-6-4)改写为直线方程的截距式

$$\frac{y}{a} + \frac{z}{b} - 1 = 0,$$

其中

$$a = -\frac{i_z^2}{y_0}, \quad b = -\frac{i_y^2}{z_0} \tag{5-6-5}$$

是零线在 y 轴和 z 轴上的截距，这样便得到画出零线的简单方法：根据已知极点的坐标和截面的惯性半径求出截距 a 和 b，然后由原点算起，沿坐标轴作截距，通过截距端点作直线，即得零线.

现在我们证明如下的两条性质：

(1) 作用线通过点Ⅱ而与杆轴平行的力在点Ⅰ所引起的应力，等于作用线通过点Ⅰ的同一力在点Ⅱ所引起的应力；

(2) 当极点沿某直线移动时，相应的各零线绕某固定点旋转.

先证明性质(1). 设力 $\boldsymbol{P}$ 的极点为点Ⅰ，其坐标为(y_1, z_1)，那么截面上正应力公式(5-6-3)为

$$\sigma_x = -\frac{P}{A}\left(\frac{yy_1}{i_z^2} + \frac{zz_1}{i_y^2} + 1\right),$$

因而在点Ⅱ(设坐标为(y_2, z_2))处的应力为

$$\sigma_x = -\frac{P}{A}\left(\frac{y_2 y_1}{i_z^2} + \frac{z_2 z_1}{i_y^2} + 1\right). \tag{5-6-6}$$

同理可计算出力 P 的极点为点Ⅱ，其坐标为(y_2, z_2)时，在点Ⅰ处，即在(y_1, z_1)处引起的应力也为式(5-6-6). 性质(1)得证.

其次证明性质(2). 设直线 nn 为零线，其截距为 a 和 b(图 5-6-2)，则相应的极点 Q 的坐标是

$$y_Q = -\frac{i_z^2}{a}, \quad z_Q = -\frac{i_y^2}{b}.$$

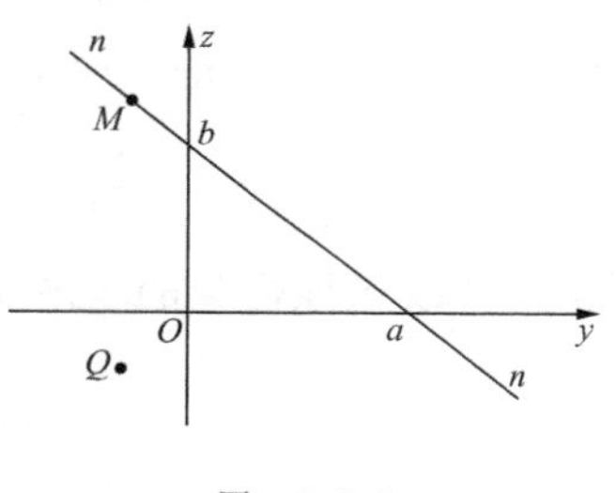

图　5-6-2

这就是说，如果力作用在极点 Q 位置，则 nn 上任一点 M 的正应力等于零. 根据性质(1)，相反地，若力作用点通过点 M，则点 Q 正应力等于零，因而点 Q 属于极点 M 的零线. 而点 M 是 nn 上任一点，所以在该直线上所有极点的零线都通过点 Q，即它们是过点 Q 的一族直线.

作为一种特殊情况，当极点在通过形心的直线上移动时，对应的零线族的公共点将在无限远处，这意味着它们是一族平行线. 这也可从式(5-6-5)看出，当极点坐标 y_0 和 z_0 按比例变化时，截距 a 和 b 也按比例变化，表明零线是在平行地移动.

岩石和混凝土一类的脆性材料以及砌石结构，它们承受拉应力的能力较弱. 为了保证这些材料做成的柱体在偏心压缩时，整个横截面上全部为压应力，必须将轴向压力作用点放在截面内一个确定的区域里. 这个区域称为**截面核心**.

从截面核心的定义就会得出绘制截面核心的方法. 若极点处于截面核心的周界上，则相应的零线应与截面相切(图 5-6-3). 实际上，若使极点沿过形心 O 的射线移动，此移动从形心 O 开始，零线 nn 将由无限远处开始平移. 当极点在截面核心内部时，零线不与截面相交；当极点达到截面核心周界时，零线与截面周界相切.

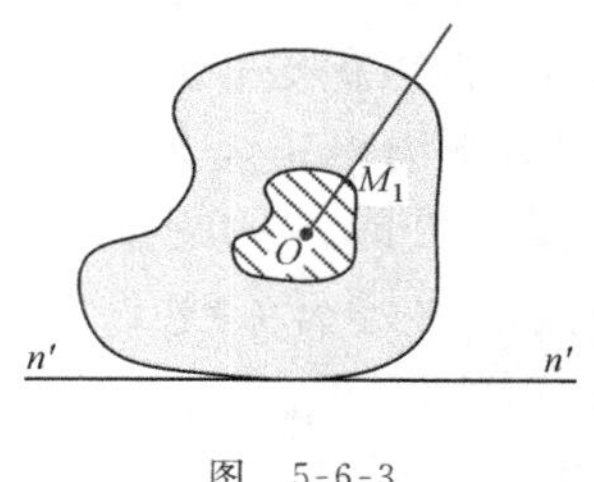

图　5-6-3

现在我们来绘制椭圆形截面的截面核心. 设椭圆上各点的坐标为(y_1, z_1),椭圆方程为

$$\frac{y_1^2}{a^2}+\frac{z_1^2}{b^2}-1=0, \tag{5-6-7}$$

椭圆上点(y_1, z_1)处的切线方程为

$$\frac{yy_1}{a^2}+\frac{zz_1}{b^2}-1=0. \tag{5-6-8}$$

设这条切线与该椭圆的零线重合,比较式(5-6-8)和(5-6-4),得

$$\frac{y_1}{a^2}=-\frac{y_0}{i_z^2}, \quad \frac{z_1}{b^2}=-\frac{z_0}{i_y^2}.$$

对于椭圆来说,

$$I_y=\frac{\pi}{4}ab^3, \quad I_z=\frac{\pi}{4}a^3b, \quad A=\pi ab.$$

因而

$$i_y^2=\frac{b^2}{4}, \quad i_z^2=\frac{a^2}{4}.$$

于是

$$y_0=-\frac{y_1}{4}, \quad z_0=-\frac{z_1}{4}. \tag{5-6-9}$$

将式(5-6-9)代入式(5-6-7),可见极点(y_0, z_0)满足一个椭圆方程. 这就是说,截面核心的周界是一个与已知椭圆相似的椭圆,但长短轴是已知椭圆的 1/4. 由此可知,半径为 R 的圆截面,其截面核心是一个半径为 $R/4$ 的圆.

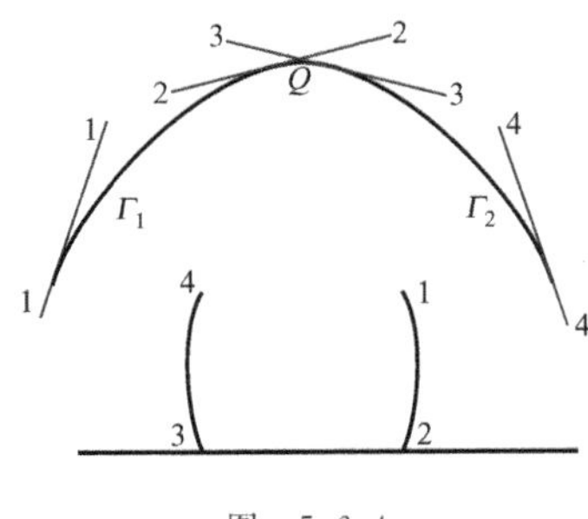

图　5-6-4

现在我们来研究截面周界有角点时如何绘出截面核心图的问题. 例如两条曲线周边相交于点 Q (图 5-6-4),当周界切线连续地由位置 1-1 到 2-2 时,将切线看做零线,其极点的轨迹为弧线 1-2,它是截面核心的周界. 当切线沿 Γ_2 移动时,极点沿弧线 3-4 移动. 极

点 2 对应于切线 2-2,极点 3 对应于切线 3-3.最后将点 2 和 3 相连,由前面的性质(2),连线应是直线.因为当零线绕点 Q 旋转时,极点沿直线移动.由此可推断出,多边形截面的截面核心是一个多边形,该多边形的顶点就是与多边形截面各边重合的零线所对应的极点.

于是,多边形截面的截面核心的做法是:

(1) 找出形心主轴和相应的惯性半径;

(2) 找出截面各边延长线在 y 轴和 z 轴上的截距 a 和 b;

(3) 按式(5-6-3)计算截面核心多边形顶点的坐标

$$y_0 = -\frac{i_z^2}{a}, \quad z_0 = -\frac{i_y^2}{b};$$

(4) 用直线连接各顶点得截面核心.

现在来求高为 H 宽为 B 的矩形截面(图 5-6-5)的截面核心.

对于此矩形,

$$i_y^2 = \frac{B^2}{12}, \quad i_z^2 = \frac{H^2}{12}.$$

对 1-1 边,

$$a = \frac{H}{2},\ b = \infty; \quad y_0 = -\frac{H}{6},\ z_0 = 0 \quad (\text{点 Ⅰ});$$

对于 2-2 边,

$$a = \infty,\ b = \frac{B}{2};$$

$$y_0 = 0,\ z_0 = -\frac{B}{6} \quad (\text{点 Ⅱ});$$

对于 3-3 边,

$$a = -\frac{H}{2},\ b = \infty;$$

$$y_0 = \frac{H}{6},\ z_0 = 0 \quad (\text{点 Ⅲ});$$

对于 4-4 边,

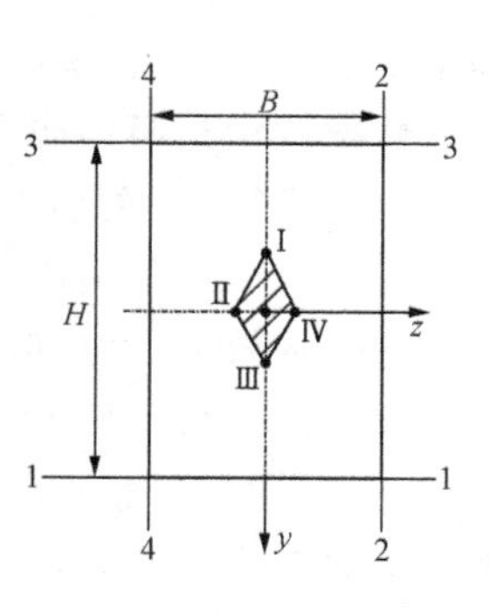

图 5-6-5

$$a=\infty,\ b=-\frac{B}{2};$$

$$y_0=0,\ z_0=\frac{B}{6}\quad (点\ \text{Ⅳ});$$

用直线依次连接Ⅰ，Ⅱ，Ⅲ，Ⅳ各点，得到一个菱形，即是矩形的截面核心.

§5-7　小结和讨论

在变形前的构形上取一小段梁做自由体，可建立梁的内力(剪力、弯矩)与分布力载荷 $q(x)$ 之间的平衡微分方程(5-1-1)，(5-1-2)和(5-1-3). 引用广义函数，将作用在 $x=x_i$ 横向集中载荷 P_i 写成分布力形式 $q(x)=P_i\delta(x-x_i)$；将作用在 $x=x_j$ 集中力偶矩载荷 M_j 写成分布力形式 $q(x)=-M_j\delta'(x-x_j)$. 这样，就把平衡微分方程推广到含有集中力载荷和集中力偶矩载荷的情况. 对平衡微分方程积分，得到剪力 Q_y 和弯矩 M_z 的一般表达式(通解)式(5-1-12)和(5-1-13)，从中可看出内力 Q_y，M_z 和载荷 q，P_i，M_j 之间有线性关系. 由于弯曲正应力 σ_x 和弯曲切应力 τ_{xy} 分别是弯矩 M_z 和剪力 Q_y 的线性函数(见式(5-2-8)和(5-2-9))，因而也是载荷 P_i，M_j，$q(x)$的线性函数.

迄今为止已经研究了直杆的拉伸、压缩、自由扭转、平面弯曲等基本变形形式. 在实际问题中，有时杆件受载情况更为复杂，其变形情况往往是两种或两种以上基本变形形式的组合，我们称其为组合变形问题. 在小变形条件下，杆件上各种载荷的作用彼此独立，互不影响. 这就是说，在杆上同时有几种载荷作用时，一种载荷对杆的作用效果(例如应力)，不影响另一种载荷对杆的作用效果. 因此，组合变形情况杆内应力，可看做几种基本变形情况杆内应力的叠加. 处理组合变形问题的步骤是：(1) 将载荷分解为各种基本变形所对应的载荷；(2) 利用基本变形的应力公式，计算各基本变形的应力；(3) 将基本变形应力叠加，得到组合变形情况杆内应力;(4) 用第四章给出的强度条件做强度计算.

斜弯曲是两个平面弯曲叠加的组合变形,偏心压缩(拉伸)是压缩(拉伸)与平面弯曲叠加的组合变形,常见的组合变形还有弯曲与扭转的组合.

材料力学的内力、应力的理论公式是在细长杆件条件与平截面假设的基础上推导出来的.然而,在实际应用中,特别在岩石混凝土工程中,即使不是那么细长的构件也用梁的理论公式,例如,桥墩的偏心压缩和柱的截面核心问题.更有甚者,水坝设计的应力分析竟然也使用材料力学公式.材料力学在工程中的应用有时超出了细长杆的限制.

混凝土重力坝是我国水利水电工程建设中广泛采用的重要坝型之一.重力坝靠坝体自重去平衡坝面水压力和其他外力,保持自身的整体平衡和稳定.坝的重量主要取决于坝断面的形状和尺寸.设计重力坝的断面,需要先粗略地选取一个基本断面,并根据运行的需要,把基本断面修正为实用断面,然后进行详细的应力分析和滑动稳定分析,据此再一次修改实用断面,使之既能满足安全要求,又是最省材料和便于施工.设计重力坝断面不是一蹴而就的,而是逐步分析研究,反复修改后得到的.

用材料力学方法分析坝内应力,将坝段看做固接于岩基上的悬臂梁,不考虑岩基变形对坝段内部应力的影响,并认为各坝段独立工作,横缝不传力(图 5-7-1(a)).截取图 5-7-1(a)所示的厚度为 1 的一个坝体断面,其横截面如图 5-7-1(b)所示.假设坝体断面的水平截面上正应力按直线分布,用偏心压缩公式计算上、下游的边缘应力 σ_{yu} 和 σ_{yd},即

$$\sigma_{yu} = \frac{\sum W}{B} + \frac{6\sum M}{B^2},$$

$$\sigma_{yd} = \frac{\sum W}{B} - \frac{6\sum M}{B^2},$$

式中 $\sum W$ 是作用于计算截面以上全部载荷的铅直力分力的总和，$\sum M$ 是作用于计算截面以上全部载荷对垂直水流流向形心轴的力矩总和，B 是计算截面的长度(即悬臂梁横截面的高度). 取水坝轴向计算厚度为单位值时，B 是横截面面积，$B^2/6$ 是抗弯截面系数.

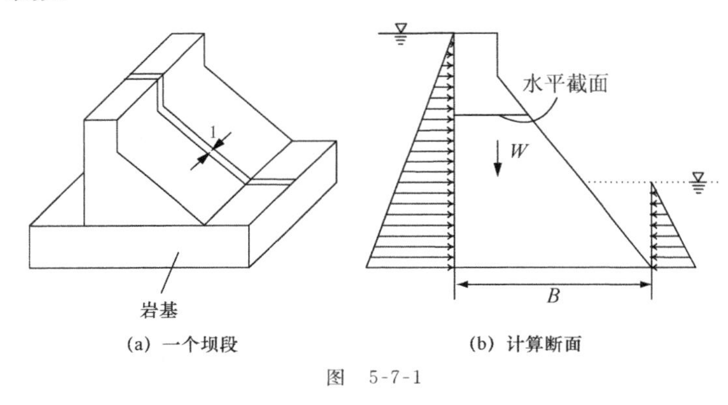

(a) 一个坝段　　(b) 计算断面

图　5-7-1

由边缘应力 σ_{yu} 和 σ_{yd} 计算出断面的水平截面上的应力 σ_y，再按平衡条件求出截面上各点的应力分量 τ 和 σ_x，进而用式(4-1-15)求出主应力 σ_1 和 σ_2，以及进行强度计算和抗滑稳定分析.

用弹性力学理论，分析无限高三角形断面重力坝应力分布和用应力函数方法分析坝段和岩基的相互作用，分析结果表明，大部分水平截面在受载变形后仍为平面，σ_y 呈线性分布. 在靠近岩基的 1/3 坝高范围，水平截面上垂直应力 σ_y 不再是线性分布(影响特别大的在底部坝高的 1/4 范围). 上部坝体的应力分布很接近材料力学方法求出的结果，靠近基础的 1/4～1/3 坝高的应力 σ_y 纵然有误，也可作为一种应力指标而使用.

对于重要的重力坝还应采用更精致的数值方法计算坝体应力.

习 题

5.1 试列出图示各简支梁的剪力及弯矩表达式,作剪力图和弯矩图,并求出 $|Q|_{\max}$ 及 $|M|_{\max}$.

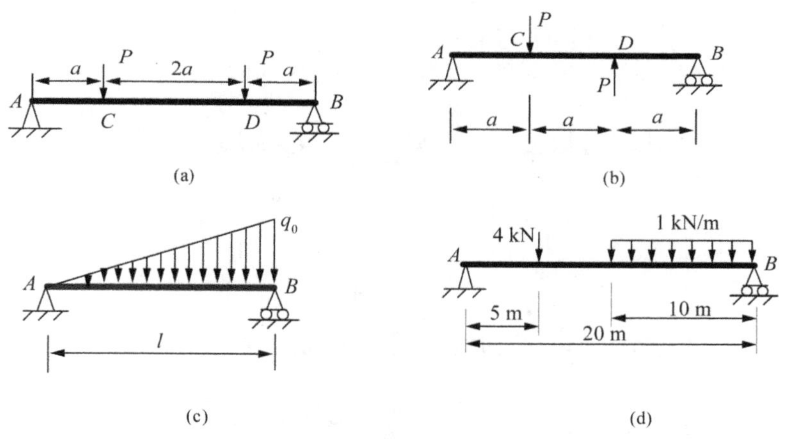

题 5.1 图

5.2 试列出图示各悬臂梁的剪力及弯矩表达式,作剪力图和弯矩图,并求出 $|Q|_{\max}$ 及 $|M|_{\max}$.

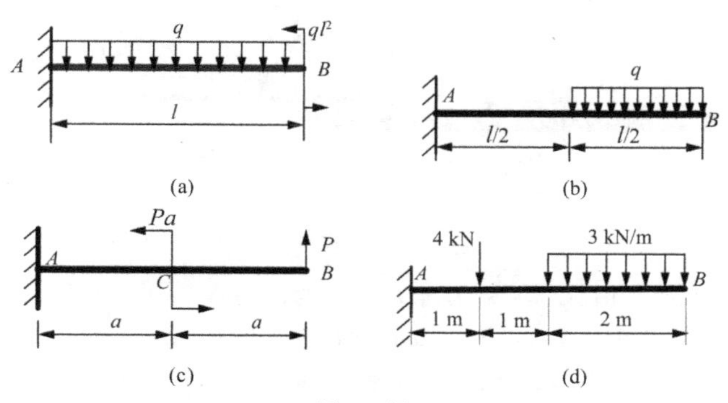

题 5.2 图

5.3　试列出图示各外伸梁的剪力及弯矩表达式，作剪力图和弯矩图，并求出 $|Q|_{max}$ 及 $|M|_{max}$.

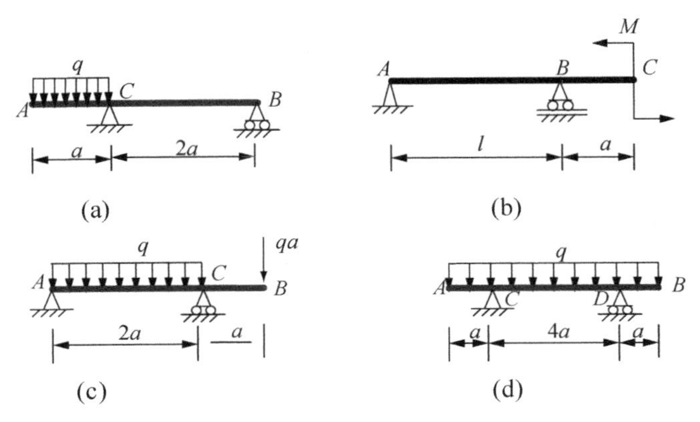

题 5.3 图

5.4　试作出图示有中间铰的梁的剪力图和弯矩图.

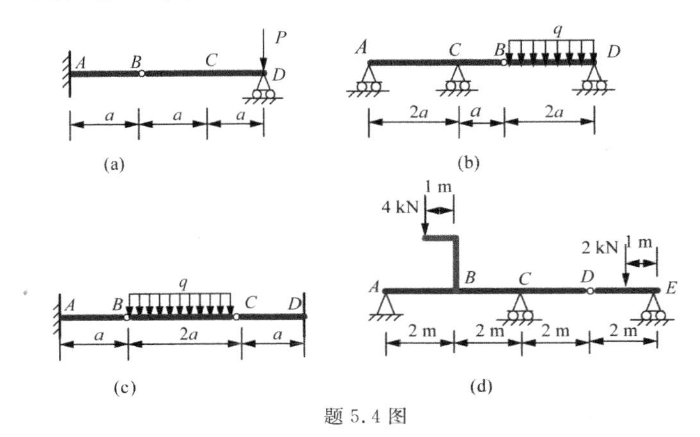

题 5.4 图

5.5　梁 ABC 如图所示，C 点为简支，A 点为活动简支. AB 段受均布载荷作用，BC 端受集度最大值为 $2q$ 的线性分布载荷作用. 试求：

(1) 作用在 AB 段内距离 A 点为 x 处的横截面上的弯矩 M_z 的表达式；

(2) 通过此表达式确定 AB 段内的最大弯矩 $|M|_{max}$.

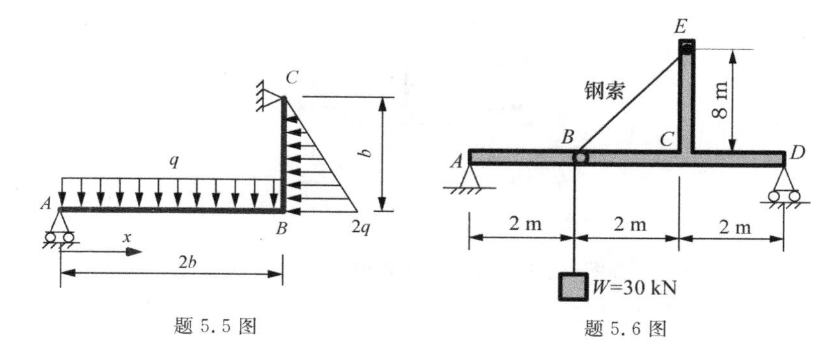

题 5.5 图　　　　题 5.6 图

5.6 梁 $ABCD$ 通过如图所示的装置受力 $W=30\ \mathrm{kN}$ 的作用，钢索在 B 点通过无摩擦的滑轮与立臂在 E 点相连. 计算立臂左侧截面 C 上的轴力 N，剪力 Q 和弯矩 M.

5.7 如图所示的离心机在水平面 xy 上以角加速度 α 旋转. 两臂单位长度的重量均为 w，两端均承受力 $W=10\ wl$. 试推导最大剪力和最大弯矩的表达式，已知 $b=l/9$，$c=l/10$.

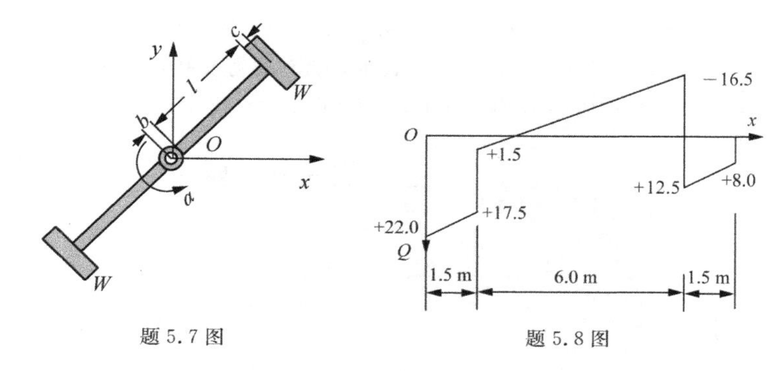

题 5.7 图　　　　题 5.8 图

5.8 如图为某梁的剪力图. 已知梁上没有外力偶矩作用，试作出弯矩图.（图中数据及 Q 的单位一律为 kN.）

5.9 图示简支梁 AB 受间距为 d 的集中载荷 P 和 $2P$ 作用. 载荷可作用在距离左端点为任意距离 x 的位置.

（1）试求出 x，使梁内切应力为最大；

（2）如果 $P=6\ \mathrm{kN}$，$d=1.6\ \mathrm{m}$，$l=8\ \mathrm{m}$，试计算梁的最大剪力 $Q_{\max}$ 和最大

弯矩 M_{max}.

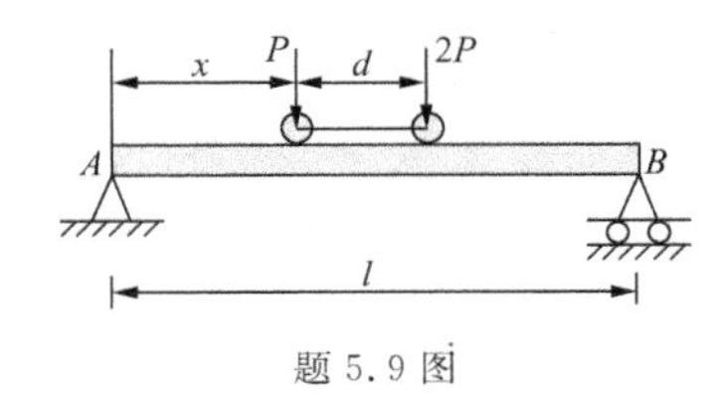

题 5.9 图

5.10 简支梁受力如图,试求梁内的最大正应力及最大切应力(截面内长度单位:mm).

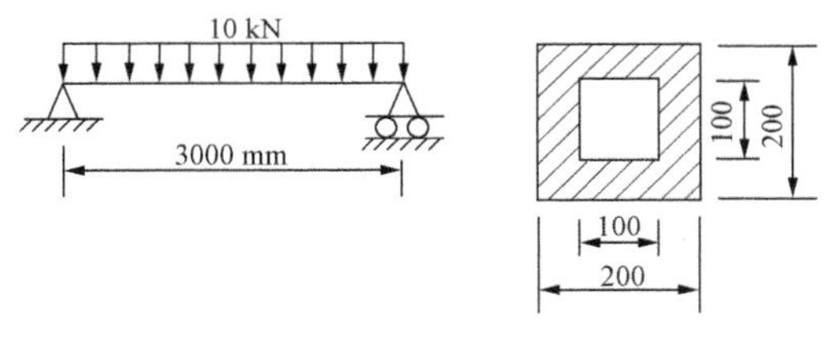

题 5.10 图

5.11 如图所示,已知 $q=50\ \mathrm{kN/m}$,$I_y=2.59\times10^{-5}\ \mathrm{m}^4$. 试作 T 字形截面铸铁梁的剪力图及弯矩图,求出梁内的最大正应力及最大切应力,并绘出危险截面上的正应力的分布图(截面内长度单位:mm).

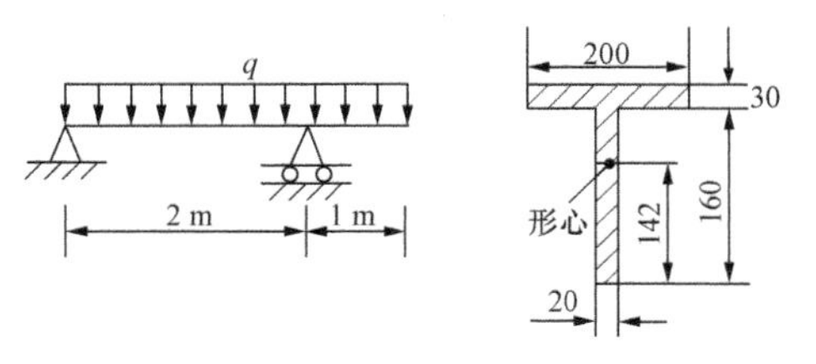

题 5.11 图

5.12 枕木受两个集中力载荷 $P=200\ \mathrm{kN}$ 作用,如图所示. 假设碎石的反作用力 q 是均布于枕木的整个长度上的,已知枕木截面宽 $b=300\ \mathrm{mm}$,高 $h=250\ \mathrm{mm}$. 计算枕木在载荷 P 作用下的最大弯曲正应力 σ_{max},已知 $l=1.5\ \mathrm{m}$,$a=0.5\ \mathrm{m}$.

5.13 高 $H=1.8\ \mathrm{m}$ 的小型挡水墙由厚 $h=60\ \mathrm{mm}$ 的竖直木梁 AB 构成,如

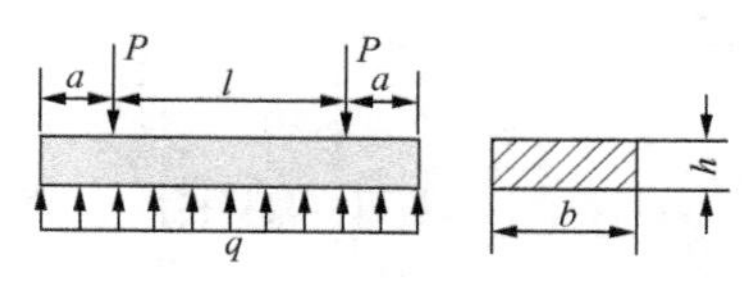

题 5.12 图

图所示.梁的上端和下端均受钢梁支撑.画出最大弯曲正应力 σ_{max} 随点 B 以上水的深度 d 变化的曲线.假设水的比重为 $\gamma=9.81\ kN/m^3$.

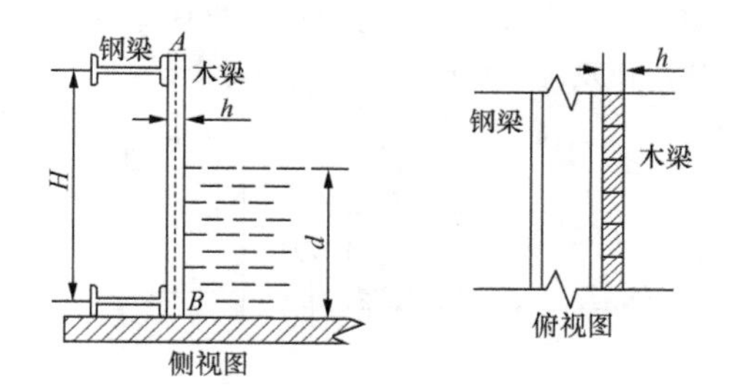

题 5.13 图

5.14 吊车主梁如图所示,工字钢型号为 28b.试问当小车运行到什么位置时,梁内的弯矩为最大?已知$[\sigma]=100$ MPa,试求许用起重载荷.(图中长度单位:mm.)

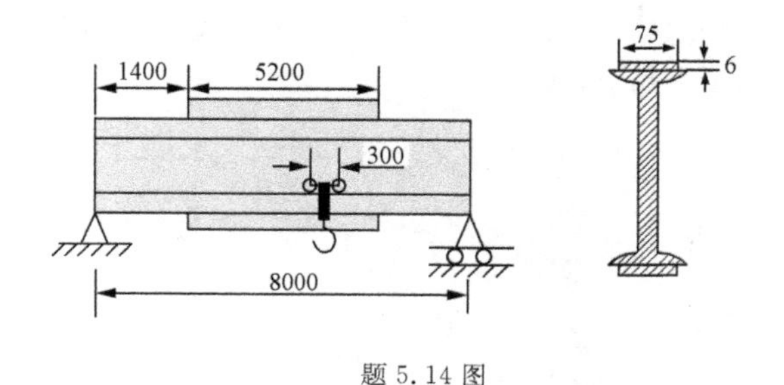

题 5.14 图

5.15 图示梁 AB 为 10 号工字钢,点 B 处由圆钢杆 BC 支承.已知圆杆的直径 $d=20$ mm,梁及杆的$[\sigma]=160$ MPa,试求许用均布载荷$[q]$.

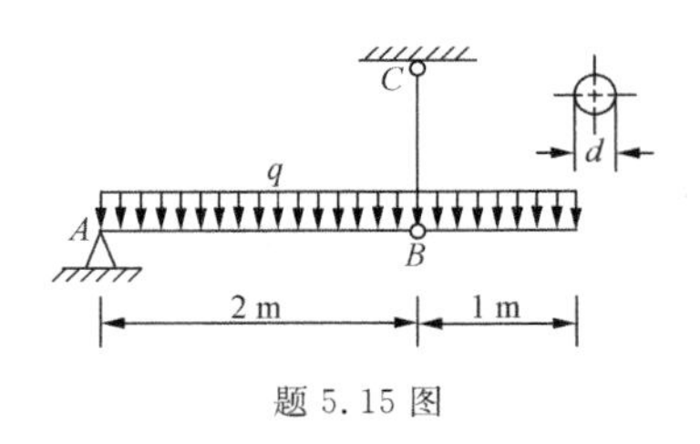

题 5.15 图

5.16　图示矩形截面简支梁由圆形木料制成，已知 $P=5$ kN，$a=1.5$ m，$[\sigma]=10$ MPa. 若要求截面的抗弯截面系数具有最大值，试确定此矩形截面 h/b 的值及所需木料的最小直径 d.

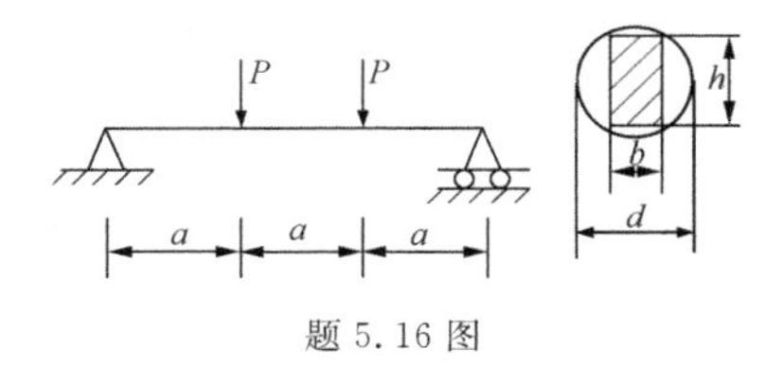

题 5.16 图

5.17　水压作用于倾斜嵌板 ABC 上(如图所示). 嵌板可以绕 B 点旋转，B 位于底面以上 a 处. 当水面不太高时，嵌板通过 A 点和底面相压(注意当水深 d 大于某一最大值时，嵌板将绕 B 点旋转). 嵌板厚度为 h，与水平面夹角为 α. 如果嵌板内的最大弯曲正应力不能超过$[\sigma]$，试推导所需嵌板的最小厚度 $h_{\min}$ 的表达式.(注意当水深达到最大值时，嵌板的最大弯曲正应力达到最大值. 推导厚度的表达式时不考虑板的自重，水的比重可用 γ 表示.)

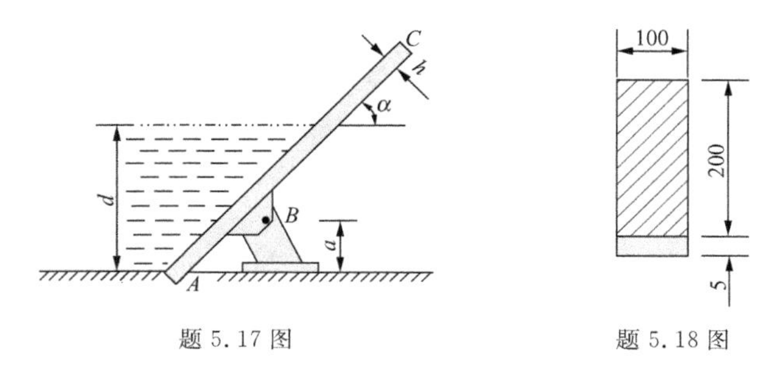

题 5.17 图　　　　题 5.18 图

5.18　用钢板加固的木梁两端铰支，其截面如图所示. 跨度 $l=3$ m，梁的中点

作用有一集中力 $P=10$ kN. 若木梁与钢板之间不能相互滑动，$E_{木}=10$ GPa，$E_{钢}=210$ GPa，试求木材及钢板中的最大正应力.（截面中的长度单位：mm.）

5.19 钢筋混凝土简支梁的截面如图所示，钢筋总截面积为 $3\times500\ \text{mm}^2$，承受均布载荷 $q=15$ kN/m（包括自重在内），跨度 $l=4$ m. 若不考虑混凝土的抗拉能力，试求混凝土的最大压应力和钢筋的最大拉应力. 已知 $n=E_{钢}/E_{混}=10$.（截面中的长度单位：mm.）

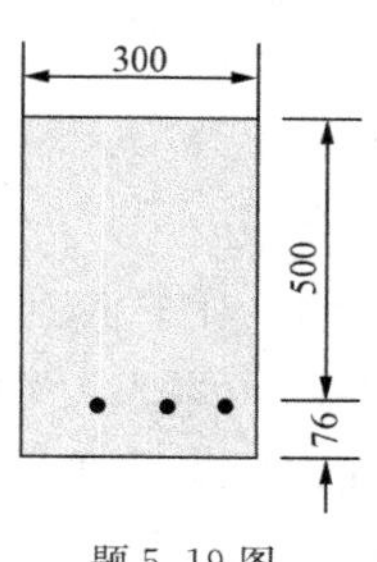

题 5.19 图

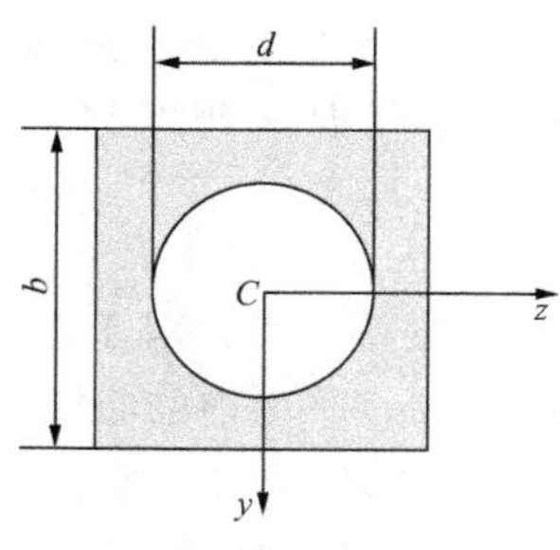

题 5.20 图

5.20 边长为 b 的方形截面烟囱，有一个直径为 d 的圆烟道，如图所示. 如果 $d=2b/3$，试求截面核心.

5.21 矩形截面的木悬臂梁（如图）在自由端作用有一倾斜载荷 $\boldsymbol{P}$. 试计算由于载荷 $\boldsymbol{P}$ 而产生的最大拉应力 $\sigma_{\max}$，梁的相关数据如下：$b=75$ mm，$h=150$ mm，$l=1.4$ m，$P=800$ N，$\theta=30°$.

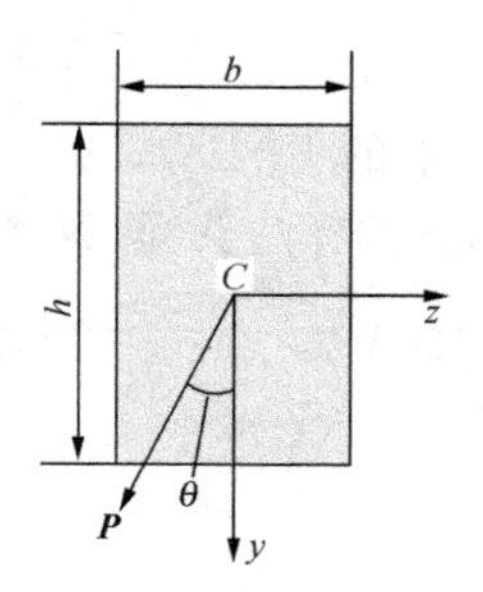

题 5.21 图

第六章　弯 曲 变 形

§6-1　挠曲轴的微分方程

我们首先考虑在主平面内的弯曲(平面弯曲),并取 Oxy 平面为主平面. §5-2 中,在平截面假设的条件下,我们得到了**挠曲轴**的曲率半径 R 与弯矩 M_z 的关系式:

$$\frac{1}{R}=-\frac{M_z}{EI_z},\qquad(6\text{-}1\text{-}1)$$

其中 I_z 是梁截面相对于形心主轴 Oz 的惯性矩. 对于平面弯曲,挠曲轴是 Oxy 平面内的曲线. 为了确定这条曲线,可以求梁轴上各点在 y 轴方向的位移 v,它称为在该点梁的**挠度**. 显然,挠度是 x 的函数 $v(x)$,它就是挠曲轴的表达式. 当挠曲轴的表达式为 $y=v(x)$时,挠曲轴的曲率是挠曲轴切线方向角 θ 沿曲线弧长 s 的转动率(图 6-1-1),即 $1/R=\mathrm{d}\theta/\mathrm{d}s$,在 Oxy 坐标中 $\theta=\tan^{-1}v'$,**曲率**表达式为

$$\frac{1}{R}=\pm\frac{v''}{(1+v'^2)^{3/2}},\qquad(6\text{-}1\text{-}2)$$

式中

$$v'=\frac{\mathrm{d}v}{\mathrm{d}x},\quad v''=\frac{\mathrm{d}^2v}{\mathrm{d}x^2}.$$

剩下的问题是选择上式中的符号. 如图 6-1-1 所示的情况,弯矩 M_z 为正,按式(6-1-1),则曲率应为负. 从图上看出,曲线 $y=v(x)$

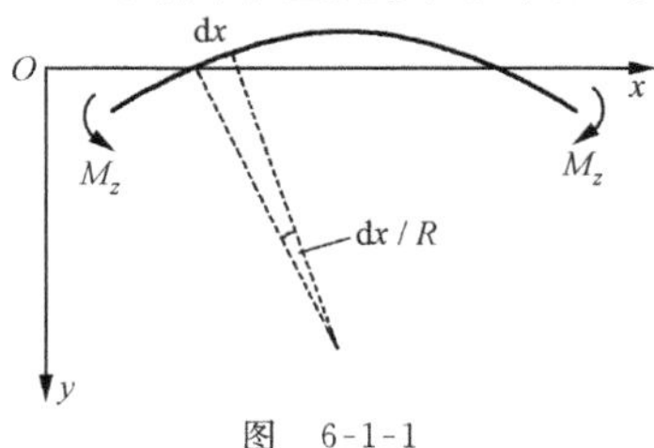

图　6-1-1

对着 y 的正向为凹形，因而 v'' 为正，因此在式(6-1-2)中应保留负号，由此得

$$\frac{v''}{(1+v'^2)^{3/2}}=\frac{M_z}{EI_z}, \tag{6-1-3}$$

这就是挠曲轴的微分方程. 在一定的边界条件下求解这个方程，就得到挠曲轴的表达式(也称为弹性线).

显然，微分方程(6-1-3)是非线性方程. 由于在大多数工程中所见到的梁，其挠度与梁长之比是很小的($v/l\ll 1$)，这时称为小挠度. 挠曲轴切线倾角近似地等于 v'，它也是很小的，因而它的平方与 1 相比，可以略去不计. 于是挠曲轴的微分方程被线性化了，它为

$$EI_z v''=M_z(x). \tag{6-1-4}$$

如果已知的不是弯矩 $M_z(x)$，而是载荷 $q(x)$，根据式(5-1-3)，将式(6-1-4)微商两次得

$$\frac{\mathrm{d}^2}{\mathrm{d}x^2}\left(EI_z\frac{\mathrm{d}^2 v}{\mathrm{d}x^2}\right)=q(x). \tag{6-1-5}$$

为了说明线性方程(6-1-4)有相当好的精度，我们可以对某些简单问题比较它们的精确解和线性化的解. 如图 6-1-2 所示的长为 l 的悬臂梁，右端承受一个力矩 $\boldsymbol{M}$，这时各截面的弯矩为常数，且

$$M(x)=M, \tag{6-1-6}$$

固定端的边界条件是

$$v(0)=v'(0)=0. \tag{6-1-7}$$

按线性理论，由方程(6-1-4)求得

$$v'=\frac{\zeta}{l}x,\quad v(x)=\frac{\zeta}{2l}x^2, \tag{6-1-8}$$

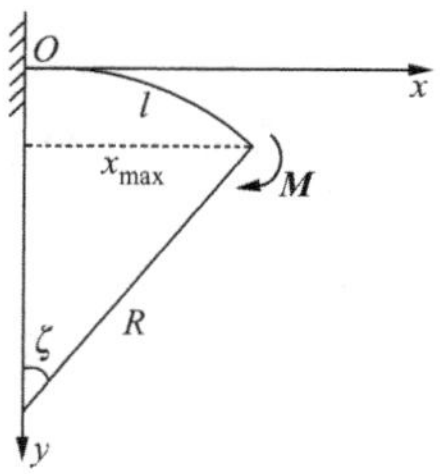

图 6-1-2

其中参数

$$\zeta=\frac{Ml}{EI_z} \tag{6-1-9}$$

是一个无量纲数. 从方程组(6-1-8)的第一式不难看出，ζ 就是梁两端面的相对转角. 挠度在自由端取极大值，其无量纲化的挠度为

$$f_0 = \frac{v(l)}{l} = \frac{1}{2}\zeta. \tag{6-1-10}$$

对于非线性理论，考虑到式(6-1-9)，精确的微分方程为

$$\frac{v''}{(1+v'^2)^{3/2}} = \frac{\zeta}{l}. \tag{6-1-11}$$

上式可以看做是关于变量 v' 的一阶微分方程，利用 $v'(0)=0$，将其积分得

$$\frac{v'}{(1+v'^2)^{1/2}} = \frac{\zeta}{l}x,$$

于是

$$v' = \frac{\frac{\zeta}{l}x}{\sqrt{1-\left(\frac{\zeta x}{l}\right)^2}}.$$

利用 $v(0)=0$，再积分一次得

$$v(x) = \frac{1}{\zeta}\left[1-\sqrt{1-\left(\frac{\zeta x}{l}\right)^2}\right]. \tag{6-1-12}$$

当 $x=x_{\max}$ 时，挠度 v 取最大值 $v_{\max}$. 由 ζ 的定义式(6-1-9)可看出

$$\frac{\zeta}{l} = \frac{M}{EI_z} = \frac{1}{R},$$

因而 ζ 就是弹性线所对的角(见图 6-1-2). 于是

$$\frac{\zeta x_{\max}}{l} = \frac{x_{\max}}{R} = \sin\zeta,$$

因此，无量纲化的最大挠度为

$$f = \frac{v_{\max}}{l} = \frac{1}{\zeta}(1-\cos\zeta). \tag{6-1-13}$$

将余弦函数展成泰勒级教，并仅保留前三项：

$$\cos\zeta = 1-\frac{1}{2}\zeta^2+\frac{1}{24}\zeta^4,$$

于是无量纲化的最大挠度值为

$$f = \frac{1}{2}\zeta-\frac{1}{24}\zeta^3 = f_0-\frac{1}{3}f_0^3. \tag{6-1-14}$$

按线性理论计算挠度的相对误差是

$$\frac{|f-f_0|}{f_0}=\frac{1}{3}f_0^2, \tag{6-1-15}$$

小挠度时，它是二阶小量，可以略去不计.

现在我们假设在确定挠度时，精度达到 3%就够了. 更高的精度要求是不必要的，因为弹性模量等材料参数通常也不可能测得绝对精确. 这时令

$$\frac{1}{3}f_0^2=\frac{3}{100},$$

便得到

$$f_0=0.3.$$

由此可见，对悬臂梁的纯弯曲，甚至在挠度为跨度的 30%时，线性理论还是足够精确的.

上面讨论的挠曲轴方程(6-1-3)和(6-1-4)只涉及弯矩 $M_z(x)$对挠度的贡献，而实际上弯曲剪力对挠度也多少有些影响. 剪力使梁各部分产生相对剪错的变形，从而产生附加挠度. 在梁轴线附近取如图 6-1-3 所示的单元体，可以看出，由剪力引起的附加挠度 v_s 对 x 的导数恰是梁轴处单元的切应变

$$\frac{\mathrm{d}v_s}{\mathrm{d}x}=\gamma_0.$$

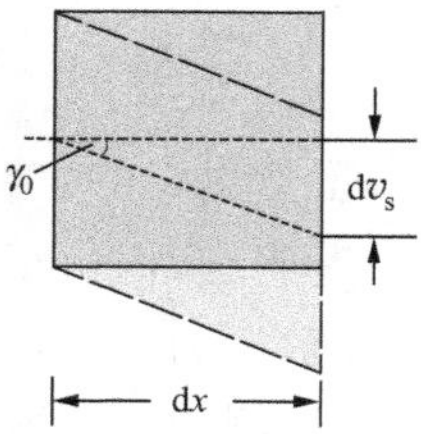

由于

$$\gamma_0=\frac{\tau_{xy}}{G}=\alpha_s\frac{Q_y}{GA},$$

得

$$v_s'=\alpha_s\frac{Q_y}{GA}, \tag{6-1-16}$$

图　6-1-3

其中 Q_y 是截面上的剪力；A 是截面面积；α_s 是联系最大切应力与平均切应力的系数，称为剪切系数. 由 §5-2 知，对矩形截面 $\alpha_s=1.5$，对圆形截面 $\alpha_s=4/3$. 将式(6-1-16)对 x 微商一次，并考虑到

式(5-1-1),得

$$v_s'' = -\alpha_s \frac{q}{GA}, \tag{6-1-17}$$

这就是关于剪切挠度的微分方程.如果认为总的挠度为弯曲挠度和剪切挠度之和,由式(6-1-4)和(6-1-17)可得如下方程:

$$v'' = \frac{M_z(x)}{EI_z} - \alpha_s \frac{q(x)}{GA},$$

或

$$v'' = \frac{M_z}{EI_z}\left(1 - \frac{\alpha_s qEI_z}{AGM_z}\right). \tag{6-1-18}$$

对于承受分布载荷 q 的矩形截面长梁,$M_z = O(ql^2)$,$I_z = O(bh^3)$,$A = bh$,则有

$$\frac{\alpha_s qEI_z}{AGM_z} = O\left(\frac{h^2}{l^2}\right),$$

其中"O"表示同一数量级,h^2/l^2 与 1 相比,它是个可以略去的小量,因而在弯曲挠度的计算中通常不考虑剪力对挠度的影响.

§ 6-2 弯曲方程的积分

虽然在§6-1中给出的微分方程(6-1-4)的积分在数学上是个初等问题,但由于方程右端的弯矩解析式往往是逐段给出的,因此,确定梁的挠度还可能相当繁琐.不过由于我们在前面曾引用广义函数(例如 δ 函数和 φ_i 函数,见式(5-1-6)),利用它们可对方程(6-1-4)的积分给出一个统一的公式.

对式(6-1-4)由 0 到 x 积分得

$$v'(x) = v'(0) + \int_0^x \frac{M_z}{EI_z} \mathrm{d}x, \tag{6-2-1}$$

对方程(6-2-1)从 0 到 x 再积分一次得

$$v(x) = v(0) + v'(0)x + \int_0^x \int_0^x \frac{M_z}{EI_z} \mathrm{d}x \mathrm{d}x. \tag{6-2-2}$$

这个公式给出了方程(6-1-4)的通解,两个待定常数是 $v(0)$

和$v'(0)$.

在一般的载荷情况下，梁的弯矩可以用函数 φ_n 表示，见式(5-1-13).如图 6-2-1 所示，在我们研究的梁上，于坐标 a 处作用力偶矩载荷 M，b 处作用集中力载荷 P，c 到 d 之间作用均布载荷 q，那么它们对应的弯矩分别是

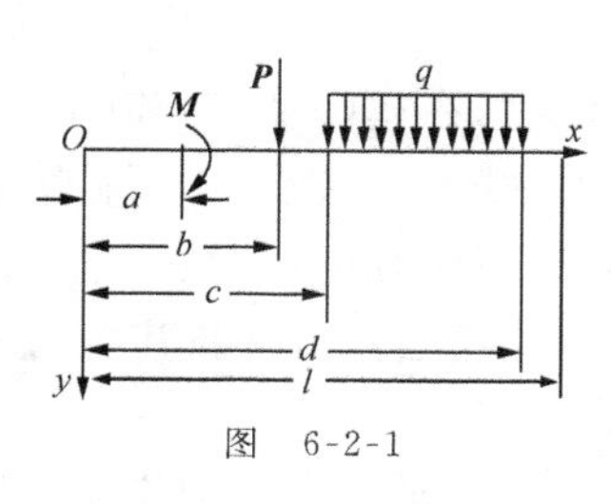

图 6-2-1

$$M_z = -M\varphi_0(x-a), \quad M_z = P\varphi_1(x-b),$$
$$M_z = q\varphi_2(x-c) - q\varphi_2(x-d).$$

因此，当杆上作用有几个力偶矩、集中力和均布载荷的一般情况下，坐标为 x 的截面上的弯矩可写成

$$M_z(x) = \sum[-M\varphi_0(x-a) + P\varphi_1(x-b) + q\varphi_2(x-c) - q\varphi_2(x-d)].$$

将 M_z 的表达式代入式(6-2-1)，若 EI_z = 常数，可得

$$v'(x) = v'(0) + \frac{1}{EI_z}\sum\{-M\varphi_1(x-a) + P\varphi_2(x-b) + q[\varphi_3(x-c) - \varphi_3(x-d)]\}. \tag{6-2-3}$$

又由式(6-2-2)得

$$v(x) = v(0) + v'(0)x + \frac{1}{EI_z}\sum\{-M\varphi_2(x-a) + P\varphi_3(x-b) + q[\varphi_4(x-c) - \varphi_4(x-d)]\}, \tag{6-2-4}$$

上式是弯曲方程式的通解. 应用函数 φ_n 的定义，最后可将 v' 和 v 写成下式：

$$v'(x) = v'(0) + \frac{1}{EI_z}\sum^{l}\left\{-M(x-a) + P\frac{(x-b)^2}{2!} + q\left[\frac{(x-c)^3}{3!} - \frac{(x-d)^3}{3!}\right]\right\}, \tag{6-2-5}$$

$$v(x) = v(0) + v'(0)x + \frac{1}{EI_z}\sum^{l}\left\{-M\frac{(x-a)^2}{2!} + P\frac{(x-b)^3}{3!}\right.$$

$$+q\left[\frac{(x-c)^4}{4!}-\frac{(x-d)^4}{4!}\right]\Bigg\}. \tag{6-2-6}$$

要注意,在式(6-2-5)和(6-2-6)中的求和号上标有字母 l,它表示仅对被研究的截面(坐标为 x 的截面)左边那部分梁上的各量求和.当所研究的截面从一段转到另一段时,公式中将增加新的项.

这些公式容易推广到按梯形、三角形或任意多项式规律分布的载荷情况.

下面举几个例题说明式(6-2-5)和(6-2-6)的应用.

例 6-2-1 受均布载荷 q 作用的简支梁如图 6-2-2 所示,求最大挠度.

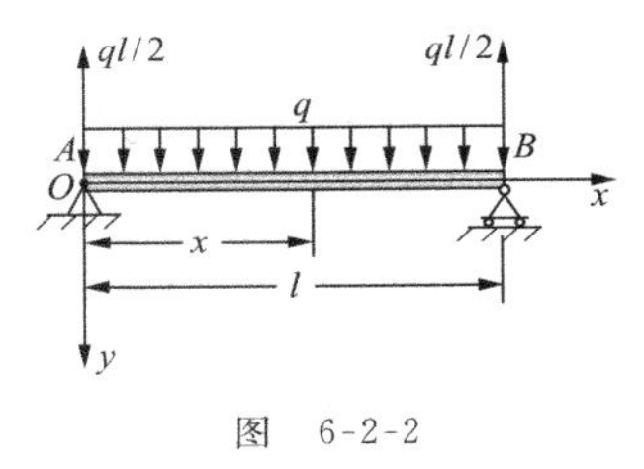

图 6-2-2

两端支反力都等于 $-ql/2$. 现考虑距左端面为 x 的任意截面,左端面的支反力 $-ql/2$ 可看做集中载荷,并且 $b=0$;作用的均布载荷也是从 $x=0$ 开始,即 $c=0$(参见图 6-2-1). 左端面($x=0$)的挠度为零,即 $v(0)=0$,由式(6-2-6)得

$$EI_z v(x)=EI_z v'(0)x-\frac{ql}{2}\frac{x^3}{6}+\frac{qx^4}{24},$$

由 $v(l)=0$ 的条件可定出常数 $v'(0)$:

$$EI_z v(l)=EI_z v'(0)l-\frac{ql^4}{12}+\frac{ql^4}{24}=0,$$

由此得

$$EI_z v'(0)=\frac{ql^3}{24},$$

于是

$$v(x)=\frac{qx}{24EI_z}(l^3-2lx^2+x^3).$$

在 $x=\dfrac{l}{2}$ 处,挠度有最大值

$$v_{\max}=v\left(\frac{l}{2}\right)=\frac{5ql^4}{384EI_z}. \qquad (6\text{-}2\text{-}7)$$

例 6-2-2 在跨度中央承受集中载荷 P 的简支梁如图 6-2-3 所示，求最大挠度.

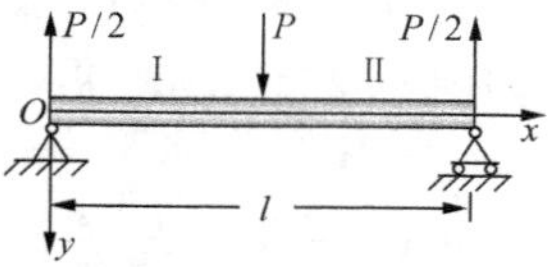

梁两端的支反力均为 $-P/2$.

在第Ⅰ段梁上，即当 $0\leqslant x\leqslant l/2$ 时，有

图 6-2-3

$$EI_zv(x)=EI_zv'(0)x-\frac{P}{2}\frac{x^3}{6};$$

在第Ⅱ段梁上，即当 $l/2\leqslant x\leqslant l$ 时，

$$EI_zv(x)=EI_zv'(0)x-\frac{P}{2}\frac{x^3}{6}+\frac{P\left(x-\frac{l}{2}\right)^3}{6}.$$

为了确定 $v'(0)$，我们应当用 $v(l)=0$ 的条件：

$$EI_zv(l)=EI_zv'(0)l-\frac{Pl^3}{12}+\frac{Pl^3}{48}=0,$$

由此得

$$v'(0)=\frac{Pl^2}{16EI_z}.$$

梁的挠曲线为

$$EI_zv(x)=\frac{Px}{48}(3l^2-4x^2),\quad x\leqslant\frac{l}{2},$$

最大挠度为

$$v_{\max}=v\left(\frac{l}{2}\right)=\frac{Pl^3}{48EI_z}. \qquad (6\text{-}2\text{-}8)$$

在本题还可以利用对称性 $v'(l/2)=0$ 来确定 $v'(0)$. 实际上，由式(6-2-5)，

$$EI_zv'(x)=EI_zv'(0)-\frac{P}{4}x^2.$$

令 $x=l/2$，有

$$EI_zv'\left(\frac{l}{2}\right)=EI_zv'(0)-\frac{Pl^2}{16}=0,$$

同样得到

$$v'(0)=\frac{Pl^2}{16EI_z}.$$

例 6-2-3　受均布载荷 q 和自由端受集中载荷 P 作用的悬臂梁如图 6-2-4 所示，求最大挠度.

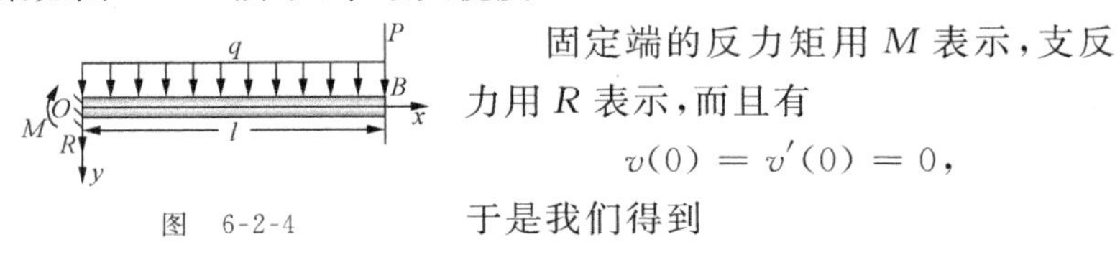

图　6-2-4

固定端的反力矩用 M 表示，支反力用 R 表示，而且有

$$v(0)=v'(0)=0,$$

于是我们得到

$$EI_zv(x)=-M\frac{x^2}{2}+R\frac{x^3}{6}+\frac{qx^4}{24}.$$

如果只在梁的自由端作用集中载荷 P，而无分布载荷 q 时，则 $M=-Pl$，$R=-P$ 于是有

$$v(x)=\frac{1}{EI_z}\left(\frac{Plx^2}{2}-\frac{Px^3}{6}\right),$$

最大挠度为

$$v_{\max}=v(l)=\frac{Pl^3}{3EI_z}.\qquad(6\text{-}2\text{-}9)$$

如果相反的话，梁只作用有均布载荷 q，则 $M=-ql^2/2$，$R=-ql$，于是有

$$v(x)=\frac{1}{EI_z}\left(\frac{ql^2x^2}{4}-\frac{qlx^3}{6}+\frac{qx^4}{24}\right),$$

$$v_{\max}=v(l)=\frac{ql^4}{8EI_z}.\qquad(6\text{-}2\text{-}10)$$

在自由端的集中载荷和沿梁的均布载荷同时作用时，

$$v_{\max}=\frac{Pl^3}{3EI_z}+\frac{ql^4}{8EI_z}.$$

这里实际上应用了一个带有普遍性的原理，即叠加原理：由几个外力所引起的某一参数（内力、应力或挠度）等于每个外力单独作用时所引起的该参数值之总和. 只要物体的变形是微小的，材料又

在线弹性范围内工作，叠加原理总是成立的. 在第五章导出剪力、弯矩的一般公式(5-1-10)和(5-1-11)，以及在本章导出转角、挠度的一般公式(6-2-3)和(6-2-4)时，我们实际上都曾利用过这个原理.

例 6-2-4 一具有中间铰的梁如图 6-2-5 所示，梁左端固支，右端活动简支，距左端面为 a 处作用以集中载荷 $\boldsymbol{P}$，在 $x=2a$ 处有一铰链，求梁的挠度分布.

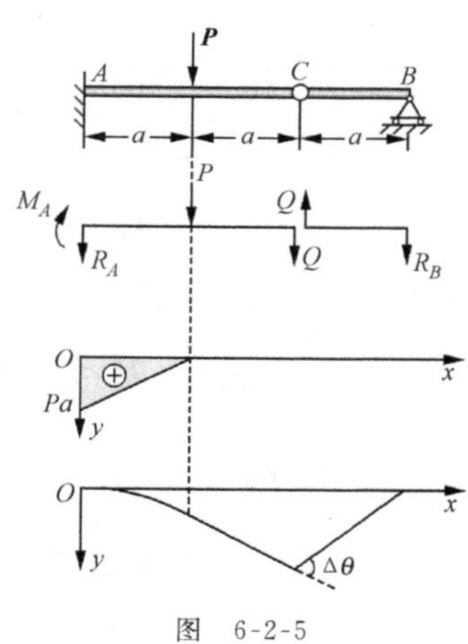

图 6-2-5

设固支端支反力为 R_A，反力矩为 M_A，简支端的支反力为 R_B. 这里虽然支反力有三个，但由于平衡条件和在点 C 处弯矩为零的条件，仍可确定这些支反力. 它们是

$$R_B = 0, \quad R_A = -P, \quad M_A = -Pa,$$

因而弯矩如图所示. 由于 $v(0)=v'(0)=0$，在 $0<x<a$ 时，

$$EI_z v'(x) = Pax - P\frac{x^2}{2},$$

$$EI_z v(x) = Pa\frac{x^2}{2} - P\frac{x^3}{6}.$$

在 $a<x<2a$ 时，

$$EI_z v'(x) = Pax - P\frac{x^2}{2} + P\frac{(x-a)^2}{2},$$

$$EI_z v(x) = Pa\frac{x^2}{2} - P\frac{x^3}{6} + P\frac{(x-a)^3}{6}.$$

因为在 $x=2a$ 处是个铰链，v' 有间断($v'(2a^-)\neq v'(2a^+)$)，对于 $2a<x<3a$ 的一段，梁需重新按式(6-2-5)和(6-2-6)积分. 这时，初值

$$v(2a)=v(2a^-)=v(2a^+)=\frac{5}{6EI_z}Pa^3,$$

$v'(2a^+)$待定,而此段梁上无载荷作用,因而有

$$EI_zv'(x)=EI_zv'(2a^+),$$

$$EI_zv(x)=\frac{5}{6}Pa^3+EI_zv'(2a^+)(x-2a).$$

由条件 $v(3a)=0$,定出

$$EI_zv'(2a^+)=-\frac{5}{6}Pa^2,$$

于是,当 $2a\leqslant x\leqslant 3a$ 时,

$$EI_zv'(x)=-\frac{5}{6}Pa^2,$$

$$EI_zv(x)=\frac{5}{6}Pa^3-\frac{5}{6}Pa^2(x-2a).$$

这样就求得沿梁的挠度分布,如图 6-2-5 所示.

对于有中间铰的梁,可以虚拟地将中间铰看做是用广义函数表示的分布载荷,即 $q(x)=EI_z\Delta\theta\delta''(x-x_i)$,其中 x_i 是铰所在位置的坐标,$\Delta\theta$ 是铰两侧挠曲线切线与 x 轴夹角的间断值(参见图 6-2-5).于是中间铰对弯矩分布的贡献将是 $M(x)=EI_z\Delta\theta\delta(x-x_i)$.这样,式(6-2-3)和(6-2-4)可推广到包括在 $x=e$ 处有中间铰的梁,即

$$\begin{aligned}v'(x)=&v'(0)+\frac{1}{EI_z}\sum\{-M\varphi_1(x-a)+P\varphi_2(x-b)\\&+q[\varphi_3(x-c)-\varphi_3(x-d)]+EI_z\Delta\theta\varphi_0(x-e)\},\end{aligned}\tag{6-2-11}$$

$$\begin{aligned}v(x)=&v(0)+v'(0)x+\frac{1}{EI_z}\sum\{-M\varphi_2(x-a)+P\varphi_3(x-b)\\&+q[\varphi_4(x-c)-\varphi_4(x-d)]+EI_z\Delta\theta\varphi_1(x-e)\}.\end{aligned}\tag{6-2-12}$$

这时常数 $v(0)$,$v'(0)$,$\Delta\theta$ 可由支座约束条件确定出来.

对于例 6-2-4,$v(0)=v'(0)=0$,由式(6-2-12)有

$$EI_z v(x) = Pa\varphi_2(x-0) - P\varphi_3(x-0) + P\varphi_3(x-a)$$
$$+ EI_z \Delta\theta\varphi_1(x-2a),$$

$$EI_z v(3a) = Pa\frac{(3a)^2}{2} - P\frac{(3a)^3}{6} + P\frac{(2a)^3}{6} + EI_z\Delta\theta a = 0.$$

于是定出

$$EI_z\Delta\theta = -\frac{8}{6}Pa^2,$$

得

$$EI_z v(x) = Pa\varphi_2(x) - P\varphi_3(x) + P\varphi_3(x-a)$$
$$-\frac{4}{3}Pa^2\varphi_1(x-2a).$$

如果将上式分段写出，就得到与前面完全相同的结果.

例 6-2-5 求简支梁可动铰支端的水平位移.

设 AB 梁的左端为固支铰支座，而右端为可动铰支座(图 6-2-6). 当梁承载弯曲时，右端从 B 到 B' 移动了一个很小的距离 Δ，位移 Δ 等于梁的原长 l 和弯曲后梁的弦长 AB' 之差. 为了求出这个距离，考虑沿梁弯曲轴线截取长为 $\mathrm{d}s$ 的一个微段，此微段在 x 轴的投影长度为 $\mathrm{d}x$. 长度 $\mathrm{d}s$ 和其水平投影 $\mathrm{d}x$ 之差为

$$\mathrm{d}s - \mathrm{d}x = \sqrt{(\mathrm{d}x)^2 + (\mathrm{d}v)^2} - \mathrm{d}x = \mathrm{d}x\,[1 + (v')^2]^{\frac{1}{2}} - \mathrm{d}x$$
$$= \mathrm{d}x\left[1 + \frac{1}{2}(v')^2\right] - \mathrm{d}x = \frac{1}{2}(v')^2\mathrm{d}x.$$

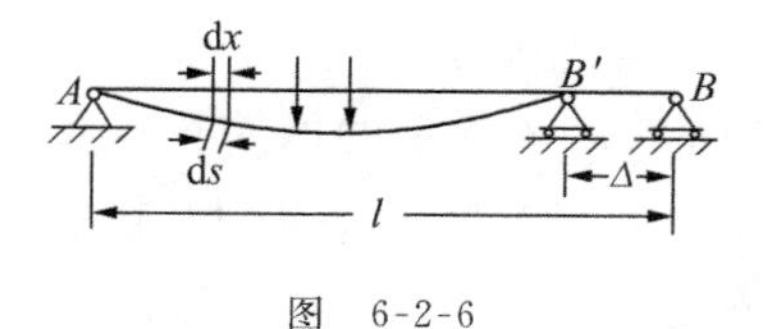

图 6-2-6

如果将这一表达式沿梁长积分，便得出梁的总长和弦长 AB' 之差，它是

$$\Delta = \frac{1}{2}\int_0^l (v')^2\mathrm{d}x. \tag{6-2-13}$$

§6-3 简单的静不定问题

利用式(6-2-5)和(6-2-6)不仅可以求解**静定问题**,也可以求解**静不定问题**.例如,我们现在研究一个在 n 个支座上的梁(通常称为连续梁),如图 6-3-1 所示.

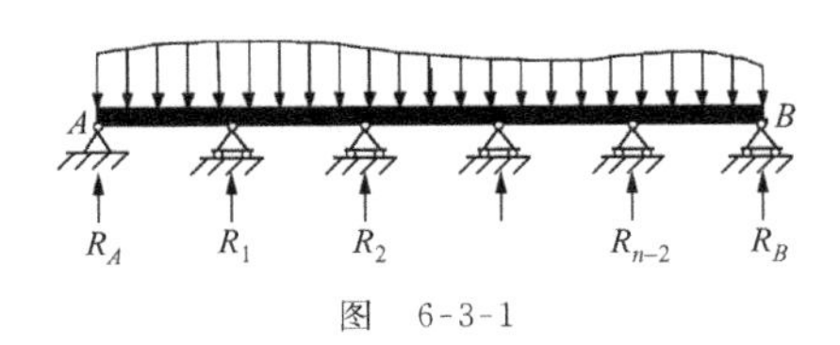

图 6-3-1

为了保证结构的不变性(即不是几何机构),实际上只需两个支座(例如两端的两个支座)就够了.这两个支座的反力我们用 R_A 和 R_B 表示.中间支座由 1 至 $n-2$ 编号,它们的支反力用 R_1,R_2,…,R_{n-2} 表示,并将它们称为“多余的”未知数或**多余反力**.我们可以建立包括这些字母表示的未知力的挠度的表达式.这样,挠度 $v(x)$ 的表达式将包括 n 个未知数:常数 $v(0)$,$v'(0)$ 和 $n-2$ 个“多余的”支反力.因函数 $v(x)$ 在每个支座上(共 n 个点)的值为零,所以列出支座处挠度为零的条件后,解联立方程便可求出所有的未知数.当然,支反力也包括力矩情况(例如在固支端),这时要利用在支座处 $v'=\theta=0$ 的条件.

例 6-3-1 如图 6-3-2 所示的两跨连续梁,承受均布载荷 q 作用,求支反力和挠曲线.

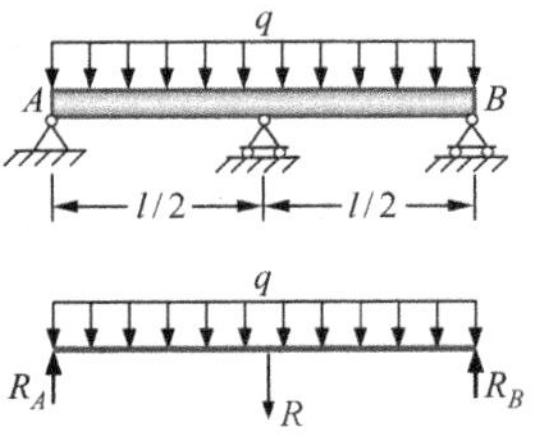

图 6-3-2

设中间支座的反力为多余反力,记为 R,两端支座的反力为

$$R_A = R_B = -(ql + R)/2.$$

因而由式(6-2-5),挠曲线方程为

$$EI_z v(x) = EI_z v(0) + EI_z v'(0)x + \left(-\frac{ql+R}{2}\right)\varphi_3(x)$$
$$+ q\varphi_4(x) + R\varphi_3\left(x - \frac{l}{2}\right),$$

由于 $v(0)=v(l/2)=v(l)=0$,得

$$\begin{cases} EI_z v(0) = 0, \\ EI_z v\left(\dfrac{l}{2}\right) = EI_z v'(0)\dfrac{l}{2} - \dfrac{ql+R}{2}\dfrac{(l/2)^3}{6} + \dfrac{q\,(l/2)^4}{24} = 0, \\ EI_z v(l) = EI_z v'(0)l - \dfrac{ql+R}{2}\dfrac{l^3}{6} + \dfrac{ql^4}{24} + R\dfrac{(l/2)^3}{6} = 0. \end{cases}$$

解上述方程组得

$$v(0) = 0, \quad v'(0) = \frac{ql^3}{384EI_z}, \quad R = -\frac{5ql}{8}.$$

将它们代回 $v(x)$ 的表达式中就得到挠度分布.

例 6-3-2　求如图 6-3-3 所示的一端固支一端简支的静不定梁的挠曲线.

取固支端的支反力矩 M 为多余反力,这时

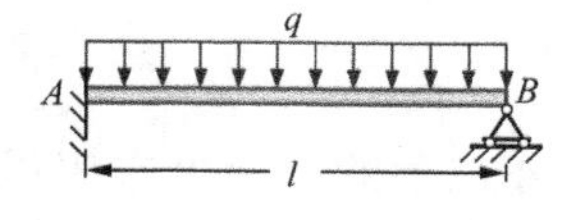

$$R_A = -\left(\frac{ql}{2} - \frac{M}{l}\right),$$
$$R_B = -\left(\frac{ql}{2} + \frac{M}{l}\right).$$

图　6-3-3

由于 $v(0)=v'(0)=0$,挠曲线表达式为

$$EI_z v(x) = -M\varphi_2(x) - \left(\frac{ql}{2} - \frac{M}{l}\right)\varphi_3(x) + q\varphi_4(x).$$

由 $v(l)=0$ 可确定出 M:

$$EI_z v(l) = -M\frac{l^2}{2} - \left(\frac{ql}{2} - \frac{M}{l}\right)\frac{l^3}{6} + \frac{ql^4}{24} = 0,$$

即

$$M = -\frac{1}{8}ql^2.$$

因而

$$R_A = -\frac{5}{8}ql,\quad R_B = -\frac{3}{8}ql.$$

将这些值代回挠曲线表达式得

$$EI_z v(x) = \frac{ql^2}{48}x^2\left(3 - 5\frac{x}{l} + 2\frac{x^2}{l^2}\right).$$

以上直接用积分公式(6-2-5)和(6-2-6)求静不定问题的方法叫做**积分法**,积分法的优点是可将静定问题和静不定问题做统一处理.然而在材料力学中,对于简单的,仅有一两个**多余反力**的静不定问题,经常采用**叠加法**求解.去掉多余反力所对应的约束后得到的梁称为静定的基本结构(简称静定基).如果知道了静定梁的一些典型的解,使用叠加法求解静不定问题具有显著的优点.下面用一个例子来说明叠加法.

例 6-3-3　用叠加法求解例 6-3-1.

假想地去掉中间支座得到一个静定的简支架(静定基).在均布载荷 q 作用下,由式(6-2-7),跨中的挠度为

$$v_q = \frac{5ql^4}{384EI_z}.$$

另外在梁的跨中再作用以集中力 R(即中间支座的支反力),按式(6-2-8),产生的跨中挠度为

$$v_R = \frac{Rl^3}{48EI_z}.$$

实际上,梁是在载荷 q 和反力 R 共同作用之下,这时梁的挠度 $v(x)$ 为

$$v(x) = v_q(x) + v_R(x).$$

在跨中挠度取值应为零,即有

$$v_q + v_R = \frac{5ql^4}{384EI_z} + \frac{Rl^3}{48EI_z} = 0,$$

从而解得

$$R = -5ql/8.$$

两端支座的反力为

$$R_A = R_B = -\frac{1}{2}(ql + R) = -\frac{3}{16}ql,$$

弯矩分布如图 6-3-4 所示

$$M_z(x) = -\frac{3}{16}qlx + \frac{qx^2}{2},\quad x < \frac{l}{2}.$$

当 $x=l/2$ 时取最大值

$$M_{z\max} = M_z\left(\frac{l}{2}\right) = \frac{1}{32}ql^2, \tag{6-3-1}$$

其中中间支座反力 R 的值与前面例6-3-1中求得的完全相同.

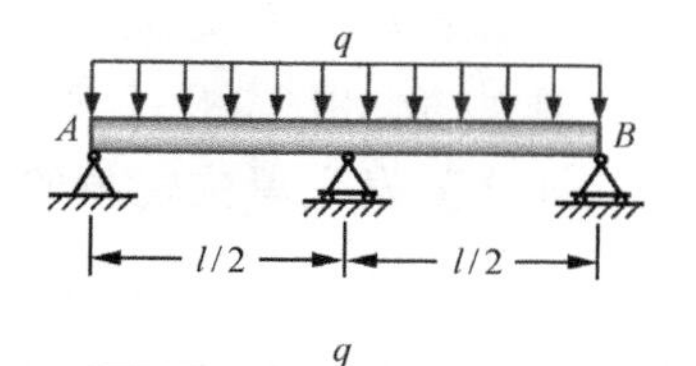

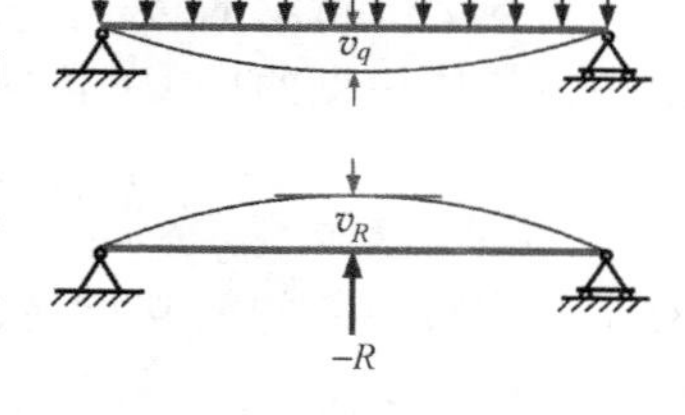

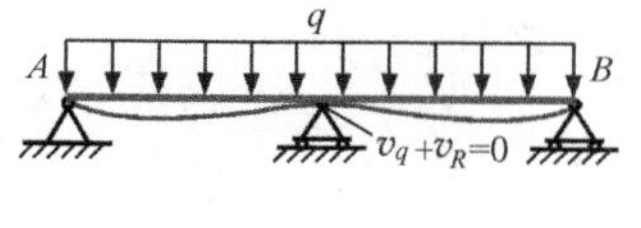

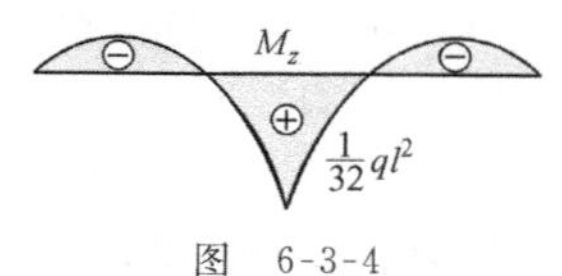

图　6-3-4

由于挠曲线关于中间支座是对称的，只要给出 $0\leqslant x\leqslant l/2$ 的表达式就够了. 它是

$$\begin{aligned} v(x) &= \frac{qx}{24EI_z}(l^3 - 2lx^2 + x^3) \\ &\quad + \left(-\frac{5ql}{8}\right)\frac{x}{48EI_z}(3l^2 - 4x^2) \\ &= \frac{qx}{384EI_z}(l^3 - 12lx^2 + 16x^3). \end{aligned}$$

当 $x=\frac{1+\sqrt{33}}{32}l\approx 0.211l$ 时，挠度取最大值

$$v_{\max} = \frac{0.130}{384}\frac{ql^4}{EI_z}. \tag{6-3-2}$$

作为练习，读者还可以利用 § 6-2 中的结果，使用叠加法重新计算如图 6-3-3 所示的例题.

§ 6-4　梁的刚度计算

第二章中我们讨论杆件和杆系结构时，曾将构件和结构的刚度定义为使结构产生单位变形所需外力的大小. 这种定义对于梁在原则上也是适用的. 由于变形与构件和结构的载荷、支承情况、材料常数和截面形状，以及跨度等因素有关，相应的刚度也与这些因素有关. 例如图 6-1-2 所示受纯弯曲的悬臂梁，刚度可定义为使两端面之间发生单位转角的外力矩，即

$$k=\frac{M}{\zeta}=\frac{EI_z}{l},$$

对于图 6-2-3 所示的跨中受集中载荷 P 的简支梁，刚度可定义为集中力与作用点的挠度(也即最大挠度 $v_{\max}$)之比，即

$$k=\frac{P}{v_{\max}}=\frac{48EI_z}{l^3}.$$

对于受均布载荷的简支梁情况(图 6-2-2)，如果将均布载荷的集度 q 看做广义力，那么与其能量共轭的广义位移 ω 是变形前后梁轴线之间的面积，

$$\omega=\int_0^l v(x)\,\mathrm{d}x=\frac{ql^5}{120EI_z}$$

(参见§9-1)，刚度可定义为广义力 q 与广义位移 ω 之比

$$k=\frac{q}{\omega}=\frac{120EI_z}{l^5}.$$

在梁的设计中，按强度选择了截面后，往往还要对梁进行刚度计算. 按上面定义的刚度做计算需要对每个具体问题重新定义刚度，这是不方便的. 在梁的设计中通常检查梁的挠度和转角是否在设计所允许的范围内. 因为梁的位移若超过了规定的限度，其正常工作条件就得不到保证. 在土建结构中，通常对梁的挠度要加以限制，例如，如果铁路桥梁挠度过大，则在机车通过时将发生很大的震动. 在机械制造方面，往往对挠度和转角也都有一定的限制，例如机床中的主轴，如果挠度过大，将影响加工的精确度；传动轴在支座处转角过大，将使轴承发生严重的磨损等. 如果挠度或转角超过了容许值，则应重新选择截面以满足刚度条件的要求.

在各类工程设计中，对于构件弯曲位移许用值的规定出入很大. 对于梁的挠度，其许用值通常用挠度与梁跨长的许用比值 $[v/l]$ 作为标准. 例如在土建工程方面，$[v/l]$ 值常限制在 1/250～

1/1000 范围内；在机械制造工程方面，对主要的轴，$[v/l]$的值则限制在 1/5000～1/10000 范围内等等. 通常设计机械中的转轴时，还要对轴的转角加以限制，例如传动轴在支座处的许用转角$[\theta]$一般限制在 0.005～0.001 rad 范围内.

梁的**刚度条件**可写为

$$\frac{v_{\max}}{l} \leqslant \left[\frac{v}{l}\right], \quad \theta_{\max} \leqslant [\theta]. \qquad (6\text{-}4\text{-}1)$$

由于弯曲刚度与材料的弹性模量 E 和截面的惯性矩 I_z 成正比，与跨度 l 或它的幂次成反比，因而如果遇到构件的刚度不足时，可增大梁的截面刚度 EI_z 或减小跨长以及改变结构形式(例如增加支座等). 这里要说明的是，对于钢梁来说，采用高强度钢可以大大提高梁的强度，但却不能增大梁的刚度，因为高强度钢与普遍低碳钢的 E 值是相近的. 因此主要应设法在截面面积不变的条件下采用惯性矩 I_z 大的截面形状，这样既可增大强度也可增大刚度.

例 6-4-1 试按刚度条件校核第五章例 5-3-2 的简支梁(图 5-3-5). 已知按强度条件所选择的梁为 28a 号工字钢，该工字钢截面惯性矩 $I_z = 7114 \times 10^{-8}\ \text{m}^4$，钢的弹性模量 $E = 210 \times 10^3$ MPa，梁的跨长 $l = 2.50$ m，此梁容许的挠度与梁跨长比值为 $[v/l] = 1/400$.

考虑到对称性，左端支座的反力 $R = -P = -200$ kN，在跨中有

$$v'\left(\frac{l}{2}\right) = 0.$$

按式(6-2-3)

$$v'\left(\frac{l}{2}\right) = v'(0) + \frac{1}{210 \times 10^9\ \text{Pa} \times 7114 \times 10^{-8}\ \text{m}^4} \times \left[-200\ \text{kN} \times \frac{(1.25\ \text{m})^2}{2} + 200\ \text{kN} \times \frac{(1.25\ \text{m} - 0.42\ \text{m})^2}{2}\right] = 0,$$

于是得

$$v'(0) = 5.85 \times 10^{-3}.$$

再由式(6-2-4)得

$$\begin{aligned} v_{\max} &= v\left(\frac{l}{2}\right) = 5.85 \times 1.25 \times 10^{-3}\ \mathrm{m} \\ &\quad + \frac{1}{210 \times 10^{9}\ \mathrm{Pa} \times 7114 \times 10^{-8}\ \mathrm{m}^{4}} \\ &\quad \times \left[-200\ \mathrm{kN} \times \frac{(1.25\ \mathrm{m})^{2}}{2}\right. \\ &\quad \left. + 200\ \mathrm{kN} \times \frac{(1.25\ \mathrm{m} - 0.42\ \mathrm{m})^{2}}{2}\right] \\ &= 4.23 \times 10^{-3}\ \mathrm{m}. \end{aligned}$$

该梁的容许挠度为

$$\begin{aligned} [v] &= \left[\frac{v}{l}\right] \times l \\ &= \frac{1}{400} \times 2.50\ \mathrm{m} = 6.25 \times 10^{-3}\ \mathrm{m}. \end{aligned}$$

由于 $v_{\max} = 4.23 \times 10^{-3}\ \mathrm{m} < 6.25 \times 10^{-3}\ \mathrm{m}$，因此所选的工字钢能够满足刚度条件的要求.

例 6-4-2　在受均布载荷 q 作用的简支梁跨中加一支座(图 6-3-2)，其刚度增大了多少?

按刚度条件(6-4-1)进行刚度计算，应将最大位移 $v_{\max}$ 当做变形的度量. 在同样载荷的情况下，$v_{\max}$ 越小，梁的刚度越大；反之，$v_{\max}$ 越大，梁的刚度越小. 实际上是将梁的刚度看做 $k = q/v_{\max}$.

在静定梁情况，由式(6-2-7)最大位移为

$$(v_{\max})_1 = \frac{5ql^4}{384EI_z},$$

在静不定梁情况，由式(6-3-2)最大位移为

$$(v_{\max})_2 = \frac{0.130ql^4}{384EI_z},$$

因而刚度比

$$\frac{k_2}{k_1}=\frac{(v_{\max})_1}{(v_{\max})_2}=38.5.$$

因此,中间加一支座的简支梁,刚度增加了38.5倍.

如果按前面广义位移定义的刚度计算,按例6-3-3中的挠度公式,计算出静不定梁的广义位移为

$$\omega=\frac{ql^5}{5120EI_z},$$

则静不定梁的刚度为

$$k_2=\frac{q}{\omega}=\frac{5120EI_z}{l^5}.$$

本节前面已给出了静定梁的刚度为

$$k_1=\frac{120EI_z}{l^5},$$

因而刚度比

$$\frac{k_2}{k_1}=42.7.$$

用两种不同的变形度量定义刚度,所计算出的刚度比相差不大.对受均布载荷的静定简支梁而言,跨中增加一支座而得到静不定梁,其刚度增大了近40倍.

§6-5 常系数线性微分方程的初参数解法

比较复杂的问题,例如纵-横弯曲问题和弹性基础上梁的弯曲问题等,将归结为比式(6-1-5)更为复杂的常系数线性微分方程.积分这些方程的困难在于方程右端 x 的函数在不同的区段有不同的表达式.下面介绍的方法早被柯西使用过,对于梁的弯曲问题是由克雷洛夫给出的.

设一个常系数 n 阶线性齐次微分方程是

$$\frac{\mathrm{d}^n u}{\mathrm{d}x^n}+a_1\frac{\mathrm{d}^{n-1}u}{\mathrm{d}x^{n-1}}+\cdots+a_n u\equiv L(u)=0,\qquad(6\text{-}5\text{-}1)$$

任取它的一组线性无关的特解

$$u_1, u_2, \cdots, u_n,$$

并由这组特解构造一组具有以下性质的新的特解 $U_k(k=1,2,\cdots,n)$：

$$\begin{cases} U_k(0) = U_k'(0) = \cdots = U_k^{(n-1)}(0) = 0, \\ U_k^{(k-1)}(0) = 1, \end{cases} \tag{6-5-2}$$

这总是可以做到的. 为此需要取特解 $u_i(i=1,2,\cdots,n)$的线性组合

$$U_k = \sum_{i=1}^{n} c_{ki} u_i,$$

其系数 $c_{k1}, c_{k2}, \cdots, c_{kn}$ 可由以下方程组求出：

$$\sum_{i=1}^{n} c_{ki} u_i^{(s)}(0) = \delta_{k,s+1}, \quad s = 0,1,2,\cdots,n-1,$$

式中的 $\delta_{k,s+1}$ 是克朗内克记号，上式可具体地写为

$$\begin{cases} c_{k1} u_1(0) + c_{k2} u_2(0) + \cdots + c_{kn} u_n(0) = 0, \\ c_{k1} u_1'(0) + c_{k2} u_2'(0) + \cdots + c_{kn} u_n'(0) = 0, \\ \cdots\cdots \\ c_{k1} u_1^{(k-1)}(0) + c_{k2} u_2^{(k-1)}(0) + \cdots + c_{kn} u_n^{(k-1)}(0) = 1, \\ \cdots\cdots \\ c_{k1} u_1^{(n-1)}(0) + c_{k2} u_2^{(n-1)}(0) + \cdots + c_{kn} u_n^{(n-1)}(0) = 0. \end{cases} \tag{6-5-3}$$

这个方程组的系数行列式是函数系 $u_1, u_2, \cdots, u_n$ 在 $x=0$ 时的朗斯基行列式，因为 $u_1, u_2, \cdots, u_n$ 是线性无关的，这个行列式不等于零. 因此总可以解出系数 c_{ki}，也就构造出函数 U_k.

现在取这样构造的特解 $U_1(x), U_2(x), \cdots, U_n(x)$，这些函数都具有式(6-5-2)所要求的性质. 将这些函数的初值和它们导数的初值列于表 6-5-1 中，表中仅在主对角线的位置上为 1，其余的位置处均为零. 因此，方程(6-5-1)的这组特解 U_k 称为具有单位矩阵的函数系. 因为这组解在 $x=0$ 时的朗斯基行列式是单位矩阵的行列式，其值等于 1，所以这组特解是线性无关的. 用它们可

以构成齐次方程(6-5-1)的通解

$$u(x)=\sum_{i=1}^{n}C_iU_i(x).$$

表 6-5-1

	$U(0)$	$U'(0)$	$U''(0)$	$U'''(0)$	…	$U^{(n-1)}(0)$
U_1	1	0	0	0	…	0
U_2	0	1	0	0	…	0
U_3	0	0	1	0	…	0
…	…	…	…	…	…	…
U_n	0	0	0	0	…	1

现在研究非齐次方程

$$L(u)=f(x) \tag{6-5-4}$$

的解.我们能够证明下面的定理:对于方程(6-5-4),在 $x=0$ 处函数本身和直到 $n-1$ 阶导数都取零值的一个特解由下式给出:

$$\bar{u}(x)=\int_0^x U_n(x-\zeta)f(\zeta)\mathrm{d}\zeta. \tag{6-5-5}$$

为此我们已设方程(6-5-4)的首项系数为 1,计算函数 $\bar{u}(x)$ 的各阶导数.在这里 x 是积分的上限,同时又是参数.根据对参变量积分进行微商的定理,得

$$\bar{u}'(x)=U_n(0)f(x)+\int_0^x U_n'(x-\zeta)f(\zeta)\mathrm{d}\zeta.$$

由于所选择的函数 $U_k(x)$ 的性质,$U_n(0)=0$.将上式再微商一次得

$$\bar{u}''(x)=\int_0^x U_n''(x-\zeta)f(\zeta)\mathrm{d}\zeta,$$

这样一直计算到 $n-1$ 阶导数均有类似的公式.$\bar{u}(x)$ 的 n 阶导数为

$$\bar{u}^{(n)}(x)=U_n^{(n-1)}(0)f(x)+\int_0^x U_n^{(n)}(x-\zeta)f(\zeta)\mathrm{d}\zeta,$$

而且

$$U_n^{(n-1)}(0) = 1.$$

将函数 $\bar{u}(x)$和它的各阶导数代入方程(6-5-4)，因为系数是常数，在积分号内得到函数 $U_n(x)$的各阶导数的线性组合，它和算子 $L(u)$中的完全一样. 考虑到 $\bar{u}^{(n)}(x)$的系数是 1，得

$$\int_0^x L(U_n)f(\zeta)\mathrm{d}\zeta + f(x) = f(x),$$

因为 U_n 是齐次方程(6-5-1)的解，$L(U_n)=0$，因此我们得到一个恒等式，于是定理得证.

式(6-5-5)给出的解不是一个随意选取的特解，而是它本身以及直到 $n-1$ 阶导数在 $x=0$ 都取零值的一个特解. 这样的解有很大的优点，使由初条件确定常数的过程得到简化.

方程(6-5-4)的通解可由下式表示：

$$u(x) = \sum_{k=1}^{n} C_k U_k(x) + \int_0^x U_n(x-\zeta)f(\zeta)\mathrm{d}\zeta,$$

这里的常数 $C_1, C_2, \cdots, C_n$ 有完全确定的意义. 实际上，令 $x=0$ 代入，得

$$u(0) = C_1.$$

计算 u 的 $k-1$ 阶导数，并令 $x=0$，等式右端除 U_k 这一项外，其余各项都等于零. 由于 $U_k^{(k-1)}(0)=1$，得到

$$u^{(k-1)}(0) = C_k,$$

因此通解可写为

$$u(x) = \sum_{k=1}^{n} u^{(k-1)}(0)U_k(x) + \int_0^x U_n(x-\zeta)f(\zeta)\mathrm{d}\zeta. \tag{6-5-6}$$

式(6-5-6)是线性微分方程(6-5-4)的通解，这种形式的解在应用上比较方便. 这里的积分常数有简单的意义，它们是未知函数及其导数在 $x=0$ 时的初值. 以式(6-5-6)为基础的微分方程的积分法在结构力学中有广泛的应用，这种方法叫做初始参数法.

例 6-5-1 求弯曲微分方程(6-1-4)

$$v''=\frac{M_z}{EI_z}$$

的解.

相应的齐次方程为

$$v''=0,$$

它的具有单位矩阵的特解为

$$U_1=1,\quad U_2=x.$$

事实上 $U_1(0)=1, U_1'(0)=0; U_2(0)=0, U_2'(0)=1$. 由式(6-5-6)，弯曲微分方程(6-1-4)的通解为

$$v(x)=v(0)\cdot 1+v'(0)x+\int_0^x (x-\zeta)\frac{M_z(\zeta)}{EI_z}\mathrm{d}\zeta. \tag{6-5-7}$$

将 $M_z(\zeta)/EI_z$ 看做

$$\frac{\mathrm{d}}{\mathrm{d}\zeta}\left(\int_0^x \frac{M_z(\zeta)}{EI_z}\mathrm{d}\zeta\right),$$

根据柯西(Cauchy)定理(分部积分法)

$$\int_0^x (x-\zeta)\frac{M_z(\zeta)}{EI_z}\mathrm{d}\zeta=\int_0^x\int_0^x \frac{M_z(\zeta)}{EI_z}\mathrm{d}\zeta\mathrm{d}\zeta,$$

式(6-5-7)就是前面得到的式(6-2-2).

例 6-5-2 求弯曲微分方程(6-1-5)

$$\frac{\mathrm{d}^2}{\mathrm{d}x^2}\left(EI_z\frac{\mathrm{d}^2 v}{\mathrm{d}x^2}\right)=q(x)$$

的解.

设 EI_z 是常数,相应的齐次方程为

$$v^{(4)}=0, \tag{6-5-8}$$

它的具有单位矩阵的特解为

$$U_1=1,\quad U_2=x,\quad U_3=x^2/2!,\quad U_4=x^3/3!.$$

因而弯曲微分方程(6-1-5)的通解为

$$v(x)=v(0)\cdot 1+v'(0)x+v''(0)x^2/2+v'''(0)x^3/6$$

$$+\int_0^x [(x-\zeta)^3/6]q(\zeta)\mathrm{d}\zeta,$$

依次做三次分部积分,得

$$\int_0^x [(x-\zeta)^3/6]q(\zeta)\mathrm{d}\zeta = \int_0^x\int_0^x\int_0^x\int_0^x q(\zeta)\mathrm{d}\zeta\mathrm{d}\zeta\mathrm{d}\zeta\mathrm{d}\zeta.$$

不难看出,$v''(0)=M_z(0)/EI_z$,$v'''(0)=Q_y(0)/EI_z$,因而齐次方程解的系数具有明确的力学含义,分别是 $x=0$ 截面的挠度、转角、弯矩和剪力(后两者要除以 EI_z).

§6-6　纵-横弯曲

考虑一个除了横向载荷之外还有轴向压力或拉力 $\boldsymbol{P}$ 作用的直杆. 在杆保持等直形状时,纵向力 $\boldsymbol{P}$ 仅产生压缩或拉伸. 如果杆发生弯曲变形,力 $\boldsymbol{P}$ 在截面上还产生弯矩,如图 6-6-1 所示. 由力 $\boldsymbol{P}$ 在坐标为 x 的截面上产生的弯矩为 $\boldsymbol{P}v$. 这里的 v 是挠度. 横向载荷在坐标为 x 处产生的弯矩为 M_z^* ,于是在 x 处截面上的总弯矩是

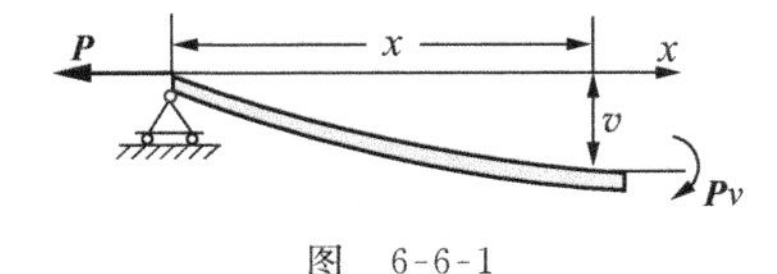

图　6-6-1

$$M_z = Pv + M_z^*(x).$$

将这个表达式代入弯曲方程(6-1-4),得

$$v'' - \frac{P}{EI_z}v = \frac{M_z^*}{EI_z}, \tag{6-6-1}$$

这就是纵-横弯曲方程式. 下面需要分两种情况来研究.

(1) $P>0$,杆系受拉力. 令

$$\frac{P}{EI_z} = k^2.$$

将方程(6-6-1)改写为

$$v'' - k^2 v = \frac{M_z^*}{EI_z}, \tag{6-6-2}$$

利用上一节介绍的方法，上述方程相应的齐次方程特解为

$$\frac{1}{k}\mathrm{sh}kx,\quad \mathrm{ch}kx.$$

前者满足关于函数 $U_2(x)$ 的条件，实际上，在 $x=0$ 处 $\mathrm{sh}kx=0$，而这个函数的导数，即在 $x=0$ 处 $\mathrm{ch}kx$ 取值为 1；后者符合函数 $U_1(x)$ 的条件. 由此

$$U_1=\mathrm{ch}kx,\quad U_2=\frac{1}{k}\mathrm{sh}kx.$$

按式(6-5-6)得方程(6-6-2)的通解

$$v(x)=v(0)\mathrm{ch}kx+v'(0)\frac{1}{k}\mathrm{sh}kx+\frac{1}{k}\int_0^x \mathrm{sh}k(x-\zeta)\frac{M_z^*(\zeta)}{EI_z}\mathrm{d}\zeta. \tag{6-6-3}$$

下面分别计算几种类型载荷的积分：

① 在 $x=a$ 截面上作用以力偶矩 M，弯矩

$$M_z^*=-M\varphi_0(x-a).$$

当 $x<a$ 时，$M_z^*=0$；而当 $x\geqslant a$ 时，$M_z^*=-M$，则有

$$\int_0^x \mathrm{sh}k(x-\zeta)\varphi_0(\zeta-a)\mathrm{d}\zeta=\int_a^x \mathrm{sh}k(x-\zeta)\mathrm{d}\zeta=\frac{1}{k}[\mathrm{ch}k(x-a)-1].$$

当 $x>a$ 时这个公式是适用的，当 $x<a$ 时积分为零.

② 在 $x=b$ 截面上作用以集中力 Q(由于轴力已经使用了符号 P，本节(仅在本节)横向集中力载荷用 Q 表示)，弯矩

$$M_z^*=Q\varphi_1(x-b).$$

如果 $x<b$，则

$$\int_0^x \mathrm{sh}k(x-\zeta)\varphi_1(\zeta-b)\mathrm{d}\zeta=0;$$

如果 $x>b$，这个积分等于

$$\int_b^x \mathrm{sh}k(x-\zeta)(\zeta-b)\mathrm{d}\zeta.$$

利用分部积分法,上述积分等于

$$-\frac{1}{k}\mathrm{ch}k(x-\zeta)(\zeta-b)\Big|_b^x+\frac{1}{k}\int_b^x \mathrm{ch}k(x-\zeta)\mathrm{d}\zeta$$

$$=-\frac{x-b}{k}-\frac{1}{k^2}\mathrm{sh}k(x-\zeta)\Big|_b^x$$

$$=\frac{1}{k^2}\mathrm{sh}k(x-b)-\frac{x-b}{k}.$$

因此,对于承受集中力和集中力偶矩的梁,有

$$\begin{aligned}v(x)&=v(0)\mathrm{ch}kx+v'(0)\frac{1}{k}\mathrm{sh}kx\\&\quad+\frac{1}{P}\sum^{l}\Big[-M(\mathrm{ch}k(x-a)-1)\\&\quad+Q\Big(\frac{1}{k}\mathrm{sh}k(x-b)-(x-b)\Big)\Big].\end{aligned}\tag{6-6-4}$$

式中的求和号和式(6-2-6)一样,仅对所研究截面左面的作用力和矩求和.

(2) $P<0$,杆受压力作用,令 $k^2=-P/EI_z$,得纵-横弯曲方程

$$v''+k^2v=\frac{M_z^*(x)}{EI_z}.\tag{6-6-5}$$

该方程的求解过程与拉力情况类似,只要用三角函数代替双曲函数,不必重复计算便可得

$$\begin{aligned}v(x)&=v(0)\cos kx+v'(0)\frac{1}{k}\sin kx\\&\quad+\frac{1}{k}\int_0^x \sin k(x-\zeta)\frac{M_z^*(\zeta)}{EI_z}\mathrm{d}\zeta.\end{aligned}\tag{6-6-6}$$

对于作用以力矩和集中力的梁,通解有如下形式:

$$\begin{aligned}v(x)&=v(0)\cos kx+v'(0)\frac{1}{k}\sin kx\\&\quad-\frac{1}{P}\sum^{l}\Big\{-M[1-\cos k(x-a)]\\&\quad+Q\Big[(x-b)-\frac{1}{k}\sin k(x-b)\Big]\Big\}.\end{aligned}\tag{6-6-7}$$

例 6-6-1 梁的两端简支,受偏心距为 e 的轴向压力作用,如图 6-6-2 所示,求梁的挠度.

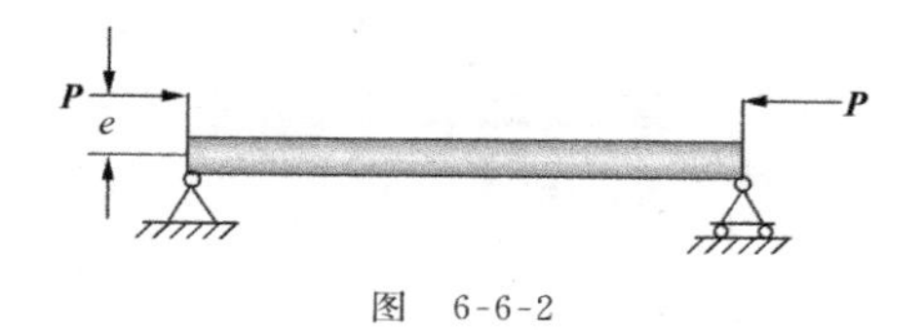

图 6-6-2

在梁的左端部作用有力偶矩 $M=-Pe>0$,由式(6-6-7)得挠度方程

$$v=\frac{v'(0)}{k}\sin kx-e(1-\cos kx).$$

由条件 $v(l)=0$ 确定常数 $v'(0)$,即

$$v(l)=\frac{v'(0)}{k}\sin kl-e(1-\cos kl)=0,$$

由此得

$$v'(0)=ek\,\frac{1-\cos kl}{\sin kl}.$$

将上式代入挠度方程得

$$v(x)=e\left[\frac{1-\cos kl}{\sin kl}\sin kx-(1-\cos kx)\right], \qquad (6\text{-}6\text{-}8)$$

如果力是拉力,则用双曲函数代替式(6-6-8)中的三角函数得

$$v(x)=-e\left[\frac{\operatorname{ch}kl-1}{\operatorname{sh}kl}\operatorname{sh}kx-(\operatorname{ch}kx-1)\right]. \qquad (6\text{-}6\text{-}9)$$

纵向拉伸和纵向压缩的纵-横弯曲现象本质上是不同的. 假设我们增大拉力 P,这时 k 增大,双曲正弦和双曲余弦都单调地增大,而它们的差却趋于零. 按式(6-6-9),挠度是负的,其数值不断增大,但不超过偏心值 e. 如果纵向力是压力,则完全是另外一种情况,当参数 kl 是 π 的整数倍时,式(6-6-8)中第一项的分母 $\sin kl=0$,于是在力为某些特定数值时,挠度将变为无限大. 我们将在第八章中还将讨论这一类问题.

例 6-6-2　梁的两端简支，受轴向拉力 $\boldsymbol{P}$ 和跨中横向集中力 $\boldsymbol{Q}$ 作用，如图 6-6-3 所示，求梁的最大正应力 $\sigma_{\max}$.

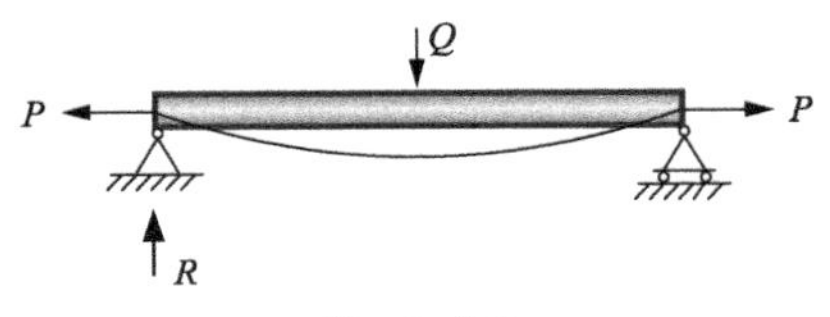

图　6-6-3

梁左端支反力 $R=-Q/2$，$v(0)=0$. 由式(6-6-4)，挠曲线方程为

$$v(x)=v'(0)\frac{\mathrm{sh}kx}{k}-\frac{Q}{2P}\left(\frac{\mathrm{sh}kx}{k}-x\right). \qquad (6\text{-}6\text{-}10)$$

由于对称性，只需研究梁的左半跨($0\leqslant x\leqslant l/2$)，而且跨中转角为零：

$$v'(l/2)=v'(0)\mathrm{ch}\frac{kl}{2}-\frac{Q}{2P}\left(\mathrm{ch}\frac{kl}{2}-1\right)=0,$$

于是

$$v'(0)=\frac{Q}{2P}\left(1-\frac{1}{\mathrm{ch}\dfrac{kl}{2}}\right),$$

挠曲线方程为

$$v(x)=-\frac{Q}{2Pk}\frac{\mathrm{sh}kx}{\mathrm{ch}\dfrac{kl}{2}}+\frac{Q}{P}x,$$

梁的截面弯矩为

$$M(x)=EI_z v''(x)=-\frac{Q}{2k}\frac{\mathrm{sh}kx}{\mathrm{ch}\dfrac{kl}{2}}.$$

最大弯矩发生在跨中($x=l/2$)，即

$$M_{\max}=M\left(\frac{l}{2}\right)=-\frac{Q}{2k}\mathrm{th}\frac{kl}{2}.$$

纵-横弯曲梁的最大应力为弯曲最大应力与由 P 引起的轴向拉应力之和

$$\sigma_{\max}=\frac{|M_{\max}|}{W}+\frac{P}{A},$$

式中 W 和 A 分别是抗弯截面系数和横截面面积，利用 $P=EI_zk^2$，上式可表示为

$$\sigma_{\max}=\frac{Ql}{4W}\frac{\operatorname{th}\frac{kl}{2}}{\frac{kl}{2}}+\frac{EI_z}{A}k^2.$$

现在 $\sigma_{\max}$ 是 k 的函数. 为简单起见，以后略去最大正应力的下标 max，将其记为 $\sigma(k)$，右端两项分别记为 $\sigma_1(k)$ 和 $\sigma_2(k)$. 注意到，$\sigma(0)=Ql/4W$，它是没有轴力情况横向弯曲的最大正应力，于是有

$$\begin{aligned}\frac{\sigma(k)}{\sigma(0)}&=\frac{\operatorname{th}(kl/2)}{kl/2}+\frac{4WEI}{QlA}k^2\\&=\frac{\operatorname{th}(kl/2)}{kl/2}+\frac{16WEI}{QAl^3}(kl/2)^2\\&=\frac{\operatorname{th}(kl/2)}{kl/2}+\frac{1}{3}\alpha(kl/2)^2,\end{aligned}\tag{6-6-11}$$

其中 $\alpha=48WEI/QAl^3$.

式(6-6-11)右端第一项为 $\sigma_1(k)/\sigma(0)$，在 $k\to 0$ 和 $k\to\infty$ 时，它分别趋于 1 和 0，这表明，随 k（或 P）增大，梁的挠曲有被拉直的趋势；第二项为 $\sigma_2(k)/\sigma(0)$，在 $k\to 0$ 和 $k\to\infty$ 时，它分别趋于 0 和 ∞，亦即轴力对最大正应力的贡献越来越大. 可定性地画出 $\sigma_1(k)/\sigma(0)$ 和 $\sigma_2(k)/\sigma(0)$ 随参数 k 的变化曲线，如图 6-6-4 所示. 这两条曲线在 $k=0$ 处的斜率都是零，但曲率的符号相反. 将这两条曲线叠加一起即可得到 $\sigma(k)/\sigma(0)$，其曲率在 $k=0$ 处可正可负，亦即 $\sigma(k)/\sigma(0)$ 曲线有两种类型：一种类型是在 $k=0$ 的邻域曲线上翘；另一种类型是下翘，分别如图 6-6-5(a) 和 (b) 所示.

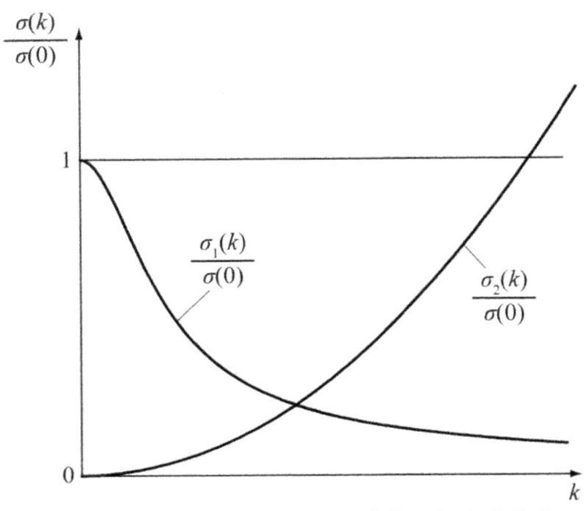

图 6-6-4 应力比 $\sigma(k)/\sigma(0)$ 随参数 k 的变化趋势

为了区别 $\sigma(k)/\sigma(0)$ 曲线的这两种类型，将式(6-6-11)对 k 求二次导数，并令其为零，则有

$$\left(\frac{\sigma(k)}{\sigma(0)}\right)''\Bigg|_{k=0}=-\frac{l^2}{6}+\frac{8E}{Q}\left(\frac{WI}{Al}\right)=0,$$

从而定义一个对应零曲率的载荷 $\widetilde{Q}$：

$$\widetilde{Q}=48E\left(\frac{WI}{Al^3}\right),\tag{6-6-12}$$

可知，$\alpha=\widetilde{Q}/Q$. 当实际载荷 Q 小于 $\widetilde{Q}$ 时(即 $\alpha>1$)，曲线 $\sigma(k)/\sigma(0)$ 在 $k=0$ 处上翘，有图 6-6-5(a)所示的形式. 当实际载荷 Q 大于 $\widetilde{Q}$ 时(即 $\alpha<1$)，曲线在 $k=0$ 邻域下翘，有图 6-6-5(b)所示的形式. 仅当 $\alpha<1$ 时，存在一个参数 k 的区间 $(0,k_{\mathrm{I}})$，在此区间内，有 $\sigma(k)/\sigma(0)<1$，即同没有轴力作用的情况相比，轴力的存在使得安全裕度增大. 可根据式(6-6-13)来确定这一轴力区间的上限 k_{I} 的值：

$$\frac{\sigma(k)}{\sigma(0)}=\frac{\mathrm{th}(kl/2)}{kl/2}+\frac{4WEI}{QlA}k^2=1.\tag{6-6-13}$$

非线性方程(6-6-13)的求解可采用如下的迭代格式：

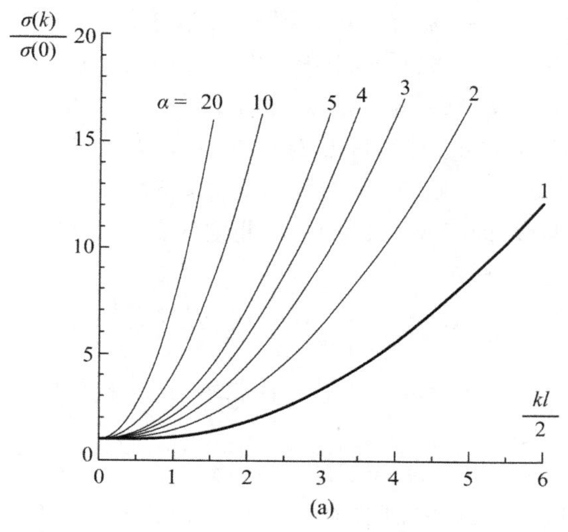

(a)

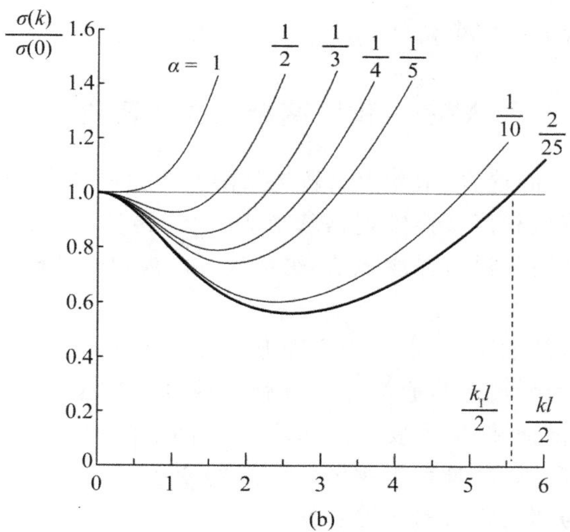

(b)

图 6-6-5 不同 α 值下的 $\sigma(k)/\sigma(0)$ 曲线

$$k^{n+1}=\frac{QlA}{4WEI}\left[1-\frac{\operatorname{th}(k^n l/2)}{k^n l/2}\right]^{1/2}, \tag{6-6-14}$$

式中 k^n 和 k^{n+1} 分别是第 n 次和第 $n+1$ 次迭代中 k_1 的近似解.

采用主要参考书目[6]中第227～229页的简支木梁的数据：$l=100\ \text{cm}$，$A=b\times h=6\ \text{cm}\times 1\ \text{cm}$，$E_{木}=1\times 10^5\ \text{kg/cm}^2$，$[\sigma]_{木}=100\ \text{kg/cm}^2$，$Q=5\ \text{kg}$. 计算可得 $I=0.5\ \text{cm}^4$，$EI=0.5\times 10^5\ \text{kg}\cdot\text{cm}^2$，$W=1\ \text{cm}^3$，$\bar{Q}=0.4\ \text{kg}$. 由于 $Q>\bar{Q}(\alpha=2/25)$，$\sigma(k)/\sigma(0)$ 曲线应属于第二种类型(即图6-6-5(b)中的粗实线曲线). 将上述数据代入式(6-6-14)，可得：

$$k^{n+1}=\left[\frac{3}{200}\left(1-\frac{\text{th}(50k^n)}{50k^n}\right)\right]^{1/2}.$$

取迭代初值 $k^0=0.1\ \text{cm}^{-1}$，迭代三次收敛，收敛解 $k_I=0.1109\ \text{cm}^{-1}$，相应的轴力为：

$$P_I=EIk^2=614.9\ \text{kg},$$

亦即在区间(0,614.9)内的轴力能使该纵-横弯曲梁最大主应力值降低，改善梁的安全裕度.

§6-7　弹性基础上梁的弯曲

铁路上的枕木，承受由钢轨传来的两个力的作用. 因为没有支撑，枕木将该载荷直接传到路基上去. 由于路基的柔性，枕木发生弯曲. 如将路基视为弹性基础，枕木就可作为弹性基础上梁的一个例子.

"弹性基础"这个术语用到路基上是带有假定性的，因为碎石及土壤的力学性质与通常所知的弹性体的性质是不一样的. 如果把路基看做弹性体，而要确定弹性体上梁的平衡问题，则是一个复杂的接触问题. 困难在于物体任一点的变形不仅与该点的压力有关，而且与邻近各点的压力有关.

要想简化问题的提法，并得出比较简单的解法，可以假定弹性基础的位移只与该点的压力有关. 这个假设称为文克尔(Winkler)假设，即认为理想的弹性基础好像是一系列互不联系的弹簧或弹性杆件，如图6-7-1所示. 因而弹性基础上的反力正比于挠度，沿梁长度上连续分布的反力是$-kv$.这种简化了的弹性基础模型能较好地模拟土壤和砂石的特性.

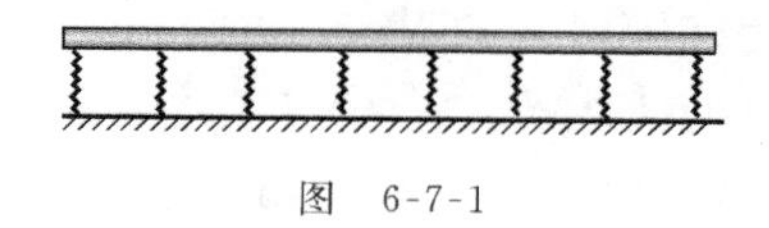

图 6-7-1

为了建立弹性基础上梁的微分方程,从式(6-1-5)出发,考虑文克尔假设,等式右端的载荷项除主动的载荷q作用之外,还增加基础反力$(-kv)$,并假设截面抗弯刚度EI_z为常数,这样便得到

$$EI_z v^{(4)} = -kv + q(x), \tag{6-7-1}$$

或

$$v^{(4)} + 4a^4 v = \frac{q(x)}{EI_z}, \quad 4a^4 = \frac{k}{EI_z}.$$

方程(6-7-1)不仅在弹性基础梁的问题中遇到,且在结构力学的其他问题(如薄壳理论)中也会遇到.首先对方程(6-7-1)的齐次方程

$$v^{(4)} + 4a^4 v = 0 \tag{6-7-2}$$

进行求解,它的特征方程的根是

$$a(1+\mathrm{i}), \quad a(-1+\mathrm{i}), \quad a(-1-\mathrm{i}), \quad a(1-\mathrm{i}).$$

为消去虚数,联合相应的特解,便得到方程(6-7-2)的通解

$$v(x) = \mathrm{e}^{ax}(A\sin ax + B\cos ax) + \mathrm{e}^{-ax}(C\sin ax + D\cos ax), \tag{6-7-3}$$

应用§6-5中的方法,我们应借助于通解(6-7-3)来建立具有单位矩阵的一组特解.这些特解是

$$\begin{cases} U_1 = \mathrm{ch}ax\cos ax, \\ U_2 = \dfrac{1}{2a}(\mathrm{ch}ax\sin ax + \mathrm{sh}ax\cos ax), \\ U_3 = \dfrac{1}{2a^2}\mathrm{sh}ax\sin ax, \\ U_4 = \dfrac{1}{4a^3}(\mathrm{ch}ax\sin ax - \mathrm{sh}ax\cos ax). \end{cases} \tag{6-7-4}$$

我们发现

$$U_3 = U_4', \quad U_2 = U_3', \quad U_1 = U_2'.$$

按式(6-5-6),方程(6-7-1)的通解是

$$\begin{aligned} v(x) = & v(0)U_1(x) + v'(0)U_2(x) + v''(0)U_3(x) \\ & + v'''(0)U_4(x) + \overline{v}(x), \end{aligned} \tag{6-7-5}$$

这里

$$\overline{v}(x) = \int_0^x U_4(x-\zeta)\frac{q(\zeta)}{EI_z}\mathrm{d}\zeta. \tag{6-7-6}$$

我们对在 $x=b$ 处作用有集中载荷 P 的梁计算函数 $\overline{v}(x)$. 前面已指出,可以引用 δ 函数(单位点载荷函数)将 $x=b$ 处的集中载荷用分布载荷 $q(x)=P\delta(x-b)$ 表示,于是按式(6-7-6)得

$$\overline{v}(x) = \int_0^x U_4(x-\zeta)\frac{P\delta(\zeta-b)}{EI_z}\mathrm{d}\zeta,$$

则所求的特解为

$$\overline{v}(x) = 0, \qquad \text{当 } x < b;$$

$$\overline{v}(x) = \frac{P}{EI_z}U_4(x-b), \quad \text{当 } x > b.$$

要想得到在 $x=a$ 处作用以集中力偶矩 M 的解答,可引用单位点力矩函数,用形如 $q(x)=M[-\delta'(x-a)]$ 的分布载荷代替在 $x=a$ 处作用的集中力偶矩,于是按式(6-7-6)有

$$\overline{v}(x) = \int_0^x U_4(x-\zeta)\left[\frac{-M\delta'(\zeta-a)}{EI_z}\right]\mathrm{d}\zeta.$$

对上式用分部积分法,并考虑到 $U_4(0)=0$,$\delta(-a)=0$,得

$$\overline{v}(x) = -\int_0^x U_4'(x-\zeta)\frac{M}{EI_z}\delta(\zeta-a)\mathrm{d}\zeta.$$

我们从上面已得 $U_4'=U_3$,于是求出

$$\begin{cases} \overline{v}(x) = 0, & \text{当 } x < a; \\ \overline{v}(x) = -\dfrac{M}{EI_z}U_3(x-a), & \text{当 } x > a. \end{cases}$$

最后我们研究从 $x=c$ 处开始受均布载荷 q 的情况. 根据式

(6-7-6)得

$$\bar{v}(x)=\int_0^x U_4(x-\zeta)\frac{q}{EI_z}\mathrm{d}\zeta.$$

通过直接计算容易验证

$$U_4(x)=-\frac{1}{4a^4}U_1'(x),$$

因此

$$\bar{v}(x)=0,\qquad \text{当 } x<c;$$

$$\bar{v}(x)=\frac{q}{k}[1-U_1(x-c)],\quad \text{当 } x>c.$$

如果均布载荷在 $x=d$ 处终止，则我们认为载荷从 $x=c$ 向右无限制延伸下去，但从 $x=d$ 开始作用以分布载荷 $-q$. 这样在 $x>d$ 时便得到

$$\bar{v}(x)=\frac{q}{k}[-U_1(x-c)+U_1(x-d)].$$

总结以上，求出挠度的最后计算公式为

$$\begin{aligned}v(x)=&v(0)U_1(x)+v'(0)U_2(x)+v''(0)U_3(x)+v'''(0)U_4(x)\\&+\frac{1}{EI_z}\sum^{l}\Big\{[-MU_3(x-a)+PU_4(x-b)]\\&+\frac{q}{4a^4}[1-U_1(x-c)]-\frac{q}{4a^4}[1-U_1(x-d)]\Big\},\end{aligned}\quad(6\text{-}7\text{-}7)$$

式中求和号上标有字母“l”，其含义与 § 6-2 中式(6-2-5)和(6-2-6)的相同.

例 6-7-1 现在来研究半无限长梁在其端部作用以集中力和集中力偶矩的弯曲问题(图 6-7-2).

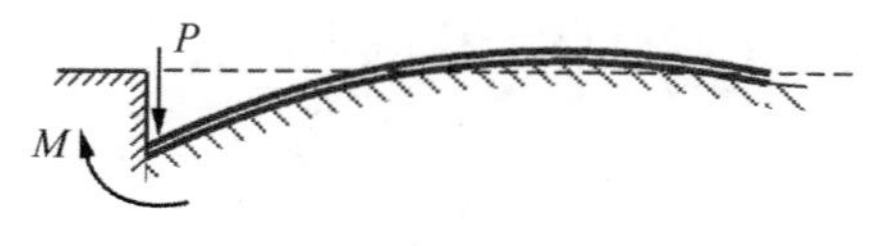

图 6-7-2

在式(6-7-5)中应设

$$\bar{v} = 0,$$
$$v''(0) = \frac{M_z(0)}{EI_z} = -\frac{M}{EI_z},$$
$$v'''(0) = -\frac{Q_y(0)}{EI_z} = \frac{P}{EI_z}.$$

由此得到

$$v(x) = v(0)U_1(x) + v'(0)U_2(x) - \frac{M}{EI_z}U_3(x) + \frac{P}{EI_z}U_4(x).$$

为了确定常数 $v(0)$ 和 $v'(0)$，需要利用无限远处挠度为零的条件. 为此，我们注意到当变量的数值很大时，

$$\mathrm{ch}ax \to \mathrm{sh}ax \to \frac{1}{2}\mathrm{e}^{ax}.$$

于是按式(6-7-4)得

$$U_1 \to \frac{1}{2}\mathrm{e}^{ax}\cos ax,$$
$$U_2 \to \frac{1}{4a}\mathrm{e}^{ax}(\sin ax + \cos ax),$$
$$U_3 \to \frac{1}{4a^2}\mathrm{e}^{ax}\sin ax,$$
$$U_4 \to \frac{1}{8a^3}\mathrm{e}^{ax}(\sin ax - \cos ax).$$

当 x 很大时，

$$v(x) \to \frac{1}{2}\mathrm{e}^{ax}\left\{v(0)\cos ax + \frac{1}{2a}v'(0)(\cos ax + \sin ax) - \frac{1}{2a^2}\frac{M}{EI_z}\sin ax + \frac{1}{4a^3}\frac{P}{EI_z}(\sin ax - \cos ax)\right\} \to 0.$$

比较 $\cos ax$ 和 $\sin ax$ 的系数得

$$v(0) + \frac{1}{2a}v'(0) - \frac{1}{4a^3}\frac{P}{EI_z} = 0,$$
$$\frac{1}{2a}v'(0) - \frac{1}{2a^2}\frac{M}{EI_z} + \frac{1}{4a^3}\frac{P}{EI_z} = 0.$$

由此得

$$v(0) = -\frac{1}{2a^2}\frac{M}{EI_z} + \frac{1}{2a^3}\frac{P}{EI_z}, \quad v'(0) = \frac{M}{aEI_z} - \frac{1}{2a^2}\frac{P}{EI_z}.$$

这里要注意，挠度 $v(x)$ 是变号的，在某些段上梁在基础上向上升起. 这是由于我们在求解时所采用的文克尔假设，暗中承认挠度为负值时也产生基础反力(拉力)，因为这样做才能得到线性的弯曲方程，以简化求解过程. 如果假设梁在基础上升起时基础反力为零，则问题便是非线性的，很难求解.

§6-8 小结和讨论

在平截面假设条件下，平面弯曲的挠曲轴的曲率和弯矩成正比. 在小挠度情况，对曲率的表达式进行简化，得到线性的挠曲轴微分方程(6-1-4)，(6-1-5). 引用广义函数，对方程积分得到挠度的一般表达式(通解)(6-2-4). 从通解可见，在平面弯曲，挠度与载荷 P,M,q 呈线性关系.

载荷与内力、应力、变形成线性关系的构件和结构称为线性力学系统. 前文介绍受拉压的直杆、圆轴和薄壁截面杆件的自由扭转问题，也都是线性力学系统. 在复杂载荷作用下杆的组合变形问题，也是线性力学系统. 对任何复杂载荷作用的构件，可以分解为若干基本问题，分别求解，最后叠加. 这种方法称为**叠加法**，它依据的是线性力学系统的叠加原理.

梁的平面弯曲问题可用广义函数表示，其内力和挠度的一般公式(通解)可用于求解静定问题和静不定问题，利用通解求内力和挠度的方法称为积分法. 实际上，使用积分法不总是方便的. 材料力学的静不定问题通常仅有少数几个多余反力，对静定基通常有典型的基本解可利用，故使用叠加法求解静不定问题，具有明显的优点. 本书对叠加法也做了介绍. 在工科院校的一些材料力学教材中，叠加法是求解静不定问题的主要方法.

构件和结构的刚度是指它们抵抗变形的能力. 在相同的载荷下，刚度越大变形越小. 在小变形条件下，杆、轴、梁等构件及由它们组成的结构都是线性力学系统. 将所承受的载荷作为广义力，在能量共轭意义下定义相应的广义位移，则线性力学系统的广义力和广义位移成正比，比例系数就是系统的刚度.

在材料力学中，构件和结构的刚度计算，避开了刚度的确切定义和表达式，而是直接考察在各种载荷下构件和结构的变形(即广义位移). 这是一种工程方法，直截了当，简明有效.

我们举一个受均匀载荷作用的简支梁的例子，对静定简支梁和加一中间支承的静不定简支梁的刚度做了对比计算. 理论分析方法所得到的刚度比为 42.7，工程近似方法所得到的刚度比为 38.5，两者平均为 40.6，因此，理论分析方法和材料力学工程方法的结论是相当一致的.

在纵-横弯曲问题中，轴向载荷对弯矩的贡献与挠度有关，因而弯矩不能在变形前确定. 在挠度的通解(见式(6-6-3)，(6-6-4)，(6-6-7)等)中，轴向力出现在三角函数和双曲线函数之中，轴向力与挠度是非线性关系，因而纵-横弯曲是非线性问题. 类似地，关于弹性基础上的梁，基础反力对弯矩的贡献也与梁的挠度有关，因此也是一个非线性问题.

非线性问题的处理方法与平面弯曲等线性问题有本质上的不同. 它们要先建立和求解弯曲变形的微分方程，解出挠度后，再利用挠度轴曲率与弯矩的关系，求出梁的弯矩分布和截面应力，再进行强度计算.

对非线性结构，没有叠加原理，也不能使用叠加法.

习　　题

6.1　各梁(EI 已知)如图所示. 试用积分法求：

(1) 挠度公式，并大致描出挠曲线的形状；

(2) A 截面的挠度及 B 截面的转角；

(3) 最大挠度.

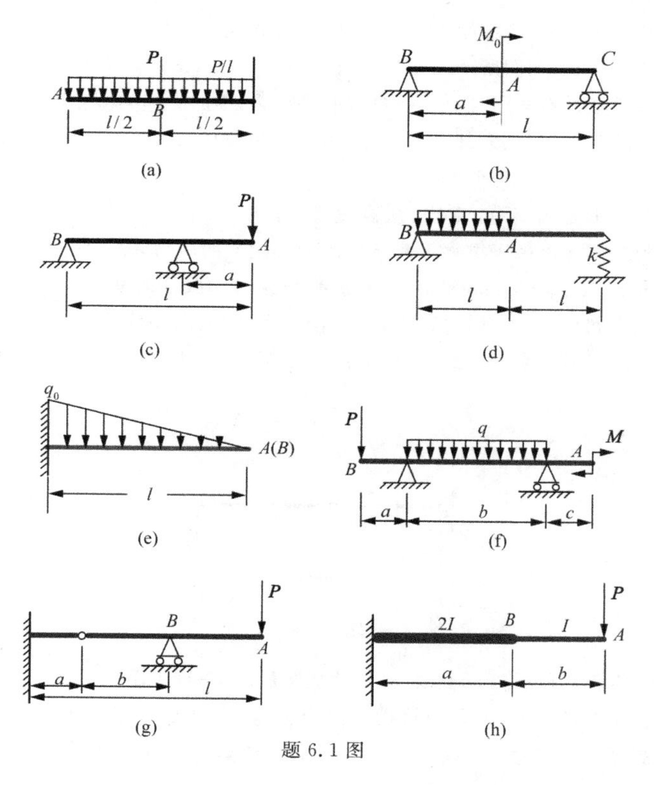

题 6.1 图

6.2 图示重量为 W 的直梁放置在水平刚性平面上，若受力后未提起的部分保持与平面密合，试求提起部分的长度 a.（提示：应用截面 A 处的变形条件.）

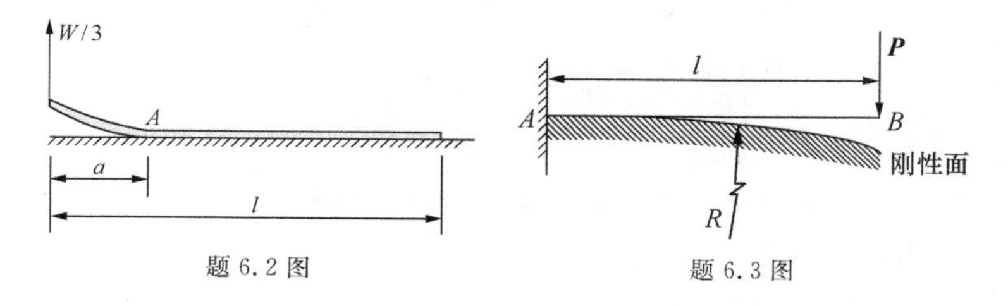

题 6.2 图

题 6.3 图

6.3 长度为 l、抗弯截面刚度为 EI 的悬臂梁，弯曲时与半径为 R 的刚性圆柱面接触，如图所示. 若 P, l, EI, R 皆为已知，试求点 B 处的挠度.

6.4 有两根材料相同且只承受自重的平行梁，梁的支座类型相同，但第二根梁的各尺寸(包含其纵向尺寸)为第一根梁的 n 倍. 试问它们的应变能之比 U_2/U_1 为何值?

6.5 有一重量为 W 的重物，从高度 H 处下落，落在一简支梁的中点(如图). 试导出由于重物下落所引起的最大弯曲应力 σ_{max} 的公式，用 H, σ_{st} 和 δ_{st} 表示，其中 σ_{st} 及 δ_{st} 为重物 W 作为静力载荷时所产生的最大弯曲应力和挠度. 绘出比值 H/δ_{st} 与比值 σ_{max}/σ_{st}(即动应力与静应力之比)之间对应关系的曲线. (令 H/δ_{st} 从 0 到 10 变化.)

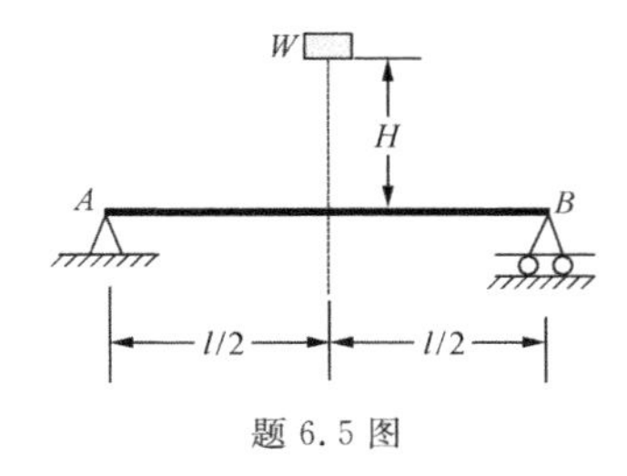

题 6.5 图

6.6 一端伸出的长方形截面梁，尺寸如图所示. 一重量 $W=750$ N 的重物落在梁的端点 C 处. 如果许用弯曲应力为 45 MPa，那么重物下降的最大高度 H 为多少? (设 $E=12$ GPa，且忽略梁的自重.)

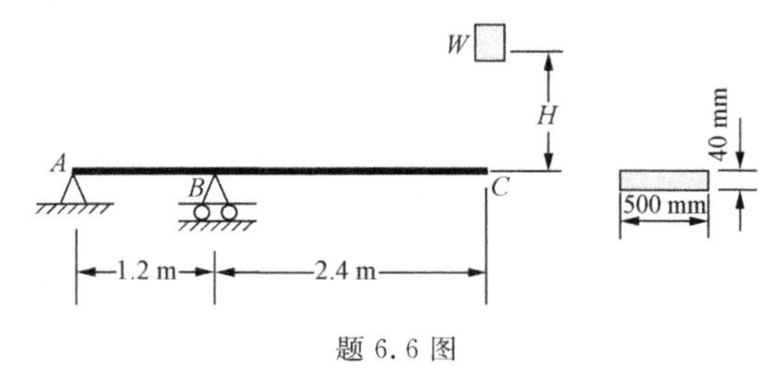

题 6.6 图

6.7 梁 AB 因强度和刚度不足，用同一材料和同样截面的短梁 CD 加固，如图所示. 试求:

(1) 两梁接触处 D 的压力;

(2) 加固后梁 AB 的最大弯矩和 B 处挠度减小的百分率.

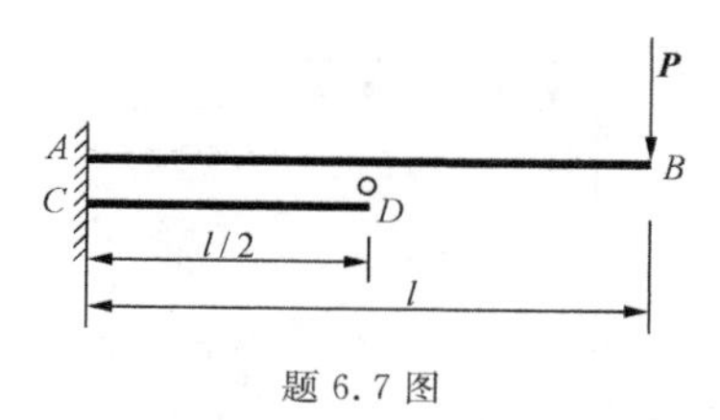

题 6.7 图

6.8 如图所示，直梁 ABC 在承受载荷前搁置在支座 A，C 上，梁与支座 B 间有一间隙 Δ. 在加上均布载荷后，梁发生变形在中点处与支座 B 接触. 如果要使三个支座的约束反力相等，则 Δ 应多大?

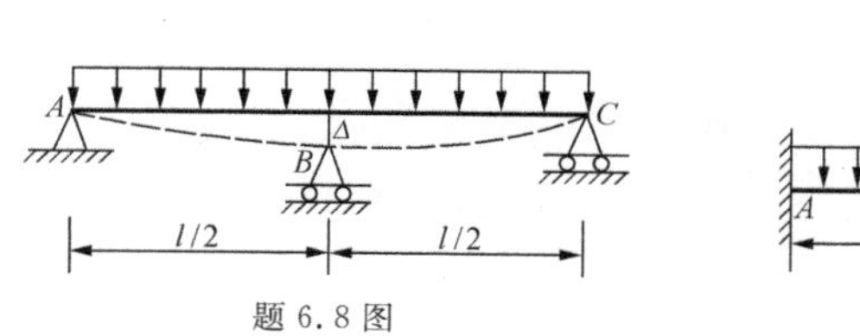

题 6.8 图

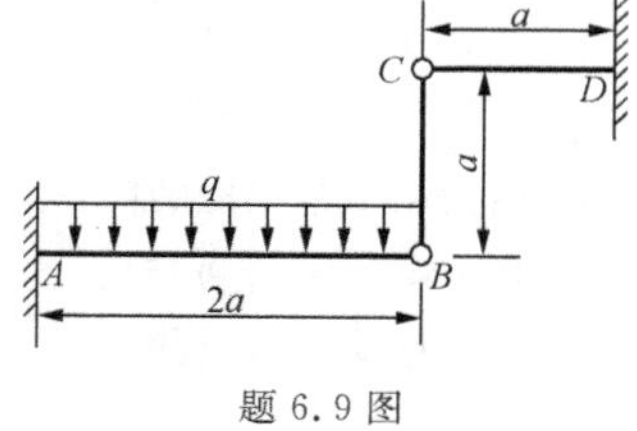

题 6.9 图

6.9 两悬臂梁 AB 和 CD 通过 CB 杆连接(如图)，两梁的惯性矩均为 I，杆横截面积为 A_0，三者材料相同. 试求 CB 杆所受的力.

6.10 已知梁 ABC 的 EI 为常数，C 处有一弹簧支承(如图)，弹簧刚度 $k=3EI/a^3$，试求：

(1) C 处的约束反力；

(2) A 处的转角 θ_A.

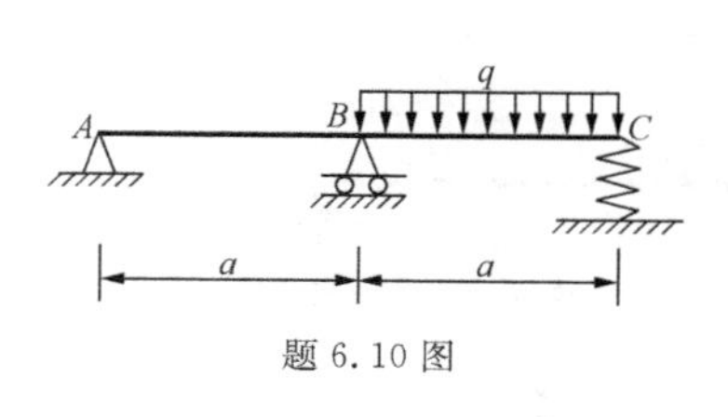

题 6.10 图

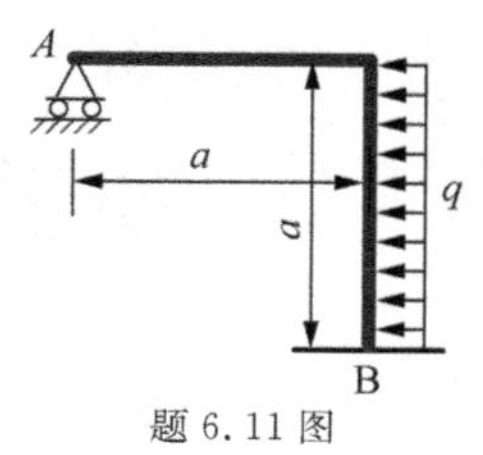

题 6.11 图

6.11 试求图示等截面刚架的约束反力并作弯矩图.

6.12 试求图示承受一均布载荷 q 的固端梁的各反力及中点处的挠度 δ_{max}.

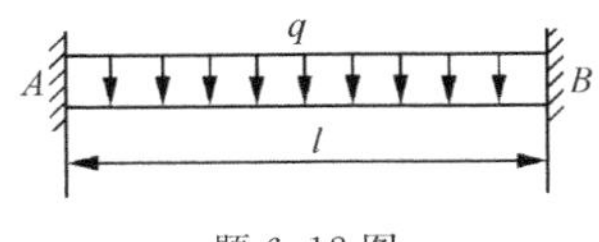

题 6.12 图

6.13　钢轴如图所示. 已知 $E=200$ GPa, 左端轮上受力 $P=20$ kN. 若规定支座 B 处截面的许用转角$[\sigma]=0.5°$, 试选定此轴的直径.

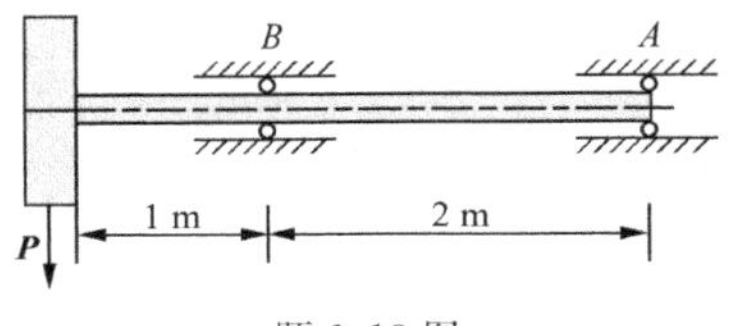

题 6.13 图

6.14　由两根槽钢组成的简支梁如图所示. 已知 $l=4$ m, $q=10$ kN/m, $[\sigma]=100$ MPa. 若许可挠度$[v]=l/1000$, 试选定槽钢的型号, 并对自重所产生的影响进行校核.

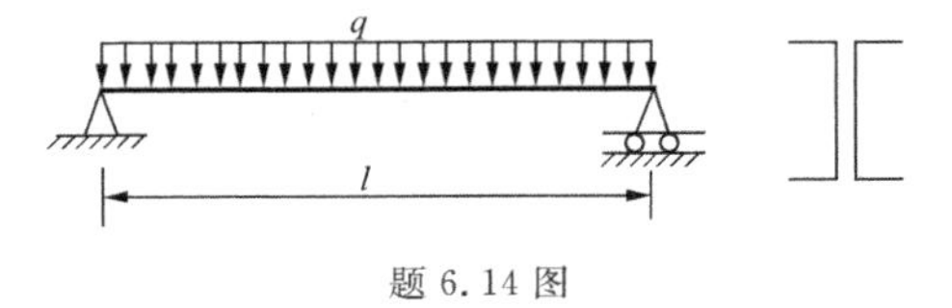

题 6.14 图

6.15　试求出简支梁 AB(如图)挠度曲线的公式, 同时求出右支座处的转角 θ_B(以逆时针方向为正)以及 D 处的挠度 δ_D. (设 $E=200$ GPa, $I=2.60\times10^9\ \text{mm}^4$.)

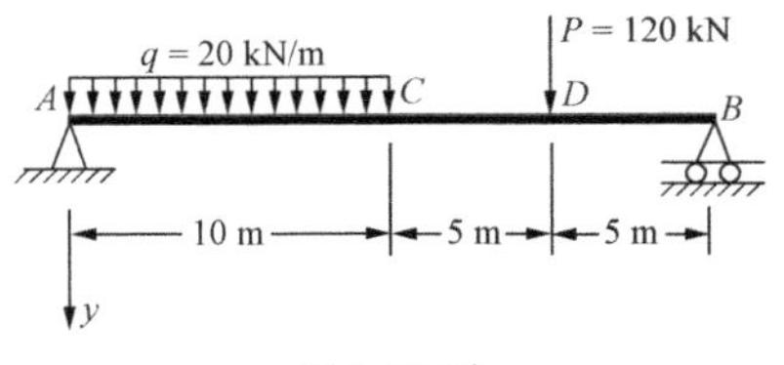

题 6.15 图

第七章　开口薄壁杆件的弯曲和扭转

§7-1　弯曲正应力和弯曲切应力

在§5-2中关于弯曲正应力与切应力相对数量级的讨论，对薄壁杆件来说是不适用的.对于薄壁杆件，弯曲产生的切应力不能忽略不计，这是因为它和扭转所产生的切应力都与正应力有相同的数量级.我们把与杆件扭转无关的、沿壁厚大致均匀分布的切应力称为**弯曲切应力**.

对具有对称截面的开口薄壁梁，例如工字钢或槽钢，当外力作用在对称面内时，不会产生扭转.但对于开口薄壁杆件，即使是平面弯曲，如果主平面不是对称面，也可能发生扭转.这一节我们假设没有扭转，这意味着杆件中除了弯曲切应力外，没有其他切应力.

当横截面上有切应力时，截面不能保持为平面了.这是因为切应力引起剪切变形，也即在开始时互相垂直的两线元之间的夹角改变了.由于切应力在截面上不是均匀分布的，各点的剪切变形值不同，导致截面变成S形的，如图7-1-1所示.若杆件承受集中力作用，各截面上的剪力相同，因此各截面的翘曲也是一样的.所以在变形之后，两截面之间纤维mn的长度，等于按平截面假设计算所得同一纤维$m'n'$的长度.因此，对受横向集中力作用的梁，弯曲正应力的分布规律，与按平截面假设得到的正应力分布规律相同，即有

$$\sigma_x = \frac{M_y}{I_y}z - \frac{M_z}{I_z}y. \tag{7-1-1}$$

对一般的载荷，更精确的计算表明，弯曲切应力引起截面的翘曲，对弯曲正应力的影响极小，因此式(7-1-1)仍可作为横向载荷作

用下弯曲正应力的一般公式.

为了求得弯曲切应力,假设切应力沿壁厚均匀分布,如图 7-1-2 所示,于是只需研究截面中线上的切应力. 所有截面的中线,构成了薄壁杆件的中面. 在杆件中面上一点的位置用两个坐标确定:x 是沿母线至指定截面的距离;s 是由开口截面中线一端算起的弧长. 截面中线的整个弧长用 s_m 表示,并假设杆件的厚度 h 是 s 的函数,与 x 无关. 用两个相距 dx 的横截面和两个相距为 ds 的沿母线方向的纵截面截出一单元体,如图 7-1-3 所示. 单元体各面上所受之力均在图中标出. 单元体在 x 方向的平衡方程有以下形式:

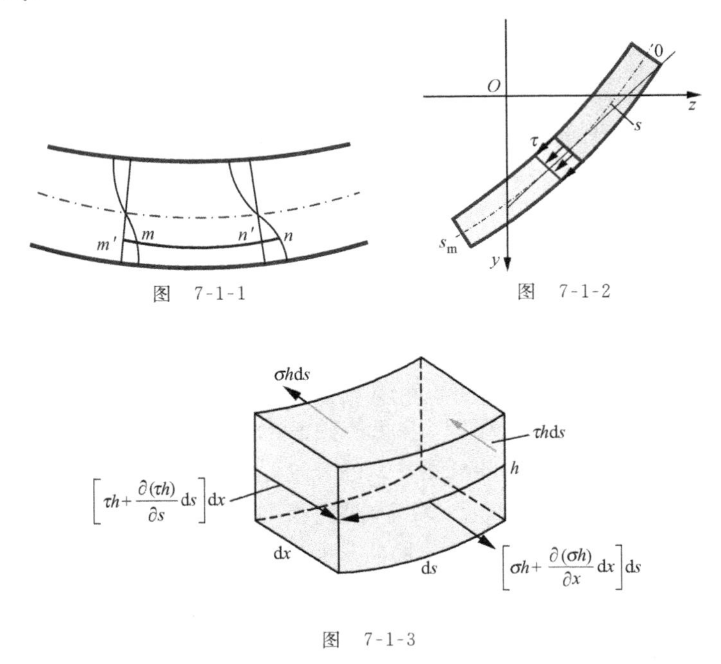

图　7-1-1

图　7-1-2

图　7-1-3

$$\frac{\partial}{\partial x}(\sigma h)+\frac{\partial}{\partial s}(\tau h)=0, \tag{7-1-2}$$

注意到,由于切应力互等定理,在 $s=0$ 和 $s=s_{\mathrm{m}}$ 处 $\tau=0$,所以将式(7-1-2)从 0 到 s 积分可得

$$\tau h=-\int_0^s \frac{\partial(\sigma h)}{\partial x}\mathrm{d}s. \tag{7-1-3}$$

由式(7-1-1),并考虑 h 与 x 无关,于是可得

$$\frac{\partial(\sigma h)}{\partial x}=\frac{z}{I_y}h\frac{\mathrm{d}M_y}{\mathrm{d}x}-\frac{y}{I_z}h\frac{\mathrm{d}M_z}{\mathrm{d}x}.$$

考虑到弯矩与剪力之间的微分关系

$$\frac{\mathrm{d}M_z}{\mathrm{d}x}=-Q_y,\quad \frac{\mathrm{d}M_y}{\mathrm{d}x}=Q_z,$$

上式又可写成

$$\frac{\partial(\sigma h)}{\partial x}=\frac{z}{I_y}hQ_z+\frac{y}{I_z}hQ_y.$$

将上式代入式(7-1-3),得切应力分布规律的表达式

$$\tau h=-\frac{Q_y}{I_z}\int_0^s yh\,\mathrm{d}s-\frac{Q_z}{I_y}\int_0^s zh\,\mathrm{d}s. \tag{7-1-4}$$

式(7-1-4)右端的积分是图 7-1-2 截面阴影部分面积对形心主轴 z 和 y 的静矩.

如果外力作用在截面的对称平面内,将取这个对称面为 xOy 平面,这时为平面弯曲,在式(7-1-4)中只保留等号右端一项,即

$$\tau h=-\frac{Q_y}{I_z}\int_0^s yh\,\mathrm{d}s. \tag{7-1-5}$$

对于实心截面梁,h 代表截面宽度 b,并且它只与到 z 轴的距离 y 有关,式(7-1-5)可化为§5-2 中的式(5-2-9).

在§5-2 中我们讲到,对矩形截面梁,弯曲的最大切应力与最大正应力发生在截面的不同点上,σ 最大的点上 $\tau=0$,τ 最大的点上 $\sigma=0$. 对薄壁截面梁,情况将是不同的,可由下面工字形截面梁的例子中看到这一点.

例 7-1-1 如图 7-1-4 所示,为组合工字梁或钢板梁截面,截

面宽度 b 和高度 H 的尺寸要比腹板厚度 h_1 和翼缘厚度 h_2 大得多，试计算其切应力.

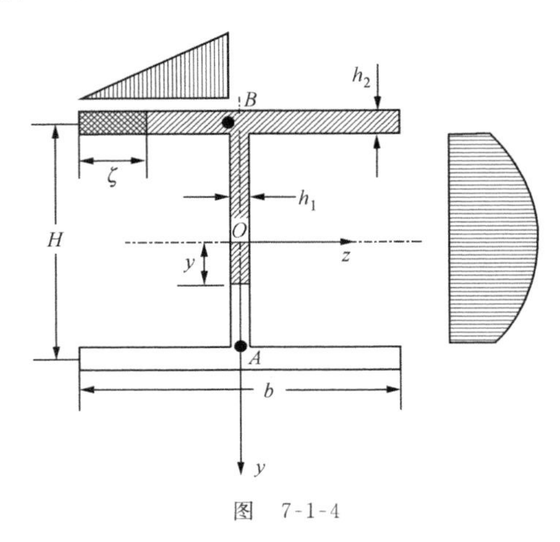

图　7-1-4

为计算腹板的切应力，必须算出单斜线部分面积的静矩

$$\int yh\,\mathrm{d}s = -\left[\frac{H}{2}bh_2 + \frac{1}{2}\left(\frac{H^2}{4} - y^2\right)h_1\right],$$

再根据式(7-1-5)，得

$$\tau = \frac{Q_y}{I_z}\left[\frac{Hbh_2}{2h_1} + \frac{1}{2}\left(\frac{H^2}{4} - y^2\right)\right].$$

由上式可看出，最大切应力发生在腹板中心 O 处，但是在点 A 处的切应力值也相当大，

$$\tau_A = \frac{Hbh_2Q_y}{2h_1I_z}.$$

为了应用式(7-1-5)计算翼缘上的切应力，需要求出双斜线部分面积对 z 轴的静矩. 此静矩为

$$\int yh\,\mathrm{d}s = -\frac{H}{2}h_2\zeta,$$

再根据式(7-1-5)可以得出

$$\tau = \frac{HQ_y\zeta}{2I_z}.$$

最大切应力发生在点 B,其值为

$$\tau_B = \frac{HbQ_y}{4I_z}.$$

因而,在 A 点和 B 处,正应力值都很大;在点 B 处是最大值,在点 A 处稍小一些. 因此,对如图 7-1-4 示的组合工字形截面梁作强度计算时,应将应力状态考虑为复杂应力状态,用 §4-7 中的强度理论进行计算.

§7-2 弯曲中心

本节讨论的是在什么条件下薄壁杆件不发生扭转,故前节弯曲正应力和弯曲切应力的公式仍适用. 现在假设,薄壁杆件的截面是不对称的. 可以证明,存在一条平行于杆轴的直线,当外力作用在包含此直线的任意平面内时,杆件将不发生扭转. 该直线与截面的交点称为**弯曲中心**. 如果这样的点 C 存在,则截面上的切应力可以化为通过此点的一个合力. 由此得出,截面上所有切应力对点 C 的力矩之和等于零. 如图 7-2-1 所示,设坐标为 y,z 的单元 $\mathrm{d}s$ 上的作用力为 $\tau h\mathrm{d}s$,它对点 C 的力矩为$(\tau h\mathrm{d}s)p$,这里是点 p 到 C 点(y,z)切线的距离(即垂线的长度). 如果点 C 是弯曲中心,则应当有

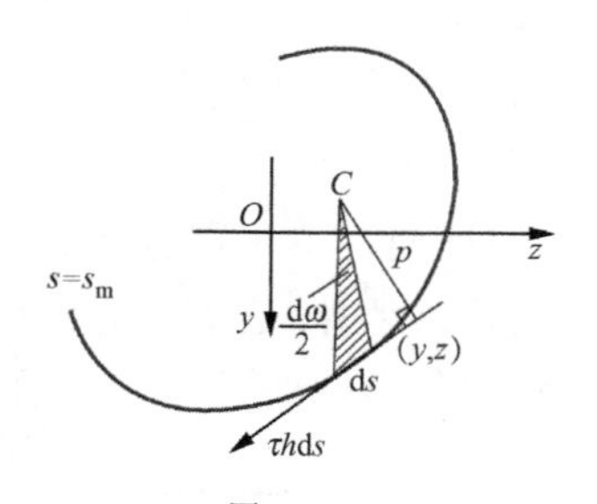

图 7-2-1

$$\int_0^{s_m} \tau h p\,\mathrm{d}s = 0.$$

而 $p\mathrm{d}s$ 是以 C 为顶点,$\mathrm{d}s$ 为底的三角形面积的两倍. 设 $p\mathrm{d}s = \mathrm{d}\omega$,其中 ω 称为**扇性面积**(点 C 也称为计算扇性面积的极点),于是有

$$\int_0^{s_m} \tau h \frac{d\omega}{ds} ds = 0,$$

利用分部积分公式,可得

$$\tau h\omega \Big|_0^{s_m} - \int_0^{s_m} \frac{\partial(\tau h)}{\partial s}\omega \, ds = 0.$$

但在 $s=0$ 及 $s=s_m$ 处,$\tau=0$,此外由式(7-1-2)可知

$$\frac{\partial(\tau h)}{\partial s} = -\frac{\partial(\sigma h)}{\partial x} = -\frac{hz}{I_y}Q_z - \frac{hy}{I_z}Q_y.$$

将上式代入前式的积分项得

$$\frac{Q_y}{I_z}\int_0^{s_m} y\omega h \, ds + \frac{Q_z}{I_y}\int_0^{s_m} z\omega h \, ds = 0,$$

因为 Q_y 和 Q_z 是任意的,所以弯曲中心的位置可由下列条件确定:

$$I_{\omega y} = \int_0^{s_m} z\omega h \, ds = 0, \ I_{\omega z} = \int_0^{s_m} y\omega h \, ds = 0. \qquad (7\text{-}2\text{-}1)$$

后文将 $I_{\omega y}$ 和 $I_{\omega z}$ 称为**扇性惯性积**.

我们注意到,在式(7-2-1)中,对 ω 的值可加上一个任意常数而不改变积分的性质.事实上,因为 y 和 z 轴是过形心的主轴,截面对这样轴的静矩等于零,有

$$\int_0^{s_m} z(\omega + C)h \, ds = \int_0^{s_m} z\omega h \, ds + C\int_0^{s_m} zh \, ds = \int_0^{s_m} z\omega h \, ds. \qquad (7\text{-}2\text{-}2)$$

因此,扇性面积不一定从截面一端开始计算,而可以从截面中线上任一点开始计算.这个点称为计算扇性面积的起点(或零点).

对于角形截面可以非常简便地求得弯曲中心.如果以截面的角点为计算扇性面积的极点,则扇性面积等于零,因而式(7-2-1)可以满足,于是角形截面的角点 C 就是弯曲中心.同样,T 形截面的弯曲中心位于腹板与翼缘的交点 C 上(图 7-2-2).

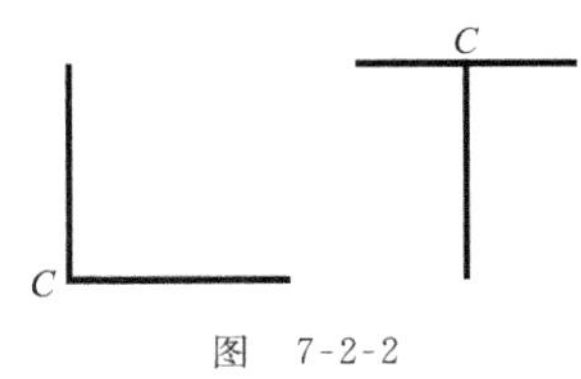

图　7-2-2

为了确定一般薄壁截面弯曲中心的位置，必须有直接计算它的坐标的公式. 为此，首先取任一点 B，并把它作为扇性面积的极点. 下面我们建立 ω_C 和 ω_B 之间的联系. 从图 7-2-3 上看出

$$\mathrm{d}\omega_B = -(y_B - y)\mathrm{d}z + (z_B - z)\mathrm{d}y.$$

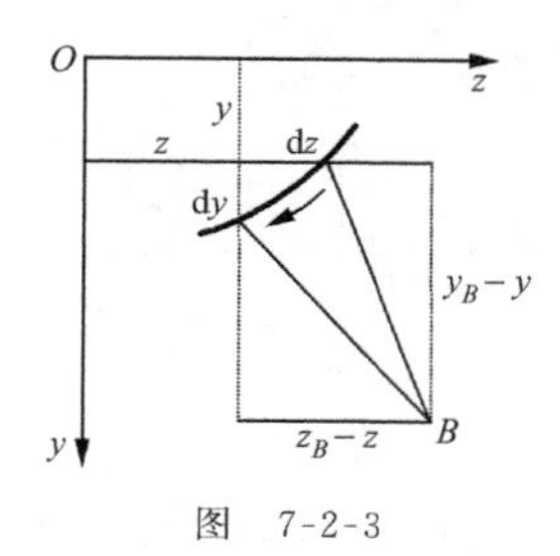

图 7-2-3

我们规定，如果对处于极点的观察者来说，沿周边中线的绕行是反时针的，则扇性面积是增加的. 类似地

$$\mathrm{d}\omega_C = -(y_C - y)\mathrm{d}z + (z_C - z)\mathrm{d}y,$$

因此

$$\mathrm{d}\omega_C = \mathrm{d}\omega_B - (y_C - y_B)\mathrm{d}z + (z_C - z_B)\mathrm{d}y,$$

积分后可得

$$\omega_C = \omega_B - (y_C - y_B)z + (z_C - z_B)y + \text{常数}. \quad (7\text{-}2\text{-}3)$$

前面已经说过，在 ω 上加一个常数是无关紧要的，将上式代入式(7-2-1)，考虑到 y 和 z 轴是形心主轴，可得

$$\int z\omega_B h\,\mathrm{d}s - (y_C - y_B)I_y = 0,$$

$$\int y\omega_B h\,\mathrm{d}s + (z_C - z_B)I_z = 0,$$

由此可得

$$\begin{cases} y_C = y_B + \dfrac{1}{I_y}\displaystyle\int z\omega_B h\,\mathrm{d}s, \\ z_C = z_B - \dfrac{1}{I_z}\displaystyle\int y\omega_B h\,\mathrm{d}s. \end{cases} \quad (7\text{-}2\text{-}4)$$

在以上各式中省略了积分的下限 0 和上限 s_m，本章以后各节也做这种简化.

例 7-2-1　计算如图 7-2-4 所示槽形截面的弯曲中心.

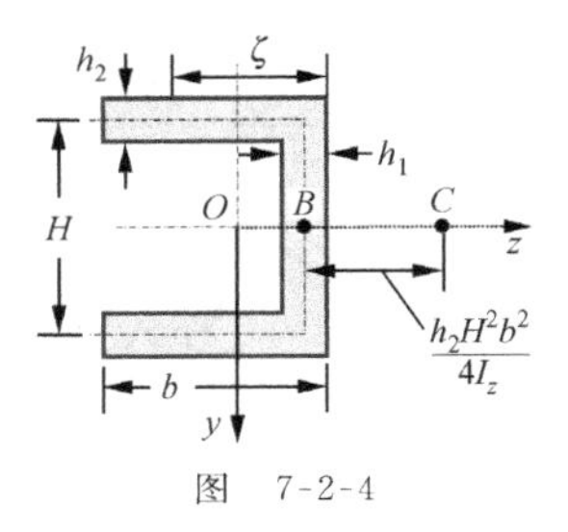

图　7-2-4

现在利用式(7-2-4)，取腹板中心作为点

$$B\left(y_B = 0, z_B = \frac{h_2 b^2}{2h_2 b + b_1 H}\right),$$

而且弧长坐标 s 从点 B 算起. 对于上翼缘，$\omega = H\zeta/2$；对于下翼缘，$\omega = -H\zeta/2$；对于腹板 $\omega = 0$. 上下翼缘上相对两点的 z 值相同，ω 的数值相同但符号相反，所以

$$\int z\omega_B h\,\mathrm{d}s = 0,$$

故 $y_C = y_B = 0$. 对于 z_C 可得

$$\begin{aligned} z_C &= z_B + \frac{1}{I_z}\cdot 2\int_0^b \frac{H}{2}\,\frac{H}{2}\zeta h_2\,\mathrm{d}\zeta \\ &= z_B + \frac{h_2 H^2 b^2}{4I_z} = \frac{h_2 b^2}{2h_2 b + h_1 H} + \frac{3h_2 b^2}{h_1 H + 6h_2 b}. \end{aligned}$$

§7-3　扭转时的附加应力

如果外力不是作用在通过弯曲中心连线所在的平面内，则在杆横截面上除了弯曲应力外还有扭转应力. 关于开口薄壁杆件的扭转理论，前面 §3-4 中曾介绍过，那时认为杆的端面不受任何约束，它们只属于自由扭转情况. 对于实际结构的工作情况来说，直

接将那里的结果用于薄壁杆件,那是不行的.更详细的分析可以说明,对薄壁杆件来说,弯曲问题和扭转问题不能互不相关地单独研究.

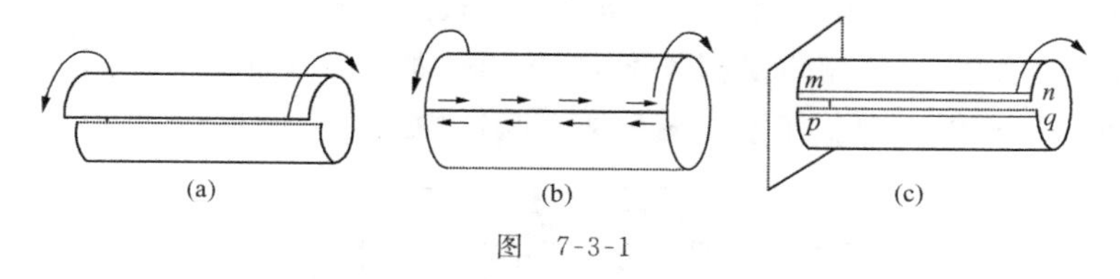

(a) (b) (c)

图 7-3-1

作为一个例子,我们现在研究带切口的薄壁圆管,在扭矩作用下,它的变形如图 7-3-1(a)所示.对于开口截面,在自由扭转情况下,截面的翘曲很大,这表明抗扭刚度小.如果将切口边缘焊上,则变形如图 7-3-1(b)所示,这时横截面上不发生翘曲,管的刚度有很大增加.对于图 7-3-1(a)所示情况,其刚度必须按开口薄壁杆件公式计算,即

$$k_{\mathrm{a}} = \frac{2\pi R h^3 G}{3l}.$$

对于图 7-3-1(b)所示情况,其刚度必须按闭口薄壁杆件公式计算,即

$$k_{\mathrm{b}} = \frac{2\pi R^3 h G}{l}.$$

如带切口的薄壁圆管左端固定,而在右端作用一扭矩,如图 7-3-1(c)所示.这时左端面不翘曲,右端面的翘曲也比图 7-3-1(a)所示情况要小得多.实际上,一个端面保持为平面而另一端面翘曲的情况,仅在母线 mn 缩短而母线 pq 伸长的条件下才成为可能.因此,翘曲与纵向应变有关.当然,与纵向应变发生的同时,截面上不可避免地出现正应力.因为截面上纵向合力为零,所以截面上正应力本身互相平衡.这种处在约束扭转条件下的杆件,其刚度介于 k_{a} 和 k_{b} 之间.

另外还有些情况，扭转也可以产生附加的正应力. 例如在薄壁杆件的中间截面上作用一个集中的外扭转力偶矩，则该截面左边和右边截面上的扭矩将是不同的，因而翘曲程度也不同，如图 7-3-2 所示. 为了满足杆件纵向变形的连续性，就必须有纵向应力. 总之，只要扭矩沿杆长度方向变化，都会产生正应力. 不同截面上翘曲程度的差异不可避免地引起这种正应力的出现.

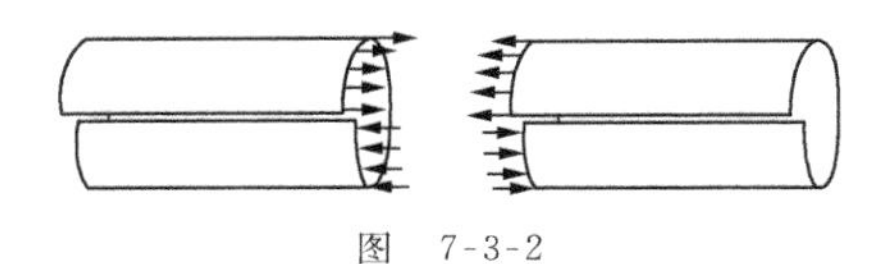

图　7-3-2

再回到对带有切口和没有切口薄壁管问题的讨论，我们可以弄清楚在截面上究竟有哪些应力来平衡扭矩. 开口薄壁杆件在扭转时，一方面有沿截面厚度呈线性分布的切应力；另一方面，由于截面翘曲受到限制而存在正应力，与这些正应力存在的同时还有沿壁厚均匀分布的切应力参与平衡扭矩. 我们将后一种切应力称为翘曲切应力，有时也称为扇性切应力，在后面将看到它与扇性面积有关.

现在需要对上面定性的讨论给出定量的分析表达式，为此必须首先说明薄壁杆件在纯扭转时是如何翘曲的. 在 § 3-3 中，我们讨论过薄壁杆件中面的变形规律，得到

$$\gamma = \theta\rho\cos\alpha + \frac{\mathrm{d}u}{\mathrm{d}s}, \tag{7-3-1}$$

式中 ρ 为扭转时截面中线上一点至转动中心的距离，α 为向径 ρ 的法向与中线这点的切向间的夹角，中线的单元弧长为 $\mathrm{d}s$，u 是沿轴向的位移. 因为 $\rho\cos\alpha = p$，p 是转动中心 O 到切线的距离，所以乘积 $\rho\cos\alpha\mathrm{d}s$ 等于图 3-3-2 中有斜线阴影三角形面积的两倍，记为 $\mathrm{d}\omega$. 因而式(7-3-1)可化为

$$\gamma = \theta\frac{\mathrm{d}\omega}{\mathrm{d}s} + \frac{\mathrm{d}u}{\mathrm{d}s}, \tag{7-3-2}$$

上面的讨论是纯几何学的，仅涉及薄壁杆件的中面，对闭口和开口薄壁杆件都是适用的. 对闭口薄壁杆件，式(7-3-2)代表的变形对整个厚度都是成立的；对开口薄壁杆件它仅适用于截面的中线. 由于开口薄壁杆件在扭转时截面中线上不产生切应力，也即切应变为零，由式(7-3-2)可得

$$\theta \mathrm{d}\omega + \mathrm{d}u = 0,$$

积分后得

$$u(s) = -\theta\omega(s) + \text{常数}, \tag{7-3-3}$$

于是沿母线上相对位移，即应变

$$\varepsilon = \frac{\mathrm{d}u}{\mathrm{d}x} = -\theta'(x)\omega(s).$$

根据胡克定律，可以计算出正应力

$$\sigma_\omega = E\varepsilon = -E\theta'(x)\omega(s), \tag{7-3-4}$$

σ_ω 称为约束扭转的**扇性正应力**. 式(7-3-3)和(7-3-4)表明，薄壁杆件在约束扭转时，横截面上的翘曲和正应力都是按扇性面积分布规律而分布的.

使用式(7-3-4)时将出现一个困难，就是我们还不知道在扭转时作为扇性面积极点的弯曲中心的位置，因而不能算出 $\omega(s)$. 如果我们能预先看到杆件除了扭转外，还可能有拉伸、压缩和弯曲变形，则这个困难是容易解除的. 我们在弯曲正应力的一般表达式中增添式(7-3-4)所提供的一项，可得

$$\sigma = ay + bz + c - E\theta'(x)\omega(s). \tag{7-3-5}$$

在构成式(7-3-5)时，我们没有将系数 a，b 和 c 用弯矩、惯性矩、纵向力及截面面积来表示，这是因为目前还不知道依扇性面积规律分布的应力本身是否平衡. 然而，现在在式(7-3-5)中，我们可以取任一点作为扇性面积的极点. 因为，从式(7-2-3)可以看出，极点的改变将使扇性面积之值按坐标的线性函数而改变，此线性函数可与式(7-3-5)中的前三项合并在一起. 因而，极点的改变不会改变此方程的形式，极点的改变仅由系数 a，b 和 c 的数值体现出

来.既然如此,在选择极点时,自然只考虑计算上的方便.无妨将极点放在弯曲中心上,于是有

$$\int y\omega h\,\mathrm{d}s = \int z\omega h\,\mathrm{d}s = 0. \tag{7-3-6}$$

显然,当函数 $\omega(s)$ 增加一个常数时,只在式(7-3-5)中的常数 c 的数值上体现出来,所以我们可以取截面中线上的任何一点作为计算扇性面积的起点(零点).我们可以这样选择零点,以使

$$\int \omega h\,\mathrm{d}s = 0. \tag{7-3-7}$$

满足式(7-3-6)和(7-3-7)所规定的条件确定的扇性面积称为主扇性面积.

现在如§5-5中所做的那样,列出截面上合力的公式

$$\int \sigma h\,\mathrm{d}s = N_x,\quad \int \sigma z h\,\mathrm{d}s = M_y,\quad \int \sigma y h\,\mathrm{d}s = -M_z.$$

将式(7-3-5)代入以上各式中,计算第一式积分,可得

$$a\int yh\,\mathrm{d}s + b\int zh\,\mathrm{d}s + c\int h\mathrm{d}s - E\theta'(x)\int \omega h\,\mathrm{d}s = N_x.$$

由式(7-3-7),考虑到 y 和 z 轴是形心主轴,所以上式除第三项外,所有积分皆等于零,而

$$\int h\mathrm{d}s = A,$$

则得

$$c = N_x/A.$$

用同样的方法,考虑式(7-3-6)以及 y 和 z 轴是形心主轴的条件,可得

$$a = -\frac{M_z}{I_z},\ b = \frac{M_y}{I_y}.$$

于是,现在可将式(7-3-5)写成以下形式:

$$\sigma = \frac{N_x}{A} + \frac{M_y}{I_y}z - \frac{M_z}{I_z}y - E\theta'(x)\omega(s), \tag{7-3-8}$$

上式右端第四项是由式(7-3-4)给出的扇性正应力.完全仿照

§ 7-1 中求弯曲切应力的方法,可计算出相应切应力为

$$\tau = -\frac{Q_y}{hI_z}\int_0^s yh\,\mathrm{d}s - \frac{Q_z}{hI_y}\int_0^s zh\,\mathrm{d}s + E\frac{\theta''}{h}\int_0^s \omega h\,\mathrm{d}s. \quad (7\text{-}3\text{-}9)$$

上式右端第三项称为**扇性切应力**,用 τ_ω 表示,

$$\tau_\omega = E\frac{\theta''}{h}\int_0^s \omega h\,\mathrm{d}s. \quad (7\text{-}3\text{-}10)$$

上式右端的积分称为**扇性静矩**. 扇性正应力 σ_ω 和扇性切应力 τ_ω 都是约束扭转时出现的附加应力.

§ 7-4 约束扭转方程

现在计算截面上由式(7-3-9)给出的扇性切应力对弯曲中心的力矩,这个力矩用 M_ω 表示. 用确定弯曲中心时的方法进行计算,我们可以求得

$$M_\omega = \int_0^{s_\mathrm{m}} \tau h\,\mathrm{d}\omega.$$

将式(7-3-9)代入上式,等号右边的积分由三项组成. 这时,由弯曲中心的定义可知,与式(7-3-9)右端前两项相对应的积分为零. 例如,第一项积分含因子

$$\int_0^{s_\mathrm{m}} \mathrm{d}\omega \int_0^s yh\,\mathrm{d}s.$$

该项由分部积分得到

$$\left(\omega(s)\int_0^s yh\,\mathrm{d}s\right)\Big|_0^{s_\mathrm{m}} - \int_0^{s_\mathrm{m}} \omega yh\,\mathrm{d}s = 0,$$

这是因为 y 和 z 轴是主轴,且扇性面积为主扇性面积(极点取在弯曲中心上),因此有

$$M_\omega = \int_0^{s_\mathrm{m}} \tau_\omega h\,\mathrm{d}\omega.$$

在上式的 M_ω 称为扇性扭矩,而 τ_ω 是式(7-3-10)定义的扇性切应力,因而

$$M_\omega = E\theta'' \int_0^{s_m} d\omega \int_0^s \omega h\, ds.$$

将上式分部积分

$$\int_0^{s_m} d\omega \int_0^s \omega h\, ds = \left(\omega \int_0^s \omega h\, ds\right)\Big|_0^{s_m} - \int_0^{s_m} \omega^2 h\, ds.$$

由式(7-3-7)知上式等号右端第一项是零,再引用符号

$$I_\omega = \int_0^{s_m} \omega^2 h\, ds,$$

形式上此式与惯性矩的定义相似,我们 I_ω 称为**扇性惯性矩**,于是我们有

$$M_\omega = -EI_\omega\theta''. \tag{7-4-1}$$

设

$$-EI_\omega\theta' = B, \tag{7-4-2}$$

物理量 B 称为**双力矩**,由式(7-3-4),不难看出双力矩

$$B = \int \sigma_\omega \omega h\, ds,$$

它的详细情况将在下一节讨论. 现在需要注意的是扇性扭矩 M_ω 与双力矩 B 之间的关系,正如剪力与弯矩的关系那样,有

$$\frac{dB}{dx} = M_\omega. \tag{7-4-3}$$

然而,根据式(7-4-3)并不能画出双力矩图来. 这是因为扇性扭矩 M_ω 仅是截面上整个扭矩 M_x 的一部分,而这部分的大小事先是不知道的. 现在可将式(7-3-8)改写成以下对称形式:

$$\sigma = \frac{N_x}{A} + \frac{M_y}{I_y}z - \frac{M_z}{I_z}y + \frac{B}{I_\omega}\omega(s), \tag{7-4-4}$$

而切应力公式(7-3-9)有如下形式

$$\tau = -\frac{Q_y}{hI_z}\int_0^s yh\, ds - \frac{Q_z}{hI_y}\int_0^s zh\, ds - \frac{M_\omega}{hI_\omega}\int_0^s \omega h\, ds. \tag{7-4-5}$$

我们已经注意到,扇性扭矩 M_ω 仅是整个扭矩的一部分,在截面上除了扇性切应力 τ_ω 之外,对于薄壁截面还存在着通常的扭转切应力,后者所构成的力矩 M_d(自由扭转的扭矩)与薄壁杆件扭

转理论的一般公式中的单位长度扭转角有关,即

$$M_d = \theta CG, \tag{7-4-6}$$

这里的 C 是几何刚度,它的具体公式可参见表 3-5-1. 例如,对于开口薄壁截面

$$C = \frac{1}{3}\eta\sum (s_{\mathrm{m}})_i h_i^3,$$

轴向力矩的方程为

$$M_\omega + M_d = M_x(x),$$

将式(7-4-1)和(7-4-6)代入上式可得

$$-EI_\omega\theta'' + GC\theta = M_x(x). \tag{7-4-7}$$

这就是约束扭转理论的基本微分方程. 为了具体列出这个方程,必须会计算具体截面的扇性性质,即扇性惯性矩. 下面我们专门来讨论这个问题.

在计算由长条矩形构成的组合截面的扇性性质(扇性惯性积和扇性惯性矩)

$$I_{\omega z} = \int y\omega h\,\mathrm{d}s, \quad I_{\omega y} = \int z\omega h\,\mathrm{d}s, \quad I_\omega = \int \omega^2 h\,\mathrm{d}s$$

的数值时,需要计算具有以下形式的两个函数乘积的积分:

$$\int \varphi(s)\psi(s)\,\mathrm{d}s.$$

如果其中一个函数为线性函数时,这个积分可用作图法求得. 画出函数 $\varphi(s)$ 与 $\psi(s)$ 的图形,设 $\psi(s)$ 为线性函数,$\psi(s)=ks$,如图 7-4-1 所示,求出 $\varphi(s)$ 图形的面积 Ω,并乘以与 φ 图形形心的横坐标 s_0 相对应的线性图形的纵坐标 $\psi(s_0)(=\psi_0)$,就得到要计算的积分值. 实际上,可将 s 的计算起点选在线性图形 ψ 与横坐标轴的交点 O 上,于是有

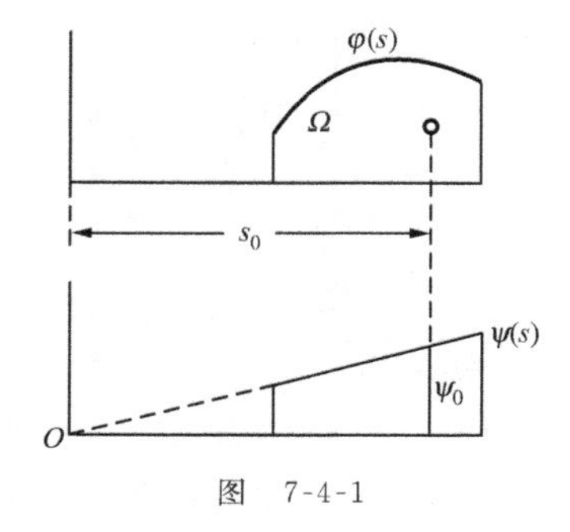

图 7-4-1

$$\int \varphi(s)\psi(s)\mathrm{d}s = \int \varphi(s)ks\mathrm{d}s,$$

这里 k 为线性图形的斜率. 但是

$$\int \varphi(s)s\mathrm{d}s = \Omega s_0, \quad ks_0 = \psi_0,$$

所以

$$\int \varphi(s)\psi(s)\mathrm{d}s = \Omega\psi_0.$$

这个结果对于扇性性质的计算非常有用,计算过程最好通过实例来说明.

这里先提出一个需要注意的问题,当求工字形截面的 I_ω 值时,遇到一个特殊的问题,就是这种截面不能从一个端点绕行到另一个端点. 这种组合截面情况应当遵循以下规则:

(1) 截面的绕行必须从被选做扇性面积计算起点的同一点开始;

(2) 如果沿绕行方向运动时,从极点伸出的矢量的末端,沿反时针方向旋转,则扇性面积增加.

例 7-4-1　计算工字形截面的 I_ω.

工字形截面的弯曲中心位于形心 C,我们以 A 为扇性面积的计算起点,如图 7-4-2 所示. 每一部分的绕行方向用箭头表示. 在上翼缘的左半边,从点 C 伸出的矢径,其末端沿箭头方向是反时针旋转的,这时扇性面积即为阴影三角形面积的两倍,其大小与矢径末端到点 A 的距离成正比. 扇性面积 ω 的图形用具有最大坐标值 $bH/4$ 的三角形表示. 在上翼缘右半边将得到同样的三角形,但是

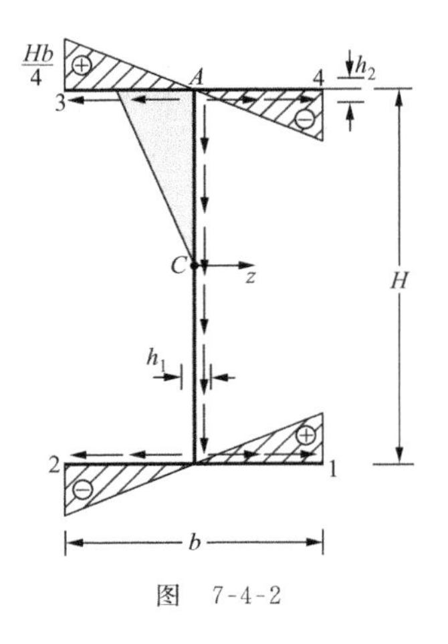

图　7-4-2

为负值. 下翼缘有类似的结果. 为了求得 I_ω，须对每半部分翼缘积分

$$\int \omega^2 \mathrm{d}s,$$

然后将它们加起来. 利用前述的图解法，只需将三角形面积乘以与其形心相对应之点的 ω 值，然后乘以 4 即得

$$I_\omega = 4\left(\frac{1}{2}\frac{b}{2}\frac{bH}{4}\right)\left(\frac{2}{3}\frac{bH}{4}\right)h_2 = \frac{1}{24}H^2b^3h_2.$$

例 7-4-2　求角形截面的 I_ω.

前面已经指出，其顶点为弯曲中心. 以它为极点算出的截面扇性面积等于零，所以 $I_\omega=0$. 这个结论对汇交于一点，并由直线型薄壁部件所组成的任何截面都适用，如 T 字形截面. 这些杆件没有翘曲刚度，其截面在扭转时不发生翘曲.

例 7-4-3　求槽形截面的 I_ω.

我们在 §7-2 中曾经求得槽形截面的弯曲中心，它位于距腹板为 $t=h_2H^2b^2/4I_z$ 处. 以腹板中点为弧长 s 的计算起点(图 7-4-3)，矢量末端向上移动时矢径沿顺时针方向，其扇性面积为负值，并依线性规律增长，在角点上其数值为 $tH/2$. 当矢量末端沿翼缘移动时，矢径反时针旋转，扇性面积又开始增加，在 s 到达距角点的距离为 t 的点时，扇性面积变为零，这是因为这部分翼缘的扇性面积等于 $tH/2$. 当 s 移到翼缘的顶端，这时 ω 达到的最大值，为 $(b-t)H/2$. 槽钢的下半部图形与上半部相同，但符号相反，下半部与上半部的 ω 图成反对称形式. 因为 ω 的积分代表图形的整个面积，所以式(7-3-7)的条件可以满足. 现在来计算 I_ω，利用图解法，可得

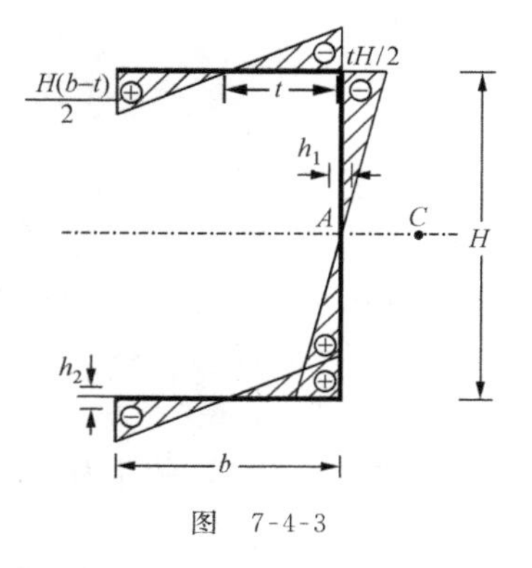

图　7-4-3

$$I_{\omega}=2\left\{\left[\frac{1}{2}\frac{(b-t)H}{2}(b-t)\cdot\frac{2}{3}\frac{(b-t)H}{2}\right.\right.$$
$$\left.\left.+\frac{1}{2}\frac{tH}{2}t\,\frac{2}{3}\frac{tH}{2}\right]h_2+\frac{1}{2}\frac{tH}{2}\frac{H}{2}\frac{2}{3}\frac{tH}{2}h_1\right\}.$$

导出 I_{ω} 的通式没有多大意义,应该一开始就做数值计算.

例 7-4-4 求有切口圆管截面的 I_{ω}.

首先把形心取为辅助极点 B,圆弧的中点($\psi=0$)为扇性面积的计算起点,如图 7-4-4 所示.可以得出

$$\omega_B=\psi R^2,\quad y=-R\sin\psi,\quad I_z=\pi R^3 h,\quad z_B=0.$$

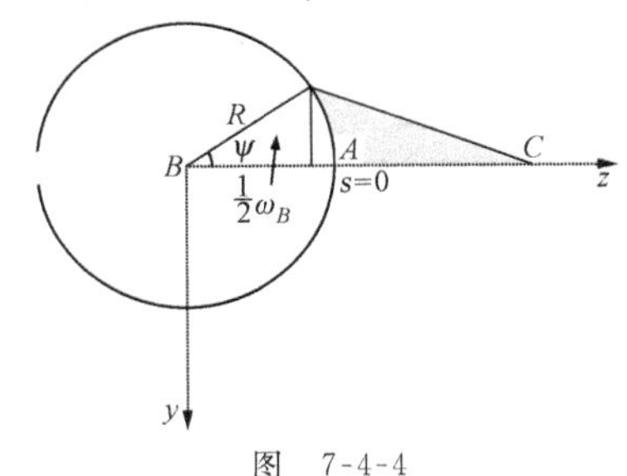

图 7-4-4

在式(7-2-4)中的积分

$$\int y\omega_B h\,\mathrm{d}s=-2R^4h\int_0^{\pi}\sin\psi\cdot\psi d\psi=-2R^4h\pi,$$

由式(7-2-4)

$$z_C=-\frac{1}{I_z}\int y\omega_B h\,\mathrm{d}s=2R,$$

将极点移至弯曲中心(图 7-4-4),

$$\omega_C=R^2(\psi-2\sin\psi),$$

显然它满足式(7-3-7)的条件,而扇性惯性矩

$$\begin{aligned}I_{\omega}&=\int\omega^2h\mathrm{d}s\\&=2h\int_0^{\pi}R^4\ (\psi-2\sin\psi)^2R\mathrm{d}\psi\\&=\frac{2}{3}R^5h\pi(\pi^2-6)\approx 8.11R^5h.\end{aligned}$$

§ 7-5 承受双力矩的杆件

现在将式(7-4-7)改写为

$$\theta'' - k^2\theta = -\frac{M_x(x)}{EI_\omega}, \tag{7-5-1}$$

这里

$$k^2 = \frac{CG}{EI_\omega}.$$

这个方程与 § 6-6 中纵-横弯曲方程(6-6-2)完全类似,其通解为

$$\theta = \theta(0)\operatorname{ch}kx + \theta'(0)\frac{1}{k}\operatorname{sh}kx - \frac{1}{k}\int_0^x \operatorname{sh}k(x-\zeta)\frac{M_x(\zeta)}{EI_\omega}\mathrm{d}\zeta. \tag{7-5-2}$$

为了说明 $x=0$ 处的边界条件,回顾式(7-3-3)可以看出,横截面的翘曲与 θ 有关. 因此,如果截面被强迫保持为平面时,则 $\theta=0$. 而扇性正应力是与双力矩有关的,双力矩本身又通过 θ' 表示,因而截面上没有法向力时,则其 $\theta'=0$. 这就是说,在梁的固定端,$\theta=0$;在铰支端或自由端,$\theta'=0$.

设有一个相当长的杆件,杆件上没有外扭转力偶矩 M_x 作用,因而各截面都有 $M_x=0$. 我们要求当 x 逐渐增大时,$\theta(x)$ 值趋近于零,所以由方程(7-5-2)可以得到

$$\theta(0) + \frac{1}{k}\theta'(0) = 0,$$

因此

$$\theta(x) = \theta'(0)\frac{1}{k}(\operatorname{sh}kx - \operatorname{ch}kx).$$

根据式(7-4-2)关于双力矩的定义,将上式对 x 求导并乘以 EI_ω,可得

$$B(x) = B(0)(\operatorname{ch}kx - \operatorname{sh}kx) = B(0)\mathrm{e}^{-kx}, \tag{7-5-3}$$

这样就确定了双力矩离固定端逐渐衰减的负指数规律.如果杆件上没有弯矩和轴力作用,则各截面上正应力依坐标 x 按负指数规律衰减,即

$$\sigma = \frac{B\omega}{I_\omega}.$$

为了产生这种应力状态,在端面上必须作用有依扇性面积分布的力

$$\sigma(0) = \frac{B(0)\omega(s)}{I_\omega}.$$

实际上,端面上外力一般不会是按扇性面积规律分布的,为了说明在端面上以何种方式作用的力可以构成双力矩 $B(0)$,需要回过头来研究弯曲情况.设在杆的端面上作用着法向分布力 $p(s)$.研究弯曲时,我们对载荷的具体施加方式不感兴趣,因为根据圣维南原理,在离开该端面的某个距离之外,应力按平面规律分布(线性分布).这可以用下面的方法来解释.考虑由三个函数构成的函数系:

$$1, y(s), z(s).$$

因为 y 和 z 轴是主轴,这三个函数以 $h(s)$ 为权正交,即

$$\int 1 \cdot y(s)h(s)\mathrm{d}s = 0,$$

$$\int 1 \cdot z(s)h(s)\mathrm{d}s = 0,$$

$$\int y(s)z(s)h(s)\mathrm{d}s = 0.$$

我们用这三个函数的线性组合来逼近函数 $p(s)$:

$$p(s) = \frac{N_x}{A} \cdot 1 - \frac{M_z}{I_z}y(s) + \frac{M_y}{I_y}z(s) + R(s). \quad (7\text{-}5\text{-}4)$$

余项 $R(s)$ 应该与函数系中所有的三个函数正交.正如通常求傅里叶级数的系数那样,对式(7-5-4)分别乘以 $1 \cdot h(s)$, $y(s)h(s)$ 和 $z(s)h(s)$,并从 $s=0$ 到 $s=s_m$ 积分,得到

$$N_x = \int ph\,\mathrm{d}s, \quad -M_z = \int pyh\,\mathrm{d}s, \quad M_y = \int pzh\,\mathrm{d}s.$$

一般的弯曲理论是以下述事实为基础的，即式(7-5-4)中前三项所给出的载荷部分无论沿杆长传递多远，也不会衰减；而自平衡的那部分载荷 $R(s)$ 则衰减得很快，当离开杆端某个距离后，就可以忽略不计了.

薄壁杆件理论中，除所引用的三个函数外，还增加第四个正交函数，即 $\omega(s)$. 它的正交性是由式(7-3-6)和(7-3-7)保证的：

$$\int y\omega h\,\mathrm{d}s = \int z\omega h\,\mathrm{d}s = \int \omega h\,\mathrm{d}s = 0.$$

这样，关于 s 的整个函数系确定之后，我们就可以将载荷 $p(s)$ 按这组函数分解. 在薄壁杆件的弯曲理论中，我们感兴趣的仅是四个函数

$$1, y(s), z(s), \omega(s).$$

载荷 $p(s)$ 可以用如下形式来逼近：

$$p(s) = \frac{N_x}{A}\cdot 1 - \frac{M_z}{I_z}y(s) + \frac{M_y}{I_y}z(s) + \frac{B}{I_\omega}\omega(s) + R(s).$$

将这个等式乘以 $\omega(s)h(s)$，并积分，可得

$$B = \int p(s)\omega(s)h(s)\,\mathrm{d}s. \tag{7-5-5}$$

这里特别需要提到的是在杆的端面上作用有集中力的情况. 设在 $s=s_i$ 处，作用集中力 N_i，如果将集中力看做脉冲函数形式的分布力：

$$p(s) = \sum N_i\delta(s-s_i),$$

那么由式(7-5-5)和(1-2-5)，得

$$\begin{aligned} B &= \sum \int_A N_i\delta(s-s_i)\omega(s)h\,\mathrm{d}s \\ &= \sum N_i\omega(s_i) = \sum N_i\omega_i. \end{aligned} \tag{7-5-6}$$

下面举个简单例子. 如图 7-5-1 所示，在工字梁的端面上作用

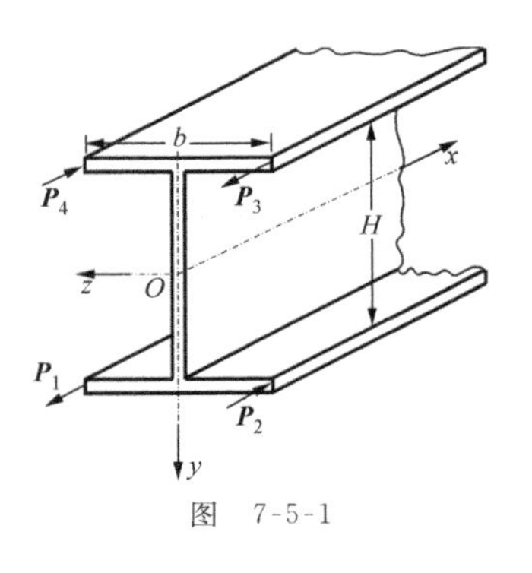

图　7-5-1

四个数值相同的纵向集中力：$P_1=P_3=-P, P_2=P_4=P$. 显然，这四个力构成的力系，其合力和合力矩均为零，也就是杆件各截面内的轴力、剪力、弯矩和扭矩均为零. 现在我们来计算双力矩. 由于在法向为负的端面上 $N_i=-P_i$，则 $N_1=N_3=P, N_2=N_4=-P$. 当计算扇性面积的极点和计算 s 的起点均取在形心 O 时，如图 7-4-2 所示，$\omega_1=\omega_3=bH/4, \omega_2=\omega_4=-bH/4$. 按式(7-5-6)得

$$B(0)=PbH, \tag{7-5-7}$$

其他各截面的双力矩值由式(7-5-3)给出.

上面求得的双力矩可以这样来理解. 如果工字梁的腹板很薄，$\boldsymbol{P}_1$ 和 $\boldsymbol{P}_2$ 构成的力偶将使下翼缘在它所在的平面内弯曲，而 $\boldsymbol{P}_3$ 和 $\boldsymbol{P}_4$ 组成的力偶将使上翼缘在相反方向上弯曲. 无论离杆端多远，这两个翼缘上的弯曲应力分布在数值上都是一样的，但对整个工字形截面来说，合力和合力矩为零，双力矩值不为零. 这是因为翼缘是沿不同方向弯曲，所以腹板受扭转. 但如果腹板很薄，其抗扭刚度很小，则不足以抵抗翼缘弯曲. 如果腹板厚一些，由腹板产生的扭转反力，将对翼缘的弯曲起一些限制作用. 在工字形截面的特定情况下，单独对每个翼缘来说，平截面假定仍然适用，离杆端不很远处(与截面尺寸相比)，正应力便按线性规律分布. 而对整个工字形截面来说，相应的正应力分布按扇性面积规律分布. 这就是说，在由图 7-5-1 所示的集中力 $\boldsymbol{P}_i$ 的作用下，在稍离开端部的截面上有按扇性面积形式分布的正应力. 这种正应力随着离杆端距离的增加，按负指数(见式(7-5-3))规律减小. 它的衰减速度比圣维南原理所规定的要慢得多. 因此，圣维南原理对薄壁杆件是不适用的.

上面讨论了工字梁在双力矩作用下，沿轴向有按负指数规律衰减的和按扇性面积规律分布的正应力. 同时截面上还产生两种切应力：一种是按式(7-3-10)求得的扇性切应力，这种切应力仅在翼缘上存在，并且依抛物线规律分布；另一种切应力是通常的自由扭转的切应力(其合力矩 $M_d=-M_\omega$).

最后，我们指出，虽然约束扭转问题与平面弯曲一样，是先通过几何、物理和静力平衡等条件建立微分方程，再来求解. 但是具体计算步骤是不同的，其差别在于约束扭转是先求解微分方程(7-5-1)得出杆件的变形规律，然后计算内力及应力. 由于约束扭转扇性正应力组成自身平衡体系，显然只靠平衡条件直接计算内力是不可能的，因此不能像处理横向弯曲及自由扭转那样，先求内力分量，再求应力分量.

§7-6　约束扭转的某些例子

薄壁杆件约束扭转问题的通解由式(7-5-2)给出. $M_x(x)$是坐标为 x 的截面上的扭矩，它可用自由体方法由相对于 x 轴的外力矩来确定. 在实际结构中，杆件上通常作用以集中的外力偶矩和沿长度分布的均布外力偶矩. 如图 7-6-1 所示，在坐标 $x=a$ 处作用以集中的外力偶矩 M，在 $b\leqslant x\leqslant c$ 段内作用以集度为 m 的连续均匀分布外力偶矩. 集中力偶矩 M 对截面 x 上扭矩的贡献是 $-M\varphi_0(x-a)$，而分布力偶矩 m 对截面 x 上扭矩的贡献是

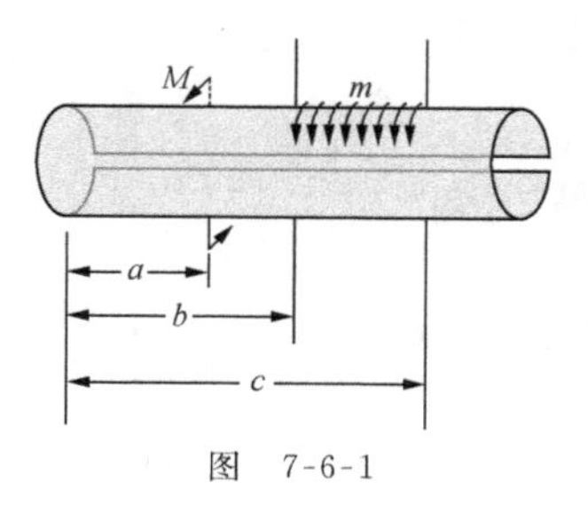

图　7-6-1

$$-m[\varphi_1(x-b)-\varphi_1(x-c)].$$

为了应用式(7-5-2),需要计算函数 φ_0,φ_1 乘以 $\mathrm{sh}k(x-\zeta)$的积分.但这些积分已在§6-6中算出.因此,在有限个载荷的情况,式(7-5-2)可改写为

$$\theta=\theta(0)\mathrm{ch}kx+\theta'(0)\frac{1}{k}\mathrm{sh}kx+\frac{1}{CG}\sum^{l}\left\{M\left[\mathrm{ch}k(x-a)-1\right]\right.$$

$$\left.+m\left[\frac{1}{k}\mathrm{sh}k(x-b)-(x-b)-\frac{1}{k}\mathrm{sh}k(x-c)+(x-c)\right]\right\}. \tag{7-6-1}$$

对于双力矩 $B=-EI_\omega\theta'$、扇性扭矩 $M_\omega=-EI_\omega\theta''=B'$,以及截面的扭转角

$$\varphi(x)=\varphi(0)+\int_0^x\theta(x)\mathrm{d}x$$

的表达式,我们也是需要的,它们分别是

$$-\frac{B}{EI_\omega}=\theta(0)k\mathrm{sh}kx+\theta'(0)\mathrm{ch}kx+\frac{1}{CG}\sum^{l}\left\{Mk\,\mathrm{sh}k(x-a)\right.$$

$$\left.+m\left[\mathrm{ch}k(x-b)-1\right]-m\left[\mathrm{ch}k(x-c)-1\right]\right\}, \tag{7-6-2}$$

$$-\frac{M_\omega}{EI_\omega}=\theta(0)k^2\mathrm{ch}kx+\theta'(0)k\mathrm{sh}kx+\frac{1}{CG}\sum^{l}\left\{Mk^2\mathrm{ch}k(x-a)\right.$$

$$\left.+mk\,\mathrm{sh}(x-b)-mk\,\mathrm{sh}k(x-c)\right\}, \tag{7-6-3}$$

$$\varphi=\varphi(0)+\theta(0)\frac{1}{k}\mathrm{sh}kx+\theta'(0)\frac{1}{k^2}(\mathrm{ch}kx-1)$$

$$+\frac{1}{CG}\sum^{l}\left\{M\left[\frac{1}{k}\mathrm{sh}k(x-a)-(x-a)\right]\right.$$

$$+m\left[\frac{1}{k^2}\mathrm{ch}k(x-b)-\frac{1}{k^2}-\frac{1}{2}(x-b)^2\right]$$

$$\left.-m\left[\frac{1}{k^2}\mathrm{ch}k(x-c)-\frac{1}{k^2}-\frac{1}{2}(x-c)^2\right]\right\}. \tag{7-6-4}$$

式(7-6-2)～(7-6-4)中求和记号上面标有字母“l”的意思是，各项表达式分别在 $x<a$，$x<b$ 或 $x<c$ 时应取为零；而分别在 $x>a$，$x>b$或 $x>c$ 时写出. 对于式(7-6-2)中的“-1”也是这样. 为了避免任何不明确性，更合适的写法如下：

$$
\begin{aligned}
-\frac{B}{EI_\omega} = & \theta(0)k\operatorname{sh}kx + \theta'(0)\operatorname{ch}kx \\
& + \frac{1}{CG}\sum\Big\{Mk\operatorname{sh}k(x-a)\varphi_0(x-a) \\
& + m\Big[\operatorname{ch}k(x-b)-1\Big]\varphi_0(x-b) \\
& - m\Big[\operatorname{ch}k(x-c)-1\Big]\varphi_0(x-c)\Big\}. \qquad (7\text{-}6\text{-}5)
\end{aligned}
$$

为了确定常数 $\theta(0)$ 和 $\theta'(0)$，必须记住，没有翘曲的截面上 $\theta=0$，而没有正应力的截面上 $\theta'=0$.

例 7-6-1 薄壁圆管沿母线有一条长为 l 的割缝，在两端的外力偶矩作用下扭转，求扭转角(图 7-6-2).

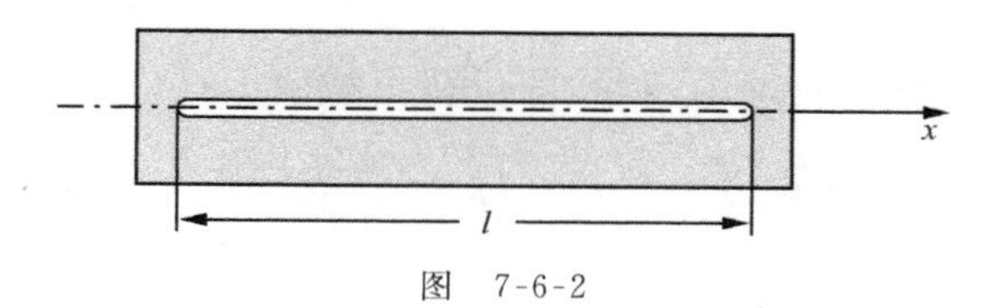

图 7-6-2

我们认为在管的端部刚度很大，相应的截面不发生翘曲，这时 $\theta(0)=\theta(l)=0$. 按式(7-6-1)，我们得

$$\theta(l) = \theta'(0)\frac{1}{k}\operatorname{sh}kl - \frac{1}{CG}M(\operatorname{ch}kl - 1) = 0,$$

由此得

$$\theta'(0) = \frac{kM(\operatorname{ch}kl-1)}{CG\operatorname{sh}kl}.$$

现在我们可以按式(7-6-4)来确定整个圆管的扭转角，只要将 $\theta'(0)$的值代入这个公式，并设 $\varphi(0)=0$，$x=l$，保留 $x=0$ 处的

集中外力偶矩($-M$)项,我们得

$$\varphi = \frac{M}{CG}\left(l - \frac{2}{k}\frac{\mathrm{ch}kl - 1}{\mathrm{sh}kl}\right). \tag{7-6-6}$$

如果圆管在整个长度上是开割缝的(自由扭转),扭转角 φ 和扭矩 M 之间的关系是

$$\varphi = Ml/CG.$$

约束扭转提高了刚度,在所得的公式中相当于减小了圆管的长度.对于开缝管,$k=CG/EI_\omega$,当泊松比 $\nu=0.3$ 时,其值为

$$\frac{1}{3.17}\frac{h}{R^2}.$$

如果 $l \gg 1/k$,那么式(7-6-6)右端括号内的表达式近似等于 l.如果 l 比 $1/k$ 小,双曲函数可以展成级数,保留第一个没有消掉的项,我们得

$$\varphi = Ml^3/12EI_\omega.$$

在管的端面上双力矩达到最大值

$$B(0) = B(l) = -EI_\omega\theta'(0) = -\frac{M}{k}\frac{\mathrm{ch}kl - 1}{\mathrm{sh}kl}.$$

由此按式(7-4-4)右端第四项,即可算出截面上正应力分布.由于

$$\omega = R^2(\psi - 2\sin\psi), \quad I_\omega = \frac{2}{3}R^5 h\pi(\pi^2 - 6),$$

$$k = \sqrt{\frac{CG}{EI_\omega}} = \frac{1}{\sqrt{2(1+\nu)(\pi^2 - 6)}}\frac{h}{R^2},$$

得

$$\sigma_\omega = -\frac{3}{2\pi}\sqrt{\frac{2(1+\nu)}{\pi^2 - 6}}(\psi - 2\sin\psi)\frac{M}{h^2 R}\frac{\mathrm{ch}kl - 1}{\mathrm{sh}kl}.$$

当 $\psi = \pm 60°$时扇性正应力达到最大值

$$(\sigma_\omega)_{\max} = 0.268\frac{M}{h^2 R}\frac{\mathrm{ch}kl - 1}{\mathrm{sh}kl}.$$

还可进一步计算扭转切应力和扇性切应力.

例 7-6-2 在槽钢截面梁的上翼缘表面作用以均布载荷 p,

这种均布载荷可以用通过形心的线分布载荷代替.因此,线分布载荷 $q=pb$ 作用在通过翼缘形心的平面内(如图 7-6-3 所示),单位长度上的外力偶矩等于这个载荷相对于通过弯曲中心的轴的矩:

$$m = q\left(t + \frac{b}{2}\right),$$

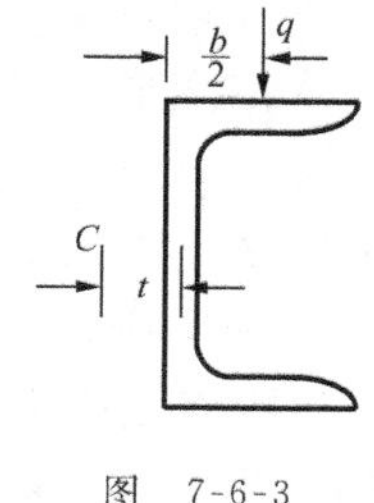

图 7-6-3

这里 t 是腹板中心到弯曲中心 C 的距离.设梁的长度为 l,两端铰支,并且不能相对于 x 轴转动,但它可以沿 x 轴移动.因此端面上的正应力和双力矩等于零.

设 $\theta'(0)=0$,利用方程(7-6-2)求双力矩.由条件 $B(l)=0$ 得

$$\theta(0)k = \frac{m}{CG}\left(\frac{\mathrm{ch}kl - 1}{\mathrm{sh}kl}\right),$$

因此

$$-B(x) = \frac{m}{k^2}\left(\frac{\mathrm{ch}kl - 1}{\mathrm{sh}kl}\mathrm{sh}kx - \mathrm{ch}kx + 1\right),$$

在梁的跨中,即 $x=l/2$ 处,双力矩达到最大值

$$B_{\max} = \frac{m}{k^2}\left(1 - \frac{1}{\mathrm{ch}\,\dfrac{kl}{2}}\right),$$

在这个截面上弯矩也取最大值.

为了估算扇性应力的数值,取长度为 2 m 的 20a 号槽钢,根据附录 D 表 D-2 可查得 $k=0.02207\ \mathrm{cm}^{-1}$,$I_\omega=7698\ \mathrm{cm}^6$,$\omega_{\max}=42.46\ \mathrm{cm}^2$,$W_\omega=I_\omega/\omega_{\max}=181.28\ \mathrm{cm}^4$.$B_{\max}=0.109\ \mathrm{kN\cdot m^2}$,它对应的最大扇性正应力$(\sigma_\omega)_{\max}=60.1\ \mathrm{MPa}$,对于载荷 $q=35\ \mathrm{kN/m}$,M_z 对应的最大弯曲正应力等于 98.3 MPa,并且这些应力是要叠加在一起的.

§7-7 小结和讨论

开口薄壁杆件抗扭转性能较差,但是开口薄壁杆件是较优的抗弯截面形式.因此,确定截面弯曲中心,保证开口薄壁杆件在横

向载荷作用下只产生弯曲变形，不产生扭转很重要.

约束扭转的变形特点是各截面的翘曲不同，因此在其轴向必将产生轴向伸缩变形. 这就意味着，在约束扭转中，除扭转变形之外还有弯曲变形，也即在横截面上除了切应力之外还有自平衡的扇性正应力. 这种正应力通常是不能忽略的，因此，约束扭转成为薄壁杆件的主要研究课题.

由于约束扭转在横截面上的扇性正应力是自平衡的，扇性扭矩 M_ω 不能事先确定，仅考虑平衡条件计算内力和应力是不可能的. 因此，不能像以前处理自由扭转及平面弯曲那样，采用先由静力平衡条件求内力，再求应力及变形的研究顺序，而是先解约束扭转微分方程(7-4-7)，求出扭转角的通解 $\theta(x)$，再求双力矩 $B(x)$，扇性扭矩 $M_\omega(x)$，扇性应力 σ_ω 和 τ_ω 等. 约束扭转问题与纵-横弯曲一样，是一个非线性问题.

双力矩 $B(x)$ 离开固定端以负指数规律衰减，圣维南原理在这里不再适用.

上面谈及的只限于单纯的约束扭转问题，通常在杆件上作用的载荷更为复杂，此时可将问题分解为单纯的约束扭转问题及所谓的组合变形问题，分别计算其应力和变形，然后将应力和变形累加起来，最后可利用第四章给出的强度条件进行强度分析.

在具体计算时要注意以下两个问题：(1) 对于垂直杆轴的横向载荷，应先向弯曲中心简化，分解为约束扭转和平面弯曲(或斜弯曲)；(2) 对于平行于杆轴的纵向载荷，则应先计算载荷作用面上的双力矩所引起的约束扭转，然后再按一般组合变形问题计算，最后累加.

习　题

7.1 若梁内剪力沿铅垂方向，试绘出图示截面上沿对称轴(垂直于中性轴)的切应力分布图(定性).

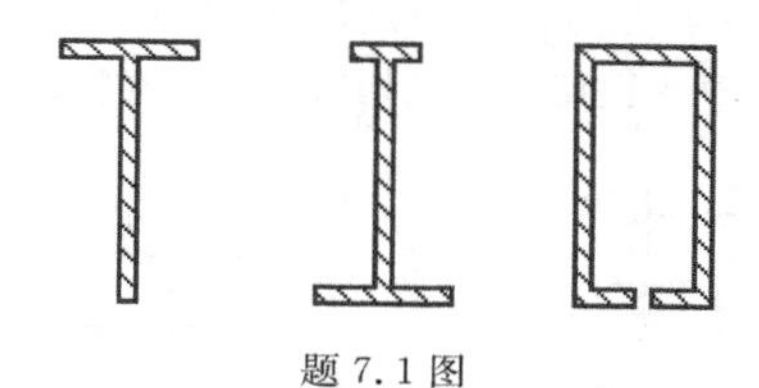

题 7.1 图

7.2 试判断图示各截面上的剪力流方向和弯曲中心的大致位置.

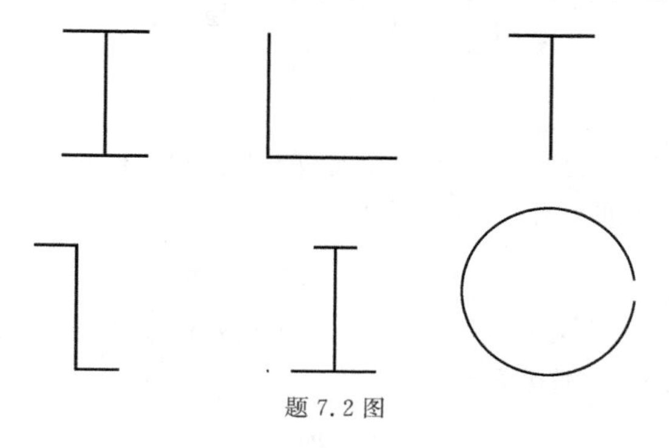

题 7.2 图

7.3 图示翼缘宽度不等的 H 形截面梁,承受垂直于 y 轴的横向力作用.求证弯曲中心 C 的位置满足

$$\frac{y_{c1}}{y_{c2}}=\frac{I_{y2}}{I_{y1}},$$

其中 I_{y1} 和 I_{y2} 分别为翼缘 1 和 2 对 y 轴的惯性矩.(提示:腹板上的切应力和正应力均可忽略.)

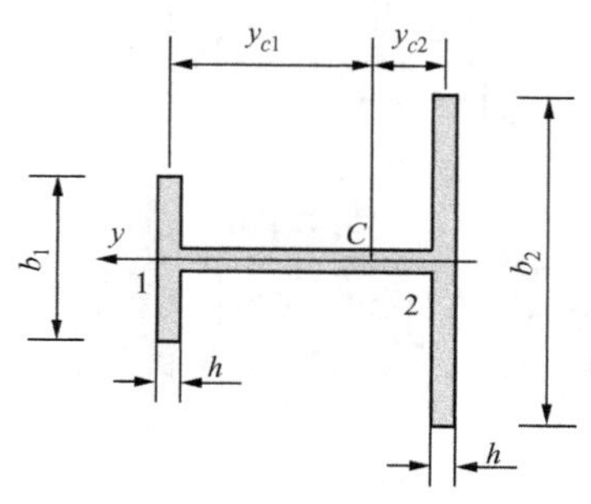

题 7.3 图

7.4　工字形截面梁受剪力 $\boldsymbol{P}$ 的作用，该力过弯曲中心 C 并平行于 y 轴（如图）. 设 $b_1>b_2$，试求出梁中最大切应力 $\tau_{\max}$的公式.

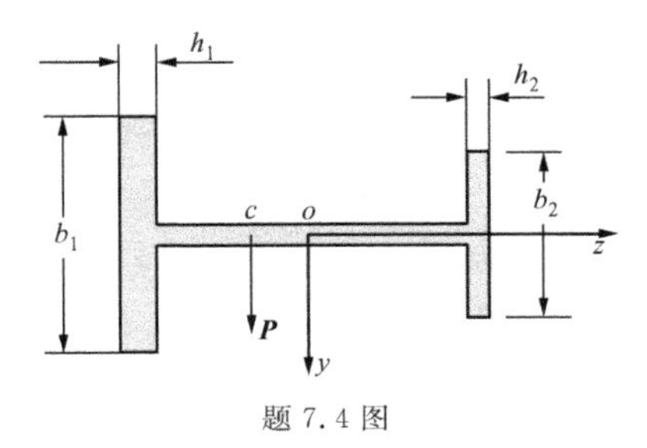

题 7.4 图

7.5　有一不对称的工字形梁的横截面如图所示. 试证明从腹板的中线到弯曲中心 C 的距离 e 满足以下公式：

$$e=\frac{3h_{\mathrm{f}}(b_2^2-b_1^2)}{Hh_{\mathrm{w}}+6h_{\mathrm{f}}(b_1+b_2)}.$$

同时，试校核公式在 $b_1=0, b_2=b$（槽型截面）和 $b_1=b_2=b/2$（对称截面）两种特定情况下的结果.

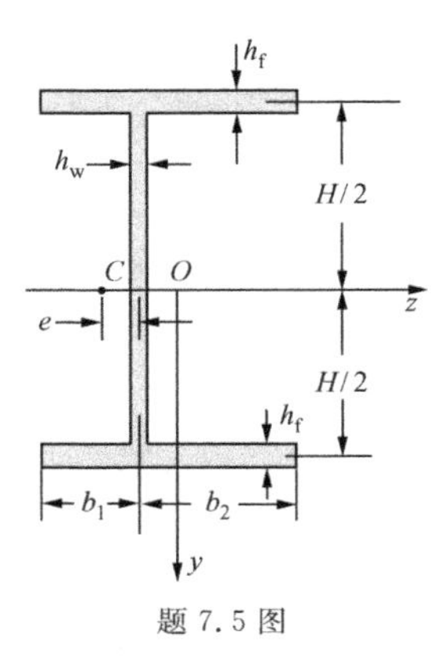

题 7.5 图

7.6　试求图示薄壁截面的主极点 O、主扇性坐标 ω 图及主扇性惯性矩 I_ω.

7.7　试求图示薄壁杆件的双力矩方程，并绘制 B_ω 图、M_ω 图以及 M_d 图.

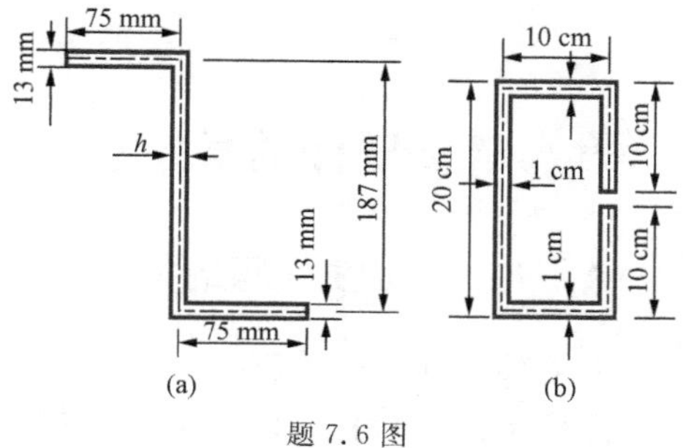

题 7.6 图

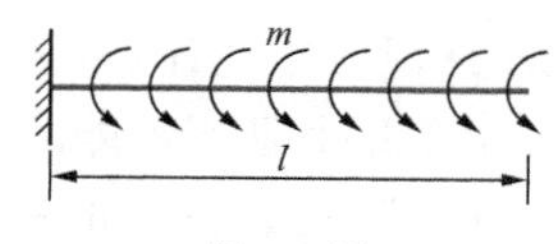

题 7.7 图

7.8 如图所示，薄壁槽型截面杆件一端固定，另一端受扭转外力偶矩 $M_0=60\ \mathrm{N\cdot m}$ 作用，试求固定端的扇性正应力分布图以及最大扇性正应力和切应力的值. 已知几何尺寸分别：$l=1\ \mathrm{m}$，$H=200\ \mathrm{mm}$，$b=100\ \mathrm{mm}$，$h=1\ \mathrm{mm}$，且 $E/G=2.6$.

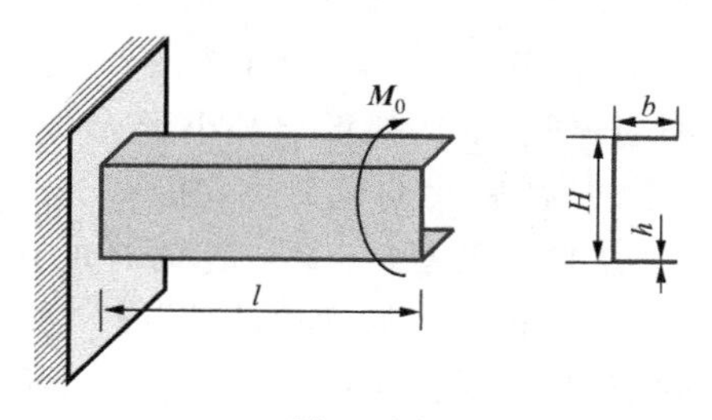

题 7.8 图

第八章　压杆的稳定性

§8-1　稳定性问题的提法

众所周知,外力为某种确定的数值时,弹性系统可以有几个平衡位置,其中一些是稳定的,而另一些则不一定是稳定的. 为说明这类问题,我们回到受压力作用的直杆情况(图 8-1-1).

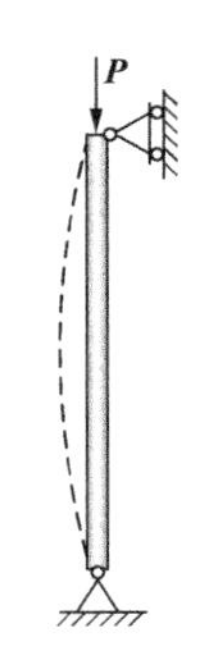

图　8-1-1

设杆是理想的直杆,力是严格地作用在端面形心上(实际上几乎是不可能的). 在这样的理想条件下,杆的直线形式总是它的一种可能的平衡形态. 为了讨论这种平衡形态的稳定性,必须给一个扰动,例如施加一个小的横向力 Q,使杆弯曲. 没有压力 P 时,小的横向力引起小的弯曲. 如果力 P 不大,那么情况还是如此,杆的直线形式平衡保持为稳定平衡. **稳定性**更严格的定义如下:如果任给一个值 $\eta>0$,总可以指出这样一个有限值 $\varepsilon>0$,当任给扰动 $|Q|<\varepsilon$ 时,任何一点的挠度值都小于 η,即 $|v|<\eta$,那么这时杆的平衡是稳定的. 往后我们会看到,如果力 P 超过某个临界值 P_{cr},上述稳定性条件不具备,在 $P>P_{cr}$ 时杆的直线平衡成为不稳定的. 这意味着,不论多么小的扰动都足以产生很大的挠度.

上面讨论的扰动是由横向力引起的. 还可以用另外的方法造成扰动,例如可以施加分布载荷,或对杆非均匀加热等等,它们都引起杆的弯曲. 这就自然地产生了一个问题,临界力 P_{cr} 是否与扰动的类型有关;结论是:对于弹性系统,临界力是与扰动特性无关的.

研究稳定性问题时还需要注意到如下情况. 实际的力学系统在研究过程中被理想化了,而最后的计算不是针对实际的物体,而是针对一些微分方程或微分方程组，这些微分方程或微分方程组仅仅近似地并在一定范围内反映物体的实际性质. 求解稳定性问题是求解一个数学问题，也就是研究方程的性质. 将这种研究结果转移到实际物体上时，也就是预言物体的后果时，应该小心谨慎，因为微分方程解的所有性质不全是力学系统的性质. 通过下面几节的讨论我们将会看到这一点.

§8-2 按特征值方法给出的压杆临界力

下面叙述的关于小扰动下弹性系统稳定性的研究方法称为**特征值方法**. 虽然是用压杆为例说明这种方法，然而对任何弹性系统的稳定性问题来说，此方法是普遍适用的.

在本质上，特征值方法不是直接地使用关于扰动下稳定性的问题提法，而是代之以另一种在某种意义下被简化了的提法. 这就是，不是直接地求解稳定性问题，而是研究压杆在同一个力作用下存在两个不同平衡形态的可能性问题. 在数学上，这属于线性常微分方程边值问题的特征值问题. 最简单的问题是图 8-2-1 所表示的情况. 显然，$v(x)\equiv 0$ 的直线形式的平衡是可能的. 我们假设，除了直线形态外，还可能存在如图所示曲线形式的平衡形态. 本章用 P 代表压力的数值，在坐标为 x 的截面上，弯矩是 $-Pv(x)$. 因此在小挠度条件下，杆挠曲轴的微分方程是

$$EI_z v'' + Pv = 0, \tag{8-2-1}$$

边界条件是

$$v(0) = v(l) = 0. \tag{8-2-2}$$

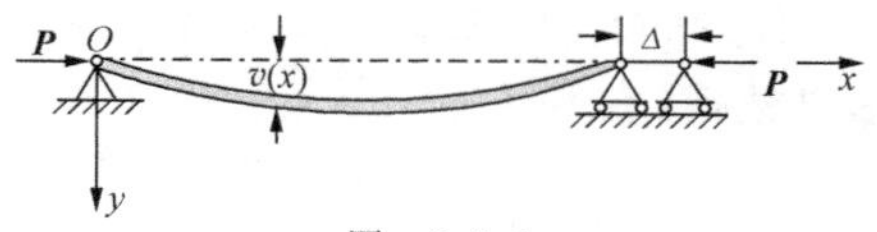

图 8-2-1

显然，$v(x)\equiv 0$ 是满足方程(8-2-1)和边界条件(8-2-2)的一个解.

但问题是在边界条件(8-2-2)下方程(8-2-1)是否可能有非平凡解,也就是非零的解.

设

$$\frac{P}{EI_z}=k^2. \tag{8-2-3}$$

将式(8-2-1)改写为

$$v''+k^2v=0,$$

这个方程的通解是

$$v(x)=A\sin kx+B\cos kx.$$

由第一个边界条件得 $B=0$. 将 $B=0$ 代入上式并由第二个边界条件求得

$$A\sin kl=0.$$

而 A 不能为零,否则 $v=0$. 因此有

$$\sin kl=0,$$

于是得

$$kl=n\pi,$$

最后得

$$P_n=\frac{n^2\pi^2EI_z}{l^2}. \tag{8-2-4}$$

式(8-2-4)是关于临界力的无限序列,对于这些力可能存在弯曲的平衡形态,它们是

$$v(x)=A\sin\frac{n\pi}{l}x, \tag{8-2-5}$$

式(8-2-5)也称**失稳**形式或**屈曲**形式. 在数学上称 P_n 为边值问题的特征值,而 $v(x)$ 称为特征函数. 最小的临界力叫做欧拉(Euler)临界力或**欧拉临界载荷**,它等于

$$P_E=\frac{\pi^2EI_z}{l^2}, \tag{8-2-6}$$

相应的屈曲形式为

$$v(x) = A\sin\frac{\pi}{l}x. \tag{8-2-7}$$

在所有的**临界力**序列(8-2-4)中,P_E 最有实际意义.

剩下的问题是,在同样的假设条件下,我们来阐明用特征值方法得到的结果与关于给予扰动的稳定性提法之间的关系.为此要考虑纵-横弯曲方程(6-6-5),即

$$v'' + k^2 v = \frac{M_z^*}{EI_z}. \tag{8-2-8}$$

如果扰动是用任意的横向载荷造成的,那么对于静定梁(图 8-2-1),总可以作出弯矩图,就是确定函数 M_z^*. 因此我们认为,函数 M_z^* 就是扰动.现在来求方程(8-2-8)如下形式的解:

$$v = \sum_{s=1}^{\infty} a_s \sin\frac{s\pi x}{l}.$$

将上式代入式(8-2-8),得

$$\sum_{s=1}^{\infty} a_s\left(-\frac{s^2\pi^2}{l^2} + k^2\right)\sin\frac{s\pi x}{l} = \frac{M_z^*}{EI_z}.$$

再将上式两端乘以 $\sin\frac{n\pi x}{l}$,并对 x 从零到 l 积分.因为

$$\int_0^l \sin\frac{s\pi x}{l}\sin\frac{n\pi x}{l}\mathrm{d}x = \begin{cases} \dfrac{l}{2}, & s = n, \\ 0, & s \neq n, \end{cases}$$

所以前式经积分后左端仅剩下 $n=s$ 的一项,于是我们得

$$a_n\left(k^2 - \frac{n^2\pi^2}{l^2}\right) = \frac{m_n}{EI_z},$$

其中

$$m_n = \frac{2}{l}\int_0^l M_z^*(x)\sin\frac{n\pi x}{l}\mathrm{d}x.$$

将 k^2 的表达式(8-2-3)代入并利用式(8-2-4),得

$$a_n = \frac{m_n}{P - P_n},$$

这里 P_n 是编号为 n 的临界力(特征值).最后得挠度表达式如下:

$$v(x)=\sum_{n=1}^{\infty}\frac{m_n}{P-P_n}\sin\frac{n\pi x}{l}. \tag{8-2-9}$$

函数 $v(x)$ 满足方程(8-2-8)和边界条件(8-2-2)，这个函数及其一阶导数是连续的，仅包含正弦函数的傅里叶(Fourier)级数(8-2-9)是一致收敛的. m_n 是函数 M_z^* 的傅里叶系数，然而相应的傅里叶级数一般来说是不收敛的.

显然，当 $P=P_n$ 时，不论 m_n(也就是扰动)多么小，挠度是趋于无限大的. 然而，如果 $P\neq P_n$，那么总可以选取足够小的函数 M_z^*，使所有的 m_n 足够小，而挠度不超过任意指定的值. 现在能够看清楚为什么仅第一临界力具有实际意义. 当然在原则上可以用 $m_1=0$ 的扰动载荷，使压力等于临界力 P_2 时发生失稳. 但是，这样的理想情况实际上是不存在的，对于任意的横向载荷，m_1 不等于零，即使它可以任意小.

设 $\delta=v(l/2)$，用其代表杆的挠度，将 P-δ 的关系绘于图 8-2-2 中，P-δ 图也称为平衡路径. 当 $P<P_E$ 时，杆有唯一的稳定解(即 $\delta=0$)；当 $P=P_E$ 时，δ 可以是任意值，这时出现一种随遇平衡状态；而在 $P>P_E$ 时，则只有一个稳定解 $\delta=0$. 这里，当 $P=P_E$ 时，由于失去了唯一性的意义，我们说系统在临界点是不稳定的.

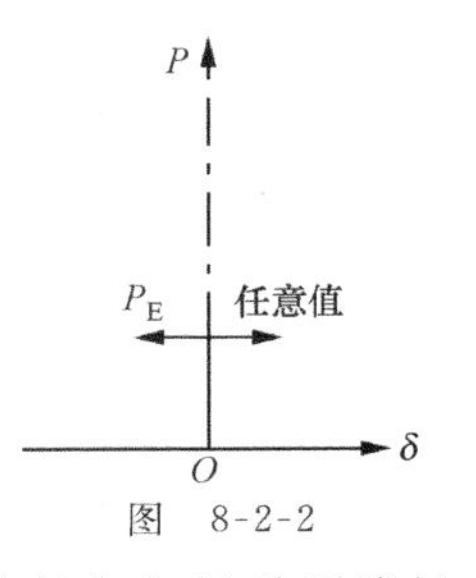

图　8-2-2

挠度趋于无限大实际上是不可能的(事实上 $|v|<l/2$)，无限大挠度是由于对弯曲方程采用线性化近似的结果. 因此，所得的结果仅仅是预言了在 $P=P_E$ 时产生危险，而不能用于估计这种危险性的程度. 我们在建立线性化方程(8-2-1)时，某些矛盾现象被默许了. 至今我们总是研究在力和位移之间的线性关系. 这种线性关系除了胡克定律外，是由于小转角假设而得到的. 小转角假设使用过两次：(1) 在未变形状态下建立系统的静力平衡方程；(2) 对系统所列的位移和变形关系进行了线性化. 然而在我们写出 $M_z=-Pv$ 时，

破坏了第一个条件，在设 $1/R=v''$时又保留了第二个条件. 由于这种做法的明显的不一致性，所得的结果必然是含糊不清的. 方程(8-2-1)和(8-2-2)关于 $v(x)$是线性的，我们不得不对线性方程求解，然而问题在本质上却是非线性的，临界力是作为超越方程的根来求出的. 因此为了更仔细地研究压杆的力学性质，必须进行稳定性的大变形分析.

§8-3 欧拉弹性线

上一节用线性弯曲方程得到的结果不能令人满意. 这些结果在 $P_n<P<P_{n+1}$，特别在 $P>P_E$ 时不能给出杆轴的弯曲形态，因此我们要在更精确的提法下研究上一节提出的问题. 现将弯曲平衡微分方程写为

$$EI_z\kappa=-Py,$$

其中 $\kappa=1/R$ 是挠曲轴的曲率，它等于 $\mathrm{d}\theta/\mathrm{d}s$，$\theta$ 是挠曲轴的切线与轴的夹角，如图 8-3-1 所示. 挠曲方程可改写为

$$\frac{\mathrm{d}\theta}{\mathrm{d}s}=-k^2y, \tag{8-3-1}$$

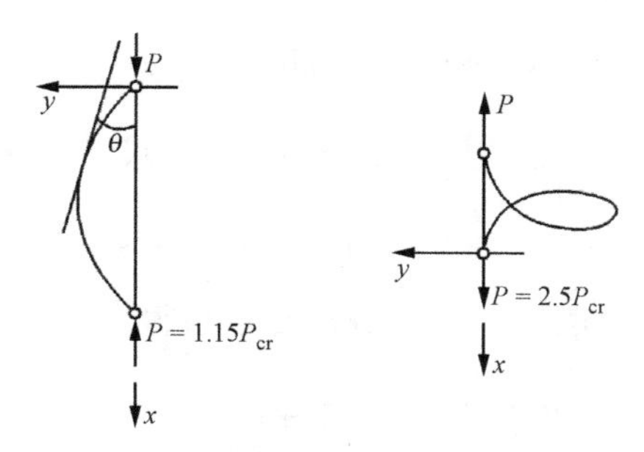

图 8-3-1

k 的含义见式(8-2-3). 将方程(8-3-1)对 s 求导，注意到

$$\frac{\mathrm{d}y}{\mathrm{d}s}=\sin\theta,$$

我们得

$$\frac{d^2\theta}{ds^2} = -k^2\sin\theta. \tag{8-3-2}$$

用通常的积分方法求解方程(8-3-2),将它写为

$$\frac{1}{2}\frac{d}{d\theta}\left(\frac{d\theta}{ds}\right)^2 = -k^2\sin\theta,$$

分离变量并积分得

$$\left(\frac{d\theta}{ds}\right)^2 = 2k^2(\cos\theta - \cos\theta_0),$$

这里我们应用了边界条件:在 $s=0$ 时,

$$\kappa = \frac{d\theta}{ds} = 0, \theta = \theta_0.$$

利用半角公式

$$\cos\theta = 1 - 2\sin^2\frac{\theta}{2},$$

前式为

$$\left(\frac{d\theta}{ds}\right)^2 = 4k^2\left(\sin^2\frac{\theta_0}{2} - \sin^2\frac{\theta}{2}\right), \tag{8-3-3}$$

做变量代换

$$\sin\frac{\theta}{2} = \sin\frac{\theta_0}{2}\sin\varphi, \tag{8-3-4}$$

这个变换总是成立的,因为有 $\theta \leqslant \theta_0$. 微分式(8-3-4)即得

$$\cos\frac{\theta}{2}d\left(\frac{\theta}{2}\right) = \sin\frac{\theta_0}{2}\cos\varphi d\varphi.$$

将式(8-3-3)改换为新变量,分离变量后得

$$ds = \frac{d\varphi}{\mp\sqrt{1 - \sin^2\frac{\theta_0}{2}\sin^2\varphi}}\frac{1}{k}. \tag{8-3-5}$$

设

$$\sin\frac{\theta_0}{2} = m,$$

并注意到在 $s=0$ 处 $\theta=\theta_0$，从而 $\varphi=\pi/2$，将式(8-3-5)左端从零到 s，右端从 $\pi/2$ 到 φ 积分得

$$s=-\frac{1}{k}\int_{\pi/2}^{\varphi}\frac{\mathrm{d}\varphi}{\sqrt{1-m^2\sin^2\varphi}},$$

在公式中选取负号是为了使 $s>0$. 这是第一类椭圆积分，其数值可由函数表上查到. 如果采用椭圆积分的一般形式：

$$F(m)=\int_0^{\pi/2}\frac{\mathrm{d}\varphi}{\sqrt{1-m^2\sin^2\varphi}},\quad F(\varphi,m)=\int_0^{\varphi}\frac{\mathrm{d}\varphi}{\sqrt{1-m^2\sin^2\varphi}},$$

那么得到

$$ks=-F(\varphi,m)+F(m).$$

在 $s=l/2$ 处，由于对称性，$\theta=0$，因而 $\varphi=0$. 于是得

$$F(m)=kl/2. \tag{8-3-6}$$

由这个方程来确定与杆端切线倾角有关的参数 m.

现在从等式

$$\frac{\mathrm{d}x}{\mathrm{d}s}=\cos\theta,\quad \frac{\mathrm{d}y}{\mathrm{d}s}=\sin\theta$$

出发，我们即可求出杆挠曲轴上点的坐标 x 和 y. 利用式(8-3-4)和(8-3-5)将变量转换为独立变量 φ，得

$$\mathrm{d}x=\cos\theta\mathrm{d}s=-\frac{1}{k}\left[2\sqrt{1-m^2\sin^2\varphi}-\frac{1}{\sqrt{1-m^2\sin^2\varphi}}\right]\mathrm{d}\varphi,$$

$$\mathrm{d}y=\sin\theta\mathrm{d}s=-\frac{2m}{k}\sin\varphi\mathrm{d}\varphi.$$

将上两式积分，并注意到在 $\varphi=\pi/2$ 时，$x=y=0$，得到挠曲轴的参数方程

$$\begin{cases}x=\dfrac{1}{k}[2(E(m)-E(\varphi,m))-(F(m)-F(\varphi,m))],\\[2ex] y=\dfrac{2m}{k}\cos\varphi,\end{cases} \tag{8-3-7}$$

式中

$$E(\varphi,m)=\int_0^{\varphi}\sqrt{1-m^2\sin^2\varphi}\,\mathrm{d}\varphi,$$

$$E(m)=\int_0^{\pi/2}\sqrt{1-m^2\sin^2\varphi}\,\mathrm{d}\varphi,$$

$E(\varphi,m)$是第二类椭圆积分. 用式(8-3-7)表示的挠曲轴线叫做欧拉弹性线.

现在回过来研究方程(8-3-6). 当 $m=0$ 时，$F(0)=\pi/2$；对于 $m\neq0$ 的完全椭圆积分 $F(m)$，其值不小于 $\pi/2$，$F(m)$是严格单调上升的函数. 因此，当 $kl<\pi$ 时，这个方程无解；唯一可能的平衡形态就是直线形式. 但是，如果

$$P=P_{\mathrm{E}}=\frac{\pi^2EI_z}{l^2},$$

则 $kl=\pi$，这时对应的是第一临界力.

这样，当 $P>P_{\mathrm{E}}$ 时，曲线的平衡形态是能够存在的. 每一个 P 值按方程(8-3-6)完全确定地对应一个 m 值，从而也对应一个 θ_0 值，也就是对应一个确定的挠曲线，即由方程组(8-3-7)给出的欧拉弹性线. 随着载荷 P 的增大，挠度的增大是很快的.

由方程组(8-3-7)的第二式，取 $s=l/2,\varphi=0$，并记

$$\delta=y\left(\frac{l}{2}\right)=v\left(\frac{l}{2}\right),$$

考虑到式(8-3-6)得

$$\frac{\delta}{l}=\frac{m}{F(m)},\quad \frac{P}{P_E}=\frac{4}{\pi^2}[F(m)]^2. \tag{8-3-8}$$

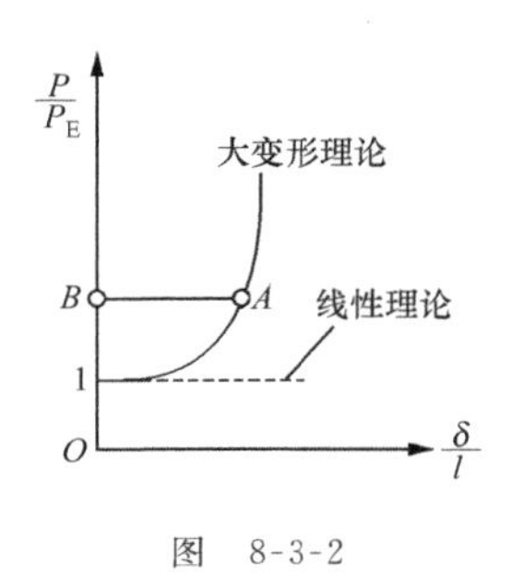

图　8-3-2

这时可按参数方程(8-3-8)画出平衡路径，如图 8-3-2 所示. 现在可以看出，与线性理论不同，当$P=P_{\mathrm{E}}$时并不是一个随遇平衡位置. 平衡路径将在此处分为两个分支. 这种出现分支的点叫做**分岔点**. 当$P<P_{\mathrm{E}}$时，平衡路径是一段纵坐标轴，即

$v=0$. 当 $P>P_{\mathrm{E}}$ 时，平衡路径或继续保持为直线，或为挠曲线. 为适应这两种可能的平衡形态，产生了分岔，同一个力 P 的值对应于两个可能的平衡形态(点 A 或 B). 至于哪个平衡形态(直线的还是挠曲的)是稳定的，这个问题依然是个悬案. 我们将在下一节讨论这个问题.

§8-4 压杆直线形态的稳定性

前节得到的结果还没有给出在严格意义下关于稳定性问题的回答. 在图 8-3-2 中，已将杆的纵向力的加载过程设想为一个挠度和压力关系曲线所描述的过程. 在 $P=P_{\mathrm{E}}$ 出现分岔点. 在 $P>P_{\mathrm{E}}$ 时杆轴或为直线或为挠曲线，同一个力 P 的值对应两个可能的平衡状态(A 或 B)，现在需要讨论哪一个平衡状态是稳定的. 为此，首先假设杆处于某一个状态(A 或 B)，并且由于某种原因使杆偏离了这个状态. 其次，研究杆的运动，并查明它是回到了出发的状态，还是相反地离开了那个状态. 因此，平衡稳定性问题从根本上来说应该在动力学提法下加以研究和求解，现在我们试图用一个更基本的想法去解决这个问题. 根据著名的狄利克雷(Dirichlet)定理，稳定平衡状态下系统的总势能取极小值，因而对平衡形态的任何偏离都应该使系统的总势能增加. 现在设微小扰动 $v(x)$ 就是对直线平衡形态的偏离，这时压力 P 对位移 Δ 做了功(见图 8-2-1). 不难导出计算位移 Δ 的公式(见例 6-2-5)为

$$\Delta=\frac{l}{2}\int_0^l v'^2\,\mathrm{d}x, \tag{8-4-1}$$

杆的弯曲变形能(见例 5-2-2)是

$$U=\frac{1}{2EI_z}\int_0^l M_z^2\,\mathrm{d}x=\frac{EI_z}{2}\int_0^l v''^2\,\mathrm{d}x,$$

因此，由小扰动引起的杆总势能的变化是

$$\Pi=U-P\Delta. \tag{8-4-2}$$

如果 $\Pi>0$，那么按基里赫里定理，杆的直线形态平衡是稳定的；如果 $\Pi<0$，杆是不稳定的. 为了得到这个结论，其实没有必要援引基里赫里定理，如果 $P\Delta>U$，力 P 所做之功大于杆内所储存的弹性能，多余的功必转化为动能，杆产生运动，继续挠曲. 随着挠度的增大，多余的功也增大，因而挠度加速地发展. 为了检查稳定性条件，需要给出扰动的形式，例如可设

$$v(x)=a\sin\frac{\pi x}{l},$$

经过简单计算，考虑到式(8-2-6)，我们得

$$\Pi=\frac{\pi^2a^2}{4l}(P_{\mathrm{E}}-P). \tag{8-4-3}$$

显然，当 $P<P_{\mathrm{E}}$ 时，$\Pi>0$，也就是说，杆是稳定的；当 $P>P_{\mathrm{E}}$ 时，即使力的数值处于两个临界值之间，杆的直线形态永远是不稳定的.

严格地说，上面的讨论仅能确定正弦扰动下杆直线形态的稳定性问题. 现在产生的问题是能不能够找到另外的某种扰动，当压力 $P<P_{\mathrm{E}}$ 时，在该扰动下杆却是不稳定的？回答是否定的. 为了要证实 P_{E} 确实是最小的临界力，我们设想杆有一个任意的扰动

$$v(x)=\sum_{k=1}^{\infty}a_k\sin\frac{k\pi x}{l}. \tag{8-4-4}$$

这里，对所给定的情况援引数学分析中相应的定理可以确信，$v(x)$ 满足边界条件 $v(0)=v(l)=0$ 且一阶可导和二阶逐段可导的任意函数都可表示成级数(8-4-4). 考虑到三角函数的正交性，我们得

$$\Pi=\frac{\pi^2}{4l}\sum_{s=1}^{\infty}a_s^2(P_s-P).$$

如果 $P<P_1=P_{\mathrm{E}}$，那么求和号内所有项都是正的，对任意的 a_s，也就是对任意扰动 $v(x)$，$\Pi>0$；如果 $P>P_{\mathrm{E}}$，那么我们总可以选择某种扰动使 $\Pi<0$，所以杆是不稳定的.

这样对于图 8-3-2 的分岔点的两个分支中，$P>P_{\mathrm{E}}$ 时 $\delta=0$ 的分支上平衡是不稳定的，而在另一个分支上平衡是稳定的. 例如，处于点 B 的平衡形态在扰动之下要跑到点 A 的平衡形态. 在

分岔点,分岔是向上的,称之为正分岔.在一般情况下,正分岔的分岔点的平衡是稳定的(这与线性理论的结论不同).我们这里的压杆就属于这种情况,在 $P=P_E$ 时,直线平衡形态是稳定的.

§ 8-5　压杆在其他支承条件下的临界力

由精确解和近似解的比较可知,在线性提法下临界力问题的解答是正确的,因为有实用意义的也只有第一临界力.这样,对于两端铰支的压杆,欧拉临界力由式(8-2-6)给出,即

$$P_E=\frac{\pi^2 EI_z}{l^2}. \tag{8-5-1}$$

失稳时挠曲线是正弦曲线的半个波.

实际情况中会遇到其他支承情况.例如,杆的一端固定,另一端自由.这时,稳定问题可以转化为两端铰支的稳定问题,如图 8-5-1 所示,以 $2l$ 代替式(8-5-1)中的 l,得

$$P_E=\frac{\pi^2 EI_z}{(2l)^2}. \tag{8-5-2}$$

因为这时挠曲线相当于正弦曲线的半个半波.

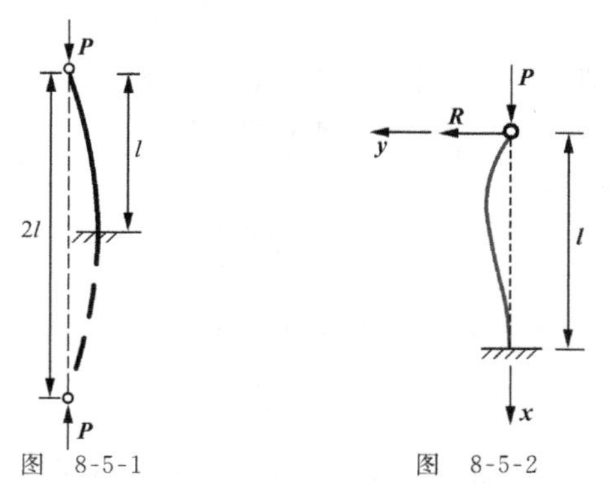

图　8-5-1　　　　图　8-5-2

上面两种情况都是对静定问题求临界力.作为静不定问题的一个例子,我们研究一端固定,另一端铰支的杆.杆在弯曲时支座产生横向反力 R(图 8-5-2).因此,弯曲微分方程为

$$EI_z v'' = -Pv - Rx,$$

这是以前讨论过的纵-横弯曲的非齐次方程.将它改写为

$$v'' + k^2 v = -c_0 x,$$

其中 $c_0 = R/EI_z$.这个方程的通解是

$$v = A\sin kx + B\cos kx - \frac{c_0}{k^2}x, \tag{8-5-3}$$

挠度 v 和三个待定常数 c_0,A,B 之间是线性关系.同时,挠度要符合三个边条件:

$$v(0) = v(l) = v'(l) = 0.$$

上述边界条件是齐次的,也就是不含自由项.因此,将式(8-5-3)代入边界条件后,得到关于 c_0,A 和 B 的齐次方程组.这个方程组有非平凡解的条件是方程组的系数行列式为零.列出这个方程组为

$$\begin{cases} 0 + B = 0, \\ A\sin kl + B\cos kl - \dfrac{c_0 l}{k^2} = 0, \\ A\cos kl - B\sin kl - \dfrac{c_0}{k^3} = 0. \end{cases}$$

消去常数,得特征方程为

$$\tan kl - kl = 0,$$

上式是一个非线性方程,可采用迭代法数值求解,最小的正根是

$$kl = 4.493.$$

因此,欧拉临界力是

$$P_E = \frac{4.493^2 EI_z}{l^2}.$$

将它改写成与式(8-5-1),(8-5-2)相同的形式,即得

$$P_E = \frac{\pi^2 EI_z}{(0.7l)^2}. \tag{8-5-4}$$

对于两端固定的杆求临界力的方法与上面完全相同,只要杆端处除有一个支反力外,还有一个反力矩即可.如果注意到,此时的挠曲线可由四个正弦曲线的四分之一波组成(即相当于两个半波),如图 8-5-3 所示,可以十分简单地得到想求的结果.因此

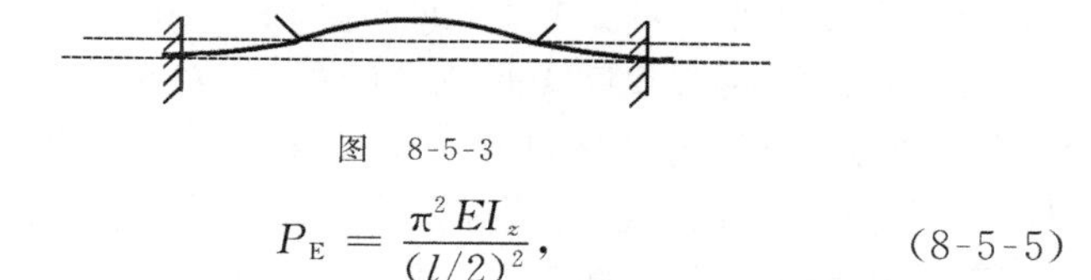

图 8-5-3

$$P_{\mathrm{E}}=\frac{\pi^{2} E I_{z}}{(l/2)^{2}}, \tag{8-5-5}$$

可以将所有的临界力公式统一起来，写成

$$P_{\mathrm{E}}=\frac{\pi^{2} E I_{z}}{(\mu l)^{2}}, \tag{8-5-6}$$

式中的 μ 是长度折算系数（或称相当长度系数），而 μl 称为相当长度. 对于(1) 两端铰支，(2) 一端固定、一端自由，(3) 一端铰支、一端固定和(4) 两端固定情况下的压杆，μ 分别取 1,2,0.7 和 0.5.

§8-6 压杆稳定性的工程计算

前面给出的欧拉临界力公式，仅在材料服从胡克定律时才适用. 当压杆受临界力 P_{E} 作用而仍在直线形态下维持不稳定平衡时，横截面上的压应力可按公式 $\sigma=P/A$ 来计算，并称它为临界应力. 于是，按普遍形式的欧拉公式(8-5-6)算出的压杆临界应力为

$$\sigma_{\mathrm{E}}=\frac{P_{\mathrm{E}}}{A}=\frac{\pi^{2} E I_{z}}{(\mu l)^{2} A}=\frac{\pi^{2} E}{(\mu l/i)^{2}},$$

式中 $i=\sqrt{I_{z}/A}$ 为压杆截面对 z 轴的惯性半径（见 §5-6），μl 为压杆的**相当长度**，两者的比值 $\mu l/i$ 这一无量纲参数称为压杆的长细比或**柔度**，其值越大，相应的 σ_{E} 值就越小，即压杆越容易失稳. 为书写方便，引用符号 λ 表示压杆的柔度，即

$$\lambda=\frac{\mu l}{i}, \tag{8-6-1}$$

这样，欧拉临界应力便可写作

$$\sigma_{\mathrm{E}}=\frac{E\pi^{2}}{\lambda^{2}}. \tag{8-6-2}$$

应该注意，如果压杆在不同平面支承条件不同，则应分别计算在各平面内失稳时的柔度 λ，并按其较大者来计算该压杆的**临界应力**

σ_E,因为压杆总是在柔度 λ 较大的平面内失稳.

欧拉应力 σ_E 与柔度 λ 是双曲线关系.对于柔度值较小的杆,σ_E 的值很大,以致超过材料的比例极限 σ_p 或屈服极限 σ_s(或脆性材料的强度极限 σ_b),这时欧拉公式(8-5-2)不能使用.这样令 $\sigma_E=\sigma_p$,便可得到欧拉公式的适用范围

$$\lambda \geqslant \lambda_p, \tag{8-6-3}$$

其中

$$\lambda_p=\sqrt{\frac{\pi^2 E}{\sigma_p}}. \tag{8-6-4}$$

通常称 $\lambda>\lambda_p$ 的压杆为大柔度压杆,有时也称之为细长压杆.所以,只有大柔度压杆才能应用欧拉公式(8-6-2).λ_p 的大小取决于压杆材料的力学性能.例如对于低碳钢,$E=2.06\times10^5$ MPa,$\sigma_p=2.00$ MPa,则得 $\lambda_p\approx100$.这就是说,只有当其柔度 $\lambda\geqslant100$ 时才能按欧拉公式计算临界力.当然,对于其他材料制成的压杆,其 λ_p 值并不一定是 100.

可是,工程上所采用的压杆多数都不是大柔度(细长)压杆,即其柔度 λ 小于 λ_p.这类压杆临界力的理论分析和实验研究是工程应用中最为关心的,进入 20 世纪以来,它受到很大重视.超过比例极限而丧失稳定的现象为非弹性屈曲,其理论分析比较复杂,现有的一些理论结果还不能完全令人满意,因而通常是用实验的方法来确定临界应力和 λ 的关系.

在我国的《钢结构设计规范》(TJ 17-74)中,对于不能采用欧拉公式计算临界应力的中心受压直杆,根据实验结果,采用了抛物形的经验公式

$$\sigma_{cr}=\sigma_s\left[1-a\,(\lambda/\lambda_p)^2\right]. \tag{8-6-5}$$

对于 A2 和 A3 钢以及 16 锰钢,式中的系数 a 为 0.43,而 λ_p 则为 $\pi\sqrt{E/0.57\sigma_s}$.按式(8-6-5)画出的 σ_{cr}-λ 曲线如图 8-6-1 的 AB 段.至于 $\lambda>\lambda_p$ 的那一段曲线,则仍为式(8-6-2)所表示的欧拉临界应力曲线.

图 8-6-1 称为压杆临界应力总图. 在工程设计时，还需要考虑稳定安全系数 n_{cr}，于是有稳定许用应力

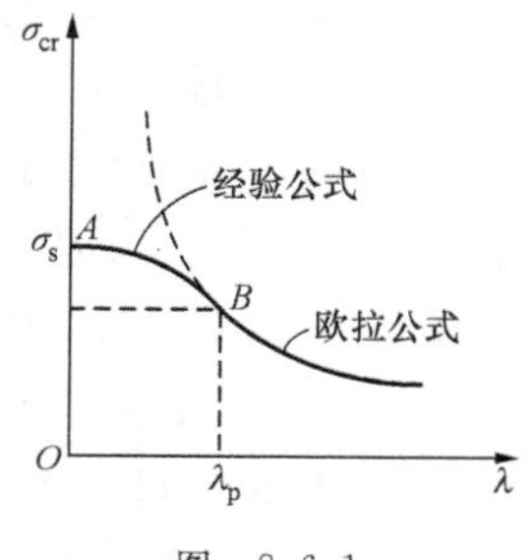

图　8-6-1

$$[\sigma_{cr}]=\sigma_{cr}/n_{cr}. \quad (8\text{-}6\text{-}6)$$

n_{cr}的大小与使用场合、制造精度、加载方式以及材料性质等因素有关，一般取值在 1.5～3.0，对于特别重要的杆件，例如连杆，往往取 6 或 7，所以压杆的稳定条件为

$$\sigma=\frac{P}{A}\leqslant[\sigma_{cr}]. \qquad (8\text{-}6\text{-}7)$$

在机械零部件的稳定性设计中常采用上述方法. 在土木工程压杆稳定性计算中还常常采用折算系数法. 将压杆的稳定许用应力看做是压杆的压缩强度许用应力$[\sigma]$乘上一个折算系数 φ，即

$$[\sigma_{cr}]=\varphi(\lambda)[\sigma], \qquad (8\text{-}6\text{-}8)$$

$\varphi<1$，它统一考虑了柔度 λ 对临界应力 σ_{cr} 和安全系数 n_{cr} 的影响. 表 8-6-1 给出了我国钢结构设计规范中关于 A3 钢的某些折算系数值. 这样，综合考虑压杆的强度与稳定的设计条件为

$$\frac{P}{\varphi A}\leqslant[\sigma], \qquad (8\text{-}6\text{-}9)$$

其中 P 为轴向压力，A 为横截面面积.

表 8-6-1　A3 钢折算系数 φ 的值

λ	0	10	20	30	40	50	60	70
φ	1.000	0.995	0.981	0.958	0.927	0.888	0.842	0.789
λ	80	90	100	110	120	130	140	150
φ	0.731	0.699	0.604	0.536	0.466	0.401	0.349	0.306
λ	160	170	180	190	200	210	220	230
φ	0.272	0.243	0.218	0.197	0.180	0.164	0.151	0.139

应用式(8-6-9)进行稳定校核和确定许用载荷是比较简单的,这是因为杆的横截面面积和柔度 λ 都已知,从而 φ 已知. 但如果载荷已知,确定压杆截面时,因 φ 与 A 都是未知的,而 φ,A 又都与 λ 有关,且式(8-6-9)是一个非线性方程,所以需要采用逐次逼近法求解. 先假定一个 φ_0 值,代入式(8-6-9)求出截面尺寸的近似值 A_0,再由此计算出 λ_1 值,查表找出 $\varphi_1=\varphi(\lambda_1)$,并将它与所设 φ_0 相比较. 若误差超过许可范围,则由 φ_1 再计算截面尺寸和相应的 λ 值,查表找出 φ_2. 这样多次修正 φ 值,当 φ_i 和 φ_{i+1} 之差在允许误差范围以内时,也就找到了 φ 值和符合稳定要求的经济合理截面.

例 8-6-1　如图 8-6-2 所示的压杆,材料为 A3 钢,压缩许用应力$[\sigma]=170$ MPa,在正视图(a)的平面内弯曲时,两端相当于铰支;在顶视图(b)的平面内弯曲时,两端可认为固定,试求此杆临界载荷 P_{cr}. 图中 $h=60$ mm,$b=40$ mm,$l=2300$ mm.

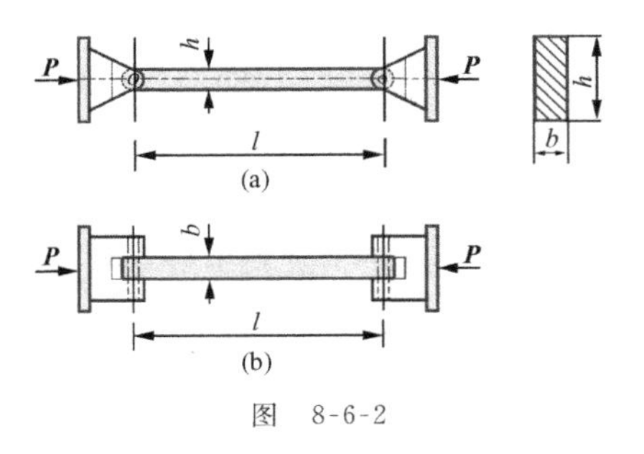

图　8-6-2

在正视图 8-6-2(a)平面内弯曲时,

$$I_z=\frac{bh^3}{12},\quad A=bh,\quad i=\sqrt{\frac{I_z}{A}}=\frac{h}{2\sqrt{3}},\quad \mu=1,$$

所以

$$\lambda_a=\frac{\mu l}{i}=\frac{1\times 2300\times 2\sqrt{3}}{60}=133.$$

类似地可计算,在顶视图 8-6-2(b)平面内弯曲时,

$$i = \frac{b}{2\sqrt{3}}, \quad \mu = 0.5,$$

所以

$$\lambda_b = \frac{\mu l}{i} = \frac{0.5 \times 2300 \times 2\sqrt{3}}{40} = 99.6.$$

因为 $\lambda_a > \lambda_b$，只需考虑正视图平面内的弯曲. 由表 8-6-1 并插值得 $\varphi_a = 0.384$，因此得

$$P_{cr} = \varphi_a A[\sigma] = 0.384 \times 2400\ \text{mm}^2 \times 170\ \text{MPa} = 156.7\ \text{kN}.$$

例 8-6-2 长度为 3.4 m 的两端铰支压杆由两根 75 mm × 5 mm 的等边角钢沿全长焊接而成，截面如图 8-6-3 所示. 已知稳定安全系数 $n_{cr} = 2$，试问此压杆在压力 $P = 60$ kN 作用下是否安全.

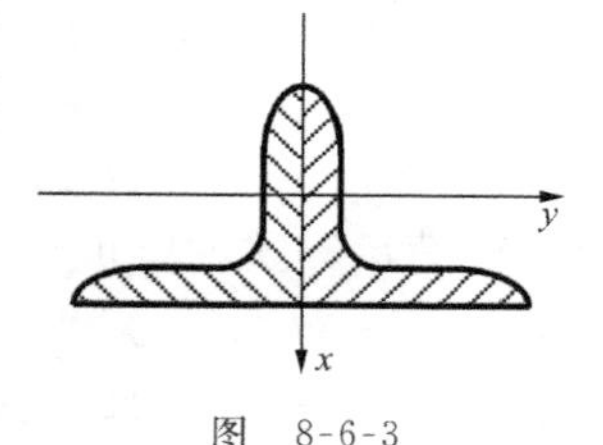

图 8-6-3

首先要判明压杆失稳时组合截面绕最小惯性轴 y 转动，根据 i 的计算公式可知，组合截面的 i 就等于单个截面的 i，所以查型钢表得

$$i = 2.33\ \text{cm}, \quad A = 2 \times 7.367\ \text{cm}^2 = 14.73\ \text{cm}^2.$$

按式(8-6-1)求得 $\lambda = 145.9 > \lambda_p$ 为大柔度杆. 取

$$E = 210 \times 10^3\ \text{MPa},$$

按式(8-6-2)得

$$\sigma_{cr} = \sigma_E = \frac{210 \times 3.14^2}{145.9^2}\ \text{MPa} = 0.0973\ \text{MPa}.$$

由于 n_{cr} 给定，可按式(8-6-6)计算 $[\sigma_{cr}]$，从而得

$$[P_{cr}] = \frac{\sigma_{cr}}{n_{cr}} A = \frac{0.0973\text{MPa} \times 10^9 \times 14.73\ \text{cm}^2 \times 10^{-4}}{2}$$

$$= 0.717 \times 10^5\ \text{N} = 71.7\ \text{kN}.$$

由于 $P = 60\ \text{kN} < [P_{cr}]$，所以压杆不会失稳.

在压杆的截面无局部削弱的情况下，对大柔度杆，强度条件都

会满足的.但在截面有局部削弱或中小柔度杆时,还需对被削弱的截面进行强度校核.

例 8-6-3 由 A3 钢制成的一圆截面钢杆,长为 $l=800$ mm,其下端固定,上端自由,受轴向压力 100 kN 作用.已知材料的许用应力 $[\sigma]=170$ MPa,试求杆的直径 D.

对圆截面,$I=\frac{\pi}{64}D^4$,$A=\frac{\pi}{4}D^2$,因而 $i=D/4$.由式(8-6-1),$D=4\mu l/\lambda$.于是,$A=4\pi\mu^2 l^2/\lambda^2$.由式(8-6-9),

$$\frac{P\lambda^2}{\varphi\cdot 4\pi\mu^2 l^2}\leqslant[\sigma],$$

代入已知数据,得关于柔度 λ 的条件

$$\frac{\lambda^2}{\varphi(\lambda)}\leqslant 5.47\times 10^4.$$

为求得满足等式的柔度值,可采用如下迭代公式:

$$\lambda_{n+1}^2=5.47\times 10^4\varphi(\lambda_n),$$

取 $\varphi_0=\varphi(\lambda_0)=0.5$,经过多次迭代,得到收敛解

$$\lambda=139,\quad \varphi=0.354,$$

由此得

$$D=\frac{4\mu l}{\lambda}=\frac{4\times 2\times 800\ \text{mm}}{139}=46\ \text{mm}.$$

§8-7 浅桁架的分岔点失稳和极值点失稳

众所周知,弹性稳定性理论是从欧拉在 1774 年发表所谓弹性曲线(elastica)的研究开始的.它从非线性的梁弯曲方程出发,研究了直杆在轴力作用下屈曲和屈曲后变形的全过程.这就是后来庞加莱(Poincaré)提出的所谓“分岔的平衡”问题.

在欧拉之后的两个世纪内,力学和工程界解决的大量的结构问题都是线性化了的弹性稳定性问题,即解决的是一个齐次的线性微分方程特征值问题.直到 20 世纪 30 年代,人们发现圆柱壳临界载荷的实验结果与线性理论所预测的不符,才开始转向用非线

性理论来讨论屈曲和后屈曲问题. 冯·卡门(Von Karman)和钱学森率先开辟了结构屈曲问题上的非线性分析,从此有了“屈曲后”和“不稳定”等新概念.

若采用现代分岔理论来分析上述相隔两个世纪所研究的结构非线性失稳的形态,那么,欧拉研究的是分岔点失稳,卡门-钱学森研究的是极值点失稳,它们构成了失稳的两种基本形态. 下面通过浅桁架,介绍这两种不同的失稳形态.

这里介绍的例子是由两个长度、材料和截面相同的弹性直杆经铰点链接而成的浅桁架. 如图 8-7-1 所示,浅桁架左右两铰支点固定,其间距为 $2b$,两杆与水平方向成 α_0 角,中间铰点初始高度为 h. 所谓浅桁架是指 $\alpha_0 \ll 1$ 或 $h \ll b$. 若在中间铰点上作用垂直载荷 $\boldsymbol{P}$,由于对称性,两杆都受轴向压力 $\mathbf{N}$,节点有垂直向下的位移 u.

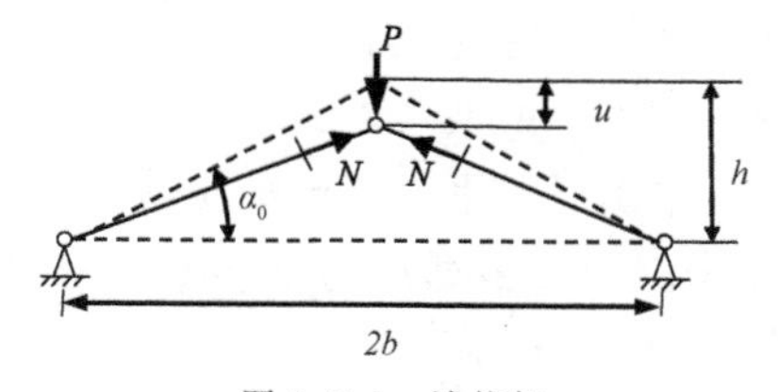

图 8-7-1 浅桁架

浅桁架的分岔点失稳的临界载荷 $P_{\mathrm{cr}}^{\mathrm{E}}$,可由斜杆的欧拉临界力 N_{cr} 给出

$$P_{\mathrm{cr}}^{\mathrm{E}} = 2\sin\alpha_0\, N_{\mathrm{cr}} = 2\,\alpha_0\, N_{\mathrm{cr}}. \tag{8-7-1}$$

斜杆的平衡曲线如图 8-7-2(a)所示,图中横轴坐标 v 是杆跨中挠度. 在临界点 $A(0, N_{\mathrm{cr}})$,平衡曲线分岔成为两支:不稳定分支 AB 和稳定分支 AC 或 AC'. 由于临界点是分岔点,这种形态称分岔点失稳. 临界载荷

$$N_{\mathrm{cr}} = AE\,\frac{\pi^2}{\lambda^2}, \tag{8-7-2}$$

式中 A 为杆的横截面面积,E 为材料的弹性模量, $\lambda = l/\sqrt{I/A}$ 是斜杆的柔度. 将式(8-7-2)代入式(8-7-1),得浅桁架分岔点失稳

型的临界载荷为

$$P_{\mathrm{cr}}^{\mathrm{E}} = 2\,\alpha_0 AE\,\pi^2/\lambda^2. \tag{8-7-3}$$

浅桁架的失稳模态如图 8-7-2(b) 所示.

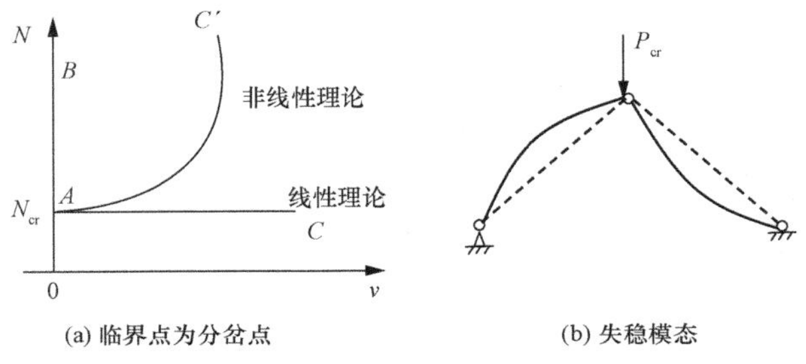

图 8-7-2　浅桁架的分岔点失稳

在浅桁架中间铰点上作用垂直力 P,杆受压而缩短了,则它们与水平方向的倾角减小了,变为 α,$\alpha<\alpha_0$. 考虑到浅桁架 $\alpha_0\ll 1$,则可近似得到 $\sin\alpha=\alpha$,$\cos\alpha=1-\alpha^2/2$. 初始状态杆长 $l_0=b/\cos\alpha_0=b(1+\alpha_0^2/2)$,在力 P 作用下杆长为 $l=b/\cos\alpha=b(1+\alpha^2/2)$. 因此杆缩短了 $\Delta l=b(\alpha_0^2-\alpha^2)/2$. 根据静力平衡条件求出杆的轴力 $N=P/2\alpha$. 按胡克定律 $N=EA\varepsilon$,最后得

$$P = EA\alpha(\alpha_0^2-\alpha^2). \tag{8-7-4}$$

将式中变量 α 用铰点位移 u 表示,则

$$\alpha=\frac{(u-h)}{l_0},\quad \alpha-\alpha_0=\frac{u}{l_0},$$

$$\alpha+\alpha_0=\frac{(u-2h)}{l_0},$$

则有

$$P=\frac{EA}{l_0^2}u(u-h)(u-2h). \tag{8-7-5}$$

P 随 u 变化的曲线如图 8-7-3(a)所示,曲线上每个点的坐标值 $(u,\ P)$ 代表一个平衡状态,其中 P 为控制变量(载荷),u 为状态变量(响应). 这条曲线称为平衡路径曲线,简称平衡曲线.

由于力 P 和位移 u 在能量上是共轭的,平衡曲线上每点切线

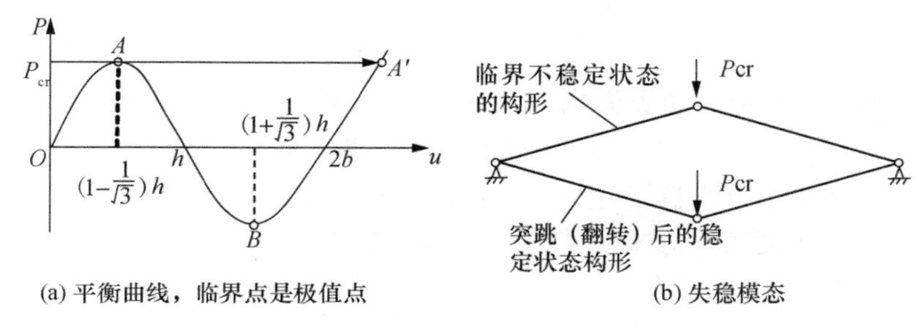

(a) 平衡曲线，临界点是极值点 (b) 失稳模态

图 8-7-3 浅桁架的极值点失稳

的斜率 dP/du 代表响应状态的切向刚度. 如果刚度为正，则是稳定的平衡状态；如果刚度为负，则是不稳定的平衡状态；如果刚度为零，则是临界状态.

从图 8-7-3(a)中看出，浅桁架的行为展示了两个力的转向点(或称临界点)，也即点 A 和 B，在每个转向点两侧，分支曲线斜率改变符号. 通过转向点，桁架的稳定性质发生了改变. 在转向点 A，由稳定平衡分支 OA 转到不稳定平衡分支 AB，称为失稳. 由于在 A 点 P 取极值，这种类型失稳称为极值点(型)失稳. 临界点 A 对应的载荷称为临界载荷，即

$$P_{cr}^{k} = \frac{2}{3\sqrt{3}}\frac{EA\,h^3}{l_0^3}. \tag{8-7-6}$$

当载荷 P 达到P_{cr}^{k}时，浅桁架的形态 u_{cr}是不稳定的. 为保持浅桁架的平衡，随着位移的增加，必须在每一瞬间减少力 P，这实际上是做不到的. 因为在转向点 A，在外界扰动(总是存在的)下将发生位移突跳，平衡状态将瞬时地达到新的位置 B，B 位于稳定分支 BA' 上，因而新位置(u_B, P_{cr})的平衡是稳定的. 浅桁架的失稳模态如图 8-7-3(b)所示，浅桁架从临界的不稳定构形瞬时地翻转到一个新的稳定构形，这种现象称为塌陷(或称位移突跳).

从式(8-7-3)和式(8-7-6)可得到浅桁架极值点失稳临界力和分岔点失稳临界力之比

$$P_{cr}^{k} / P_{cr}^{E} = \frac{1}{3\sqrt{3}\pi^2}\alpha_0^2\lambda^2. \tag{8-7-7}$$

如果$P_{cr}^{k}/P_{cr}^{E}<1$，也就是，

$$\alpha_0\lambda < 3^{3/4}\pi \approx 7.16, \tag{8-7-8}$$

则桁架失稳是极值点失稳，否则是分岔点失稳. 实际桁架杆件都是中小柔度杆，λ 在 10～100 之间取值. 若取 $\lambda=100$，则$\alpha_0<0.072$，就发生极值点失稳，产生位移突跳，桁架总体翻转或塌陷. 只有在倾角或柔度较大情况，才会出现分岔点失稳.

§8-8　小结和讨论

在第二章研究了受轴压直杆的平衡问题，其横截面上仅有单向应力 $\sigma=P/A$，变形仅有轴向位移，杆件保持直线的平衡状态. 本章研究的是这种直线形式的平衡状态是否是稳定的. 所谓的稳定性是指杆件保持直线构形抵抗干扰的能力. 如果在任何小扰动下，杆件能保持直线形式的平衡状态，那么这种直线的平衡状态称为稳定的平衡状态. 反之，如果在某种扰动下，杆件不能保持直线状态，偏离到其他形式的新状态，那么直线平衡状态称为不稳定的. 随着轴向压力的增大，从稳定的直线平衡转到不稳定的直线平衡状态，称为失稳(丧失稳定性). 失稳时的轴向压力称为(稳定性的)临界压力，通常记为 P_{cr}. 在构件和结构设计中，不仅要求它们满足强度条件和刚度条件，还要求它们满足稳定性条件.

在本章首先用较长篇幅(§8-1～§8-4)，以两端简支的压杆为典型例子，全面地讨论了稳定性的概念和它的研究方法，这是本书的一个亮点.

稳定性问题本质上是一个非线性问题，精确的提法是研究弯曲平衡微分方程

$$EI\kappa = Py, \tag{8-8-1}$$

式中 $\kappa=1/R$ 是杆的挠曲轴的曲率. 这个方程可改写为如下的非线性常微分方程：

$$\frac{\mathrm{d}^2 y}{\mathrm{d}s^2}+\frac{P}{EI}\sqrt{1-\left(\frac{\mathrm{d}y}{\mathrm{d}s}\right)^2}=0. \tag{8-8-2}$$

另外 $y(s)$应满足边值条件

$$y(0)=0, y(l)=0. \tag{8-8-3}$$

这个边值问题，在 $P<P_1=\pi^2 EI/l^2$ 时无解，而在 $P>P_1$ 时每一个 P 都对应一个挠曲解. 因此，取 P_1 为临界力 P_{cr}，在 $P\leqslant P_{cr}$时，压杆的唯一可能的平衡形态是直线形式，但当 $P>P_{cr}$时，对每一个 P，压杆的平衡形态除了直线形式，还有一个挠曲形式. 在临界点前后，平衡解由一支转变为两支，这种情况称为分岔. 压杆失稳是分岔点失稳. 在临界状态之前(包括临界状态)，即 $P\leqslant P_{cr}$，直线平衡状态是稳定的；在临界状态之后，即 $P>P_{cr}$，直线平衡状态是不稳定的. 在扰动下(扰动总是存在的)变成挠曲形式的平衡状态，从不稳定分支跳到稳定分支. 这些结论正确地揭示了压杆稳定性力学本质和现象.

由于求解非线性微分方程十分困难，在实际应用中采用了线性化方法，在小弯曲情况，$(\frac{\mathrm{d}y}{\mathrm{d}s})^2\ll 1$. 求解如下的线性常微分方程的边值问题：

$$\frac{\mathrm{d}^2 y}{\mathrm{d}s^2}+\frac{P}{EI}y=0. \tag{8-8-4}$$

常微分方程的边值问题的非零解不总是存在的. 采用斯托姆-刘维尔(Sturm-Liouville)边值问题的提法，现在考察在 P 取何值时，边值问题有非零解. 实际上，这不是直接地使用关于扰动下稳定性问题的提法，而是暗中代之以另一种在某种意义下被简化的提法，研究压杆在同一个力作用下存在两个不同平衡形态的可能性问题. 小挠度和线性化方法研究结果是，如果轴力 P 在离散的无限序列

$$P_n=\frac{n^2\pi^2 EI}{l^2}$$

之下，边值问题有非零解

$$y(x) = v_n(x) = A\sin\frac{n\pi}{l}x,$$

式中 A 是任意常数.在数学上,P_n 称为特征值,$v_n(x)$ 称为特征函数,因而线性化方法也称为特征值方法.这种线性化方法的结果,可以得到下述三个结论:

(1) 当 $P<P_1$ 时压杆不会挠曲,如果取 P_1 为临界力,它和非线性分析得到的临界力是一致的.

(2) 在 $P=P_{cr}$ 和 $P=P_n$ 的情况发生挠曲,有非零解,但挠曲形式是不确定的.在 $P=P_1=P_{cr}$ 时,临界状态下直线平衡状态是不稳定的.

(3) 当 $P>P_{cr}$,且 $P\neq P_n$ 时,压杆不发生挠曲,直线平衡状态是稳定的.

实际上,只有结论(1)符合实际,与非线性理论相一致,结论(2),尤其是结论(3),与实际情况不符.上述三个结论仅是线性常微分方程边值问题斯托姆-刘维尔提法的结论,不都反映压杆稳定性的力学本质.好在临界力是正确的,临界力是构件稳定性分析的最主要指标.当前,在稳定性问题中确定临界力大都采用特征值方法.

在§8-5和§8-6中,用特征值方法导出了各种端部约束条件下压杆的临界力 P_{cr} 的表达式.将临界力 P_{cr} 除以横截面面积 A 得到临界应力 σ_{cr},再除以安全系数 n_{cr} 得到稳定计算的许用应力 $[\sigma_{cr}]$.最后,介绍压杆稳定性计算的两种方法,并给出算例.

在§8-7,通过浅桁架介绍了极值点(型)失稳.极值点失稳是钱学森和卡门研究板壳稳定性问题时提出的.分岔点失稳和极值点失稳是弹性结构失稳的两种基本模式.在材料力学中,浅桁架是一个能说明这两种失稳模式的仅能找到的例子.

习 题

8.1 试推导下端固定，上端允许轴向及水平位移但不允许转动的压杆（如图）在弹性范围内的临界力公式（已知 EI），由此确定其长度折减系数 μ.

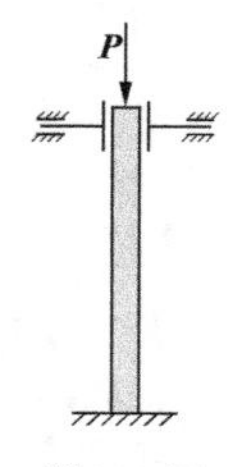

题 8.1 图

8.2 两端为球铰的压杆的横截面为图示各种不同形状时，压杆会在哪个平面内失稳（即失稳时，横截面绕哪根轴转动）？

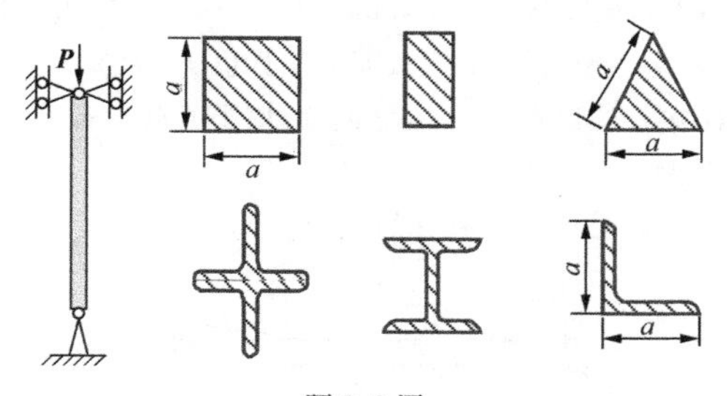

题 8.2 图

8.3 一个长方形截面压杆，截面边长为 b 和 h，在 A 端和 C 端铰支（如图所示）. 杆中点在图平面内受到限制，但在垂直图平面方向可自由移动. 若要使得杆在两个平面内的弯曲临界力相同，则 h/b 的比值为多少？

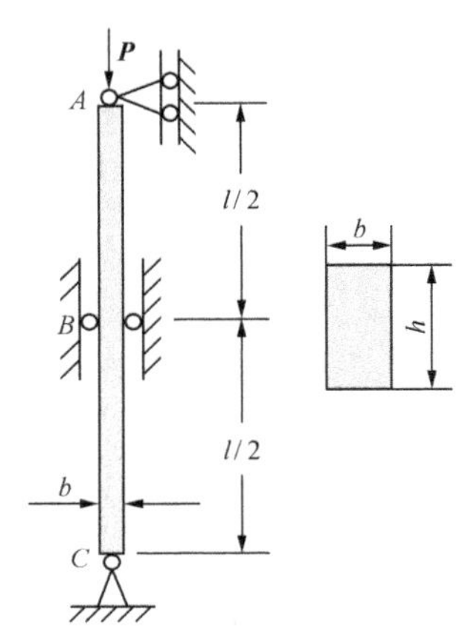

题 8.3 图

8.4 一根水平杆如图所示，由柱子 AB 和 CD 支撑着，为了防止杆的水平移动，其左端有一活动简支. 每根柱子的上端与水平杆 BC 铰接，下端则有：A 处固定，D 处简支. 两根柱子均为正方形截面的实心钢杆（E=200 GPa），截面边长为 16 mm. 距 AB 柱 a 处作用一载荷 $\boldsymbol{P}$.

(1) 如果距离 a=0.4 m，那么载荷的临界值 P_{cr} 为多少？

(2) 如果距离 a 的值在 0～1 m 之间变动，那么临界载荷 P_{cr} 可能的最大值为多少？

(3) 与最大值相对应的距离 a 的值为多少？

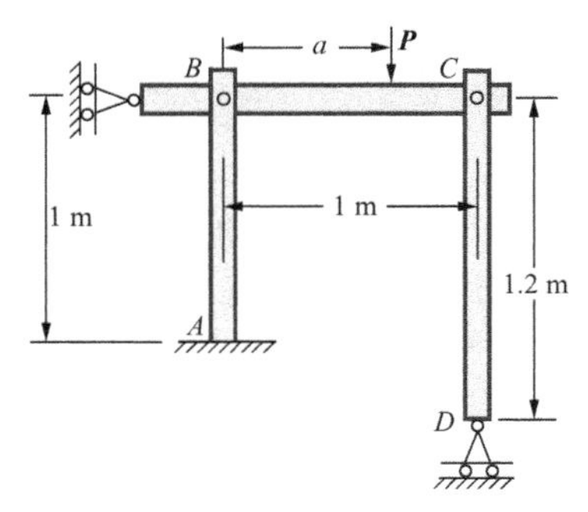

题 8.4 图

8.5　有一柱底部固定，顶部由一刚度为 k 的线弹性弹簧支承（如图）. 试通过解其挠曲微分方程，得到下面的特征方程：

$$\tan\beta l-\beta l+\beta^{3}l^{3}\left(\frac{EI}{kl^{3}}\right)=0.$$

当 $k=3EI/l^{3}$ 时计算临界力 P_{cr} 的大小.

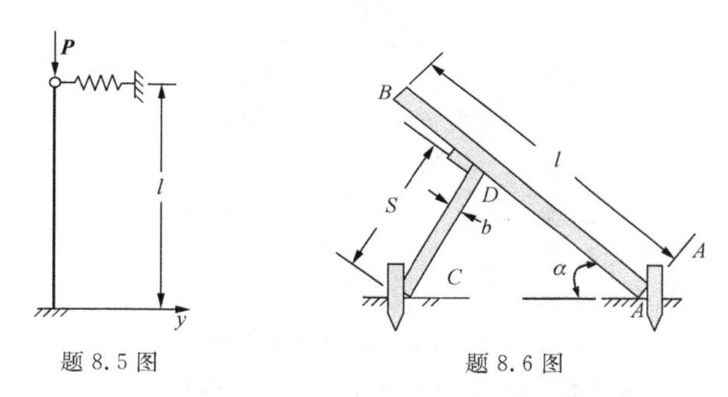

题 8.5 图　　　　题 8.6 图

8.6　等截面梁 AB，长 $l=7$ m，重 $W=900$ kg，由长 $S=3$ m 的斜杆支撑着，使得梁 AB 与水平方向成 $\alpha=50°$ 角（如图）. 斜杆是方形截面的木梁（$E=10$ GPa），放在一个使其承受压力最小的位置. 若只考虑弯曲且稳定安全系数为 3.0，则斜杆所许可的最小宽度为 b 为多少？（忽略斜杆的自重，且假设 A，C，D 点为铰支.）

8.7　在图示结构中，AB 为圆截面杆，直径 $d=80$ mm，BC 为方形截面杆，边长 $a=70$ mm，两杆材料均为 A3 钢，它们可以各自独立发生弯曲而互不影响. 已知 A 端固定，B，C 为球铰，$l=3$ m，稳定安全系数 $n_{cr}=2.5$，试求此结构的许用载荷[P].

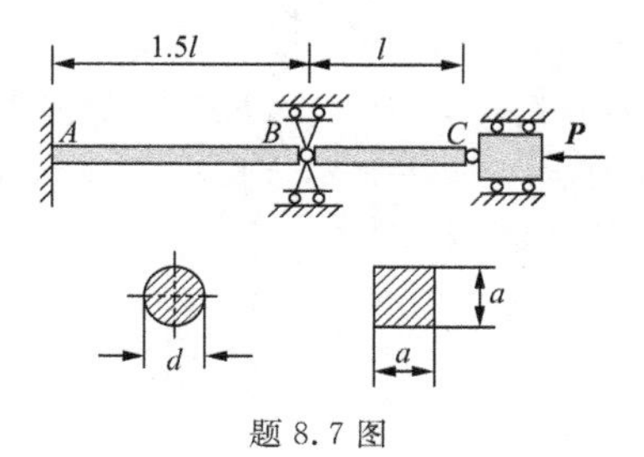

题 8.7 图

8.8　图示结构为正方形，由五根圆钢杆组成，各杆直径均为 $d=40$ mm，$a=1$ m，材料均为 A3 钢，$[\sigma]=160$ MPa，连接处均为铰接.

(1) 试求此结构的许用载荷$[P]$.

(2) 若 **P** 力的方向改为向外，试问许用载荷是否改变？若有改变，应为多少？

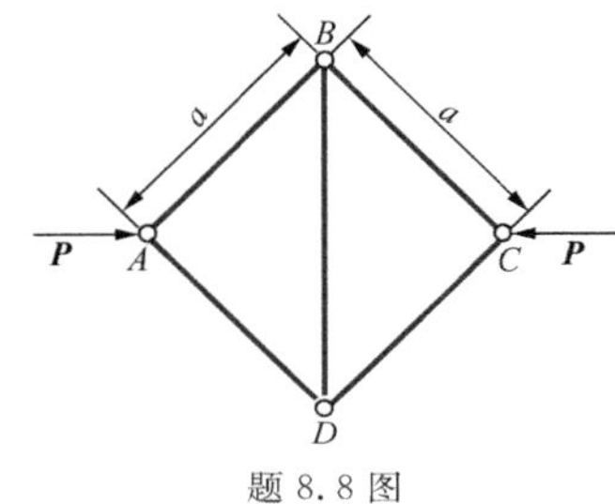

题 8.8 图

8.9　图示结构中 AB 梁可视为刚体，CD 和 EF 均为细长杆，抗弯截面刚度均为 EI. 因变形微小，故可认为压杆受力达到临界载荷后，其承受压力不能再提高. 试求此结构所受载荷 P 的极限值 $P_{\max}$.

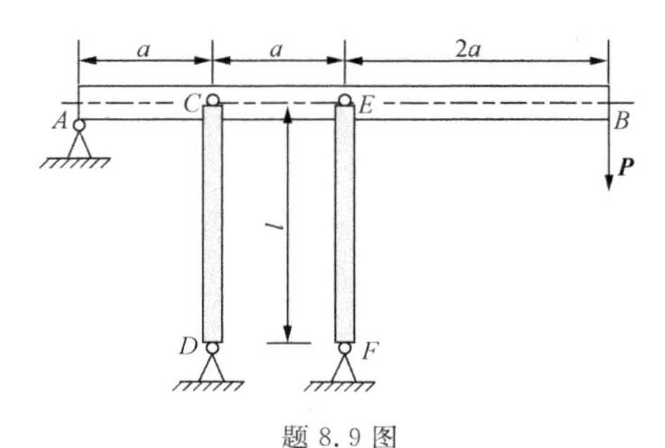

题 8.9 图

8.10　一水平杆 AB 由一端铰支的柱 CD 支承着，如图所示. 柱为正方形截面钢柱($E=200$ GPa)，长 $l=3$ m，边长 $b=50$ mm. 若柱的抗弯安全系数 $n=2.5$，计算许用载荷$[P]$.

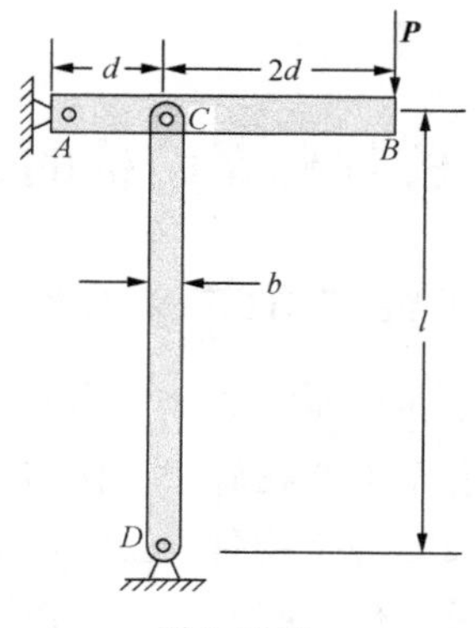

题 8.10 图

8.11 图示一铰接的桁架 ABC 由两个相同材料相同横截面的杆组成. 载荷 $\boldsymbol{P}$ 作用在铰点 B 处,方向与线 AB 成 θ 角. θ 角可以从 0°到 90°变化. 如果只考虑失稳破坏,试求出使得 P 有最大值的转角的公式.

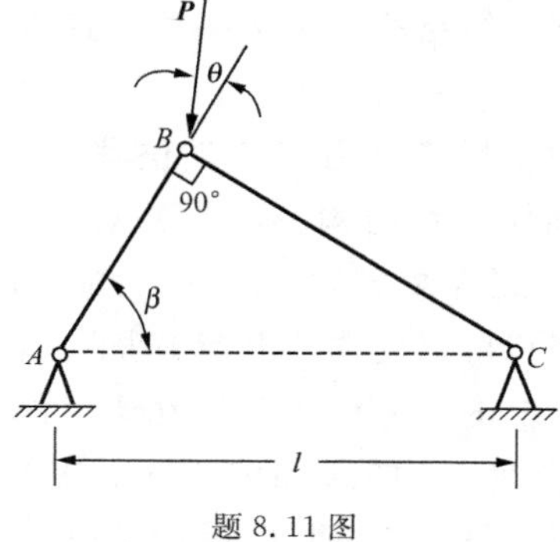

题 8.11 图

第九章　弹性杆系结构的一般性质

§9-1　弹性结构、广义力和广义位移

由承受拉伸-压缩和弯曲变形的杆件可以组合成各种类型的杆系结构.仅在节点上作用有载荷,并由彼此铰接的直杆构成的杆系结构叫做**桁架**.桁架的每个构件,也就是直杆,仅承受拉伸或者压缩.用彼此刚性连接的杆构成的杆系结构叫做**刚架**.刚架的每个构件,也就是组成刚架的杆,处于弯曲和均匀拉伸或者压缩的状态.通常纵向力并不很大,以至对刚架构件无需按纵-横弯曲问题求解,也就是纵向和横向载荷的作用可以分别单独地考虑.本章我们主要讨论几何上和物理上都是线性的杆系结构,对这样的结构总可以建立某些与具体结构无关的一些普遍性方法,并讨论它们的一般性质.

在固体力学中使用广义力和广义位移的概念有时是很方便的.实际上,当谈到作用在结构上的力并对这些力作定量的评价时,我们常常使用力的某些特性,而不是力的实际绝对值.例如,弯曲力偶矩的作用完全可以用它的力矩来表示;梁承受均布载荷时,我们是用单位长度上的力 q 作为作用在梁上的外力;至于约束扭转时的双力矩,则是四个力的数量表达式.总之,我们常常不是与一个力而是与一组力打交道,而这一组力被看做是某个整体.在处理静不定体系时,研究这些力组的必要性就更加明显.例如,截开如图 9-1-1 所示的静不定刚架,我们必须在切口两边加上两个数值相等方向相反的轴向力 $\boldsymbol{N}$,两个剪力 $\boldsymbol{Q}$,两个弯矩 $\boldsymbol{M}$;所以多余未知力就是由截面上的轴向力 $\boldsymbol{N}$,剪力 $\boldsymbol{Q}$ 和弯矩 $\boldsymbol{M}$ 所构成的力组.

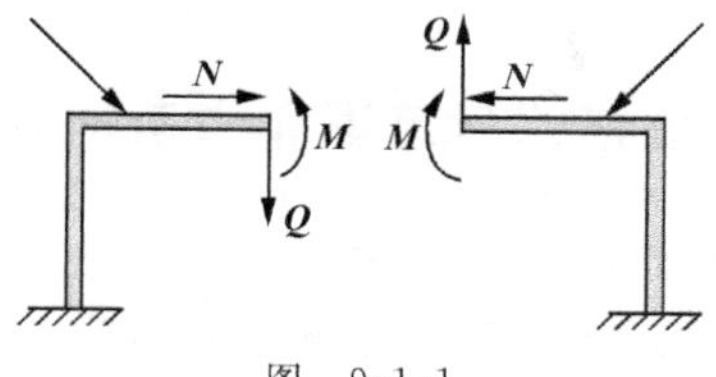

图　9-1-1

我们把定义力组的量称为**广义力**. 在这个意义下，弯矩 $\boldsymbol{M}$，扭转双力矩 $\boldsymbol{B}$，分布载荷 $\boldsymbol{q}$ 都可看做是广义力. 我们形式地将元功的表达式中广义力后边的因子定义为**广义位移**的变化. 这就是在能量上共轭的意义下，由广义力来定义广义位移. 例如，在例 2-6-1 中作用在点 A 和 B 处的一对力 $\boldsymbol{P}$ 可以看做广义力，其元功

$$\delta W = P\delta u_B - P\delta u_A = P\delta(u_B - u_A),$$

所对应的广义位移就是 A，B 两点间距离的改变.

又例如，分布载荷下弯曲时元功

$$\delta W = \int q\,\delta v(x)\,\mathrm{d}x = q\,\delta\int v\mathrm{d}x = q\,\delta\omega,$$

式中 $v(x)$ 是梁的挠曲线，而挠曲线与横轴之间所夹的面积 ω 则是广义位移.

再例如，我们取广义力是桁架被截断的杆件截面上两个大小相等方向相反的力 $\boldsymbol{N}$(图 9-1-2). 若左端面的位移是 u_1，右端面的位移是 u_2，则力所做的元功是

$$\delta W = N\delta u_1 - N\delta u_2 = N\delta(u_1 - u_2).$$

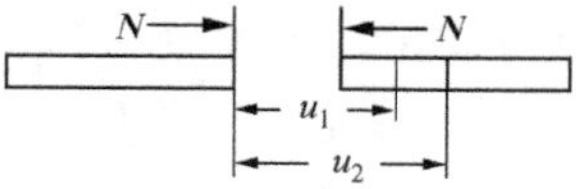

图　9-1-2

广义位移为 $u_1 - u_2$，即两截面之间的相对位移. 纯弯曲变形的元功是 $M\delta\varphi$，广义力为弯矩 M，广义位移就是相对转角 φ.

§9-2 拉格朗日定理和卡斯提也诺定理

设弹性体上作用有 n 个广义力 Q_i(对静定问题是外力,对静不定问题还可包括多余未知力),与之相对应的广义位移是 q_i. 由弹性体的定义可知,位移是力的单值函数;同时,相反地,力也是位移的单值函数:

$$q_i = q_i(Q_s),\ Q_i = Q_i(q_s). \tag{9-2-1}$$

而且,对于弹性体来说,这些关系式的形式不可能是完全任意的. 由于一个弹性体的状态可用指定的参数 q_i 或 Q_i 以及指定的内能 E 来表征;实际上,按弹性体的定义,指定了力或位移则可单值地确定物体的状态. 为直观地表述结构的状态,我们引入所谓的力空间和位移空间. 力空间是这样的一个 n 维空间,指定的力 Q_i 是这个空间中正交笛卡尔坐标系第 i 轴上的分量,指定的力的总体用这个空间中的一个点来表示. 可以用同样的方法来定义位移空间. 式(9-2-1)确定了力空间和位移空间中点与点之间的单值对应关系.

现在假设,结构上作用以力 Q_{i0},与之相对应的位移为 q_{i0},内能是 E_0. 现以任意方式改变位移,但取出发值 q_{i0} 作为末端值. 这样,位移空间中相应的点此时沿一闭合曲线移动一周. 如果物体是弹性的,这时我们应当得到以前的力值,内能也应回到以前的值. 广义力空间中相应的点也沿一闭合曲线移动一周. 根据热力学第一定律,变形过程中总应满足如下关系:

$$\mathrm{d}E = \mathrm{d}W + \mathrm{d}Q, \tag{9-2-2}$$

式中 $\mathrm{d}E$ 是内能增量,$\mathrm{d}W$ 是外力功增量,$\mathrm{d}Q$ 是进入系统内的热量(本节中带下标的 Q_i 表示广义力,不带下标的 Q 表示热量,请注意它们的含义). 但

$$\mathrm{d}W = Q_i \mathrm{d}q_i,$$

将这个式子代入式(9-2-2),并沿闭合的变形路径积分. 由于内能

将返回到以前的值，$\mathrm{d}E$ 的积分等于零，因而

$$\oint Q_i \mathrm{d}q_i + \oint \mathrm{d}Q = 0. \tag{9-2-3}$$

上式等号左端第一项代表循环过程的外力功，第二项代表在循环过程中进入系统的热量. 对于绝热过程，第二个积分等于零；对于等温过程，这个积分也等于零. 因为由热力学第二定律，$\mathrm{d}Q = T\mathrm{d}S$，在 T 为常数时

$$\oint \mathrm{d}Q = T\oint \mathrm{d}S = 0,$$

这是由于熵 S 是状态函数，在按闭合路径的变形之后，回到原来的熵值. 这就是说，在绝热或等温的条件下有

$$\oint Q_i \mathrm{d}q_i = 0, \tag{9-2-4}$$

由此可知，积分号内的表达式是某个函数的全微分. 我们将这个函数称为力势，并记为 $U(q_i)$，也即有

$$Q_i \mathrm{d}q_i = \mathrm{d}U(q_s),$$

或者

$$Q_i = \frac{\partial U}{\partial q_i}. \tag{9-2-5}$$

从式(9-2-2)立刻能看出，对绝热过程，$U=E$，力势就是弹性体的内能；而对等温过程，力势 U 是自由能. 正如§2-7 中曾经指出的那样，对大多数弹性体，温度效应并不起很大作用，因而无需对内能和自由能加以区别. 今后对函数 U 有时称之为力势，有时称之为弹性能或变形能.

式(9-2-5)是拉格朗日(Lagrange)定理的数学表达式. **拉格朗日定理**就是：弹性能对广义位移的导数等于广义力.

例 9-2-1 研究§2-4 中的简单几何非线性问题(见图 2-4-9). 拉伸时每根杆的变形能按式(2-6-5)为 $(EA/2l)(\Delta l)^2$. 在我们所研究的情况，

$$\Delta l = l\left(\frac{1}{\cos\theta} - 1\right) = \frac{1}{2}\theta^2 l = \frac{u^2}{2l},$$

因此，两根杆的总变形能

$$U=\frac{EA}{l}\left(\frac{u^2}{2l}\right)^2=\frac{EAu^4}{4l^3}.$$

根据拉格朗日定理，

$$P=\frac{\mathrm{d}U}{\mathrm{d}u}=\frac{EAu^3}{l^3},$$

由此得

$$u=l\sqrt[3]{\frac{P}{EA}}.$$

这个结果与式(2-4-16)完全一致.

由方程组(9-2-1)的第一式可以设想弹性能 U 和 q_i 都是广义力 Q_s 的函数，这时可构造一函数

$$\Phi(Q_s)=Q_iq_i-U. \tag{9-2-6}$$

借助于§2-7中介绍的勒让德变换，可得

$$q_i=\frac{\partial\Phi}{\partial Q_i}. \tag{9-2-7}$$

我们将函数 $\Phi(Q_i)$ 称为位移势，或称为余能. 式(9-2-7)构成了**卡斯提也诺(Castigliano)定理**，即余能对广义力的导数等于广义位移.

我们注意到，上面取广义位移作为确定弹性系统状态的参数，定义了力势和导出关系式(9-2-5)，而取广义力作为确定弹性系统状态的参数时，得到位移势和导出关系式(9-2-7).

例 9-2-2 如图 9-2-1 所示桁架节点 D 受铅直力 P 作用，杆 FD 及 DC 的截面积均为 A，材料为非线性弹性材料，本构关系均为 $\sigma=B\varepsilon^{1/2}$，$B$ 为材料常数，杆 FD 长为 l. 求点 D 的铅直位移 δ_V.

根据节点 D 的平衡，求得横杆 1 和斜杆 2 的轴力分别为

$$N_1=P(\text{拉}),$$

$$N_2=\frac{P}{\cos45^\circ}=\sqrt{2}P(\text{压}).$$

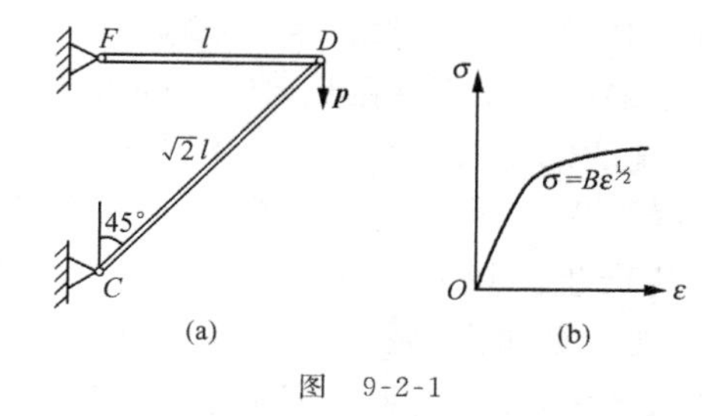

图　9-2-1

用内力 N 和伸长 Δl 表示的本构关系为

$$N = \frac{AB}{l^{1/2}}(\Delta l)^{1/2}$$

或

$$\Delta l = \frac{l}{A^2B^2}N^2.$$

对单个杆的变形能和余能分别为

$$U = \int_0^{\Delta l} N\mathrm{d}(\Delta l) = \frac{2}{3}\frac{AB}{\sqrt{l}}(\Delta l)^{3/2},$$

$$\Phi = N\Delta l - U = \frac{l}{A^2B^2}N^3 - \frac{2}{3}\frac{AB}{\sqrt{l}}\left(\frac{l}{A^2B^2}N^2\right)^{3/2} = \frac{1}{3}\frac{l}{A^2B^2}N^3.$$

请注意，上面各式是对拉杆写出的. 对压杆情况，Δl 和 N 应理解为数值(即绝对值). 对整个桁架，总余能为

$$\Phi = \frac{l}{3A^2B^2}N_1^3 + \frac{\sqrt{2}l}{3A^2B^2}N_2^3 = \frac{5}{3}\frac{P^3l}{A^2B^2}.$$

将 P 看做广义力，δ_{V} 则为广义位移，根据卡斯提也诺定理，

$$\delta_{\mathrm{V}} = \frac{\partial\Phi}{\partial P} = \frac{5P^2l}{A^2B^2}.$$

§ 9-3　线性弹性结构

前面给出的拉格朗日定理和卡斯提也诺定理适合于任何弹性结构(包括非线性弹性结构)，然而对线性弹性结构使用这些定理

却更为简单. 以后我们的讨论仅限于线性结构. 在杆件的拉伸压缩理论和在弯曲理论中都假设可以在几何线性的提法下来研究所有的问题,也即在系统的未变形状态下建立平衡条件,以及将变形与位移之间的关系线性化. 此外,由于材料服从胡克定律,可使弹性结构在所受力和所产生的位移之间呈线性关系(纵-横弯曲是个例外,那里横向弯曲与纵向力间的关系是由超越函数表示的).

对于线性结构来说,无论是力势还是位移势都是二次型. 广义力与广义位移之间的关系由如下的线性关系给出:

$$Q_i = k_{ij} q_j, \tag{9-3-1}$$

$$q_i = \beta_{ij} Q_j. \tag{9-3-2}$$

数值 β_{ij} 是**柔度系数**,k_{ij} 是**刚度系数**,它们之间有如下关系:

$$k_{ij} = \frac{|\beta_{ij}|}{|\beta|},\ \beta_{ij} = \frac{|k_{ij}|}{|k|},$$

其中 $|\beta|$, $|k|$ 分别是矩阵 β_{ij}, k_{ij} 的行列式, $|\beta_{ij}|$ 和 $|k_{ij}|$ 分别是相应矩阵元素 β_{ij} 和 k_{ij} 的代数余子式. 下面证明 k_{ij} 是对称的. 根据拉格朗日定理,则

$$Q_i = \frac{\partial U}{\partial q_i},\ Q_j = \frac{\partial U}{\partial q_j}.$$

因为二阶偏导数 $\dfrac{\partial^2 U}{\partial q_i \partial q_j}$ 的值与取导的次序无关,可得

$$\frac{\partial Q_i}{\partial q_j} = \frac{\partial Q_j}{\partial q_i},$$

将式(9-3-1)代入,得

$$k_{ij} = k_{ji}.$$

同样由卡斯提也诺定理可证明 β_{ij} 也是对称的,即

$$\beta_{ij} = \beta_{ji}.$$

这样,由力势和位移势存在的事实可推得柔度系数和刚度系数组成的矩阵是对称矩阵. 柔度系数 β_{ij} 的物理意义是在点 j 上加一力 $Q_j=1$ 时,在点 i 引起的位移. 因此,柔度系数矩阵的对称性意味着,加在第 i 点的广义力 Q_i 在第 j 点上所引起的广义位移,等于

加在第 j 点上的同样力在第 i 点上所引起的广义位移(互易定理).

在线性结构中应力可用外力线性表示,而比能 u 是应力的二次函数,所以弹性能是广义力 Q_i 的二次式,根据式(9-3-1),也是广义位移 q_i 的二次式. 由二次式的欧拉定理有

$$\frac{\partial U}{\partial q_i}q_i = 2U.$$

再考虑到拉格朗日定理(9-2-5),得

$$U = \frac{1}{2}\frac{\partial U}{\partial q_i}q_i = \frac{1}{2}Q_i q_i,$$

类似地有

$$\Phi = \frac{1}{2}\frac{\partial \Phi}{\partial Q_i}Q_i = \frac{1}{2}q_i Q_i.$$

由此可见,与简单拉伸时一样,位移势和力势就是储存在结构中的弹性能. 同时,我们得到称之为克拉珀龙(Clapeyron)定理的结果,即线性结构的弹性变形势能是外力与它所引起的位移乘积的一半:

$$U = \frac{Q_i q_i}{2}. \tag{9-3-3}$$

利用式(9-3-1)和(9-3-2),可将力势和位移势表示为

$$U = \frac{1}{2}k_{ij}q_i q_j, \quad \Phi = \frac{1}{2}\beta_{ij}Q_i Q_j.$$

用卡斯提也诺定理求静定结构的位移是特别方便的,但是,我们必须要能通过外力来表示结构的弹性变形能(对于线性结构,位移势与力势在数值上相同,都等于结构的弹性变形能). 实际上,前面各章已给出用内力表示的变形能公式,而在静定问题中内力可直接用外力表示,即可得用外力表示的弹性变形能. 下面给出几种基本变形形式的弹性变形能的公式.

(1) 拉伸和压缩. 我们已知

$$\Phi = \int \frac{N_x^2}{2EA}\mathrm{d}x.$$

在桁架的情况，如果杆内轴力 N_x 是常数，则

$$\Phi = \sum \frac{N_x^2 l}{2EA}, \tag{9-3-4}$$

式中求和号是指对所有杆的值求和，每个杆的 E，A 和 l 为常数.

(2) 扭转. 假想用两个相距为 $\mathrm{d}x$ 的截面从杆中截出一个微元体，在这个微元体的两个端面上作用有两个大小相等方向相反的力偶，其数值为扭矩 M_x. 这一对扭矩就是广义力，相应的广义位移是两截面的相对转角，即 $\theta\mathrm{d}x$，根据克拉珀龙定理，

$$\mathrm{d}\Phi = \frac{1}{2}M_x\theta\mathrm{d}x,$$

杆件扭转的全部弹性变形能是

$$\Phi = \int_0^l \frac{1}{2}M_x\theta\mathrm{d}x = \frac{1}{2}\int_0^l \frac{M_x^2}{GC}\mathrm{d}x. \tag{9-3-5}$$

(3) 弯曲. 采用与扭转相同的方法，可求得长为 $\mathrm{d}x$ 的杆微元体的能量是 $M_z\mathrm{d}x/2R_z$，而

$$\frac{1}{R_z} = \frac{M_z}{EI_z},$$

所以

$$\Phi = \frac{1}{2}\int_0^l \frac{M_z^2}{EI_z}\mathrm{d}x. \tag{9-3-6}$$

用同样的方法也可求得薄壁杆件的扇性切应力和扇性正应力所对应的能量，这里就不介绍了.

下面给出一个用卡斯提也诺定理来计算位移的简单例子.

例 9-3-1　如图 9-3-1 所示的螺旋弹簧，沿其轴线作用有一对力 $\boldsymbol{P}$，求弹簧的伸长.

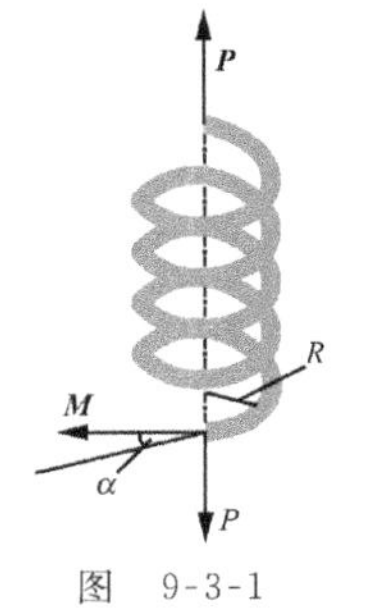

图　9-3-1

用一假想的截面将弹簧截开，如图所示. 在截面上得到力偶 $M = PR$，将此力偶的力矩分解为螺线切线方向和法线方向的分量，得到扭矩和弯矩，它们是

$$M_x = PR\cos\alpha, \quad M_z = PR\sin\alpha.$$

因为力矩处处为常数，由式 (9-3-5) 和

(9-3-6)可给出位移势

$$\Phi=\frac{1}{2}P^2R^2\left(\frac{\cos^2\alpha}{CG}+\frac{\sin^2\alpha}{EI}\right)L,$$

式中 L 是螺线长度. 将作用在弹簧两端的一对力 $\boldsymbol{P}$ 看做广义力,弹簧的伸长则是广义位移,由卡斯提也诺定理,伸长为

$$f=\frac{\partial\Phi}{\partial P}=PR^2L\left(\frac{\cos^2\alpha}{CG}+\frac{\sin^2\alpha}{EI}\right),$$

而弹簧的刚度系数为

$$k=\frac{P}{f}=\frac{1}{R^2L\left(\frac{\cos^2\alpha}{CG}+\frac{\sin^2\alpha}{EI}\right)}.$$

例 9-3-2 跨度为 l,截面抗弯刚度为 EI_z 的简支梁如图 9-3-2(a)所示. 若在其两端 A 和 B 作用大小相等方向相反的力偶矩 M,求梁在 A 端的转角 φ_A.

把两端的力偶矩看做彼此独立的变量,并记为 M_A 和 M_B,则左端 A 的支反力(图 9-3-2(b))为

$$R_A=\frac{M_B-M_A}{l},$$

梁的弯矩分布为

$$M_z(x)=M_A+\frac{M_B-M_A}{l}x,$$

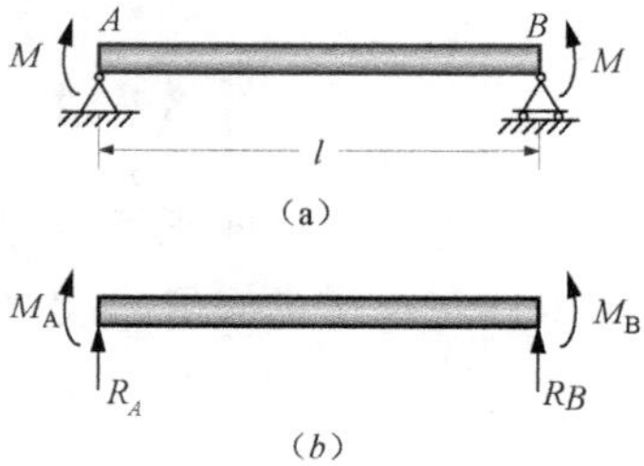

(a)

(b)

图 9-3-2

梁的位移势为

$$\Phi=\frac{1}{2}\int_0^l\frac{M_z^2(x)}{EI_z}\mathrm{d}x.$$

由卡斯提也诺定理,左端 A 转角为

$$\begin{aligned}\varphi_A=\frac{\partial\Phi}{\partial M_A}&=\int_o^l\frac{M_z(x)}{EI_z}\frac{\partial M_z(x)}{\partial M_A}\mathrm{d}x\\&=\int_o^l\frac{1}{EI_z}\left[M_A+\frac{M_B-M_A}{l}x\right]\left(1-\frac{2}{l}\right)\mathrm{d}x,\end{aligned}$$

令 $M_A=M_B=M$,得

$$\varphi_A = \frac{Ml}{2EI_z}.$$

采用广义力和广义位移概念，处理这个问题十分简单. 如果把一对力偶矩总体看做一个广义力，记为 M，那么广义力做的元功是 $\delta W = M_A \delta\varphi_A + M_B \delta\varphi_B = M\delta(2\varphi)$，因而相应的广义位移是 $q = 2\varphi$. 由于 $M_z(x) = M$，位移势为

$$\Phi = \frac{1}{2}\int_0^l \frac{M^2}{EI_z}\mathrm{d}x = \frac{M^2 l}{2EI_z},$$

由卡斯提也诺定理

$$q = 2\varphi = \frac{\partial\Phi}{\partial M} = \frac{Ml}{EI_z},$$

于是

$$\varphi_A = \frac{Ml}{2EI_z}.$$

§9-4　位移积分

各杆件承受拉伸压缩、弯曲和扭转时杆系结构位移的计算，可以由卡斯提也诺定理导出相当简单的公式，为此将该定理写成变分形式

$$\delta\Phi = \frac{\partial\Phi}{\partial Q_i}\delta Q_i = q_i \delta Q_i. \tag{9-4-1}$$

如果我们想求点 s 的位移，可以仅给力 Q_s 以变分，而其他所有的力都保持不变. 由于力 Q_s 改变了，它得到增量 δQ_s（一般情况下，原来的 Q_s 可以等于零），同时，杆件中的轴力、扭矩和弯矩也会改变. 显然，这些内力和矩的变化正比于 δQ_s，因此，我们可用 $N_{xs}\delta Q_s$ 表示轴力的变化，用 $M_{xs}\delta Q_s$ 表示扭矩的变化，用 $M_{zs}\delta Q_s$ 表示弯矩的变化，数量 N_{xs}，M_{xs} 和 M_{zs} 分别是作用在点 s 的单位广义力（即其值等于 1）所引起的轴力、扭矩和弯矩. 这样式(9-4-1)的右端为 $q_s \delta Q_s$.

如果 Φ 的初始值为

$$\Phi = \sum \frac{N_x^2 l}{2EA} + \int \frac{M_x^2}{2GC}\mathrm{d}x + \int \frac{M_z^2}{2EI_z}\mathrm{d}x,$$

当 Q_s 增加到 $Q_s + \delta Q_s$ 时，位移势将变为

$$\Phi + \delta\Phi = \sum \frac{(N_x + N_{xs}\delta Q_s)^2 l}{2EA} + \cdots.$$

如果不计 δQ_s 的平方项，根据式(9-4-1)，消去 δQ_s，最后得

$$q_s = \sum \frac{N_x N_{xs} l}{EA} + \int \frac{M_x M_{xs}}{GC}\mathrm{d}x + \int \frac{M_z M_{zs}}{EI_z}\mathrm{d}x. \quad (9\text{-}4\text{-}2)$$

式(9-4-2)称为位移积分，或者称为莫尔积分.

例 9-4-1　如图 9-4-1 所示的曲杆，如果不考虑轴向力的影响，试求在力 P 作用下点 A 的位移.

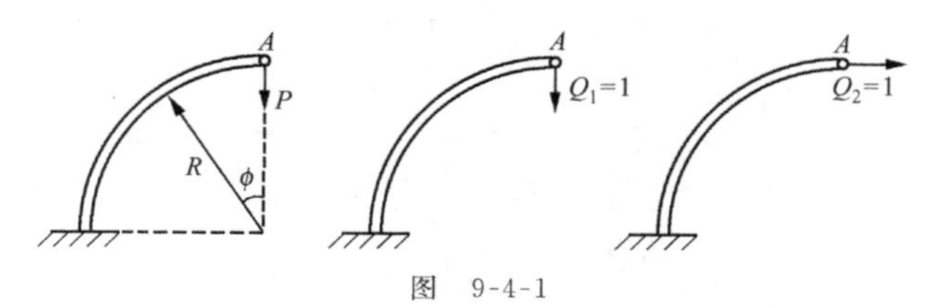

图　9-4-1

设作用在点 A 处的铅直和水平载荷为广义力 Q_1 和 Q_2，这时 $Q_1 = P, Q_2 = 0$. 相应的广义位移分别为铅直位移和水平位移. 广义力引起的弯矩为

$$M_z = PR\sin\varphi.$$

在点 A 处分别沿铅直和水平方向施加单位力，相应的弯矩为

$$M_{z_1} = R\sin\varphi, \quad M_{z_2} = R(1 - \cos\varphi),$$

按式(9-4-2)，得点 A 的铅直位移和水平位移为

$$q_1 = \frac{PR^3}{EI}\int_0^{\pi/2} \sin^2\varphi \mathrm{d}\varphi = \frac{R^3 P\pi}{4EI},$$

$$q_2 = \frac{PR^3}{EI}\int_0^{\pi/2} \sin\varphi(1 - \cos\varphi)\mathrm{d}\varphi = \frac{R^3 P}{2EI}.$$

这里我们假设曲杆的截面尺寸与半径 R 相比很小，利用了直杆的

公式.

这道例题也表现了一般理论的优越性.如果不使用卡斯提也诺定理,势必要列出曲杆挠曲轴的微分方程,这就需要几何方面的研究.这里避免了这个过程,并由式(9-4-2)直接给出答案.上一节对螺旋弹簧的计算也完全类似,如果不用卡斯提也诺定理,那就不可避免地要做繁琐的几何分析.

用式(9-4-2)计算广义位移时,总要计算如下形式的积分:

$$\int \varphi(x)\psi(x)\mathrm{d}x,$$

而且由集中力形式的单位广义力所引起的轴力、弯矩和扭矩,即 $N_{xs}(x)$,$M_{zs}(x)$,$M_{xs}(x)$都是 x 的线性函数,这时利用§7-4中介绍的图解法是特别方便的.

例 9-4-2　如图 9-4-2(a)所示的刚架,求点 A 的铅直位移.

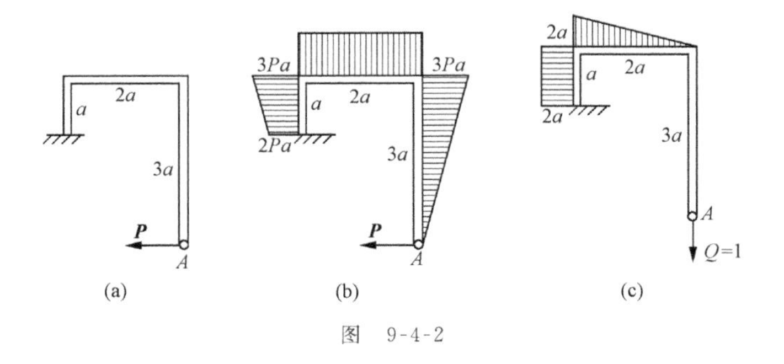

图　9-4-2

先画出作用力 **P** 所引起的弯矩图(图 9-4-2(b))和单位铅直力的弯矩图(图 9-4-2(c)).现在不考虑轴力的影响,则取图 9-4-2(a)的阴影面积和其形心处对应的图 9-4-2(c)纵坐标之乘积,并除以 EI 得

$$q=\frac{1}{EI}\left(3Pa\cdot 2a\cdot\frac{1}{2}\cdot 2a+\frac{3Pa\cdot a}{2}\cdot 2a+\frac{2Pa\cdot a}{2}\cdot 2a\right)$$

$$=11\frac{Pa^3}{EI}.$$

括号中的后两项是我们将图 9-4-2(b)中的梯形面积分成了两个

三角形来计算的.

上述位移积分的图解法也叫图乘法. 下面给出图乘法本身的几个重要公式.

(1) 两个梯形(图 9-4-3(a))的乘积为

$$\Pi = \omega_1 y_1 + \omega_2 y_2,$$

其中

$$\omega_1 = \frac{al}{2},\quad \omega_2 = \frac{bl}{2},\quad y_1 = \frac{1}{3}d + \frac{2}{3}c,\quad y_2 = \frac{2}{3}d + \frac{1}{3}c.$$

如果其中一个梯形或两个梯形的纵坐标有不同的符号(图 9-4-3(b)),那么公式仍保持正确,即

$$\Pi = \omega_1 y_1 + \omega_2 y_2,$$

这时

$$\omega_1 = \frac{al}{2},\quad \omega_2 = \frac{bl}{2},\quad y_1 = \frac{1}{3}d - \frac{2}{3}c,\quad y_2 = \frac{2}{3}d - \frac{1}{3}c.$$

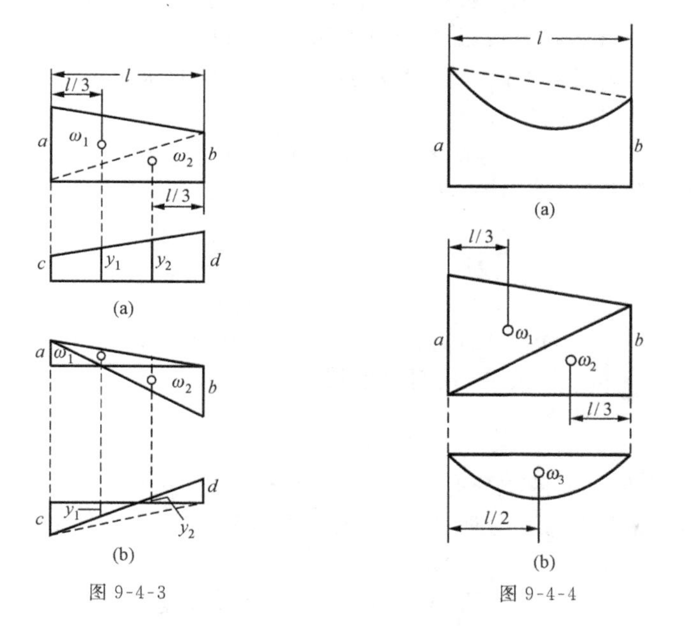

图 9-4-3　　图 9-4-4

(2) 一个图是抛物线(图 9-4-4(a)). 这个图形可以看做是矢

高为 $pl^2/8$ 的对称抛物线重叠在梯形上而得到的(图 9-4-4(b)),该图形的面积可以分解为下列三部分(注意:本章已用 q 代表广义位移,线分布载荷以后改记为 p):

$$\omega_1 = \frac{al}{2}, \quad \omega_2 = \frac{bl}{2}, \quad \omega_3 = -\frac{pl^3}{12},$$

其中 ω_3 为抛物线与横轴所围面积,该面积的形心在跨中.

§9-5　静不定杆系结构和最小值原理

设想一杆系结构,例如桁架,其上作用以一个广义力 Q,而产生相应的广义位移 q. 这种假设不破坏所研究问题的一般性,因为任何一组广义力总可以当成一个广义力来研究. 除了广义位移 q 之外,结构的节点还有广义位移 $x_i(i=1,2,\cdots,n)$,在这些位移上力 Q 不做功. 由于位移 x_i 与任何运动学约束无关,在取定相应形式的广义力 X_i 后,可以得到相应的广义位移 x_i. 给定一组位移 q 和 x_i 后,我们可以计算结构各构件的应变,从而求出势函数 U,它是 q 和 x_i 的函数

$$U = U(q,\ x_i).$$

将势函数 U 对 x_i 微商,便求出广义力 X_i,然而这些力实际上并不存在,因此有

$$\frac{\partial U}{\partial x_i} = 0 \quad ,i = 1,2,\cdots,n. \tag{9-5-1}$$

从方程(9-5-1)我们可以解出 x_i,也即将 x_i 用 q 表出. 以后,如果需要求 Q 和 q 的关系,我们应当利用公式

$$Q = \frac{\partial U}{\partial q}. \tag{9-5-2}$$

当然,在做上面的推导时,不一定将所有载荷当做一个广义力,因为那样做并非总是方便的. 将所有载荷看做几个广义力,就相应地得到几个形如式(9-5-2)的方程.

结构总势能是一个很重要的概念. 总势能是内力势能与载荷(外力)势能之和. 内力势能就是受载杆系所储存的变形能,即势函

数 $U(q,\ x_i)$，载荷的势能是 $-Qq$，因而总势能

$$\Pi(q,\ x_i) = U(q,\ x_i) - Qq,$$

不难从式(9-5-1)和(9-5-2)得到

$$\frac{\partial \Pi}{\partial x_i} = \frac{\partial U}{\partial x_i} = 0 \quad \text{和} \quad \frac{\partial \Pi}{\partial q} = \frac{\partial U}{\partial q} - Q = 0, \qquad (9\text{-}5\text{-}3)$$

这正是总势能 Π 取极值的条件. 容易进一步证明，这个极值是最小值. 实际上，总势能的二阶变分是

$$\delta^2 \Pi = \frac{1}{2} \frac{\partial^2 U}{\partial x_i \partial x_j} \delta x_i \delta x_j + \frac{\partial^2 U}{\partial x_i \partial q} \delta x_i \delta q + \frac{1}{2} \frac{\partial^2 U}{\partial q^2} \delta q^2.$$

上式恰是关于广义位移 δx_i 和 δq 计算的结构的弹性能，而弹性能永远是正的，仅当 $\delta x_i = 0$ 和 $\delta q = 0$ 时它才等于零，所以 $\delta^2 \Pi > 0$，这就是函数 $\Pi(q,\ x_i)$ 取最小值的条件. 这样我们就得到了一个定理：作为节点广义位移 x_i 和 q 函数的杆系总势能函数，在真实的位移下取最小值. 这个定理称为拉格朗日原理或**最小总势能原理**.

例 9-5-1　如图 9-5-1 所示的杆系由 n 根直杆组成，各杆的上端铰接在天花板上，下端铰接于一点 A. 求各杆内力以及节点 A 的位移.

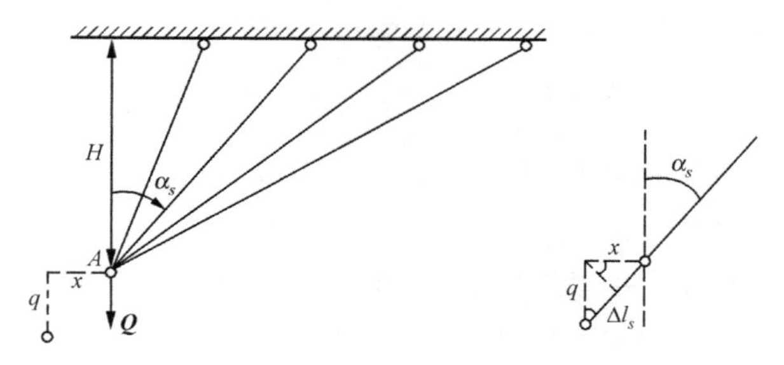

图　9-5-1

设点 A 的铅直位移为 q，水平位移为 x. 使用 § 2-4 中用来推导式(2-4-1)的那些式子，我们有

$$\Delta l_s = q\cos\alpha_s + x\sin\alpha_s, \quad l_s = \frac{H}{\cos\alpha_s}.$$

于是势函数

$$U=\frac{1}{2H}\sum E_sA_s(q\cos\alpha_s+x\sin\alpha_s)^2\cos\alpha_s,$$

利用方程(9-5-3)得

$$x\sum E_sA_s\sin^2\alpha_s\cos\alpha_s+q\sum E_sA_s\sin\alpha_s\cos^2\alpha_s=0,$$

$$x\sum E_sA_s\sin\alpha_s\cos^2\alpha_s+q\sum E_sA_s\cos^3\alpha_s=QH.$$

这样，问题归结为求解含有两个未知函数的两个线性代数方程，方程的系数当 n 为任何数时都容易求出. 这个方程组系数矩阵是正定对称的. 解出位移 q 和 x 后，可计算各杆的应变，再按胡克定律求出各杆的应力和内力.

最小总势能原理的另一重要应用是建立对结构(特别是不能精确求解或求解困难的结构)做近似分析的方法. 首先选择满足几何约束条件而又包含若干待定参数的形状函数

$$\tilde{v}(x)=\sum_{i=1}^{n}a_iw_i(x),$$

以代替结构的真实变形 $v(x)$. 其次，将 $\tilde{v}(x)$ 代入总势能表达式，得到近似的总势能 $\tilde{\Pi}(a_1,a_2,\cdots,a_n)$，使 $\delta\tilde{\Pi}=0$，得

$$\frac{\partial\tilde{\Pi}}{\partial a_i}=0,\quad i=1,2,\cdots,n. \tag{9-5-4}$$

上式是关于 a_i 的代数方程组，从中解出 a_i，因而得到 $\tilde{v}(x)$，这种方法称为里兹(Ritz)法.

例 9-5-2　用里兹法求在跨中作用以集中力 P 的简支梁(见图 6-2-3)的近似挠曲线和最大挠度值.

取近似函数为

$$\tilde{v}(x)=a\sin\frac{\pi x}{l},$$

显然它满足梁端约束条件. 将它代入下列应变能表达式:

$$U=\frac{EI}{2}\int(v'')^2\mathrm{d}x,$$

积分得

$$U = \frac{\pi^4 EI}{4l^3} a^2.$$

由于 $\tilde{v}(l/2) = a$,总势能为

$$\tilde{\Pi} = \frac{\pi^4 EI}{4l^3} a^2 - Pa.$$

根据式(9-5-4),

$$\frac{\partial \tilde{\Pi}}{\partial a} = \frac{\pi^4 EI}{2l^3} a - P = 0,$$

于是

$$a = \frac{2Pl^3}{\pi^4 EI} = 0.02053\,\frac{Pl^3}{EI},$$

最后得近似挠曲线为

$$\tilde{v}(x) = \frac{2Pl^3}{\pi^4 EI} \sin\frac{\pi x}{l},$$

最大挠度为

$$\tilde{v}_{\max} = \tilde{v}\left(\frac{l}{2}\right) = 0.02053\,\frac{Pl^3}{EI}.$$

本问题精确解所对应的最大挠度(见式(6-2-8))为

$$v_{\max} = \frac{Pl^3}{48EI} = 0.020\,83\,\frac{Pl^3}{EI},$$

即近似解与精确解之差小于 2%.

为了得到更好的近似解,可取近似挠曲函数为

$$\tilde{v}(x) = a_1 \sin\frac{\pi x}{l} + a_3 \sin\frac{3\pi x}{l},$$

不难计算,这时的总势能为

$$\tilde{\Pi} = \frac{\pi^4 EI}{4l^3}(a_1^2 + 81a_3^2) - P(a_1 - a_3),$$

代入式(9-5-4)并求解得

$$a_1 = \frac{2Pl^3}{\pi^4 EI}, \quad a_3 = -\frac{2Pl^3}{81\pi^4 EI}.$$

于是近似挠曲线为

$$\widetilde{v}(x)=\frac{2Pl^3}{81EI}\left(81\sin\frac{\pi x}{l}-\sin\frac{3\pi x}{l}\right),$$

最大挠度为

$$\widetilde{v}_{\max}=\widetilde{v}\left(\frac{l}{2}\right)=a_1-a_3=\frac{164Pl^3}{81\pi^4EI}=0.02078\frac{Pl^3}{EI},$$

它与精确解之差不超过3%.

上面求得梁的近似挠度值比精确值小，这是一个具有一般性的结论.因为使用里兹法是将有无限多自由度的梁用有限个自由度的系统代替，实际的梁要比假设了变形形状的假想梁具有较大的柔性.或者说，我们赋予梁有假设的变形形状，就必须对梁施以附加约束.梁上的这种附加约束只能使它成为较为刚硬的梁，因此近似方法得的挠度要比真实解小.

现在我们来研究一个任意p次的静不定杆系.由于p次静不定，这意味着破坏了p个约束后，我们能将这个杆系变成静定的.但是，去掉的每一个约束应该代之以一个约束力，这样引进了p个未知的约束反力$X_1,X_2,\cdots,X_p$.可以通过“多余”未知力X_i表示杆系各单元的内力和内力矩，并施加指定的广义位移q_s所对应的广义力为X_s.从而将势函数Φ表示为多余未知数X_i和X_s的函数.我们引用总余能

$$\Psi=\Phi(X_i,X_s)-q_sX_s,$$

可以建立关于Ψ的最小定理：总余能作为多余未知力X_i和X_s的函数，只有当X_i和X_s为实际存在的那些约束力值时，Ψ取最小值.这个定理称为卡斯提也诺原理或**最小总余能原理**.

事实上，这个原理是容易证明的.首先应当指出，静不定杆系中与多余未知力相对应的广义位移恒为零或为q_s.如果多余未知力如§9-1中所举例(图9-1-1)那样是由于破坏了内约束而引入的，它们就是由加于截面上的两个轴力、两个剪力和两个弯矩所组成的广义力，那么相应的广义位移是两个截面间的相对位移和相对转角，由于实际上杆件是完整的，这些广义位移恒为零.于是按

卡斯提也诺定理，

$$\begin{cases}\dfrac{\partial \Psi}{\partial X_i}=\dfrac{\partial \Phi}{\partial X_i}=0, \quad i=1,2,\cdots,p;\\ \dfrac{\partial \Psi}{\partial X_s}=\dfrac{\partial \Phi}{\partial X_s}-q_s=0,\end{cases} \tag{9-5-5}$$

而式(9-5-5)是总余能 Ψ 取极值的条件. 下面进一步说明这个极值是最小值. 为此求 Ψ 的二阶变分

$$\delta^2\Psi=\frac{1}{2}\frac{\partial^2\Psi}{\partial X_i\partial X_j}\delta X_i\delta X_j=\frac{1}{2}\frac{\partial^2\Phi}{\partial X_i\partial X_j}\delta X_i\delta X_j,$$

由于

$$\frac{\partial^2\Phi}{\partial X_i\partial X_j}=\beta_{ij},$$

因此

$$\delta^2\Psi=\frac{1}{2}\beta_{ij}\delta X_i\delta X_j,$$

这里 $\delta^2\Psi$ 是与 δX_i 相应的弹性能. 因为不可能在结构上加一些力而使其弹性能为负值，所以弹性能是正定的二次型，故 $\delta^2\Psi>0$，考虑到式(9-5-5)，我们便得到总余能 Ψ 在真实的约束力下取最小值的结论.

例 9-5-3　如图 9-5-2 所示两端固支梁，在左端强迫以转角 $\varphi=1$，求梁的支反力.

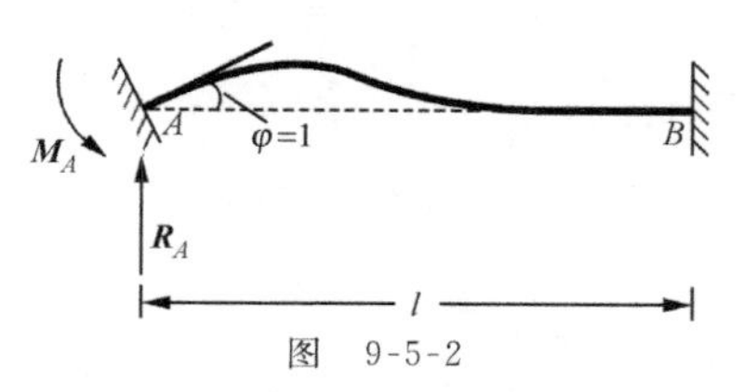

图　9-5-2

设左端面支反力矩 $\boldsymbol{M}_A$ 和反力 $\boldsymbol{R}_A$ 为广义力，与 $\boldsymbol{M}_A$ 相应的转角为已知的广义位移 $q_s=\varphi=1$. 梁的弯矩

$$M_z=M_A-R_Ax,$$

余能 Φ 为

$$\Phi=\frac{1}{2}\int_0^l\frac{M_z^2}{EI_z}\mathrm{d}x=\frac{1}{2EI_z}\left(M_A^2l-M_AR_Al^2+\frac{1}{3}R_A^2l^3\right).$$

根据方程(9-5-5)

$$\frac{\partial\Psi}{\partial M_A}=\frac{1}{2EI_z}(2M_Al-R_Al^2)-1=0,$$

$$\frac{\partial\Psi}{\partial R_A}=\frac{1}{2EI_z}\left(-M_Al^2+\frac{2}{3}R_Al^3\right)=0,$$

解得

$$M_A=\frac{4EI_z}{l},\quad R_A=\frac{6EI_z}{l^2},$$

而梁右端支反力为

$$M_B=\frac{2EI_z}{l},\quad R_B=-\frac{6EI_z}{l^2}.$$

例 9-5-4　如图 9-5-3 所示两端固支梁,在跨中作用以集中力 $\boldsymbol{P}$,求支反力.

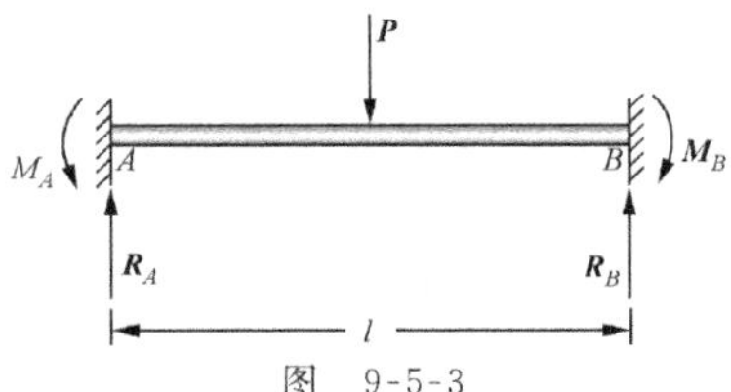

图　9-5-3

由于对称性,

$$M_A=M_B,\quad R_A=R_B=\frac{P}{2}.$$

$0\leqslant x<l/2$ 时的弯矩分布为

$$M_z=M_A-\frac{P}{2}x,$$

余能 Φ 为

$$\Phi=2\times\frac{1}{2EI_z}\int_0^{l/2}M_z^2\mathrm{d}x=2\times\frac{1}{2EI_z}\left(\frac{M_A^2l}{2}-\frac{M_APl^2}{8}+\frac{P^2l^3}{96}\right).$$

由方程(9-5-5),

$$\frac{\partial\Psi}{\partial M_A}=\frac{1}{2EI_z}\left(M_Al-\frac{P}{8}l^2\right)=0,$$

最后得

$$M_A=M_B=\frac{Pl}{8},\ R_A=R_B=\frac{P}{2}.$$

§9-6 杆系结构力学中的力法和位移法

关于复杂的多次静不定杆系的计算理论通常称为杆系结构力学. 基于卡斯提也诺原理的计算方法叫做**力法**. 在力法中基本未知量是广义力. 本节不考虑非零约束,即 $\Psi=\Phi$. 这时我们可将静不定杆系的位移势表为如下形式:

$$\Phi=\frac{1}{2}\beta_{ij}X_iX_j+\beta_{iQ}X_i+\frac{1}{2}\beta_{QQ},$$

这里将全部外力归结为一个广义力 $Q=1$. 现在方程(9-5-5)可写作如下形式:

$$\beta_{ij}X_j+\beta_{iQ}=0. \tag{9-6-1}$$

上式中下标 i,j 仅仅是关于多余未知数 $X_1,X_2,\cdots,X_p$ 的;此外,设 $Q=1$ 并未破坏问题的一般性,因为作用力的实际值已包含在 β_{iQ} 值之中. 方程组(9-6-1)称为力法的方程组.

将原来的静不定杆系解除多余约束会得到一个静定杆系. 我们称这个静定系统为原问题的静定基. 力 X_i 在其上做功的位移称为带有下标 i 的位移. 现在我们说明如何确定方程(9-6-1)中的系数. 显然,系数 β_{ij} 不是别的,正是在静定基上仅作用有力 $X_j=1$ 时具有下标 i 的位移. 按式(9-4-2)给出的方法,我们应当先确定在力 $X_i=1$ 和 $X_j=1$ 时的内力和内力矩,然后立即能求出

$$\beta_{ij}=\sum\frac{N_iN_j}{EA}l+\int\frac{M_{x_i}M_{x_j}}{GC}\mathrm{d}x+\int\frac{M_{z_i}M_{z_j}}{EI_z}\mathrm{d}x.$$

同样地有

$$\beta_{iQ}=\sum\frac{N_iN_Q}{EA}l+\int\frac{M_{x_i}M_{x_Q}}{GC}\mathrm{d}x+\int\frac{M_{z_i}M_{z_Q}}{EI_z}\mathrm{d}x,$$

其中 N_Q,M_{x_Q} 和 M_{z_Q} 分别是在外力作用下静定基的轴力、扭矩和弯矩.

例 9-6-1 求解如图 9-6-1 所示静不定梁的支反力.

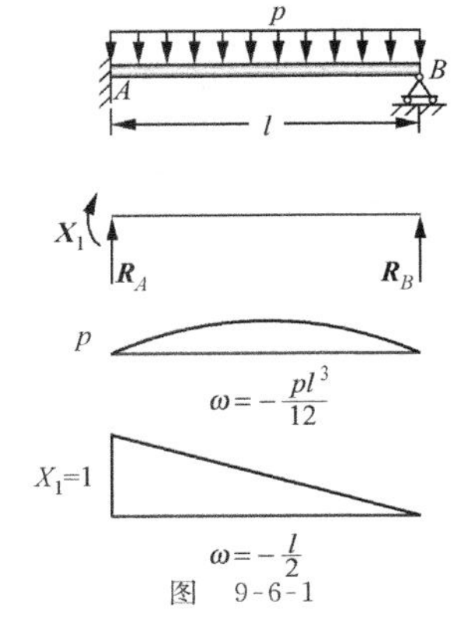

图　9-6-1

取简支梁为静定基，多余广义力 X_1 为梁左端支反力矩 M_A. 均布载荷 p 和广义力 X_1 的弯矩图如图所示，然后用图乘法我们得到

$$EI\beta_{1Q}=\left(-\frac{pl^3}{12}\right)\left(-\frac{1}{2}\right)=\frac{pl^3}{24},$$

$$EI\beta_{11}=\left(-\frac{l}{2}\right)\left(-\frac{2}{3}\right)=\frac{l}{3}.$$

现在方程组(9-6-1)为

$$\frac{l}{3}X_1+\frac{pl^3}{24}=0,$$

解得

$$X_1=M_A=-\frac{pl^2}{8},$$

$$R_A=\frac{1}{l}\left(-M_A+\frac{1}{2}pl^2\right)=\frac{5}{8}pl,\ R_B=\frac{3}{8}pl.$$

例 9-6-2　如图 9-6-2 所示的刚架是边长为 a 的正方形，两侧作用有均布载荷 p，求其弯矩分布.

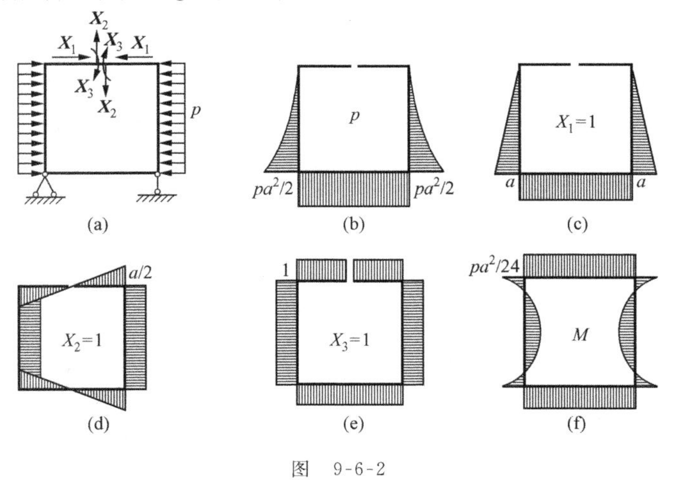

图　9-6-2

设想沿对称轴将刚架截开，作用在切口两个侧面上的广义力是一对轴力 X_1，一对剪力 X_2 和一对弯矩 X_3（图 9-6-2(a)）. 首先画出载荷 p，力 X_1 和 X_2 以及力矩 X_3 在静定基上的弯矩图（图 9-6-2(b)～(e)），然后使用图乘法我们得到

$$EI\beta_{1Q}=\left(\frac{1}{2}\cdot a\cdot\frac{pa^2}{2}\cdot\frac{2}{3}a-\frac{pa^3}{12}\cdot\frac{a}{2}\right)\cdot 2+a\cdot\frac{pa^2}{2}\cdot a=\frac{3}{4}pa^4,$$

$$EI\beta_{11}=\frac{a\cdot a}{2}\cdot\frac{2}{3}a\cdot 2+a\cdot a\cdot a=\frac{5}{3}a^3,$$

$$EI\beta_{12}=EI\beta_{23}=0,$$

$$EI\beta_{22}=\frac{13a^3}{6},$$

$$EI\beta_{33}=4a,$$

$$EI\beta_{2Q}=0,$$

$$EI\beta_{3Q}=\left(\frac{1}{2}a\,\frac{pa^2}{2}-\frac{pa^3}{12}\right)2+a\,\frac{pa^2}{2}=\frac{5}{6}pa^3,$$

$$EI\beta_{13}=2a^2.$$

我们注意到 β_{12}，β_{23}，β_{2Q} 各值均为零. 实际上我们可以得到如下的一般结论：对称图形与反对称图形相乘的结果必然为零. 在这里 β_{22} 的值我们用不着，只知道 $\beta_{22}\neq 0$ 就够了.

现在方程组(9-6-1)为

$$\begin{cases}\dfrac{5}{3}a^3X_1+2a^2X_3+\dfrac{3}{4}pa^4=0,\\ \beta_{22}X_2=0,\\ 2a^2X_1+4aX_3+\dfrac{5}{6}pa^3=0,\end{cases}$$

解这个方程组得

$$X_1=-\frac{pa}{2},\quad X_2=0,\quad X_3=\frac{pa^2}{24}.$$

求得广义力后，不难画出原静不定刚架的弯矩图，如图 9-6-2(f) 所示.

例 9-6-3　三跨连续梁如图 9-6-3(a)所示,各跨长均为 $\boldsymbol{l}$,第一跨上作用均布载荷 p,第二、第三两跨的跨中各作用一集中载荷 $\boldsymbol{P}$,求连续梁的弯矩分布.

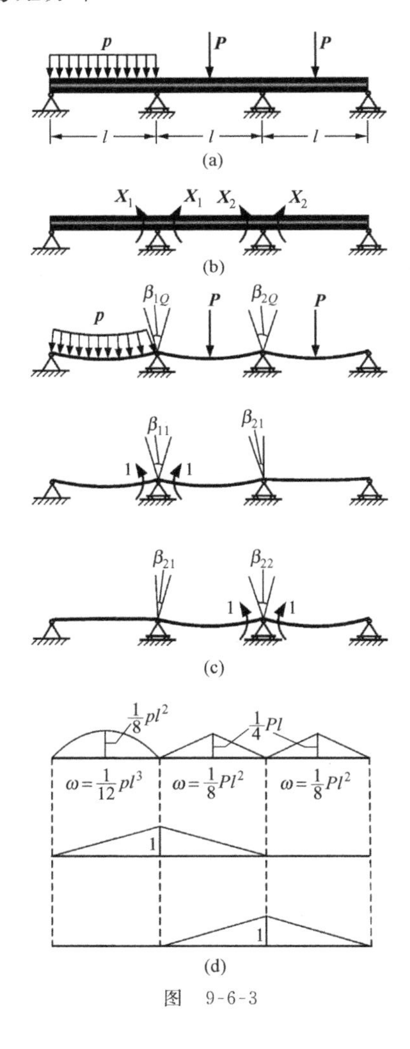

图　9-6-3

静定基的选择最好是在梁的两个中间支座处将梁截开并以铰链相联结，从而使它变成三个单跨的简支架，而同时在支座处引用一对力矩 X_1 和 X_2 作为多余的广义力(图 9-6-3(b))．载荷、单位广义力 $X_1=1$ 和 $X_2=1$(图 9-6-3(c))所对应的弯矩图也如图 9-6-3(d)所示．使用图乘法得

$$EI\beta_{1Q}=\frac{pl^3}{12}\cdot\frac{1}{2}+\frac{Pl^2}{8}\cdot\frac{1}{2}=\frac{pl^3}{24}+\frac{Pl^2}{16},$$

$$EI\beta_{2Q}=\frac{Pl^2}{16}+\frac{Pl^2}{16}=\frac{Pl^2}{8},$$

$$EI\beta_{11}=\frac{l}{2}\cdot\frac{2}{3}+\frac{l}{2}\cdot\frac{2}{3}=\frac{2}{3}l,$$

$$EI\beta_{22}=\frac{2}{3}l,$$

$$EI\beta_{12}=\frac{l}{2}\cdot\frac{1}{3}=\frac{l}{6},$$

因此，力法的方程组为

$$\begin{cases}\dfrac{2l}{3}X_1+\dfrac{l}{6}X_2+\dfrac{pl^3}{24}+\dfrac{Pl^2}{16}=0,\\[2mm] \dfrac{l}{6}X_1+\dfrac{2l}{3}X_2+\dfrac{Pl^2}{8}=0,\end{cases}$$

解方程组得

$$X_1=-\frac{pl^2}{15}-\frac{Pl}{20},\quad X_2=\frac{pl^2}{60}-\frac{7Pl}{40}.$$

求得中间支座处的弯矩后，我们可用静力学方程求出支反力以及各截面的剪力和弯矩．

从拉格朗日原理出发，使用与前面讨论的完全类似的方法，可以得到**位移法**的方程组．这些方程组不过是将方程(9-5-1)和(9-5-2)写成显含刚度系数的形式．实际上，U 是 q 和 x_i 的二次函数：

$$U=\frac{1}{2}k_{ij}x_ix_j+k_{iq}x_iq+\frac{1}{2}k_{qq}q^2,$$

由此得

$$\begin{cases} k_{ij}x_j + k_{iq}q = 0, \\ k_{iq}x_i + k_{qq}q = Q. \end{cases} \tag{9-6-2}$$

前一节给出的例 9-5-1,实际上正是使用方程组(9-6-2)的一个例子.

为确定刚度系数 k_{ij} 的值,我们应看到,从方程(9-3-1)可以得到下面给出的一些结论.实际上,对杆系设想施加附加的约束,以使 $x_s=1$,而其他所有的自由位移 $x_j=0(j\neq s)$.这时 k_{is} 是阻止位移 x_i 的约束反力,$k_{iq}q$ 是这些约束在外力作用下的反力.一般来说,求 k_{ij} 和 k_{iq} 需要解一个有较大数目的多余未知力的静不定问题,但在个别情况下,可以很简单地得到这些系数.

例 9-6-4　求如图 9-6-4(a)所示的简单刚架的弯矩分布.

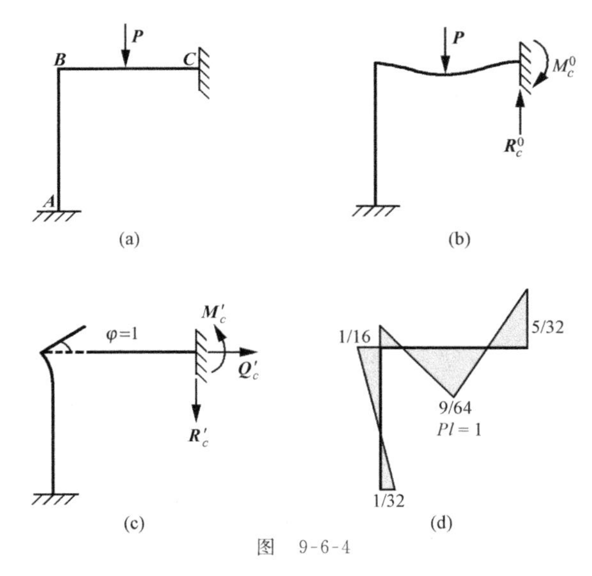

图　9-6-4

不难看出,这个刚架是三次静不定的(由于每个固支端有两个反力和一个反力矩,共有六个约束反力,但静力平衡方程只有三个).如果忽略杆的轴向变形,这个问题仅有一个运动学变量,即节

点 B 的转角. 这个变量完全确定了结构状态. 我们称确定结构状态的变量个数为动不定次数或自由度数. 这意味着, 图 9-6-4(a) 所示的问题是一次动不定问题, 在使用位移法解此问题时, 仅需列一个方程.

我们把这个简单框架看做是两个固支梁的组合, 因此, 需要利用如图 9-6-5 的辅助问题的结果, 这些辅助问题的求解已在例 9-5-3 和例 9-5-4 中给出.

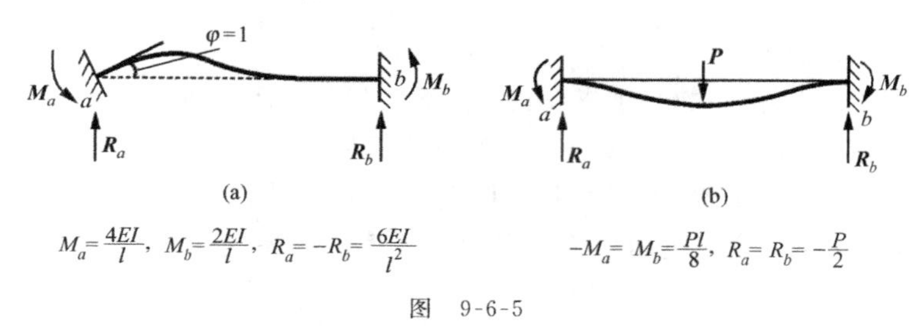

$M_a=\frac{4EI}{l},\ M_b=\frac{2EI}{l},\ R_a=-R_b=\frac{6EI}{l^2}$ $\qquad$ $-M_a=M_b=\frac{Pl}{8},\ R_a=R_b=-\frac{P}{2}$

图 9-6-5

为求 $k_{iq}q$ 的值, 我们对节点 B 施加约束, 不许它转动(图 9-6-4(b)), 现在竖杆是不受载荷的, 而横杆处于图 9-6-5(b) 所示的状态, 因此得

$$k_{1q}q=\frac{Pl}{8}.$$

为求 k_{11} 的值, 去掉载荷 P, 对节点 B 施以单位转角 $\varphi=1$(图 9-6-4(c)), 这时两杆都处于图 9-6-5(a) 所示的状态, 所以

$$k_{11}=2\times\frac{4EI}{l}=\frac{8EI}{l}.$$

将 $k_{1q}q$ 和 k_{11} 代入方程组(9-6-2)的第一式, 我们得

$$\frac{8EI}{l}x+\frac{Pl}{8}=0,$$

由此得节点 B 的广义位移(转角)

$$\varphi=x=-\frac{Pl^2}{64EI}.$$

现在我们来求固支端 C 处的支反力. 这些支反力可由图

9-6-4(b)的支反力，再加上广义位移 φ 乘以图 9-6-4(c)上的支反力而得到，于是

$$M_c = M_c^0 + \varphi M_c' = \frac{Pl}{8} + \left(-\frac{Pl^2}{64EI}\right)\left(-\frac{2EI}{l}\right) = \frac{5}{32}Pl,$$

$$R_c = R_c^0 + \varphi R_c' = \frac{P}{2} + \left(-\frac{Pl^2}{64EI}\right)\left(-\frac{6EI}{l^2}\right) = \frac{19}{32}P.$$

水平支反力在数值上等于固支端处的水平支反力，它的值为

$$Q_c = -\varphi R_A' = \frac{Pl^2}{64EI}\frac{6EI}{l^2} = \frac{3}{32}P.$$

知道了固支端 C 的三个支反力，用静力学方法便可画出框架的弯矩分布图，如图 9-6-4(d)所示(为简便起见，取 $Pl=1$).

位移法的刚度系数用手算是很繁琐的，特别是自由度的数目较大的情况. 但它适用于编制通用的计算机程序，后来位移法发展成为有限单元法.

§9-7　小结和讨论

结构力学(也称结构分析)的目的在于求出不同类型的大型结构(桁架、刚架、板、壳等)的内力、位移和反力，特别是静不定结构. 与这些论题有关的梁、杆及轴等构件的静不定问题，在本书前面相关章节做过介绍，正如它们所述，结构力学和材料力学是紧密交织的.

本章使用广义力和广义位移做变量，简明扼要地讨论了线性弹性杆系结构的最小总势能原理和最小总余能原理，以及杆系结构力学中的力法和位移法. 引入广义位移和广义力，对偶地介绍广义力和广义位移空间的能量原理和应用，这也是本书的一个亮点.

本章内容既是材料力学理论和方法的一个总结和扩充，又是学习结构力学的导引，读者掌握了本章内容对材料力学的学习无疑是大有裨益的.

习 题

9.1 如图所示,已知梁的抗弯截面刚度 EI. 试求中间铰链 B 左、右两截面的相对转角.

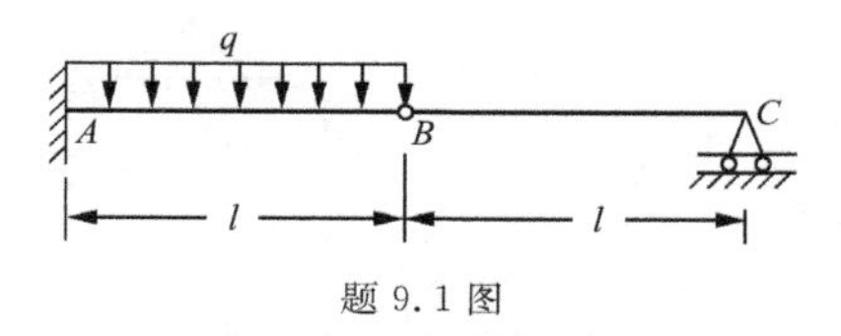

题 9.1 图

9.2 如图所示,已知 ACB 折杆的抗弯截面刚度 EI 和抗拉截面刚度 EA_0. 试求在一对 P 力作用下 A,B 两端移开多少?

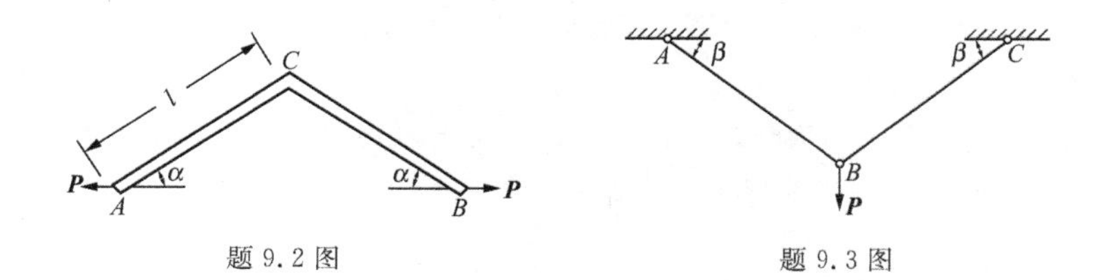

题 9.2 图　　　　题 9.3 图

9.3 如图所示,AB,BC 两杆所用的材料、截面 A_0 及长度 l 皆相同,其应力-应变关系为 $\sigma=B_0\varepsilon^{1/n}$,式中 B_0 和 n 均为常数. 试求桁架的总余能及 B 点的铅垂位移.

9.4 如图所示,平面刚架 EI 为常数,自由端 C 受一水平力 $\boldsymbol{P}$ 及一铅直力 $\boldsymbol{P}$ 的共同作用.

(1) 试求总变形能数值并解释 $\partial U/\partial P$ 的物理意义;

(2) 试应用卡斯提也诺定理求自由端 C 的水平位移及铅直位移.

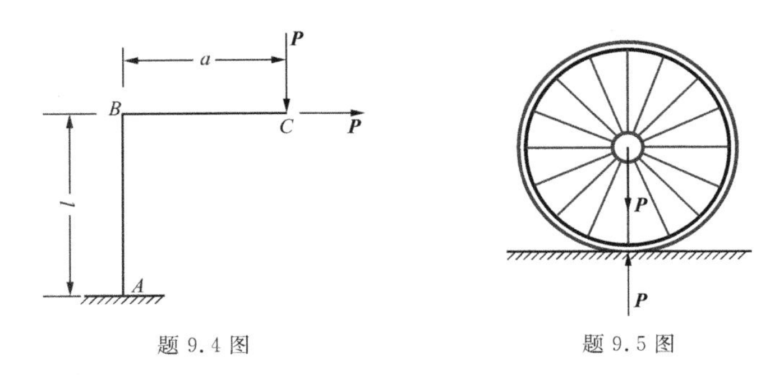

题 9.4 图　　　　题 9.5 图

9.5　如图所示，自行车轮的轮圈近似看做是刚性的，而辐条的内力沿径向. 各辐条是被预先拉伸的，因而可承受一定的压缩载荷(压缩载荷只能减少拉伸). 若有 32 根横截面面积为 A，长度为 l 而弹性模量为 E 的等间距辐条，试用卡斯提也诺定理求出由于力 $\boldsymbol{P}$ 所引起的车轮中心的向下位移 δ.

9.6　如图所示，平截面刚架的 EI 和 GI_p 均为已知. 试求在一对铅垂力 $\boldsymbol{P}$ 作用下缺口 A 处被推开的铅垂距离.

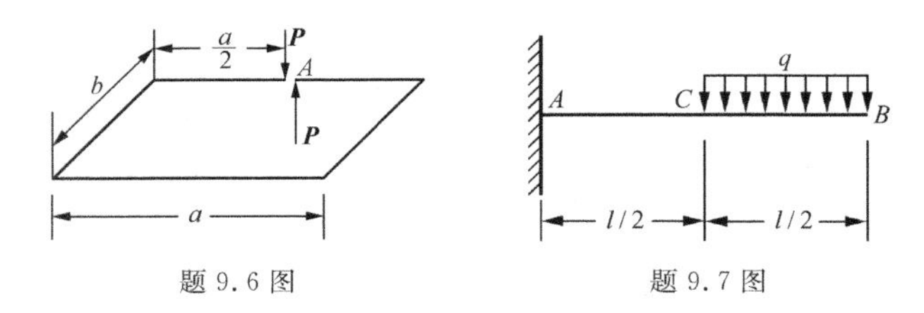

题 9.6 图　　　　题 9.7 图

9.7　悬臂梁 AB，长为 l，抗弯截面刚度为 EI. 梁长的一半受均布载荷 q 作用(如图). 试分别求出点 B 和点 C 的挠度 δ_B 和 δ_C.

9.8　刚架 ABC 如图所示. AB 和 BC 长为 l，抗弯截面刚度为 EI，点 B 处受一水平力 $\boldsymbol{P}$ 作用. 试求 B 点处的水平位移 δ.

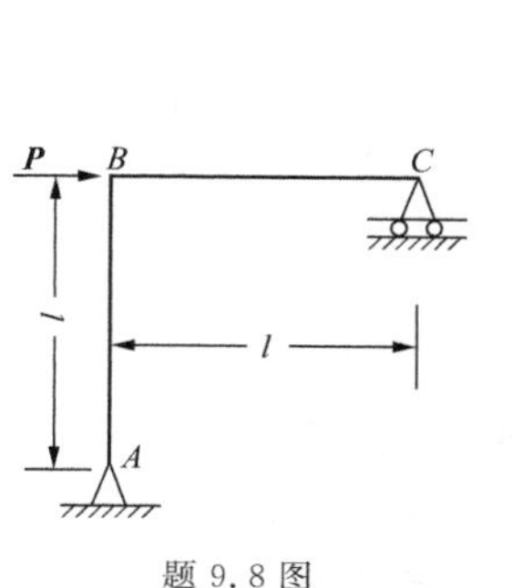

题 9.8 图

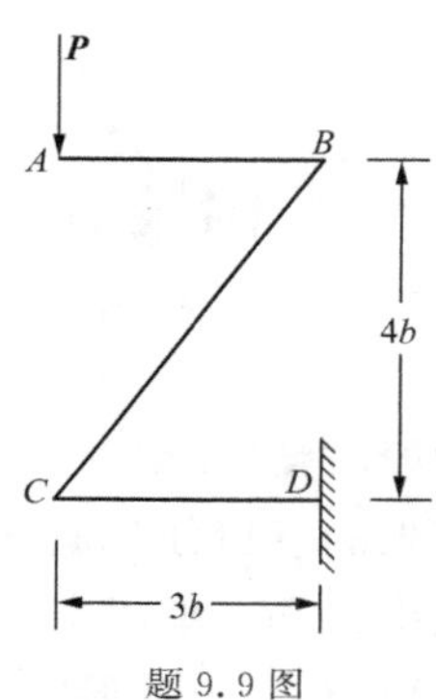

题 9.9 图

9.9　如图所示，Z形刚架 $ABCD$，D 端固定，A 端自由，抗弯截面刚度为 EI. 试求由竖向载荷 P 作用下点 A 处的竖直位移 δ_v 和转角 θ.

9.10　如图所示，静不定刚架 $ABCDE$ 受一水平力 $\boldsymbol{P}$ 作用. 试求点 C 的竖向位移 δ_v（只考虑弯曲变形，各杆的抗弯截面刚度 EI 相同）.

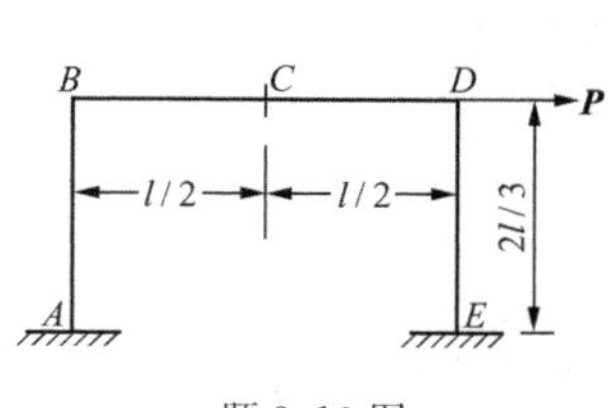

题 9.10 图

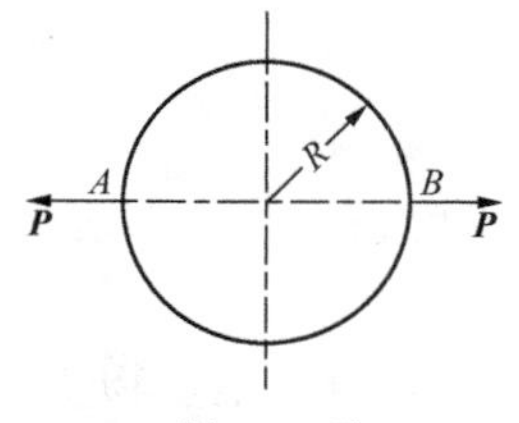

题 9.11 图

9.11　试求图示圆环内的最大弯矩，以及力 $\boldsymbol{P}$ 作用点的相对水平位移（E，I 已知）.

9.12　图示连续梁受一均布载荷 q 作用. 试分别求出支座 1，2，3 处的弯矩 M_1，M_2 和 M_3，并画出梁的剪力和弯矩图，标出所有控制点的数值.

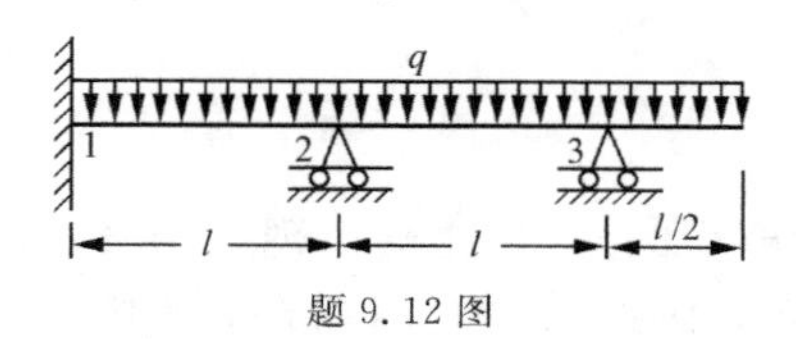

题 9.12 图

附录 A　连接件的假定计算

螺栓、销钉和铆钉等工程上常用的连接件以及被连接的构件在连接处的应力分布是很复杂的，很难作出精确的理论分析．在工程设计中大都采用假定计算的方法：一是假定应力分布规律，由此计算应力；二是根据实物或模拟实验，测定出实物的破坏载荷，确定适当的许用应力，建立强度条件．

例如图 A-1 的铆钉，它的受剪面为 m-n，该面上的剪力 Q 可以用截面法和平衡条件求出，即 $Q=P$，然后假定它的切应力在受剪面 m-n 上均匀分布，得切应力公式

$$\tau=\frac{Q}{A}=\frac{Q}{\frac{1}{4}\pi d^{2}}. \tag{A-1}$$

建立强度条件

$$\tau\leqslant[\tau], \tag{A-2}$$

其中$[\tau]$是由一批实物实验确定的．铆钉许用应力和普通钢材拉伸许用应力$[\sigma]$的关系大致为

$$[\tau]=(0.75\sim 0.80)[\sigma]. \tag{A-3}$$

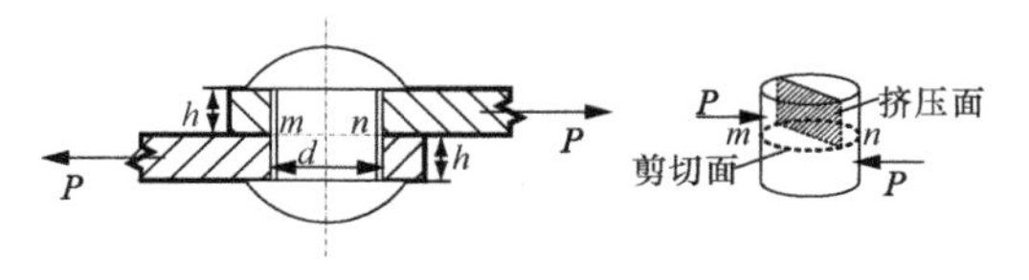

图　A-1

连接件在受剪切的同时，还会出现挤压破坏的现象．例如铆钉连接，如果板材强度较弱，会因为铆钉与钢板的挤压接触，使钢板压皱，板孔扩大，导致连接失效；如果铆钉材料强度低，它也会被压

扁. 处理挤压问题仍采用假定计算方法. 首先确定构件的挤压面 $A=hd$,并假定挤压应力在该面上均匀分布;再从实物破坏实验测出挤压破坏载荷,求出挤压许用应力$[\sigma]_c$;然后建立强度条件:

$$\sigma=\frac{P}{A}=\frac{P}{hd}\leqslant[\sigma]_c. \tag{A-4}$$

挤压许用应力所表示的是构件抵抗局部受力的能力,它比一般单向拉、压许用应力高得多,对铆钉连接可取

$$[\sigma]_c=(1.7\sim2.0)[\sigma]. \tag{A-5}$$

例 A-1　如图 A-2 的钢板铆接,给出铆钉直径 d,钢板厚度 h 和孔距 t 之间合理的比例关系.

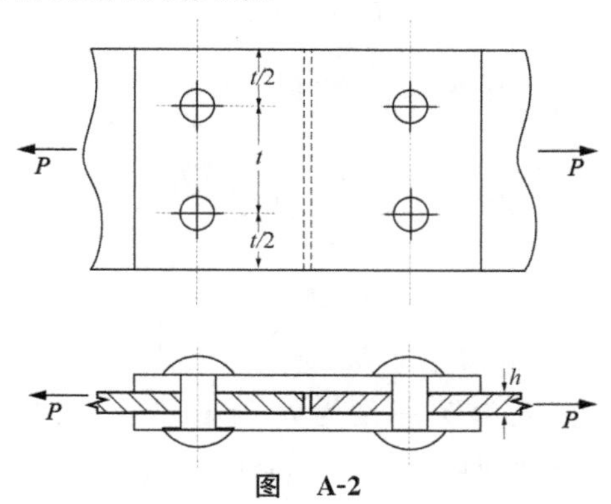

图　A-2

若采用的每一个盖板的厚度大于主板厚度的 1/2,我们就可以免除对盖板强度的校核. 每个铆钉所受到的力是 P/n,此处 n 是铆钉数. 图中连接叫做双切铆接,因为铆钉的剪切可以同时在两块板上发生. 此时剪切的面积就等于铆钉截面的两倍. 对剪切的强度条件为

$$\frac{P}{n\times2\,\frac{\pi d^2}{4}}\leqslant[\tau]; \tag{A-6}$$

对主板断裂的强度条件为

$$\frac{P}{n(t-d)h} \leqslant [\sigma]; \tag{A-7}$$

最后,对挤压的强度条件

$$\frac{P}{ndh} \leqslant [\sigma]_c. \tag{A-8}$$

若所有三个强度条件均为等号时,情况是最有利的.为此 d,h 和 t 之间应该有一定的比例关系.在式(A-6)和(A-8)中消去 P,可得

$$d = \frac{2}{\pi}h\,\frac{[\sigma]_c}{[\tau]}.$$

如果$[\tau]=0.8[\sigma]$,$[\sigma]_c=2[\sigma]$,则

$$d \approx 1.6h.$$

在式(A-7)和(A-8)中消去$\frac{P}{n}$,可得

$$t = \left(1+\frac{[\sigma]_c}{[\sigma]}\right)d$$

或

$$t \approx 4.8h = 3d.$$

现在介绍焊接的假定计算.对于平接情况(图 A-3),焊缝经受拉力.如果板的宽度为 b,厚度为 h,则若不计熔注金属的焊道高度,可认为焊缝的截面面积等于 bh,强度条件为

$$\frac{P}{bh} \leqslant [\sigma]', \tag{A-9}$$

用$[\sigma]'$代表熔注金属对拉伸的许用应力,它一般小于结构材料许用应力(例如,当$[\sigma]=160$ MPa 时,$[\sigma]'=100$ MPa).

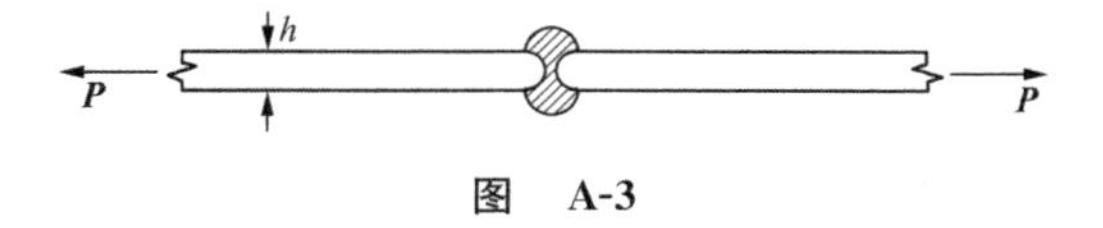

图 A-3

如果是搭接情况(图 A-4),焊缝主要受剪.假定沿焊缝的最小断面(即剪切面)发生破坏;此外,还假定切应力在剪切面上均匀分布,于是有

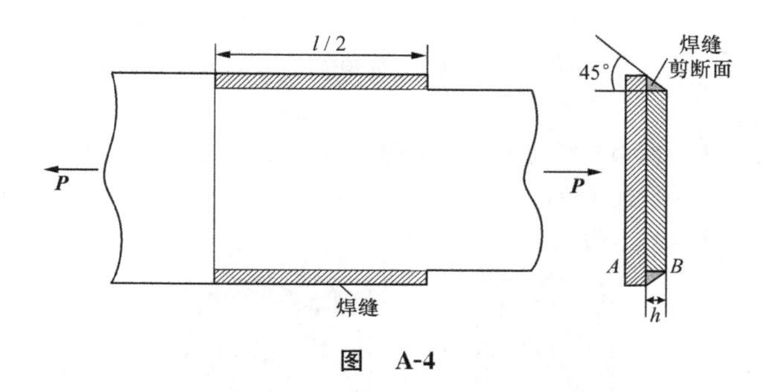

图　A-4

$$\tau=\frac{Q}{A}=\frac{P}{\frac{\sqrt{2}}{2}hl}\leqslant[\tau]', \tag{A-10}$$

其中 l 为焊缝总长度，$[\tau]'$ 是焊缝对剪切的许用应力，它大约取 $0.8[\sigma]'$.

例 A-2　如图 A-4 所示，两块钢板 A 和 B 搭接焊在一起，钢板厚度 $h=8$ mm. 已知 $P=100$ kN，焊缝的许用应力 $[\tau]'=80$ MPa，试求所需焊缝的长度.

焊缝主要受剪切，两条焊缝上承受总剪力 $Q=P$，由强度条件(A-10)，有

$$\tau=\frac{P}{0.707\times 8\times 10^{-3}\mathrm{m}\times l}\leqslant[\tau]',$$

由此解得

$$l\geqslant\left(\frac{100\times 10^{3}}{0.707\times 8\times 10^{-3}\times 80\times 10^{6}}\right)\mathrm{m}=221\,\mathrm{mm}.$$

考虑到在工程中开始焊接和焊接终了时那两段焊缝有可能未焊透，故实际焊缝长度应稍大于计算长度. 一般应由强度计算得到每条焊缝的长度再加 $2h$，故焊缝长度每侧可取 126 mm，总长度取 252 mm.

习　题

A.1　图示为由两根直径为 14 mm 的螺栓固定在一根立柱上的角形托座. 托座承受一载荷 $P=28$ kN. 若不计托座与立柱间的摩擦力, 试算出螺栓中的平均切应力 τ_{aver}.

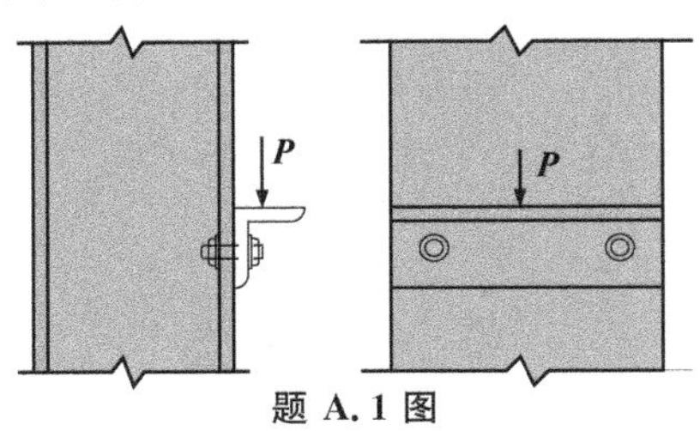

题 A.1 图

A.2　将柔性环氧树脂充填在两块混凝土板 A, B 的接缝间, 使混凝土牢固黏结(如图所示). 接缝的宽度 $b=100$ mm, 厚度 $h=12.5$ mm, 其垂直于纸面的长度为 $l=100$ mm, 在剪力 Q 的作用下, 两板相互移动的距离 $d=0.5$ mm.

(1) 试求环氧树脂内的平均切应变 γ_{aver}.

(2) 若环氧树脂的切变模量 $G=63.5$ MPa, 试求剪力 Q 的大小.

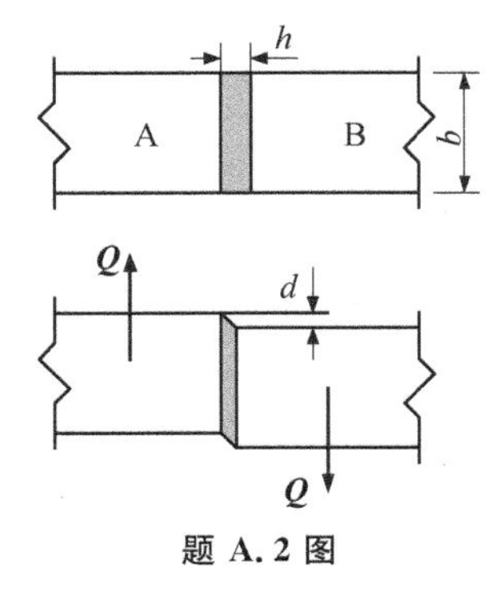

题 A.2 图

附录 B　平面图形的几何性质

在研究杆件的应力、变形和稳定性时，都要涉及与横截面形状和尺寸有关的几何量. 这些几何量包括：形心、静矩、惯性矩、极惯性矩、惯性积、主轴等，统称为“平面图形的几何性质”.

任意平面几何图形如图 B-1 所示. 在其上取面积微元 dA，该微元在坐标系 Oyz 中的坐标为 y,z. 定义下列积分

$$\begin{cases} S_y = \int_A z\,dA, \\ S_z = \int_A y\,dA \end{cases} \tag{B-1}$$

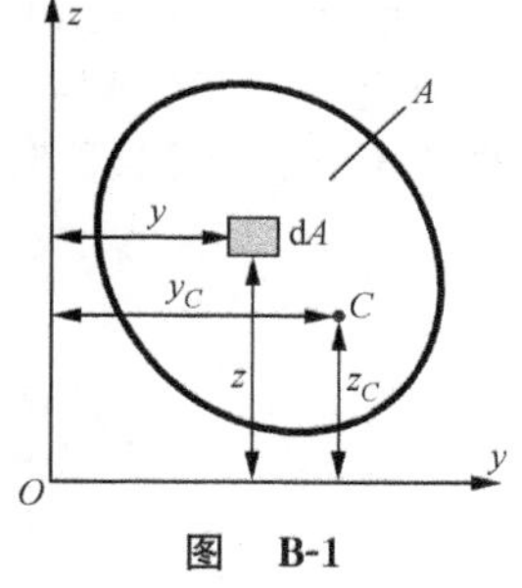

图　B-1

分别为图形对于 y 和 z 轴的一次矩或静矩，其单位为 m^3. 如果将 dA 看做垂直于图形平面的力，则 $z\,dA$ 和 $y\,dA$ 分别为 dA 对于 y 和 z 轴的力矩；S_y 和 S_z 则分别为面积 A 对 y 和 z 轴之矩.

图形几何形状的中心称为形心，若将面积看做垂直于图形平面的力，则形心即为合力的作用点. 设 y_C, z_C 为形心坐标，则根据合力矩定理，

$$S_y = A z_C, \quad S_z = A y_C; \tag{B-2}$$

或

$$y_C = \frac{S_z}{A} = \frac{1}{A}\int_A y\,dA, \quad z_C = \frac{S_y}{A} = \frac{1}{A}\int_A z\,dA, \tag{B-3}$$

这就是图形形心与静矩之间的关系.

对图 B-1 中的任意图形以及给定的坐标系 Oyz 定义下列积分

$$I_y = \int_A z^2 \mathrm{d}A, \tag{B-4}$$

$$I_z = \int_A y^2 \mathrm{d}A, \tag{B-5}$$

$$I_{yz} = \int_A yz \mathrm{d}A \tag{B-6}$$

分别为图形对 y 轴和 z 轴的惯性矩以及对坐标轴 y,z 的惯性积,它们通称为图形的二次矩.同时可定义积分

$$I_{\mathrm{p}} = \int_A r^2 \mathrm{d}A = I_y + I_z \tag{B-7}$$

为图形对于 O 点的极惯性矩,或称为图形的二次极矩.上述各矩的单位均为 m^4 或 cm^4.

现取另一坐标系 $O_1y_1z_1$,其中 y_1 轴和 z_1 轴分别平行于 y 轴和 z 轴,且二者之间的距离为 a 和 b(如图 B-2 所示).在 $O_1y_1z_1$ 的惯性矩和惯性积可定义为

$$I_{y_1} = \int_A z_1^2 \mathrm{d}A, \quad I_{z_1} = \int_A y_1^2 \mathrm{d}A, \quad I_{y_1z_1} = \int_A y_1 z_1 \mathrm{d}A.$$

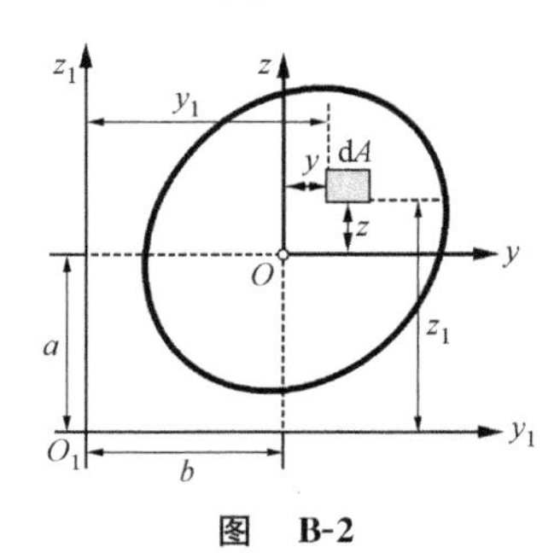

图 B-2

将平行轴的坐标变换

$$y_1 = y + a, \quad z_1 = z + b$$

代入上述积分,并利用式(B-2),(B-4),(B-5)和(B-6),得

$$\begin{cases} I_{y_1} = I_y + 2aS_y + a^2 A, \\ I_{z_1} = I_z + 2bS_z + b^2 A, \\ I_{y_1z_1} = I_{yz} + aS_z + bS_y + abA. \end{cases} \tag{B-8}$$

如果 y,z 轴通过图形形心，因 $y_C=0, z_C=0$，有 $S_y=S_z=0$，于是式(B-8)为

$$I_{y_1}=I_y+a^2A,\quad I_{z_1}=I_z+b^2A,\quad I_{y_1z_1}=I_{yz}+abA. \tag{B-9}$$

这就是图形对于平行轴惯性矩与惯性积之间关系的移轴定理.

如果将坐标系 Oyz 绕坐标原点 O 反时针方向转过 α 角，得到一新的坐标系，记为 Oy_1z_1（图 B-3）. 根据转轴时的坐标变换

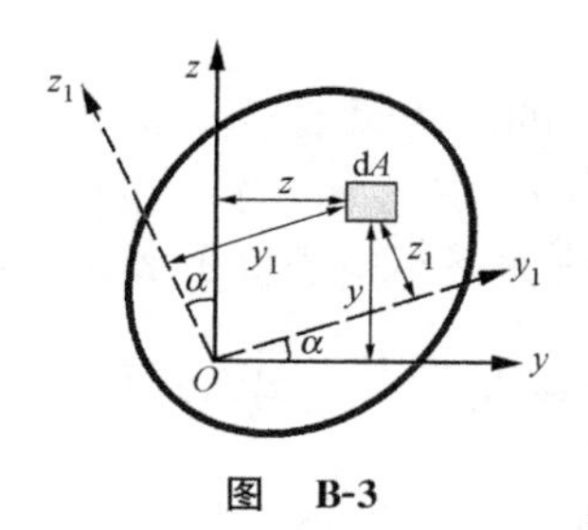

图 B-3

$$y_1=y\cos\alpha+z\sin\alpha,$$
$$z_1=z\cos\alpha-y\sin\alpha,$$

通过简单的推演，可得到

$$\begin{cases} I_{y_1}=\dfrac{I_y+I_z}{2}+\dfrac{I_y-I_z}{2}\cos 2\alpha-I_{yz}\sin 2\alpha, \\ I_{z_1}=\dfrac{I_y+I_z}{2}-\dfrac{I_y-I_z}{2}\cos 2\alpha+I_{yz}\sin 2\alpha, \\ I_{y_1z_1}=\dfrac{I_y-I_z}{2}\sin 2\alpha+I_{yz}\cos 2\alpha. \end{cases} \tag{B-10}$$

这就是图形在转轴时惯性矩、惯性积之间关系的转轴定理. 推导转轴定理时，不要求 y,z 轴通过形心. 当然，对于绕形心转动的坐标系也是适用的，而且也是实际应用中最感兴趣的.

从方程组(B-10)的第三式可以看出，坐标轴旋转时，随着角度 α 的改变，惯性积也发生变化，总可以找到一个角度 α_0 以及相应的 y_0,z_0 轴，图形对于这一对坐标轴的惯性积等于零. 为此令方

程组(B-10)中的第三式为零,即

$$I_{y_0z_0}=\frac{I_y-I_z}{2}\sin2\alpha_0+I_{yz}\cos2\alpha_0=0,$$

由此解得

$$\tan2\alpha_0=-\frac{2I_{yz}}{I_y-I_z},\tag{B-11}$$

或

$$\alpha_0=\frac{1}{2}\arctan\left(-\frac{2I_{yz}}{I_y-I_z}\right).\tag{B-12}$$

如果将方程组(B-10)的前两式求导数并令其为零,同样可得到式(B-11)或(B-12)的结论.这表明,当 α 改变时 I_{y_1} 和 I_{z_1} 的数值也发生变化,而当 $\alpha=\alpha_0$ 时两者分别为极大值和极小值,它们的大小是

$$\left.\begin{aligned}I_{y_0}&=I_{\max}\\I_{z_0}&=I_{\min}\end{aligned}\right\}=\frac{I_y+I_z}{2}\pm\frac{1}{2}\sqrt{(I_y-I_z)^2+4I_{yz}^2}.\tag{B-13}$$

图形的惯性积等于零的一对坐标轴称为主轴,图形对主轴的惯性矩称为主惯性矩.需要指出的是对于任意一点(图形内或图形外)都可建立主轴,而通过形心的主轴称为形心主轴,图形对形心主轴的惯性矩称为形心主惯性矩.在材料力学计算中最有意义的是形心主轴与形心主矩.

例 B-1　求图 B-4 所示直角三角形的形心主轴和形心主惯性矩.

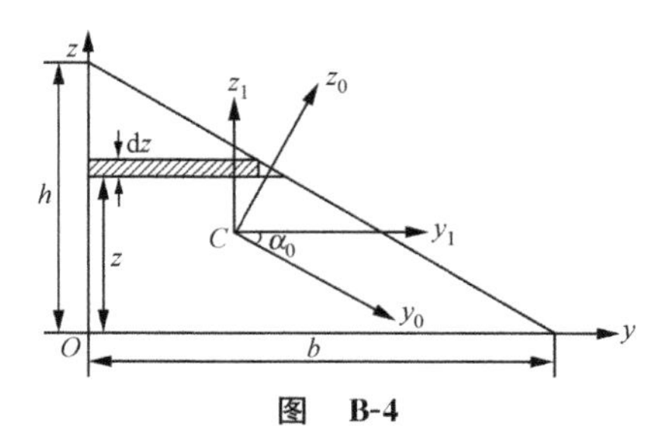

图　B-4

首先将 y,z 轴与三角形两直角边相合,相对这些轴的惯性矩

和惯性积分别为

$$I_y = \int_A z^2 \mathrm{d}A = \int_0^h b\left(1 - \frac{z}{h}\right) z^2 \mathrm{d}z = \frac{bh^3}{12},$$

$$I_z = \frac{b^3 h}{12},$$

$$I_{yz} = \int_A yz \mathrm{d}A = \int_0^h z\mathrm{d}z \int_0^{b\left(1-\frac{z}{h}\right)} y\mathrm{d}y = \frac{b^2 h^2}{24}.$$

其次，平行于 y，z 轴的形心坐标系 Cy_1z_1 如图 B-4 所示，其中形心坐标为 $y_C = b/3$，$z_C = h/3$，面积 $A = bh/2$，根据移轴定理，在 Cy_1z_1（图 B-4）中的惯性矩和惯性积分别为

$$I_{y_1} = I_y - \left(\frac{h}{3}\right)^2 A = \frac{bh^3}{12} - \left(\frac{h}{3}\right)^2 \frac{bh}{2} = \frac{bh^3}{36},$$

$$I_{z_1} = \frac{b^3 h}{36},$$

$$I_{y_1 z_1} = I_{yz} - \frac{b}{3}\,\frac{h}{3}\,\frac{bh}{2} = -\frac{b^2 h^2}{72}.$$

最后，根据式(B-11)和(B-13)，得主方向坐标系 Cy_0z_0 的 α_0 角，以及形心主惯性矩如下

$$\tan 2\alpha_0 = \frac{2I_{y_1z_1}}{I_{y_1} - I_{z_1}} = -\frac{h/b}{h^2/b^2 - 1},$$

$$\left.\begin{matrix} I_{y_0} \\ I_{z_0} \end{matrix}\right\} = \frac{b^3 h}{72}\left[\left(\frac{h^2}{b^2} + 1\right) \pm \left(\frac{h^4}{b^4} + 1 - \frac{h^2}{b^2}\right)^{1/2}\right],$$

若设 $h = 20\ \mathrm{mm}$，$b = 40\ \mathrm{mm}$，则

$$\tan 2\alpha_0 = -0.667, \quad \alpha_0 = -16°50',$$

$$I_{y_0} = 3.63 \times 10^4\ \mathrm{mm}^4, \quad I_{z_0} = 0.828 \times 10^4\ \mathrm{mm}^4.$$

工程常用的标准薄壁截面，如工字形、槽形、角形等，其几何特性都已列在工程手册之中，例如本书后面的附录 C.

附录C　型钢规格表

下面给出的型钢规格表,仅包含等边角钢、工字钢、槽钢的部分型号,以提供读者做习题时使用.更详细的型钢规格表可在主要参考书目[5]中找到.

型钢规格表见表C-1～C-3.

表 C-1 热轧等边角钢(GB9787-88)

符号意义

b——边宽度

d——边厚度

r——内圆弧半径

r_1——边端内圆弧半径

I——惯性矩

i——惯性半径

W——截面系数

z_0——重心距离

角钢号数	尺寸/mm			截面面积	理论重量	单位长度的外表面积	参考数值										
							x-x			x_0-x_0			y_0-y_0			x_1-x_1	z_0
	b	d	r	/cm²	/(kg·m⁻¹)	/(m²·m⁻¹)	I_x /cm⁴	i_x /cm	W_x /cm³	I_{x_0} /cm⁴	i_{x_0} /cm	W_{x_0} /cm³	I_{y_0} /cm⁴	i_{y_0} /cm	W_{y_0} /cm³	I_{x_1} /cm⁴	/cm
7.5	75	5	9	7.367	5.818	0.295	39.97	2.33	7.32	63.30	2.92	11.94	16.63	1.50	5.77	70.56	2.04
		6		8.797	6.905	0.294	46.95	2.31	8.64	74.38	2.90	14.02	19.51	1.49	6.67	84.55	2.07
		7		10.160	7.976	0.294	53.57	2.30	9.93	84.96	2.89	16.02	22.18	1.48	7.44	98.71	2.11
		8		11.503	9.030	0.294	59.96	2.28	11.20	95.07	2.88	17.93	24.86	1.47	8.19	112.97	2.15
		10		14.126	11.089	0.293	71.98	2.26	13.64	113.92	2.84	21.48	30.05	1.46	9.56	141.71	2.22

（续表）

角钢号数	尺寸/mm			截面面积	理论重量	单位长度的外表面积	参考数值										
							x-x			x_0-x_0			y_0-y_0			x_1-x_1	z_0
	b	d	r	/cm²	/(kg·m⁻¹)	/(m²·m⁻¹)	I_x /cm⁴	i_x /cm	W_x /cm³	I_{x_0} /cm⁴	i_{x_0} /cm	W_{x_0} /cm³	I_{y_0} /cm⁴	i_{y_0} /cm	W_{y_0} /cm³	I_{x_1} /cm⁴	/cm
10	100	6	12	11.932	9.336	0.393	114.95	3.01	15.68	181.98	3.90	25.74	47.92	2.00	12.69	200.07	2.67
		7		13.796	10.830	0.393	131.86	3.09	18.10	208.97	3.89	29.55	54.74	1.99	14.26	233.54	2.71
		8		15.638	12.276	0.393	148.24	3.08	20.47	235.07	3.88	33.24	61.41	1.98	15.75	267.09	2.76
		10		19.261	15.120	0.392	179.51	3.05	25.06	284.68	3.84	40.26	74.35	1.96	18.54	334.48	2.84
		12		22.800	17.898	0.391	208.90	3.03	29.48	330.95	3.81	46.80	86.84	1.95	21.08	402.34	2.91
		14		26.256	20.611	0.391	236.53	3.00	33.73	374.06	3.77	52.90	99.00	1.94	23.44	470.75	2.99
		16		29.627	23.257	0.390	262.53	2.98	37.82	414.16	3.74	58.57	110.89	1.94	25.63	539.80	3.06
12.5	125	8	14	19.750	15.504	0.492	297.03	3.88	32.52	470.89	4.88	53.28	123.16	2.50	25.86	521.01	3.37
		10		24.373	19.133	0.491	361.67	3.85	39.97	573.89	4.85	64.93	149.46	2.48	30.62	651.93	3.45
		12		28.912	22.696	0.491	423.16	3.83	41.17	671.44	4.82	75.96	174.88	2.46	35.03	783.42	3.53
		14		33.367	26.193	0.490	481.65	3.80	54.16	763.73	4.78	86.41	199.57	2.45	39.13	915.61	3.61
16	160	10	16	31.502	24.729	0.630	779.53	4.98	66.70	1237.30	6.27	109.36	321.76	3.20	52.76	1365.33	4.31
		12		37.441	29.391	0.630	916.58	4.95	78.98	1455.68	6.24	128.67	377.49	3.18	60.74	1639.57	4.39
		14		43.296	33.987	0.629	1048.36	4.92	90.95	1665.02	6.20	147.17	431.70	3.16	68.24	1914.68	4.47
		16		49.067	38.518	0.629	1175.08	4.89	102.63	1865.57	6.17	164.89	484.59	3.14	75.31	2190.82	4.55
20	200	14	18	54.642	42.894	0.788	2103.55	6.20	144.70	3343.26	7.82	236.40	863.83	3.98	111.82	3734.10	5.46
		16		62.013	48.680	0.788	2366.15	6.18	163.65	3760.89	7.79	265.93	971.41	3.96	123.96	4270.39	5.54
		18		69.301	54.401	0.787	2620.64	6.15	182.22	4164.54	7.75	294.48	1076.74	3.94	135.52	4808.13	5.62
		20		76.505	60.056	0.787	2867.30	6.12	200.42	4554.55	7.72	322.06	1180.04	3.93	146.55	5347.51	5.69
		24		90.661	71.168	0.785	2338.25	6.07	236.17	5294.97	7.64	374.41	1381.53	3.90	166.55	6457.16	5.87

表 C-2　热轧工字钢(GB706-88)

符号意义

h ——高度

b ——腿宽度

d ——腰厚度

t ——平均腿厚度

r ——内圆弧半径

r_1——腿端圆弧半径

I ——惯性矩

W——截面系数

i ——惯性半径

S ——半截面的静矩

型号	尺寸 /mm						截面面积 /cm²	单位长度的质量 /(kg·m⁻¹)	参考数值						
									x-x				y-y		
	h	b	d	t	r	r_1			I_x /cm⁴	W_x /cm³	i_x /cm	$I_x : S_x$ /cm	I_y /cm⁴	W_y /cm³	i_y /cm
10	100	68	4.5	7.6	6.5	3.3	14.30	11.2	245.00	49.00	4.14	8.59	33.00	9.72	1.52
12.6	126	74	5.0	8.4	7.0	3.5	18.10	14.2	488.43	77.53	5.20	10.85	46.91	12.68	1.61
14	140	80	5.5	9.1	7.5	3.8	21.50	16.9	712.00	102.00	5.76	12.00	64.40	16.10	1.73

（续表）

型号	尺寸 /mm						截面面积 /cm²	单位长度的质量 /(kg·m⁻¹)	参考数值						
									x-x				y-y		
	h	b	d	t	r	r_1			I_x /cm⁴	W_x /cm³	i_x /cm	$I_x:S_x$ /cm	I_y /cm⁴	W_y /cm³	i_y /cm
16	160	88	6.0	9.9	8.0	4.0	26.10	20.5	1130.00	141.00	6.58	13.80	93.10	21.20	1.89
18	180	94	6.5	10.7	8.5	4.3	30.60	24.1	1660.00	185.00	7.36	15.40	122.00	26.00	2.00
20a	200	100	7.0	11.4	9.0	4.5	35.50	27.9	2370.00	237.00	8.15	17.20	158.00	31.50	2.12
20b	200	102	9.0	11.4	9.0	4.5	39.50	31.1	2500.00	250.00	7.96	16.90	169.00	33.10	2.06
22a	220	110	7.5	12.3	9.5	4.8	42.00	33.0	3400.00	309.00	8.99	18.90	225.00	40.90	2.31
22b	220	112	9.5	12.3	9.5	4.8	46.40	36.4	3570.00	325.00	8.78	18.70	239.00	42.70	2.27
25a	250	116	8.0	13.0	10.0	5.0	48.50	38.1	5023.54	401.88	10.18	21.58	280.05	48.28	2.40
25b	250	118	10.0	13.0	10.0	5.0	53.50	42.0	5283.96	422.72	9.94	21.27	309.30	52.42	2.40
28a	280	122	8.5	13.7	10.5	5.3	55.45	43.4	7114.14	508.15	11.32	24.62	345.05	56.57	2.50
28b	280	124	10.5	13.7	10.5	5.3	61.05	47.9	7480.00	534.29	11.08	24.24	379.50	61.21	2.49
32a	320	130	9.5	15.0	11.5	5.8	67.05	52.7	11075.50	692.20	12.84	27.46	459.93	70.76	2.62
32b	320	132	11.5	15.0	11.5	5.8	73.45	57.7	11621.40	726.33	12.58	27.09	501.53	75.99	2.61
32c	320	134	13.5	15.0	11.5	5.8	79.95	62.8	12167.50	760.47	12.34	26.77	543.81	81.17	2.61
36a	360	136	10.0	15.8	12.0	6.0	76.30	59.9	15760.00	875.00	14.40	30.70	552.00	81.20	2.69
36b	360	138	12.0	15.8	12.0	6.0	83.50	65.6	16530.00	919.00	14.10	30.30	582.00	84.30	2.64

（续表）

型号	尺寸 /mm						截面面积 /cm²	单位长度的质量 /(kg·m⁻¹)	参考数值						
									x-x				y-y		
	h	b	d	t	r	r_1			I_x /cm⁴	W_x /cm³	i_x /cm	$I_x : S_x$ /cm	I_y /cm⁴	W_y /cm³	i_y /cm
36c	360	140	14.0	15.8	12.0	6.0	90.70	71.2	17310.00	962.00	13.80	29.90	612.00	87.40	2.60
40a	400	142	10.5	16.5	12.5	6.3	86.10	67.6	21720.00	1090.00	15.90	34.10	660.00	93.20	2.77
40b	400	144	12.5	16.5	12.5	6.3	94.10	73.8	22780.00	1140.00	15.60	33.60	692.00	96.20	2.71
40c	400	146	14.5	16.5	12.5	6.3	102.00	80.1	23850.00	1190.00	15.20	33.20	727.00	99.60	2.65
45a	450	150	11.5	18.0	13.5	6.8	102.00	80.4	32240.00	1430.00	17.70	38.60	855.00	114.00	2.89
45b	450	152	13.5	18.0	13.5	6.8	111.00	87.4	33760.00	1500.00	17.40	38.00	894.00	118.00	2.84
45c	450	154	15.5	18.0	13.5	6.8	120.00	94.5	35280.00	1570.00	17.10	37.60	938.00	122.00	2.79
50a	500	158	12.0	20.0	14.0	7.0	119.00	93.6	46470.00	1860.00	19.70	42.80	1120.00	142.00	3.07
50b	500	160	14.0	20.0	14.0	7.0	129.00	101.0	48560.00	1940.00	19.40	42.40	1170.00	146.00	3.01
50c	500	162	16.0	20.0	14.0	7.0	139.00	109.0	50640.00	2080.00	19.00	41.80	1220.00	151.00	2.96
56a	560	166	12.5	21.0	14.5	7.3	135.25	106.2	65585.60	2342.31	22.02	47.73	1370.16	165.08	3.18
56b	560	168	14.5	21.0	14.5	7.3	146.45	115.0	68512.50	2446.69	21.63	47.17	1486.75	174.25	3.16
56c	560	170	16.5	21.0	14.5	7.3	157.85	123.9	71439.40	2551.41	21.27	46.66	1558.39	183.34	3.16
63a	630	176	13.0	22.0	15.0	7.5	154.90	121.6	93916.20	2981.47	24.62	54.17	1700.55	193.24	3.31
63b	630	178	15.0	22.0	15.0	7.5	167.50	131.5	98083.60	3163.38	24.20	53.51	1812.07	203.60	3.29
63c	630	180	17.0	22.0	15.0	7.5	180.10	141.0	102251.10	3298.42	23.82	52.92	1924.91	213.88	3.27

表 C-3 热轧槽钢(GB707-88)

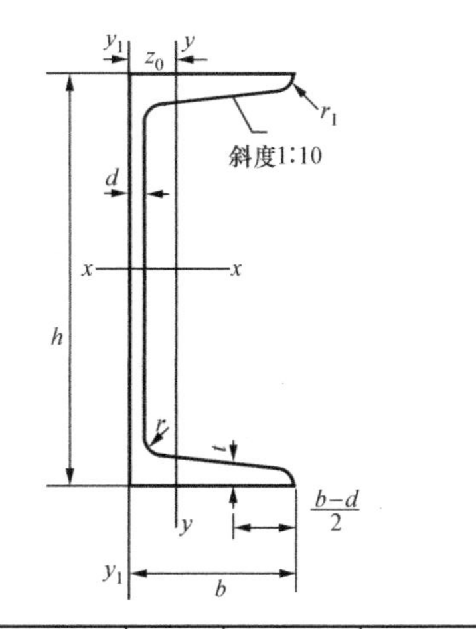

符号意义

h——高度

b——腿宽度

d——腰厚度

t——平均腿厚度

r——内圆弧半径

r_1——腿端圆弧半径

I——惯性矩

W——截面系数

i——惯性半径

z_0——y-y 轴与 y_1-y_1 轴间距

型号	尺寸/mm						截面面积	单位长度的质量	参考数值							
									x-x			y-y			y_1-y_1	
	h	b	d	t	r	r_1	/cm^2	/(kg·m^{-1})	W_x /cm^3	I_x /cm^4	i_x /cm	W_y /cm^3	I_y /cm^4	i_y /cm	I_{y_1} /cm^4	z_0 /cm
10	100	48	5.3	8.5	8.5	4.25	12.74	10.00	39.7	198.3	3.95	7.80	25.6	1.41	54.9	1.52
16a	160	63	6.5	10.0	10.0	5.00	21.95	17.23	108.3	866.2	6.28	16.30	73.3	1.83	144.1	1.80
16	160	65	8.5	10.0	10.0	5.00	25.15	19.74	116.8	934.5	6.10	17.55	83.4	1.82	160.8	1.75

（续表）

型号	尺寸/mm						截面面积/cm²	单位长度的质量/(kg·m⁻¹)	参考数值							
									x-x			y-y			y_1-y_1	
	h	b	d	t	r	r_1			W_x/cm³	I_x/cm⁴	i_x/cm	W_y/cm³	I_y/cm⁴	i_y/cm	I_{y_1}/cm⁴	z_0/cm
20a	200	73	7.0	11.0	11.0	5.50	28.83	22.63	178.0	1780.4	7.86	24.20	128.0	2.11	244.0	2.01
20	200	75	9.0	11.0	11.0	5.50	32.83	25.77	191.4	1913.7	7.64	25.88	143.6	2.09	268.4	1.95
22a	220	77	7.0	11.5	11.5	5.75	31.84	24.99	217.6	2393.9	8.67	28.17	157.8	2.23	298.2	2.10
22b	220	79	9.0	11.5	11.5	5.75	36.24	28.45	233.8	2571.4	8.42	30.05	176.4	2.21	326.3	2.03
25a	250	78	7.0	12.0	12.0	6.00	34.91	27.47	269.6	3369.6	9.82	30.61	175.5	2.24	322.3	2.07
25b	250	80	9.0	12.0	12.0	6.00	39.91	31.39	282.4	3530.0	9.41	32.66	196.4	2.22	353.2	1.98
25c	250	82	11.0	12.0	12.0	6.00	44.91	35.32	295.2	3690.5	9.07	35.93	218.4	2.21	384.1	1.92
32a	320	88	8.0	14.0	14.0	7.00	48.70	38.22	474.9	7598.1	12.49	46.47	304.8	2.50	552.3	2.24
32b	320	90	10.0	14.0	14.0	7.00	55.10	43.25	509.0	8144.2	12.15	49.16	336.3	2.47	592.9	2.16
32c	320	92	12.0	14.0	14.0	7.00	61.50	48.28	543.2	8690.3	11.88	52.64	374.2	2.47	643.3	2.09
40a	400	100	10.5	18.0	18.0	9.00	75.05	58.91	878.9	17577.9	15.30	78.83	592.0	2.81	1067.7	2.49
40b	400	102	12.5	18.0	18.0	9.00	83.05	65.19	932.2	18644.5	14.98	82.52	640.0	2.78	1135.6	2.44
40c	400	104	14.5	18.0	18.0	9.00	91.05	71.47	985.6	19711.2	14.71	86.19	687.8	2.75	1220.7	2.42

附录 D　型钢截面的扇性几何特性

型钢——特性见表 D-1和 D-2.

表 D-1　工字钢截面的扇性几何特性

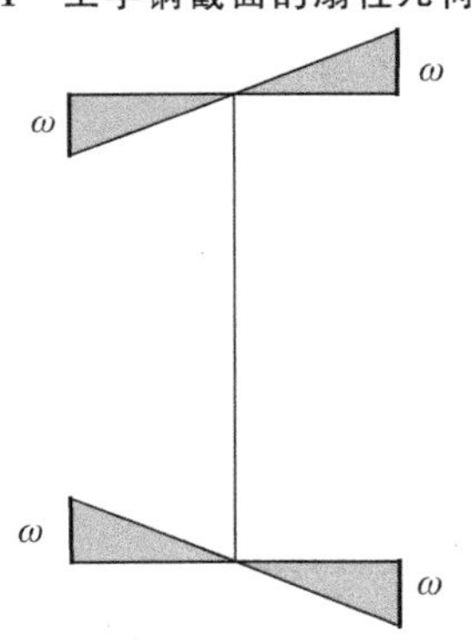

型号	扇性惯性矩 I_{ω}/cm^6	截面最远各点之扇性面积 ω_{max}/cm^2	扇性截面模量 W_{ω}/cm^4	自由扭转时截面的刚度系数 C/cm^4	弹性弯曲扭转特性* $k=\sqrt{\frac{GC}{EI_{\omega}}}$/cm^{-1}
10	644.3	15.25	42.26	2.873	0.04122
12	1353	20.10	67.33	4.243	0.03457
14	2560	25.54	100.23	5.911	0.02966
16	4879	32.25	151.30	8.406	0.02562
18	8219	38.90	211.28	11.37	0.02295
20a	13121	46.15	284.31	14.81	0.02074
20b	13857	47.05	294.50	17.85	0.02215
22a	22773	55.91	407.33	20.32	0.01844
22b	23930	56.90	420.55	24.08	0.01958

（续表）

型号	扇性惯性矩 I_ω/cm^6	截面最远各点之扇性面积 $\omega_{\max}/\mathrm{cm}^2$	扇性截面模量 W_ω/cm^4	自由扭转时截面的刚度系数 C/cm^4	弹性弯曲扭转特性* $k=\sqrt{\frac{GC}{EI_\omega}}/\mathrm{cm}^{-1}$
24a	33799	64.48	524.15	25.57	0.01698
24b	35426	65.57	540.25	30.12	0.01800
27a	52987	76.68	690.99	31.93	0.01515
27b	55414	77.92	711.21	37.60	0.01608
30a	76704	88.38	867.93	38.83	0.01389
30b	80114	89.75	892.60	45.78	0.01475
30c	83612	91.13	917.50	55.23	0.01587
33a	107160	100.69	1064.3	46.19	0.01281
33b	111780	102.21	1093.6	54.49	0.01363
33c	116520	103.73	1123.3	65.74	0.01466
36a	154820	115.19	1344.0	56.85	0.01183
36b	161210	116.85	1379.6	66.72	0.01256
36c	167760	118.51	1415.6	79.99	0.01348
40a	228900	134.13	1706.6	68.75	0.01070
40b	237950	136.00	1749.6	80.68	0.01137
40c	247210	137.85	1793.3	96.55	0.01220
45a	376630	159.75	2357.6	95.31	0.009819
45b	390770	161.86	2414.4	111.3	0.01041
45c	405220	163.96	2471.5	131.8	0.01113
50a	611990	187.10	3270.9	131.2	0.009038
50b	633900	189.44	3346.2	150.3	0.009504
50c	656270	191.79	3421.8	174.9	0.01007
55a	906350	216.79	4180.8	159.9	0.008198
55b	937220	219.36	4272.5	182.7	0.008617
55c	968720	221.94	4364.8	211.5	0.009119
60a	1349909	251.22	5373.4	195.5	0.007427
60b	1393200	254.04	5484.2	221.9	0.007790
60c	1437300	256.86	5595.7	255.3	0.008226

*：在计算 k 时采用 $G=80\ \mathrm{GPa}$，$E=210\ \mathrm{GPa}$.

表 D-2 槽钢截面的扇性几何特性

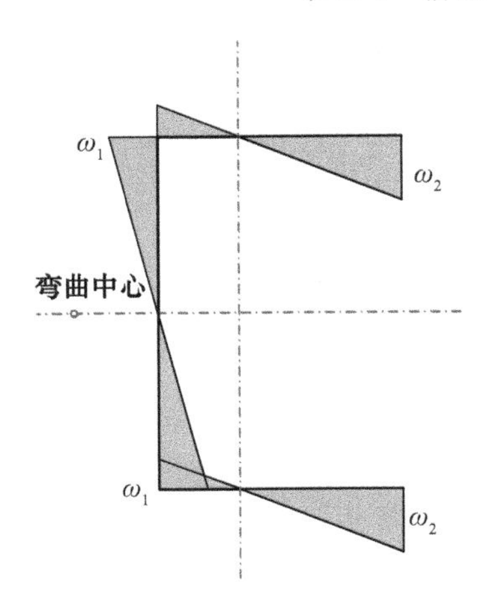

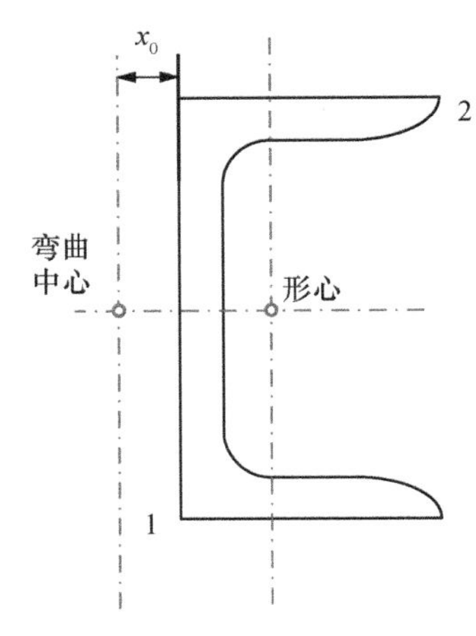

型号	弯曲中心之坐标 x_0/cm	扇性惯性矩 I_ω/cm^6	扇性面积		扇性截面模量		自由扭转时截面的刚度系数 C/cm^4	弹性弯曲扭转特性* $k=\sqrt{\frac{GC}{EI_\omega}}$/cm^{-1}
			ω_1/cm^2	ω_2/cm^2	W_{ω_1}/cm^4	W_{ω_2}/cm^4		
5	1.08	24.91	2.70	4.26	9.22	5.85	1.350	0.1437
6.5	1.15	64.88	3.86	6.36	16.80	10.21	1.497	0.09375
8	1.22	141.8	5.15	8.75	27.57	16.20	1.940	0.07219
10	1.34	354.8	7.19	12.71	49.35	27.92	2.727	0.05411
12	1.48	768.3	9.54	17.31	80.51	44.39	3.634	0.04245
14a	1.58	1512	12.03	22.63	125.74	66.85	4.815	0.03483
14b	1.39	1711	11.46	23.85	149.32	71.75	6.248	0.03730
16a	1.68	2760	14.74	28.63	187.23	96.40	6.306	0.02950
16b	1.48	3099	14.03	30.09	220.87	103.00	8.227	0.03180
18a	1.83	4745	17.68	35.32	268.41	134.34	8.128	0.02555
18b	1.57	5292	16.83	37.02	314.50	142.95	10.50	0.02749
20a	1.94	7698	21.27	42.46	361.95	181.28	9.84	0.02207
20b	1.73	8560	20.24	44.45	422.87	192.57	12.50	0.02359
22a	2.07	11593	24.84	49.60	466.69	233.73	11.66	0.01958
22b	1.86	12863	23.63	51.88	544.42	247.95	14.60	0.02079

（续表）

型号	弯曲中心之坐标 x_0/cm	扇性惯性矩 I_ω/cm^6	扇性面积		扇性截面模量		自由扭转时截面的刚度系数 C/cm^4	弹性弯曲扭转特性* $k=\sqrt{\frac{GC}{EI_\omega}}/\mathrm{cm}^{-1}$
			ω_1/cm^2	ω_2/cm^2	$W_{\omega_1}/\mathrm{cm}^4$	$W_{\omega_2}/\mathrm{cm}^4$		
24a	2.10	15326	27.48	55.21	557.74	277.59	13.21	0.01812
24b	1.88	17007	26.10	57.75	651.56	294.50	16.47	0.01921
24c	1.67	18640	24.91	60.90	748.35	310.21	21.31	0.02087
27a	2.14	24337	31.85	66.46	764.11	366.19	16.25	0.01595
27b	1.91	26883	30.23	69.39	889.34	387.42	20.34	0.01698
27c	1.70	29355	28.82	72.10	1018.6	407.14	26.34	0.01848
30a	2.26	36645	37.21	76.54	984.87	478.78	20.39	0.01456
30b	2.03	40436	35.23	79.98	1147.8	505.61	25.01	0.01535
30c	1.80	44104	33.59	83.06	1313.0	530.97	31.75	0.01656
33a	2.25	52630	41.39	88.54	1271.7	594.43	24.29	0.01326
33b	2.02	57844	39.27	92.27	1473.2	626.93	29.92	0.01404
33c	1.80	62890	37.44	95.69	1679.8	657.23	38.04	0.01518
36a	2.47	92189	49.50	104.55	1862.2	881.77	38.91	0.01268
36b	2.24	100430	47.30	103.51	2123.4	925.54	46.56	0.01329
36c	2.02	108420	45.36	112.18	2390.2	966.48	57.18	0.01417
40a	2.43	148100	55.78	121.67	2655.1	1217.2	59.74	0.01240
40b	2.21	160100	53.51	125.86	2991.7	1272.1	70.78	0.01298
40c	2.00	171870	51.51	129.80	3336.4	1324.0	86.72	0.01378

*：在计算 k 时采用 $G=80$ GPa，$E=210$ GPa.

名词索引

主要参考书目

[1] 王仁,丁中一,殷有泉.固体力学基础.北京:地质出版社,1979.

[2] 孙训方,方孝淑,关来泰.材料力学.北京:人民教育出版社,1979.

[3] 谢志成.材料力学.北京:清华大学出版社,1993.

[4] 范钦珊,王波,殷雅俊.材料力学.北京:高等教育出版社,2000.

[5] 清华大学材料力学教研室.材料力学解题指导与习题集.第二版.北京:高等教育出版社,1981.

[6]《力学与实践》编辑部小问题组.力学小问题一百例.大连:大连工学院出版社,1986.

[7] 丁同仁,李承治.常微分方程教程.北京:高等教育出版社,1991.

[8] 王燮山.奇异函数及其在力学中的应用.北京:科学出版社,1993.

[9]〔日〕渥美光,铃木幸三,三田贤次.材料力学.胡人礼,译.北京:科学出版社,1978.

[10]〔美〕S.铁木辛柯,J.盖尔.材料力学,韩耀新,译.北京:科学出版社,1990.

[11]〔美〕波波夫.固体力学引论.王士耕,韩二丽,译.北京:人民邮电出版社,1985.

[12]〔法〕Lemaitre J,Chaboche J-L.固体材料力学.余天庆,吴玉树,译.北京:国防工业出版社,1997.

[13]〔苏〕别辽耶夫 H M.材料力学.王光远,干光瑜,顾震隆,译.北京:高等教育出版社,1992.

[14]〔美〕盖尔 J M.材料力学(英文版(第5版)).北京:机械工业出版社,2003.

[15] 冯树荣,孙恭尧,殷有泉.重力坝稳定性和承载能力分析.北京:中国电力出版社,2011.

[16]〔苏〕Работнов ЮН. Сопротивление Материалов. Москва:Физматгиз,1962.

[17]〔苏〕Работнов ЮН. Механика Деформируемого Тела. Москва:Наука,1979.

部分习题参考答案

第一章　基本概念

1.1　左侧：$M=0$，$M_n=0$，$Q=0$；

右侧：$M=0$，$M_n=-\frac{Pd}{2}$，$Q=-3P$.

1.2　(1) $R_A=R_B=\frac{M_0}{a+b}$，$R_A(\downarrow)$，$R_B(\uparrow)$；

(2) 1-1 截面上：$Q=-\frac{M_0}{a+b}$，$M=\frac{M_0 a}{a+b}$；

2-2 截面上：$Q=-\frac{M_0}{a+b}$，$M=\frac{M_0 b}{a+b}$.

1.3　(1) 30 kN；

(2) $N=15\sqrt{3}$ kN(←)，$Q=3$ kN(↑)，$M=9$ kN·m(↷).

1.4　(1) $\bar{x}=0.45$ m，$\bar{y}=0.6$ m；(2) $\sigma_c=25.0$ MPa.

1.5　$\sigma_{AB}=-6.8$ MPa，$\sigma_{BC}=-15.3$ MPa.

1.6　(1) $\delta=0.45$ mm；(2) $P=13.0$ kN.

1.7　$\frac{\gamma}{2}$.

1.8　10.0 MPa.

1.9　502 N.

1.10　1.8 mm.

1.11　(1) 105 GPa；(2) −0.0152 mm；(3) 0.00066.

1.12　4 mm.

第二章　拉伸和压缩

2.1　$\sigma=75$ MPa，$\Delta s=1.70\times10^{-4}$ m.

2.2　$\delta=\frac{ql^2}{2EA}$.

2.3 0.8 mm.

2.4 (1) $N_1=0.4P$, $N_2=0.25P$, $N_3=0.1P$; (2) 略.

2.5 $T=\dfrac{8P}{11}$.

2.6 $N_{AD}=N_{AE}=0.207P$, $N_{AB}=0.293P$, $N_{BC}=0.707P$.

2.7 150 kN.

2.8 45°.

2.9 $p=1.55$ MPa, $\sigma_{钢筒}=77.5$ MPa, $\sigma_{铜套}=-19.4$ MPa.

2.10 $\delta=\dfrac{ql^3}{8hEA}\left(1+\dfrac{16h^2}{3l^2}\right)$.

2.11 $\delta=\dfrac{\rho\omega^2 l^2}{6E}(3R+2l)$.

2.12 (1) $U_1=\dfrac{2P_1^2a}{EA}$; (2) $U_2=\dfrac{21P_2^2a}{2EA}$; (3) $U=\dfrac{(12P_1^2+32P_1P_2+63P_2^2)a}{6EA}$.

2.13 155.9 MPa.

2.14 $1+(1+2EA/W)^{1/2}$, $0.558l$.

2.15 112.5 mm.

第三章 扭 转

3.1 $G=81.5$ GPa, $\tau_{\max}=76.4$ MPa, $\gamma=9.37\times10^{-4}$.

3.2 $E=2.16\times10^2$ GPa, $G=81.6$GPa, $\nu=0.32$.

3.3 略.

3.4 $D=420$ mm, 空∶实$=71\%$.

3.5 $\varphi=\dfrac{3Tl}{2\pi Ghd_a^3}$.

3.6 $x>l/2$: $x=\dfrac{l(3-I_{pB}/I_{pA})}{4}$; $x<l/2$: $x=\dfrac{l(1+I_{pB}/I_{pA})}{4}$.

3.7 $M=3.33$ kN·m, $d=83$ mm.

3.8 闭口 10.8 kN·m, 开缝 0.144 kN·m.

3.9 (1) 4.91°; (2) 76.8 mm.

3.10 $\dfrac{\tau_{环}}{\tau_{箱}}=\dfrac{\pi}{4}=0.785$, $\dfrac{\varphi_{环}}{\varphi_{箱}}=\dfrac{\pi^2}{16}=0.617$.

3.11 120 mm.

3.12 $U=\frac{16m^2l^3}{3G\pi d^4}$.

3.13 $\tau_{\max近似}=27.3\ \text{MPa}$，$\tau_{\max精确}=30.7\ \text{MPa}$，$n=7$ 圈.

第四章 应力应变分析和强度理论

4.1 略.

4.2 略.

4.3

	斜截面		主应力		
	σ_α/MPa	τ_α/MPa	σ_1/MPa	σ_2/MPa	σ_3/MPa
(a)	16.3	−3.66	44.1	15.9	14.1
(b)	34.8	−11.6	37	−27	32

4.4 略

4.5 $\frac{\sigma_1+\sigma_2}{2}+\frac{1}{2}(\sigma_1^2+\sigma_2^2+2\sigma_1\sigma_2\cos2\alpha)^{\frac{1}{2}}$.

4.6

	σ_1/MPa	σ_2/MPa	σ_3/MPa	$\tau_{\max}$/MPa
(a)	50	50	−50	50
(b)	52	50	−42	47

4.7 $\varepsilon_x=\varepsilon_a$，$\varepsilon_y=(2\varepsilon_b+2\varepsilon_c-\varepsilon_a)/3$，$\gamma_{xy}=2(\varepsilon_b-\varepsilon_c)/\sqrt{3}$.

4.8 39.8 MPa.

4.9 $3\pi pr^2$.

4.10 (1) $\tau_{\max}=7\ \text{MPa}$；(2) $\Delta a=-0.03400\ \text{mm}$，$\Delta b=-0.01065\ \text{mm}$，$\Delta c=-0.00675\ \text{mm}$；(3) $\Delta V=-1418\ \text{mm}^3$；(4) $U=31.7\ \text{J}$.

4.11 (1) $p=700\ \text{MPa}$；(2) $K=175\ \text{GPa}$；(3) $U=4.73\ \text{J}$.

4.12 (1) $[P]=9.82\ \text{kN}$；$[P]=2.07\ \text{kN}$. (2) 286×10^{-6}，安全.

4.13 14.2 mm.

4.14 (1) 安全；(2) 安全；(3) 安全.

第五章 弯曲应力

5.1 略.

5.2　略.

5.3　略.

5.4　略.

5.5　(1) $M_z=\frac{1}{2}qx^2-\frac{2}{3}qbx$；(2) $M_{\max}=-\frac{2}{9}qb^2$.

5.6　$N=-7.3\ \mathrm{kN}$，$Q=19.1\ \mathrm{kN}$，$M=-78.2\ \mathrm{kN\cdot m}$.

5.7　$Q_{\max}=229\omega\alpha L^2/18g$，　$M_{\max}=617\omega\alpha L^3/45g$.

5.8　略.

5.9　(1) $x=6.4\ \mathrm{m}$；

(2) $x=2.67\ \mathrm{m}$，　$Q_{\max}=16.8\ \mathrm{kN}$，　$M_{\max}=-31.4\ \mathrm{kN\cdot m}$.

5.10　$\sigma_{\max}=9\ \mathrm{MPa}$，　$\tau_{\max}=1.05\ \mathrm{MPa}$.

5.11　$|\sigma|_{\max}=137\ \mathrm{MPa}$，　$\tau_{\max}=24.4\ \mathrm{MPa}$.

5.12　$\sigma_{\max}=7.07\ \mathrm{MPa}$.

5.13　略.

5.14　33.38 kN.

5.15　$[q]=15.7\ \mathrm{kN/m}$.

5.16　$\frac{h}{b}=\sqrt{2}$，　$d_{\min}=224\ \mathrm{mm}$.

5.17　$h_{\min}=\sqrt{8\gamma h^3/[\sigma]\sin^2\alpha}$.

5.18　$\sigma_{木\max}=7.38\ \mathrm{MPa}$，$\sigma_{钢\max}=79.0\ \mathrm{MPa}$.

5.19　$\sigma_{混}=-2.53\ \mathrm{MPa}$，$\sigma_{钢}=45.4\ \mathrm{MPa}$.

5.20　边长为 $0.32b$ 的正方形.

5.21　$\sigma_{\max}=7.43\ \mathrm{MPa}$.

第六章　弯曲变形

6.1　略.

6.2　$a=\frac{2}{3}l$.

6.3　B 点未与刚性面接触，$v_B=-\frac{E^2I^2}{6R^3P^2}+\frac{l^2}{2R}$；$B$ 点与刚性面接触，

$v_B=\frac{l^2}{2R}$.

6.4　n^5.

6.5 $\sigma_{max}/\sigma_{st}=1+(1+2H/\delta_{st})^{1/2}$.

6.6 $H=0.360$ m.

6.7 (1) $\frac{5}{4}P$;(2) 最大弯矩减小了 50%,v_B 减小了 39.1%.

6.8 $\Delta=\frac{7ql^4}{1152EI}$.

6.9 $R=2qa^3\Big/\left(3a^2+\frac{I}{A_0}\right)$.

6.10 (1) $\frac{7}{24}qa(\uparrow)$; (2) $-\frac{5}{144}\frac{qa^3}{EI}$.

6.11 $R_A=\frac{qa}{8}(\uparrow)$.

6.12 $R_A=R_B=ql/2$, $M_A=M_B=ql^2/12$; $\delta_{max}=ql^4/384EI$.

6.13 $d=112$ mm.

6.14 No. 22.

6.15 $\theta_B=-0.0107$ rad; $\delta_D=47.7$ mm.

第七章 开口薄壁杆件的弯曲和扭转

7.1 略.

7.2 略.

7.3 略.

7.4 $\tau_{max}=\frac{3Pb_1^2}{2(t_1b_1^3+t_2b_2^3)}$.

7.5 略.

7.6 (a) 主极点与形心重合,$I_\omega=1.973\times10^4$ cm^6;(b) 主极点在水平对称轴上形心左侧 12 cm 处,$I_\omega=3.63\times10^5$ cm^6.

7.7 $B_\omega=\frac{m}{k^2\mathrm{ch}kl}[-kl\mathrm{sh}k(l-x)+\mathrm{ch}kl-\mathrm{ch}kx]$.

7.8 $\sigma_{\omega max}=128$ MPa, $\tau_{\omega max}=4$ MPa.

第八章 压杆的稳定性

8.1 $\mu=1$.

8.2 略.

8.3 $h/b=2$.

8.4 (1) $P_{cr}=18.7$ kN; (2) $P_{cr}=29.5$ kN; (3) $a=0.254$ m.

8.5 $P_{cr}=4.856EI/l^2$.

8.6 $b=3.96$ cm.

8.7 170 kN.

8.8 (1) 170 kN; (2) 71.4 kN.

8.9 $\frac{3\pi^2 EI}{4l^2}$.

8.10 15.2 kN.

8.11 $\theta=\arctan(\cot^2\beta)$.

第九章 弹性杆系结构的一般性质

9.1 $\frac{7}{24}\frac{ql^3}{EI}$.

9.2 $\frac{2}{3}\frac{Pl^3}{EI}\sin^2\alpha+2\frac{Pl}{EA_0}\cos^2\alpha$.

9.3 $U^*=\frac{l}{(n+1)(2A_0B_0)^n}\left(\frac{P}{\sin\beta}\right)^{n+1}$, $\Delta_B=\frac{P^n l}{(2A_0B_0)^n(\sin\beta)^{n+1}}$.

9.4 (1) $U=\frac{P^2}{6EI}(a^3+3a^2l+3al^2+l^3)$;

(2) $\Delta_{Cx}=\frac{Pl^2}{EI}\left(\frac{a}{2}+\frac{l}{3}\right)(\rightarrow)$, $\Delta_{Cy}=\frac{Pa}{EI}\left(\frac{l^2}{2}+al+\frac{a^2}{3}\right)(\downarrow)$.

9.5 $\delta=\frac{Pl}{16EA}$.

9.6 $\frac{1}{6}\frac{P}{EI}(a^3+4b^3)+\frac{Pab}{GI_p}\left(\frac{a}{2}+b\right)$.

9.7 $\delta_B=41ql^4/384EI$, $\delta_C=7ql^4/192EI$.

9.8 $\delta=2Pl^3/3EI$.

9.9 $\delta_v=33Pb^3/EI(\downarrow)$, $\theta=33Pb^2/2EI$(逆时针).

9.10 $\delta_v=0$.

9.11 $M_{max}=0.182PR$, $\Delta_{AB}=0.15\frac{PR^3}{EI}$(移开).

9.12 $M_1=5ql^2/56$, $M_2=ql^2/14$, $M_3=ql^2/8$.

附录A 连接件的假定计算

A.1 91 Mpa

A.2 (1) 0.04

(2) 25.4 kN